JN436826

재미있는 해양생태학

재미있는 해양생태학

초판 1쇄 발행 2022년 7월 30일
초판 3쇄 발행 2023년 10월 15일

지은이 정해진

펴낸곳 서울대학교출판문화원
주소 08826 서울 관악구 관악로 1
도서주문 02-889-4424, 02-880-7995
홈페이지 www.snupress.com
페이스북 @snupress1947
인스타그램 @snupress
이메일 snubook@snu.ac.kr
출판등록 제15-3호

ISBN 978-89-521-3102-7 93470

재미있는 해양생태학

MARINE ECOLOGY

정해진 지음

서울대학교출판문화원

머리말

학문을 하는 목적은 세상의 이치를 깨닫기 위한 것이라고 생각한다. 세상의 이치란 무엇일까? 아마도 세상을 움직이는 큰 룰rule이라고 생각한다. 이러한 큰 룰을 깨달으면 득도했다고 할 수 있다. 바다에는 어떤 룰이 있어서 해류가 흐르고 수많은 생물이 공존하면서 살고 있는 것일까? 그리고 어떤 룰에 의하여 수온과 염분이 변하고 해양생물들의 양이 변하는 것일까? 바다에는 수많은 룰이 있을 것으로 생각한다.

'열 길 물속은 알아도 한 길 사람 속은 모른다'는 속담이 있다. 그만큼 사람 마음을 알기 어렵다는 이야기인데, '진짜 열 길 물속을 잘 알 수 있을까?' 하는 생각이 든다. 40억 년의 역사를 가진 바닷속을 알기가 쉽지 않을 수 있다. 그러나 지난 100년 넘는 세월 동안 전 세계 많은 해양생태학자들은 열심히 연구한 끝에 해양생태계 내 생물이 큰 '룰rule'에 의하여 움직이고, 서로에게 도움을 주면서 전체를 유지한다는 사실을 밝혀냈다. 그리고 필자가 해양학을 시작한 지 40년이 되었다. 이제 조금 바닷속이 보이기 시작하였다. 많은 분들께 바닷속에서 수십억 년 동안 무슨 일이 있었고, 지금은 무슨 일이 일어나고 있으며, 바다는 우리에게 어떤 지혜를 주는지 알려드리고 싶다는 생각에서 이 책을 썼다.

우리는 '생태계'라는 단어의 홍수 속에서 살고 있다. '미디어 생태계', '애플 생태계', '블록체인 생태계' 등 정말 많은 생태계라는 단어를 접하고 있다. 생태계라는 단어를 들어보면 뭔가 생물이 있고 환경이 있고, 서로 연결되어 있다는 느낌을 준다. 그리고 '생태계'라는 단어를 자주 쓰면 뭔가 많이 알고 있다는 느낌을 주고, 잘 안 쓰면 지식이 부족하다는 느낌을 준다. 또한 많은 생태계 중 하나에 속해야 도태되

지 않고 살아남을 것 같은 느낌도 준다. 생태계를 정확히 알아야 살 수 있는 세상이 된 것 같은데, 사실 생태계를 정확히 아는 것은 쉽지 않다. 그래서 필자는 오랫동안 생태계를 연구해 오면서 깨달았던 부분을 독자들에게 쉽게 설명해주고 싶어 이 책을 쓰게 되었다.

생태계는 집(공간), 비생물적 물질과 에너지, 거주생물의 통합체라고 할 수 있다. 생태학Ecology이란 이러한 생태계Ecosystem를 전문적으로 연구하는 학문이다. 사실 경제학, 철학, 사회학, 심리학 등은 모두 인간이라는 한 종(?)을 대상으로 연구하는 학문이지만 생태학은 수십만 종을 다루는 학문이라서 이해하기 쉽지 않다. 게다가 보이지 않는 바닷속생태계를 이해하는 것은 매우 어렵다. 그러므로 다종 세계인 해양생태계의 '룰'들을 이해하면 인간사를 이해하는 데 큰 도움이 될 것으로 생각한다. 이 책은 주로 이 '룰'들에 관한 이야기다. 보통 '룰'은 사람을 주눅들게 한다. 그러므로 이 책은 해양생태학을 비교적 쉽게 써서 독자들이 약간의(?) 부담만 갖고 이해할 수 있도록 하고 싶었다.

해양생태학은 종합과학이라고 할 수 있다. 해양생태계를 잘 이해하려면 해양생물뿐만 아니라 해양물리, 화학, 지질학적 개념을 잘 알아야 한다. 보통 여수 앞바다 수심 3m 아래에 있는 해수 1리터의 수온에 영향을 주는 환경요인들은 10여 가지이고 질산염의 농도를 결정하는 것은 20여 가지지만 적조생물 한 종의 밀도에 영향을 주는 것은 50여 가지가 넘는다. 그러므로 해양생태학자는 많은 환경요인을 다 알아야 하기 때문에 모든 악기의 음을 종합적으로 알아야 하는 오케스트라 지휘자와 같다고 할 수 있다. 여러분이 이 책을 소설 읽듯이 술술 읽고 이해하시면 어느새 유능한 해양생태학자가 되어 있을 것이다.

사실 생태학적 이론은 경제학, 사회학, 철학, 심리학 등 인류사회에 필요한 많은 학문에 이용될 수 있다. 경제학인 'Economy'에서 'eco'는 생태학인 'ecology'의 'eco'와 같은 뜻으로 'house'라는 뜻이다. 그러므로 'economy'는 'house management'이다. 둘 다 요즘 민감한 집에 관한 이야기다. 그런데 수많은 생물의 집을 대상으로 하는 생태학의 개념은 사람의 집을 대상으로 하는 경제학의 개념을 잡는 데 도움을 줄 수 있다. 또한 사람들은 경제, 사회, 인문, 예술에 직접적인 관계를 맺고 있으므로 생태학을 이해하면 경제, 사회, 인문, 예술을 쉽게 꿰뚫어볼 수 있을 것이다. 생태학에서는 환경변화에 따른 생태계 변화의 예측도 중요하므로 불확실한 미래를 준비하는 사람들에게는 꼭 생태학적 원리가 요긴할 것 같다.

이 책을 쓰면서 두 분의 지도교수님 생각을 많이 했다. 서울대학교 해양학과에 입학한 후 해양생물학을 공부하도록 인도해주시고 항상 많은 지도와 함께 아낌없는 격려를 해주신 효산 심재형 교수님과 미국 UC San Diego, Scripps Institution of Oceanography에서 박사학위를 받을 때 지도교수님이셨던 마이클 멀른Michael Mullin 교수님께 깊이 감사드린다.

이 책이 출판되도록 도와주신 서울대학교출판문화원에도 깊이 감사드린다. 그리고 원고를 심사해주시고 조언을 해주신 두 분의 익명 심사위원께도 감사드린다. 원고의 일부를 읽고 소중한 조언을 해주고 자료를 제공해주신 군산대 이원호 교수와 유영두 교수, 전남대 김광용 교수, 포항공대 이기택 교수, 경북대 박종수 교수, 서울대 김종성 교수, 황청연 교수, 나한나 교수, 이은주 교수, 경상국립대 임안숙 교수, 안양대 이무준 교수, 계명대 김영신 교수께 감사드린다. 원고를 읽고 많은 의견을 주고 귀중한 사진을 만들어준 연구실 학생들인 옥진희, 강희창, 유지현, 박상아, 엄세희, 김은지에게도 고마움을 표한다. 마지막으로 원고를 읽고 일반 독자 입장에서 의견을 주고 쉬운 단어를 추천해준 박신 님께도 감사드린다.

2022년 7월

차례

1장

생태계, 쉽게 알 수 있다

1. 해양생태계와 유머, 공통점은?

40여 년 동안 학문의 길을 걸으면서 가장 큰 관심을 둔 것은 해양생태계와 유머humor다. 해양생태계와 유머는 공통점이 많아서 상호보완적이다. 공기 중의 물의 양을 나타내는 습도를 humidity라고 하는데 hum-은 물이라는 뜻이다. 유머의 어원은 몸속에 있는 물body fluid이라는 뜻이다. 즉 피, 땀, 눈물을 말하는데, 몸속에 가장 중요한 것이라는 뜻이다. 물 없이 살 수 없는 것처럼 유머 없이 살 수 없다는 뜻일 것이다. 해양생태계의 기본은 물이니 결국 해양생태계와 유머의 공통점은 물이다.

빌보드 핫 100차트에서 10주 이상 1위를 차지한 BTS(방탄소년단)가 '피 땀 눈물'이라는 노래를 불러준 것은 매우 고무적이다. 보이지 않는 바닷속에서 지금 어떤 일이 일어나고 있는지를 추정할 수 있는 것은 많은 해양학자들의 피 땀 눈물 덕분이다. 필자는 해양생태계와 유머를 연구하면서 바다의 이치를 깨닫고, 그 이치를 쉽게 표현하려고 노력했다. 이러한 노력의 결실을 이 책에 담았다.

해양생태계에 관한 이야기는 조금 지루하기 때문에 뒤에 이야기하기로 하고, 먼저 유머에 대한 이야기를 하기로 하자. 필자는 수업 첫 시간에 학생들에게 웃음 반응시간과 IQ의 상관관계식을 보여준다(그림 1-1). 유머에 1초 만에 반응하면 IQ

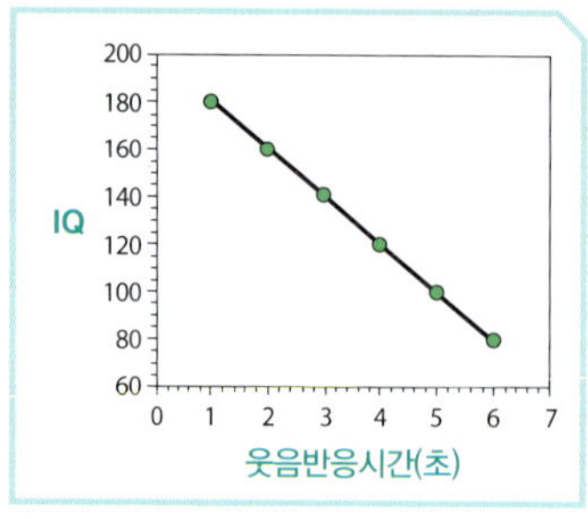

그림 1-1. 웃음반응시간과 IQ의 상관관계. 유머용 data

가 180, 3초 만에 반응하면 140, 5초 만에 반응하면 100이라고 말한다.

수업시간에 유머를 받아 적는 학생들이 있어서 2007년부터는 매주 일요일에 유머를 직접 만들어 홈페이지에 올려왔는데 지금까지 3,200여 개의 유머를 만들어 올렸다. 지구온난화를 방지하기 위하여 썰렁한 유머를 주로 만들었는데 몇몇 유머는 매우 유명해져서 방송에도 사용된 적이 있다.

그동안 학교에서 가장 널리 알려진 유머는 2009년 다윈 탄생 200주년 기념 자연대 공개강연 때 사회를 보면서 만든 유머다. "인류 역사상 가장 유명한 과학자는 누구일까요? 아무도 이 사람을 이길 수 없지요." 답은 "다윈"이다. Darwin. Dar win. 다 이기다. 필자가 만든 유머 중 해양에 관련하여 가장 유명한 유머는 "해양수산부 장관이 되려면 초등학교부터 대학교까지 들은 과목 중 가장 잘해야 하는 과목은?"이다. 답은 "받아쓰기(바다쓰기)"다. 초등학교 1학년 때 배웠던 과목이다. '바다쓰기Ocean Utilization'를 잘해서 해양 최강국이 되려면 먼저 '바다알기Ocean Understanding'를 잘해야 한다. 이 책이 '바다알기'에 조금이나마 도움이 되기를 기대한다.

사실 국제학회에 가서도 발표나 사회를 보면서 많은 유머를 해서 지금은 청중들이 많은 기대를 한다. 2008년 학회에서 발표를 하면서 슬라이드를 보여주었다. 거의 다 녹은 얼음판 위에서 북극곰이 물개에게 경례를 하고 있다. 물개는 거드름을 피우며 "Save you first if ice melts here?(여기 얼음이 녹으면 너를 맨 먼저 구해달라고?)"라고 한다. 지구온난화로 빙하가 녹으면 관계가 바뀔 수 있다고 하여 청중들을 웃게 만들었다. "평소에 북극곰이 물개를 마구 잡아먹는다"고 덧붙이면서. 박사과정 중 국제학회를 가면 유명한 학자들이 강연을 할 때 유머를 하나 하고 청중들은 그 유머가 재미있든 재미없든 박장대소하는 것을 보고, 나중에 좀 유명해져서 기조강연이나 초청강연을 하게 되면 창작유머를 해야겠다고 마음을 먹었었다.

2014년 총장님께서 "신입생 오리엔테이션 때 대부분 인문사회 교수님들이 강연을 하는데 이공계 교수님 중에서도 강연을 했으면 좋겠다"고 하셔서 1시간 강연에 30분 질의응답을 했는데 강연의 대부분을 창작 유머를 섞어서 했다. 강연 후 학생들 질의응답 시간이 있었는데 학생들이 유머 강의를 열어달라고 해서 그러겠다고 약속을 했었다. 교양과목으로 "바다의 유머, 유머의 바다" 강의 개설을 하려고 하는데, 15주 중 10주 정도 분량이 되었으므로 3주(2주는 중간고사, 기말고사) 분량이 준비되면 신청을 해볼 예정이다. 재미있는 유머에 실컷 웃다 보면 눈물이 찔끔 나는데 눈물은 짜다. 바닷물이 짠 이유가 바닷속에서 생물들이 많이 웃기 때문 아닐까? 바다는 모든 것을 녹인 후 다시 만드는데 소금도 이렇게 만들어진 물질 중 하나다. 유머도 인생을 녹인 후 희망을 만드는 것이라고 생각한다. 생태학은 유머의 좋은 소재이고 유머는 생태학을 이해하기 쉽게 만드는 마술이다.

2. 생태계란 무엇인가? 결국 주거 문제

사실 필자는 생태계를 이해하고 정의하는 데 오랜 세월을 보냈다. 생태계에 대한 생각이 40년 동안 계속 변해왔는데 그래도 이제는 정리가 된 편이다. 탠슬리 Tansley(1935)가 처음으로 논문에서 생태계ecosystem라는 용어를 사용했다. 현재 많이 사용하고 있는 생태계의 정의는 '모든 생물과, 이들과 상호작용을 하는 물리적 환경의 통합체all the organisms and the physical environment with which they interact'다. 그런데 이 정의는 지극히 생물 중심적이라는 생각이 든다. 사실 환경이란 생물에 대한 환경이기 때문에 생물이 존재해야만 환경이 존재할 수 있다. 그러나 아직 발견되지 않은 생물도 많이 있고 생태계 내 모든 공간을 다 포함할 수가 없다는 단점이 있다. 또한 지구에서는 무생물적 환경이 먼저 나오고 생물이 나중에 나왔기 때문에 이 정의를 이해하기 어려울 때가 많다. 그러므로 무생물적인 공간과 물질을 먼저 파악하고 그 속에 적응해서 살고 있는 생물에 대하여 알아내는 것이 더 합리적이라고 생각한다. 생태계의 또 다른 정의는 '하나의 단위로 같이 기능을 수행하는 생물적 요소와 비생물적 요소의 통합체 biotic and abiotic components that function together as

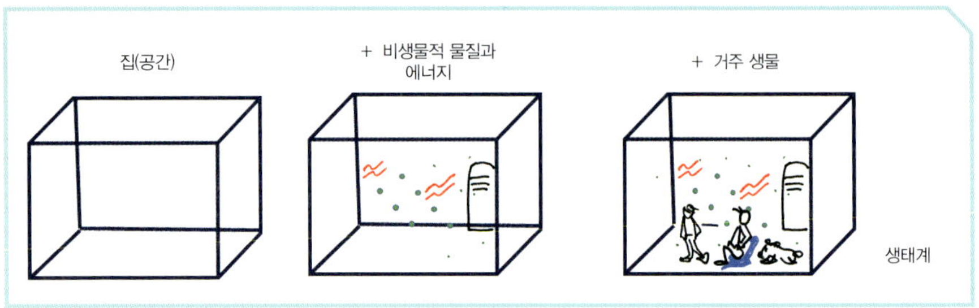

그림 1-2. 생태계는 집(공간), 그 안에 들어 있는 비생물적 물질과 에너지, 그리고 거주 생물로 이루어져 있다.

a unit'다(Blew 1996). 그런데 요소들 간의 기능은 아직 밝혀지지 않은 것도 많기 때문에 이 정의도 불완전하다고 판단된다.

생태계는 영어로 Ecosystem이라고 하는데 Eco는 그리스어로 '*oikos*', 즉 house(집)라는 뜻이다. 'System'은 여러 개의 파트가 모여서 만든 하나의 통합체를 말한다. 그러므로 엄격히 말하면 'Ecosystem'에는 생물이라는 의미가 'house' 안에 숨어 있을 뿐이다. 현재 생태계의 정의에 맞추려면 Bioecosystem이라고 하는 것이 옳을 수 있다. 그러나 이미 'Ecosystem'이라는 용어를 오랫동안 생물과 환경의 통합체라고 써왔기 때문에 그대로 사용할 수밖에 없다. 하지만 이 정의도 앞서 언급한 것처럼 불완전하므로 보완이 필요하다. 그러므로 필자는 생태계를 "집이라는 공간, 그 안에 들어 있는 비생물적 물질과 에너지, 여기에 적응하여 살고 있는 생물들의 통합체"라고 정의하고자 한다(그림 1-2). 이러한 생태계 안에서는 다양한 기능이 수행되면서 이 생태계가 유지된다.

요즘 TV에 집 보러 가는 프로그램이 있다. 사람들이 집을 보러 갈 때 무엇을 고려하는지 생각해보자. 주로 집의 크기와 위치(공간), 그리고 그 안에 들어 있는 편의시설(비생물적 물질과 에너지)을 보고 결정을 하게 된다. 집과 편의시설이 자신에게 맞으면 그 집을 사서 주인이 되는 것이고, 안 맞으면 그곳에 살지 않는다. 사람들이 많은 시간을 들여 자신에게 맞는 집을 찾는 것처럼 수많은 생물도 각자 자신에 맞는 집을 찾기 위하여 엄청난 노력을 한다. 사실 우리나라 사람도 거주할 집을 찾는 데 많은 세월을 소비한다. 집 문제를 해결하기 위해서는 생태학자들도 기여를 해야 한다. 생태학적 개념과 이론을 참고자료로 제공할 필요가 있다.

사실 집이라는 공간은 크게 변하지 않으나 그 안에 들어 있는 편의시설(비생물적 물질과 에너지)은 시간에 따라 크게 변할 수 있다. 그럴 경우 거주자는 자신이 변화한 것에 맞추어 살든지, 아니면 다른 곳으로 이사 가든지 결정을 해야 한다. 사실 사람들은 변화 정도에 따라 이사 여부를 판단하는 경우가 많다. 보통은 너무 많이 변했으면 다른 적합한 곳으로 이사하지만, 감당할 만큼 조금 변했으면 참고 살아간다. 물론 엄청 변했을 때에도 자신을 잘 적응시키며 살아가는 경우도 있다. 지질학적 스케일로 보면 해양생물들 중에는 상당히 변화된 편의시설(비생물적 물질과 에너지)에 적응하려고 진화한 경우도 많다.

지구라는 거대한 집 안에서 편의시설(비생물적 물질과 에너지)이 크게 변하면 지구온난화, 북극한파, 오염 등 다양한 문제를 발생시킨다. 물론 사람들이 사는 진짜 집의 경우에는 편의시설의 변동보다는 집값 변동, 즉 공간에 대한 가치 변동이 크게 되면 여러 가지 사회 문제를 일으킨다. 사람이나 수많은 생물이 자신에게 맞는 집을 찾고자 하는 욕망은 당연하지만 결과적으로는 진화와 많은 부동산 문제를 잉태하게 했다. 그리고 지구생태계 내 편의시설(비생물적 물질과 에너지)의 변화에 대한 대책 연구는 전 세계 지구환경과학을 비약적으로 발전시켜왔다. 예를 들어 오존층이 파괴되어 지구생태계에 심각한 영향을 줄 것으로 예상한 지구환경과학계는 오존층 파괴를 일으킬 수 있는 냉매인 프레온가스 사용을 금지하여 오존층을 복원시키는 데 성공했다.

바다라는 집(공간)에서 중요한 편의시설(비생물적 물질과 에너지)은 물, 영양물질, 염분, 수온, 광 조건 등이고, 육지라는 집에서는 공기, 흙, 물 등이다. 이러한 비생물적 물질과 에너지의 양이 바뀌게 되면 그 속에 사는 생물의 양도 변하게 된다. 결국 해수온난화, 해양산성화, 해양중금속오염 등도 바다 안에서 비생물적 물질과 에너지의 양이 크게 변해서 생긴 현상이다.

집 안에 들어와 사는 생물들의 경우 서로 유기적인 관계를 유지하고 있다. 식물이 이산화탄소와 질소와 인 등을 이용하여 새로운 유기물 또는 개체를 만들면 포식자들이 와서 잡아먹고, 그 포식자는 다시 상위포식자들에게 잡아먹힌다. 이들이 죽어 이산화탄소, 질소, 인 등으로 분해되면 다시 생산자에 의하여 이용되어 물질이 순환되게 된다. 즉 생태계 내에서 생물들은 서로를 필요로 하며 공존한다. 그런데 집 안의 비생물적 물질과 에너지가 크게 변하면 생물들의 생산, 포식, 순환 등도 변하게 된다. 해양생태학은 주로 바다라는 집 안에서 일어나는 비생물적 물질과 에너지의 변화, 그리고 생물들의 변화를 연구하는 학문이라고 할 수 있다.

3. 생태계의 크기, 조정이 가능

집 한 채. 그 집 안에 갖춰진 편의시설(비생물적 물질과 에너지), 거주생물들을 합쳐서도 하나의 생태계라고 할 수 있다. 집이 여러 채 들어 있는 한 아파트도 생태계이고, 구, 시, 도, 국가, 아시아, 지구, 태양계, 우주도 다 생태계가 될 수 있다(그림 1-3). 이들 모두 집(공간), 편의시설(비생물적 물질과 에너지), 거주생물로 이루어져 있기 때문이다.

집을 구하려고 할 때 어느 구역까지 알아볼 것인지는 전적으로 구하는 사람의 선택에 의한 것인 것처럼, 생태계 범위를 어디까지로 할 것인지는 전적으로 연구자의 선택에 따른다. 큰 생태계나 작은 생태계들이나 기본적인 룰은 비슷하기 때

그림 1-3. 생태계. (A) 집생태계. (B) 아파트생태계. (C) 서울시생태계. (D) 한반도생태계. (E) 지구생태계. (F) 태양계생태계. (G) 우주생태계

문에 큰 생태계를 작은 생태계들로 나누어서 연구할 수도 있다. 그래서 생태학자들은 처음에는 작은 생태계를 연구하고, 그다음에는 좀 더 큰 생태계를 연구하기도 한다. 사실 사람들은 집값의 변동 폭이 크면 더 넓은 지역 안에 있는 집들을 대상으로 한 후 집을 구하려고 한다.

생태학자에게 연구대상 생태계의 범위는 고무줄과 같은 것이다. 사실 집을 몇 평 늘리려면 엄청난 시간과 노력이 들 수 있는데, 연구대상 생태계는 바로 늘릴 수 있다. 관악산생태계, 서울시생태계, 한반도생태계, 아시아생태계, 지구생태계, 우주생태계. 연구대상 생태계는 우선 공간을 중심으로 정한다. 생태계를 연구할 때 일반적으로 공간의 크기, 시간, 비용은 비례한다. 즉 넓은 생태계를 연구하려면 그 안의 변화를 보기 위해서는 오랜 시간 조사를 해야 한다. 그리고 비용도 많이 든다. 요즘 글로벌 수준의 생태계를 연구하려는 과학자가 많다. 그러나 글로벌생태계(지구생태계)를 잘 연구하려면 작은 생태계도 잘 연구할 수 있어야 한다. 즉 생태학자들이 먼저 자국의 생태계를 잘 연구하면 국제학계에 기여할 수 있고, 자신의 나라와 국민을 잘 보호할 수 있다고 생각한다.

토성에서 여섯 번째로 큰 위성인 엔셀라두스Enceladus 얼음 아래 수심 10,000m 가량의 바다가 존재할 가능성이 많다고 한다. 만일 이 바다에 생물이 존재한다면 엔셀라두스 생태계도 훌륭한 연구대상이 되지 않을까? 물론 비용과 시간이 엄청 많이 들 것이다. 그러나 인간의 호기심으로 머지않아 우주생태학 또는 우주해양학이 생길 것으로 판단된다.

4. 생태계 명칭, 특성을 이해하기 쉽게 한다

'숲생태계', '갯벌생태계'라고 하는 말을 들으면 우리는 숲이나 갯벌로 이루어진 생태계라는 것을 짐작할 수 있다(그림 1-4). 즉 생태계 앞에 명칭을 붙임으로써 그 생태계가 대략 어떨 것이라고 짐작한다. 그러므로 생태계의 특징을 알아내고 그 특징에 맞게 명칭을 붙이는 것은 중요한 작업이다.

그림 1-4. 생태계 명칭. (A) 숲생태계. (B) 갯벌생태계

보통 생태계의 명칭은 공간적 또는 지리적 명칭을 붙이거나 우점 생물의 이름을 붙인다. 해양생태계, 호수생태계, 수생태계, 연안생태계, 원양생태계, 사막생태계, 산생태계 등은 공간적 또는 지리적 특징을 고려하여 생태계 명칭을 붙인 것이다. 북한산생태계. 절대 한산하지 않은 생태계인데 북쪽에 있는 한산한 생태계라고 부르고 있다.

또한 우점하는 생물 한 종 또는 비슷한 여러 종을 묶은 후 그들의 특징을 살려 생태계 앞에 이름을 붙일 수 있다. 즉 소나무숲 생태계, 참나무숲 생태계, 밤나무숲 생태계, 산호생태계 등으로 부를 수 있다.

5. 생태계의 구조와 기능, 누가 무슨 일을 하나?

사람들이 사는 집(공간)과 편의시설(비생물적 물질과 에너지), 그리고 거주하는 사람에 대하여 정확히 이해하는 것은 쉽지 않은 일이다. 더구나 수많은 생물이 포함되어 있는 생태계는 매우 복잡해서 이해하기가 엄청 힘들다. 그래서 학자들은 생태계를 먼저 구조structure와 기능function으로 나누어 연구하고, 나중에 이들

그림 1-5. 자동차의 구조. (A) 외관. (B) 내부 부품

을 융합해서 이해한다. 구조는 한 생태계를 이루는 부분들을 말하고, 기능은 그 부분들이 어떻게 연관되어 있고 상호작용하는지를 말한다.

아주 멋진 스포츠카가 하나 있다고 하자. 그 차가 무엇으로 이루어져 있는지를 알고 싶으면 다 분해해 보면 된다. 부품이 한 20,000개 정도 나오지 않을까? 이러한 부품들이 구조다(그림 1-5). 이러한 부품들은 개별적으로도 기능을 수행하고 단체로도 기능을 수행한다. 예를 들어 운전조종시스템이라는 구조는 운전조정에 관련된 기능을 수행한다. 연료공급시스템이라는 구조는 연료공급이라는 기능을 수행하며, 브레이크시스템은 제동에 관련된 기능을 수행한다. 그러므로 스포츠카에서는 각 부품들을 연구하는 것이 구조를 연구하는 것이다. 구조를 이루는 부품들이 어떻게 작동하는지, 어떤 상호작용을 하는지를 연구하는 것이 기능을 연구하는 것이다. 이와 비슷하게 생태계 내 구조는 집, 비생물적 물질과 에너지(이들 모두 합쳐 무생물적 환경이라고 부르기도 한다), 그 안에 거주하는 생물들을 말한다. 생태계 내 기능은 생태계 구성요소들 간의 물질과 에너지의 이동 또는 전달이다. 이동 또는 전달에는 주로 생물이 비생물적 물질을 비생물적 물질 풀pool에서 생체 내로 이동 또는 전달하는 것(흡수), 한 생물에서 다른 생물로 이동 또는 전달하는 것(포식), 생물이 죽어서 물질을 비생물적 물질 풀로 이동 또는 전달하는 것(분해 및 방출)이 있다. 이러한 이동 또는 전달은 생물들과 비생물적 물질 및 에너지 간의 상호작용,

생물들 간의 상호작용을 통해서 일어난다. 그 결과로 생물들과 비생물적 물질들의 양적 · 질적 변동이 일어난다.

예를 들어 관악산생태계의 구조와 기능을 알아내려고 한다면 먼저 관악산이라는 공간(집)과 그 안에 있는 흙, 물, 질소, 인 등과 같은 비생물적 물질, 온도와 빛과 같은 에너지, 그리고 그 안에 살고 있는 생물들의 구성을 알아내야 한다. 그 후 관악산 안에서의 비생물적 물질과 에너지의 이동을 이해해야 하는데 이러한 이동이 일어나도록 하게 하는 기작들, 즉 요소들 간의 상호작용 등을 이해해야 한다. 마지막으로 이를 지배하는 생물들과 물질들의 양적 · 질적 변동을 이해해야 한다. 이러한 정상적인 상태에서의 관악산생태계의 구조와 기능을 잘 이해하면 온난화, 미세먼지 증가, 한파 등으로 인한 영향을 이해하고 예측할 수 있다. 이러한 정확한 예측을 통하여 효과적인 대책을 마련할 수 있다.

지구를 구하려면 생태계의 구조와 기능을 정확히 이해하고 효과적인 대책을 세워야 한다. 그렇지 않으면 많은 비용을 쓰고도 해결을 하지 못할 수 있다. 같은 환경문제에 대하여 선진국, 중진국, 후진국의 대책이 다르고 해결 정도도 다른 것은 그 나라들의 생태학의 수준이 다르기 때문이다. 선진국이 되려면 세계적 수준의 생태학자들을 양성해야 하고 환경 문제를 해결하는 데 그 사람들의 조언을 들어야 한다.

6. 생태계 내 생물들의 보이지 않는 룰 rule

앞서 생태계 이야기를 하면서 주로 집 이야기를 했다. 그런데 사실은 생태계의 주인은 생물들이다. 생물들의 최대목표는 사라지지 않고 존재하는 것이므로 햄릿이 이야기한 '죽느냐 사느냐 그것이 문제다'는 이들에게 문제가 되지 않는다. 무조건 살아야 된다는 신념뿐이고, 그러기 위해서는 자신이 살고 있는 집, 편의시설, 식량이 안정되게 오래 유지되기를 바란다. 그래서 각 종들은 생태계 내에 룰에 순응하면서 오래 생존할 수 있는 각자의 생존전략을 만들어왔다. 모두가 생존하기 위하여 노력하기 때문에 각자의 룰은 모두가 지켜야 할 큰 룰과 일치되어왔다.

한 생태계 내에서 많은 생물은 공존하기 위해서 질소, 인과 같이 부족한 주요 물질을 순환시키며 공유하고 있다. 해양생태계 내에서 중요한 역할을 수행하는 단세포 생물들의 경우 이러한 순환을 원활히 하고 공존하기 위하여 다음과 같은 큰 룰을 지키고 있다. 첫째, 먹이가 보이면 무조건 잡아먹는다. 둘째, 성장할 수 있을 때는 물불을 안 가리고 성장한다. 즉 분열할 수 있을 때에는 무조건 분열한다. 셋째, 시스템 내 순환을 방해하는 생물은 도태시킨다. 얼마나 잔인한가? 그러나 모두 이러한 큰 룰을 지키기 때문에 공존할 수 있는 것이다.

요즘 생태계라는 말을 많이 쓰는데 생태계 앞에 수식어를 넣는다. IT생태계, 유통생태계 등. 이러한 생태계를 만들어주면 그 분야에 종사하는 사람들이 서로서로 도와가며 모두 잘살 수 있다고 생각한다. 그런데 수천만 년 동안 유지해온 자연생태계들은 절대 평화로운 곳이 아니다. 위에서 언급한 대로 무조건 먹고, 성장하고, 도태시키기 때문이다. 그러나 이러한 룰을 지킴으로써 생태계는 최고의 효율을 만들고 오래 유지된다. 이러한 자연생태계의 기본 원리를 안다면 함부로 '○○ 생태계', '□□ 생태계'를 만들자고 하지 않을 것 같다. 원래 의도는 약육강식을 하자는 것이 아니었으리라고 생각한다.

인간은 스스로 다른 생물들과 다르다고 생각하고 자연생태계의 룰과 다른 룰들을 만들어놓고 열심히 고민하며 살아가고 있다. '먹이가 보이면 무조건 먹는다?' 이를 못하게 하기 위하여 각국은 독과점방지법을 만들어놓았다. '성장할 수 있을 때는 물불을 안 가리고 성장한다?' 물불을 가리면서 성장하도록 법을 만들어놓았다. '시스템 내 순환을 방해하는 생물은 도태시킨다?' 이 또한 보호하도록 법을 만들어놓았나. 그러니 그 법들이 잘 지켜지는지 생태학자들은 잘 모른다. 어차피 인간은 처음부터 비자연적인 방법을 선택하여서 지금도 비자연적 방법을 선호한다. 생태학자, 경제학자, 사회학자들이 자주 만나서 의견을 교환하고 절충점을 찾아야 한다.

우주공간에서 지구를 보았을 때, 지구는 파란색과 황토색을 띤다. 이들은 해양생태계와 육상생태계로 지구생태계라고 하는 큰 생태계를 평화롭게 유지하고 있다. 그러나 이렇게 평화로운 지구생태계를 자세히 들여다보면 클럽의 싸이키 조명처럼 엄청 반짝인다. 생태계 안 곳곳에 치열한 경쟁과 끊임없는 변화가 있기 때문이다. 특히 많은 생물의 양이 시간에 따라 빠르게 변한다. 그러나 모두 큰 룰 안에서 질서를 지키고 있고, 열심히 일을 하면서 지구생태계를 잘 유지시키고 있다.

7. 생물단위: 종, 개체군, 군집

한 생태계 내에서 '어떤 생물들이 얼마나 있느냐?'를 알아내는 것은 생태계 연구의 첫걸음이다. 앞서 이야기한 것처럼 생태계는 '집(공간)과 편의시설(비생물적 물질과 에너지)과 같은 비생물적 요소들'과 '거주생물 및 식량(먹이), 포식자 등 생물 군집'으로 이루어져 있다. 바닷가에 가서 풍경을 보고 있노라면 파도가 쳐서 물방울이 옷에 묻기도 한다. 해양학을 공부하기 전에는 옷 걱정을 했는데 해양학을 공부하고 나서는 '물방울 1 ml 안에 얼마나 많은 생물이 들어 있을까?'라는 생각을 하게 되었다. 사실 물방울 1 ml 안에 생물이 많이 들어 있을 때는 백만 개체가 넘는 경우도 있다. 이 개체들 각각을 인터뷰해서 누구 집 자식인지, 무엇을 하며 살고 있는지를 물어보면 그 개체의 특성을 알 수 있을 것이다. 그러나 언어가 달라서 인터뷰가 불가능하다. 그러나 바닷물 속의 백만 개체들 중에는 특성이 같은 것들이 많아서 다행이다. 한 마리에서 분열해 여러 마리가 된 단세포들이 많기 때문이다. 그러므로 백만 개체들의 특성을 알아내기 위해서는 먼저 특성이 같은 것끼리 묶어야 한다. 보통 분류학적인 순서에 의하여 종species, 개체군population, 군집community으로 묶는다.

종

해양생태학자들은 바닷물 1 ml 안에 천만 개체가 들어 있을 때 가장 먼저 생각하는 것이 '몇 종이나 될까?'이다. 백만 개체가 한 종일 수도 있고 수백 종일 수도 있다.

분류의 기본은 같은 것끼리 묶고, 그 후 비슷한 것끼리 또 묶고, 결국 족보를 만드는 것이다. 그럼 어떤 기준으로 묶을 것인가? 이 기준은 종을 정의하는 것과 직결된다. 종을 정의하는 기준은 여러 가지가 있다. 형태적 특성, 유전적 특성, 생태적 특성 등등. 그중에 가장 많이 쓰이는 종의 구분은 유전적 특성인 게놈genome 특성을 가지고 한다. 즉 게놈이 같은 것을 종이라고 한다. 게놈은 gene(유전자) + chromosome(염색체)을 합친 것이다. 영화를 보면 일부 조직에서 서열이 엄청 중요한 것을 볼 수 있다. 그런데 조직 내 서열이 가장 엄격한 것은 바로 DNA 염기서열이다. A, C, G, T. 영화 속 조직에서는 서열이 바뀌어도 사람은 사람이다. 그러나 DNA 염기서열이 바뀌면 다른 종이 된다. 그러니 DNA는 얼마나 대단한 조직인가? 생물들의 DNA 염기서열의 개수는 박테리아와 같이 염기서열이 수백만 개인 것도 있고 적조생물인 와편모류dinoflagellate처럼 수천억 개인 것도 있다. 비슷한 종끼리 묶어놓은 것이 속genus이다. 그 위는 과family, 목order, 강class, 문phylum, 계kingdom로 간다. 요즘에는 더 상위단계인 역domain이 생겼다. 뒤에 자세히 설명하겠지만 현재 모든 생물을 아키아역Domain Archaea, 박테리아역Domain Bacteria, 진핵생물역Domain Eukaryota으로 나누고 있다.

유전자 염기서열을 분석한 후 계통수phylogenetic tree를 그리면 인간세상에서 쓰고 있는 족보와 같은 계통수가 나와 이 생물이 어느 종, 속, 과 등에 속하는지를 알 수 있다(그림 1-6).

채집한 개체가 기존에 알려진 종들과 다를 경우 신종으로 보고하기도 한다. 해양에서 적조를 일으키는 와편모류들의 경우 1800년대 초중반에 많은 신종들이 만들어졌다. 그때는 형태를 관찰해서 손으로 그려서 신종 보고를 했다. 그러나 지금은 국제학계에 신종으로 인정을 받으려면, 광학현미경light microscopy 분석, 주사전자현미경scanning electron microscopy을 이용한 표면 분석, 투과전자현미경transmission electron microscopy을 이용한 내부 분석, 유전자 분석, 색소 분석 등을 철저히 한 후 논문원고를 작성하여 제출해야 된다(그림 1-7). 그리고 분류학자들의 현미경적(?) 깐깐한 검증을 통과해야 한다. 그러므로 신종 한 종을 인정받기 위해서는 신의 계시에 의하여 해수에 있는 후보 생물을 만나야 하고, 분류학 대가의 계시에 의하여 잘 분석하고, 설명하고, 설득해야 한다.

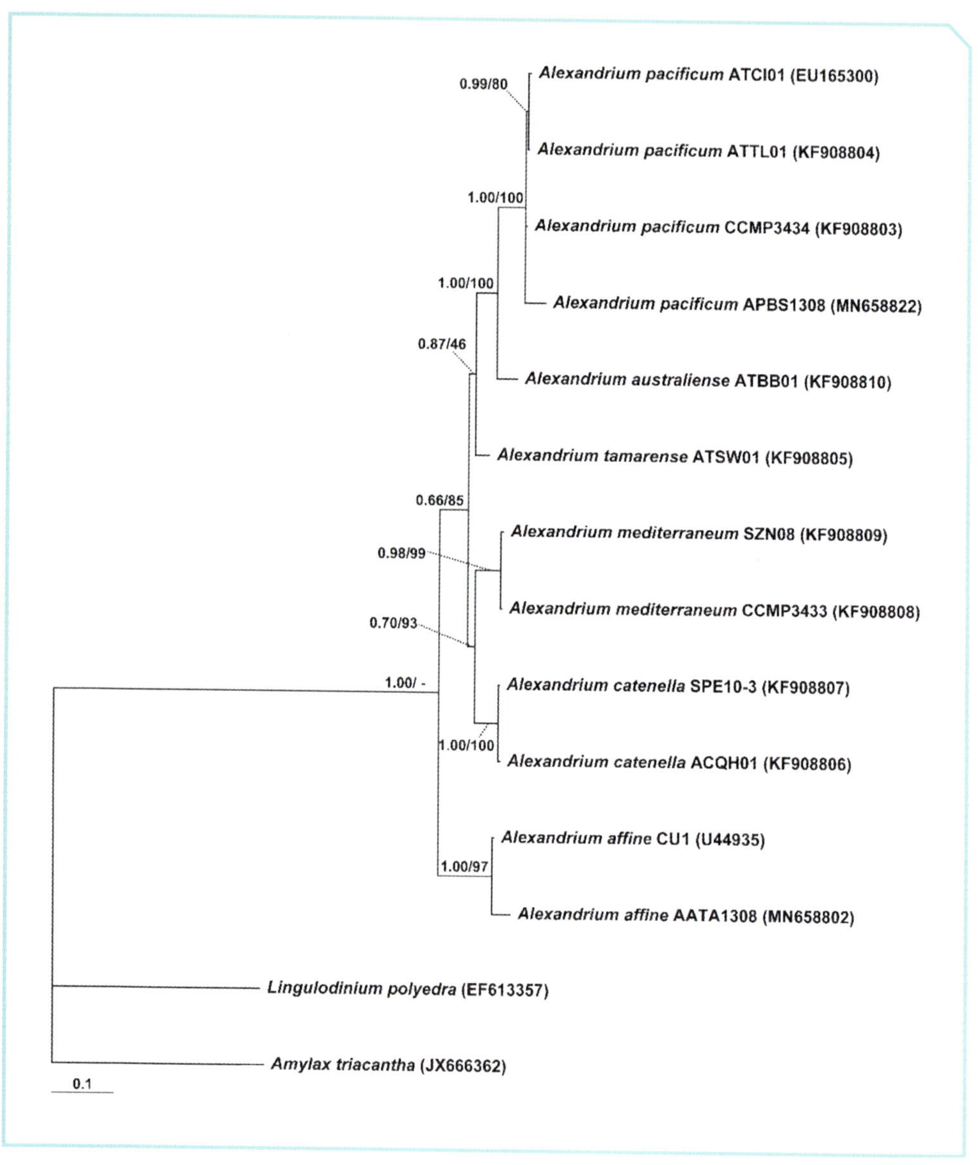

그림 1-6. 계통수(phylogenetic tree). 대상 생물이 어느 종, 속, 과 등에 속하는지 또는 같은 속 내에서 어떤 종들이 서로 가까운지 쉽게 알 수 있다(Lim et al. 2019; Algae로부터 허락받음).

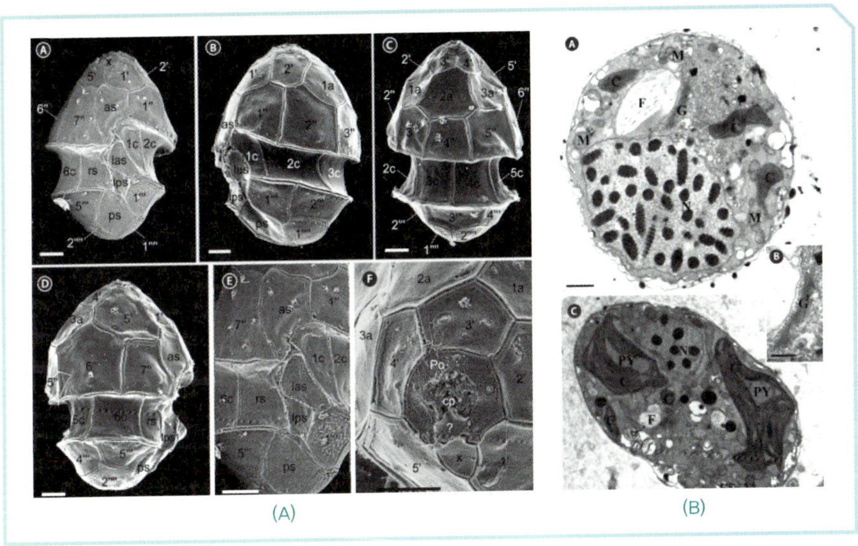

그림 1-7. 전자현미경 사진. (A) 주사전자현미경 사진은 표면의 무늬 양상 등을 밝히는 데 도움이 되고(Lee et al. 2019c), (B) 투과전자현미경 사진은 내부 미세구조를 밝히는 데 이용된다(Jeong et al. 2014a; Algae로부터 허락 받음).

개체군과 군집

생물 하나하나를 개체라고 부른다. 개체군은 주어진 시간과 공간에 같은 종에 속하는 개체들이 모여 있는 생물집단을 말한다. 개체군은 영어로 population이라고 하는데, 인구라고도 한다. 2021년 기준 전 세계 인구는 약 79억 명인데 모두 같은 종*Homo sapiens*에 속하기 때문에 population이라는 단어를 쓴다(그림 1-8).

어느 날 인구조사를 나왔는데 반려동물인 바둑이가 한마디 한다. "주인님이 항상 저한테 '내새끼', '내새끼' 하니까 저도 인구에 넣어주세요"라고. 이 소리가 인구조사원에게는 '멍멍'이라고 들리거나 '왈왈' 소리로 들릴 것이다. 어떤 차이가 있을까? 보통 그냥 개는 멍멍 하고, 서당개는 왈왈 한다. 서당개도 3년이면 공자왈 맹자왈 하기 때문이다. 이런 수준 높은 강아지들을 달래기 위하여 개체군보다 더 높은 상위 개념을 만들어 쓴다. 바로 군집community이다.

군집은 주어진 시간과 공간에 두 종 이상의 개체군들이 모여 있는 생물집단을 말한다. 예를 들어 관악산생태계 안에는 소나무 개체군, 잣나무 개체군, 진달래 개체군, 송이버섯 개체군, 개미 개체군, 멧돼지 개체군, 다람쥐 개체군 등등 여러 종

그림 1-8. (A) 사람들은 모두 한 종이므로 사람이 모여 있으면 개체군이라고 부른다. (B) 그러나 반려동물과 사람이 같이 있으면 다른 종에 속하는 개체군들이 모여 있으므로 군집이 된다.

의 개체군이 모여 군집을 이룬다. 그래서 군집은 생물들의 모임 중 가장 높은 단계다. 그러므로 생물로 이루어진 군집에 집(공간)과 편의시설(비생물적 물질과 에너지)과 같은 무생물적 요소를 더하면 생태계 ecosystem가 된다.

한 종의 개체군을 표현할 때 가장 기본은 개체군 밀도다. 단위 면적 또는 체적당 들어 있는 개체 수를 말한다. 학술적으로 개체군 밀도를 영어로 abundance, density, concentration이라고 쓴다. 보통 abundance나 density는 생물의 종류에 관계없이 쓰지만 concentration은 주로 단세포 생물의 밀도를 표현할 때 많이 쓴다. cells/ml처럼. 산호 몸속에는 수많은 공생조류가 들어 있다. 현미경으로 보면 산호 속에 적조가 발생한 것처럼 보인다. 산호 몸 1 cm^3 안에 수백만 개체의 공생조류가 들어 있다. 적조 때 물속 1 cm^3에서는 한 종의 적조생물이 수천 마리에서 수만 마리가 들어 있다. 이러한 밀도가 시간에 따라 어떻게 변하는가를 알아내어 적조를 예보하곤 한다. 고등생물에서는 성비와 연령구조도 개체군 특성으로 나타낸다.

한 군집의 특성을 말할 때 가장 먼저 이야기하는 것은 종조성 species composition이다. 한 지역에 얼마나 많은 종이 모여 사는지 species richness, 얼마나 균등하게 사는지 evenness를 알아보는 지표인 종 다양성 diversity도 군집의 특성이다. 또한 우점종 dominant species도 군집의 특성을 나타내는 중요한 지표다.

생태계를 분석할 때는 먼저 생물군집, 집과 편의시설(비생물적 물질과 에너지)을 분석한 후, 생물들 간의 상호관계를 연구한다. 그 후 집이나 편의시설(비생물적 물질과 에너지)들이 변했을 때 군집은 어떻게 변할 것인지를 연구한다. 다양한 규모의 무생물적 요소 변화에 대하여 군집이 어떻게 반응할 것인지를 예측하는 것은 매우 어렵다. 생태계 내 구조와 기능을 알아내고 무생물적 요소 변화에 따른 군집 변화를 예측하는 능력은 연구자 개개인의 능력이면서 각 국가의 능력이다. 이러한 생태계 변화를 예측하는 능력이 뛰어난 나라에서는 무생물적 요소 영향에 대한 논쟁이 적고 그렇지 못한 나라에서는 많을 수밖에 없다. 과학적으로 증명하지 못하면 누구든, 어떤 이야기든 할 수 있기 때문이다.

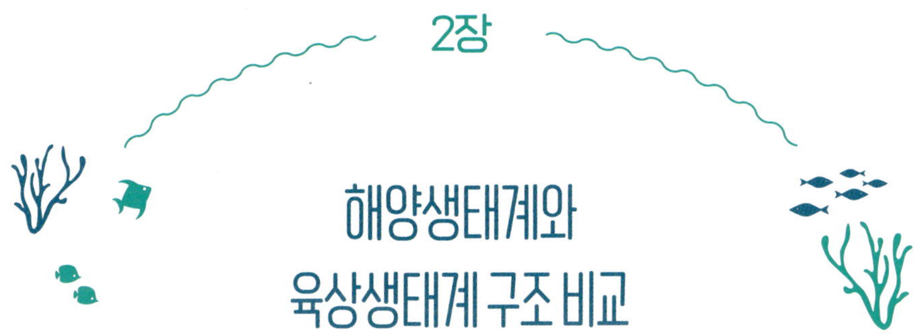

2장

해양생태계와 육상생태계 구조 비교

1. 어떻게 다를까?

아침에 신선한 공기를 마시면 하루 종일 기분이 좋다. 공기 속에 산소가 21% 들어 있다. 해마다 대기에 공급되는 산소의 반절은 바다에서 오고 반절은 육지에서 온다는 사실을 아는 사람은 많지 않다. 사실 우리가 직면해 있는 온난화, 미세먼지, 북극한파, 탄소중립 등의 문제를 근본적으로 풀려면 해양생태계와 육상생태계를 하나로 묶은 후 지구생태계 관점에서 구조와 기능을 이해해야 한다. 그런데 육상생태계는 우리가 직접 눈으로 볼 수 있어 이해가 쉬운데, 해양생태계는 쉽게 볼 수가 없어 상대적으로 이해하기 어렵다.

해양생태계와 육상생태계의 기본적인 것은 비슷하다. 생산자, 소비자, 분해자, 영양물질 등이 갖춰져 있다. 하지만 해양생태계 내 집(공간)과 편의시설(비생물적 물질과 에너지)과 육상생태계 내 집과 편의시설은 많이 다르다. 가장 큰 차이는 첫째, 해양생태계 공간은 물로 채워져 있고, 육상생태계 공간은 공기와 땅으로 채워져 있다는 것이다(그림 2-1). 해수는(최대 1,030 kg/m³) 공기에(1.4 kg/m³) 비하여 740배가량 무겁다. 그러므로 해수의 밀도가 크기 때문에 무거운 생물들이 뜨기 쉬우나 공기 중에는 떠 있기 어렵다. 고래가 육지에 살다가 바다로 간 이유가 거기에 있다.

그림 2-1. (A) 해양생태계는 물로 채워져 있고, (B) 육상생태계는 공기와 땅으로 채워져 있다.

육지에서 큰 몸집을 뒤뚱뒤뚱하다가 바다로 가서 날렵하게 헤엄치면서 기분이 좋아 소리를 '고래 고래' 쳤는데 사람들이 이 큰 소리를 듣고서 '고래'라고 이름을 지어준 것 같다. 고성방가의 원조다.

둘째, 물은 공기나 땅(고체)에 비하여 비열heat capacity이 높다는 것이다. 즉 물 1g을 1도 올리는 데 드는 열량(cal)이 공기나 고체 1g을 1도 올리는 데 드는 열량보다 훨씬 크다. 그러므로 여름에 태양빛이 내리쬘 때 공기나 땅의 온도는 쉽게 올라가는데 바다의 수온은 천천히 올라간다. 반대로 겨울에는 추울 때 공기나 땅의 온도는 쉽게 내려가는데 바다의 수온은 천천히 내려간다. 그러므로 바닷물의 수온은 육상의 공기나 땅에 비하여 늦게 덥혀지고 늦게 식는다. 우리가 여름이나 겨울에 바다를 많이 찾는 것은 물, 공기, 땅의 비열 차이 때문이다. 물론 여름이나 겨울 휴가가 있어서겠지만.

셋째는 압력 차다. 육상에서는 1기압이지만 바다에서는 10m 내려갈 때마다 1기압씩 증가한다. 즉 1,000m 아래에서는 101기압이어서 박스를 수심 1,000m에 놓으면 크게 찌그러진다. 육상생물과 다르게 깊은 곳에 사는 해양생물은 높은 수압을 견뎌야 한다.

넷째는 바다는 깊이에 따라 광도가 크게 차이가 나지만, 육상에서는 높이에 따라 큰 차이가 없다는 것이다. 바다 표층의 광도는 2,000~3,000 μE/m²/s 정도 되는데 저층은 표층의 1%가 안 되는 경우도 많다. 바다에서 광도가 감소하는 것은

그림 2-2. (A) 바다에서 우점하는 식물은 식물플랑크톤이지만, (B) 육상에서 우점하는 식물은 큰 나무들이다.

광합성에 매우 중요하므로 다음 장에서 자세히 설명하고자 한다.

다섯째는 광합성을 하는 우점 생물의 크기 차이다. 바다에서는 표층 근방에 있어야 광합성에 충분한 빛을 받을 수 있어 광합성 생물들은 표층 근방에 머무르기를 원한다. 여기 분필이 하나 있다. 그냥 물속에 넣는 경우와 가루로 만들어 넣는 경우 중 어떤 경우가 늦게 가라앉을까? 가루로 만들어 넣으면 질량은 같지만 표면적이 넓어져 마찰력이 커져 늦게 가라앉는다. 그러므로 바다에서 우점하는 광합성 생물들은 식물플랑크톤으로 크기가 매우 작다. 이와 반대로 육상에서 우점하는 광합성 생물들은 큰 나무들이다. 나무들은 뜰 필요가 없고 온도 변화나 강풍 등을 이겨내야 하므로 커야 한다(그림 2-2).

여섯째는 포식자의 크기 차이다. 1차생산자는 광합성을 통하여 이산화탄소를 포도당으로 합성한다. 바다에서 주요 1차생산자인 식물플랑크톤은 작으므로 이를 먹는 포식자들도 작다(그림 2-3). 주로 동물플랑크톤인데 0.01 mm~2 mm 정도의 크기를 가지고 있다. 반대로 육상에서 주요 1차생산자인 나무를 먹는 동물은 비교적 크다(그림 2-3). 그러다 보니 보통 해양생태계에서는 먹이망이 길고, 육상생태계에서는 짧다. 해양에서는 식물플랑크톤에서 고래까지 가는 데 20단계 이상이 될 때도 있다. 육상에서는 풀에서 사람까지 가는 데 3단계면 된다. 풀 → 소 → 사람. 물론 대형해조류를 먹는 포식자들은 큰 편이지만 소에 비하면 그 크기가 훨씬 작다. 학생들에게 가장 많은 단계를 가진 해양생태계 내 먹이망과 육상생태계 내 먹

그림 2-3. (A) 바다에서 식물플랑크톤을 잡아먹는 포식자는 보통 0.01~2 mm로 매우 작으나(Kang et al. 2019; Algae로부터 허락받음), (B) 육상에서 풀이나 나무를 먹는 동물은 수 cm에서 수 m로 크다.

이망을 만들어보라고 해야겠다. 우승자에게는 큰 상을 주고. 자세한 내용은 23장에서 설명한다.

해양생태계와 육상생태계의 구조를 잘 비교해보면, 왜 식물과 동물이 해양생태계에서 육상생태계로 진화해 갔고, 반대로 왜 일부 생물이 육상생태계에서 해양생태계로 진화했는지를 알 수 있다. 많은 해양 식물과 동물이 진화하면서 바다에서 육상으로 이사를 갔고, 반대로 육지에 살던 고래와 해초 등은 다시 바다로 돌아왔다. 치열한 바닷속 경쟁을 피해 육상으로 간 식물들은 육상에서 물 부족, 변화무쌍한 온도, 영양물질의 부족, 초식동물들의 공격을 겪었을 것으로 생각된다. 그래서 육상식물들은 비가 많이 오고 비옥한 땅을 서식지로 선택하고 몸의 크기를 키웠을 것으로 판단된다. 이 분야는 생태학자, 진화학자, 고생물학자 등에게 매우 흥미로운 주제이고 계속 연구되어야 한다.

2. 진정한 3차원과 2차원에 가까운 3차원

이제 차원 높은 이야기 좀 해보자. 보통 육상생태계 내에 사는 생물들은 입체공간에 살기 때문에 3차원에 산다고 한다. 그러나 자세히 보면 새를 제외하고

그림 2-4. 사람도, 새도, 백조도 많은 시간을 2차원적인 표면 위에서 보낸다.

는 거의 2차원에 산다고 해도 과언이 아니다. 장대높이뛰기 엄청 잘하는 '이신바예바'도 5m 6cm를 뛴다. 아마 공중에 떠 있는 시간은 10초가 안 될 것이다. 10초 동안 3차원, 그리고 나머지 시간 동안은 2차원이다(그림 2-4). 사실 새들도 오래 날면 피곤하므로 2차원 생활을 하는 시간이 많다. 눈이 매서운 매도 하늘을 나나 싶었는데 어느새 땅 위에서 김을 매고 있고, 백조 원이나 들여 만든 백조의 호수에서 사는 우아한 백조도 대부분 2차원인 물 표면에 떠 있다.

해양생태계는 기본적으로 3차원이다. 표층부터 수심 11km의 마리아나 해구에 이르기까지 거의 모든 수심에 생물들이 살고 있다. 보통 표층 근방에 사는 생물들은 주로 표층 근방에서 시간을 보내고, 깊은 수심에 사는 생물들은 주로 깊은 수심에서 시간을 보내면서 살고 있다.

입체공간이라고 무조건 3차원일까? 입체공간의 경우 물리적으로 그 자체가 3차원이지만 생태학적으로도 깊이에 따라 차이가 있어야 3차원이라고 할 수 있다. 즉 깊이를 나타내는 z축에 구배가 있어야 진정한 3차원이다. 30층 아파트에 로열층과 1층의 가격이 얼마나 차이가 날까? 아마 20% 미만이 아닐까? 아파트에서도 빛이 잘 들어오는 층과 안 들어오는 층의 차이가 많지만 죽고 사는 문제는 아니다(그림 2-5). 그러나 바다에서는 층의 차이가 생사를 갈리게 한다. 100% 차이. 태양으로부터 무상원조를 받은 빛은 생물의 근원이다. 식물플랑크톤은 빛이 풍부한 표층에 있으면 살고, 빛이 안 들어오는 저층에 있으면 죽기 때문에 바다는 진정한 3차원이다. 그래서 무명의 배우와 플랑크톤의 공통점은 '떠야 산다'는 것이다.

지구에서 가장 높은 곳은 약 9km 솟아 있는 에베레스트다. 이 산의 높이를 측

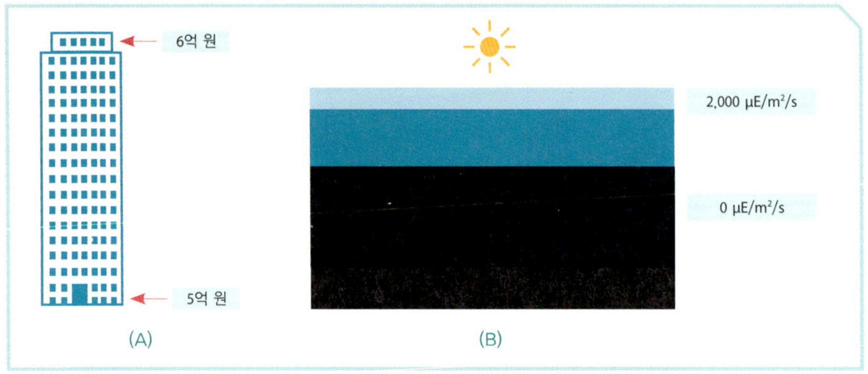

그림 2-5. (A) 아파트의 로열층과 1층의 가격 차이가 20% 미만인데, (B) 바다에서 표층과 저층의 광도 차이는 100% 차이가 날 수 있다.

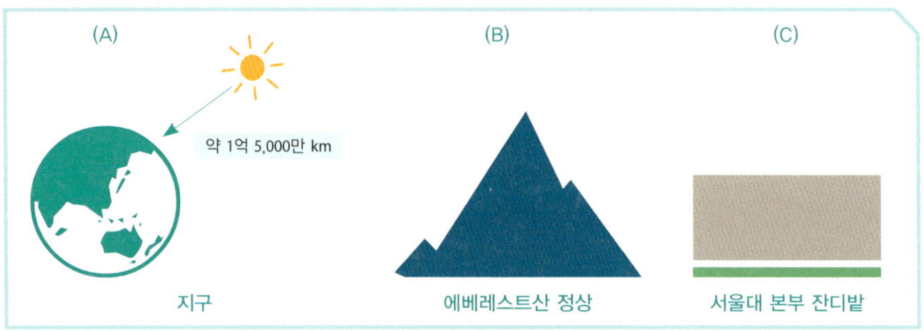

그림 2-6. (A) 태양에서 지구까지 약 1억 5,000만 km여서, (B) 태양에서 에베레스트산 정상까지 도달하는 빛의 양이나, (C) 서울대 본부 앞 잔디까지 도달하는 양은 거의 같다.

량한 영국의 '조지 에베레스트' 이름을 땄단다. 가장 높은 산이 그의 이름을 가장 높게 만들었다. 누구나 가보고 싶고, 부르고 싶은 불멸의 이름을 그에게 선물한 것이다. 온난화 방지를 위하여 에베레스트 겨울밤 기온처럼 썰렁한 퀴즈가 필요하다. "에베레스트 꼭대기에서 잰 광도와 해발 1m에서 잰 광도가 큰 차이가 날까요?" 해발 약 9km 위에서 잰 것이지만 답은 '비슷하다'다. 지구에서 태양까지 1억 4,960만 km다. 여기에서 9km를 빼면 여전히 1억 4,959만 9,991km다. 개콘 용어로 '도찐개찐'이다(그림 2-6). 즉 거의 같다는 이야기다.

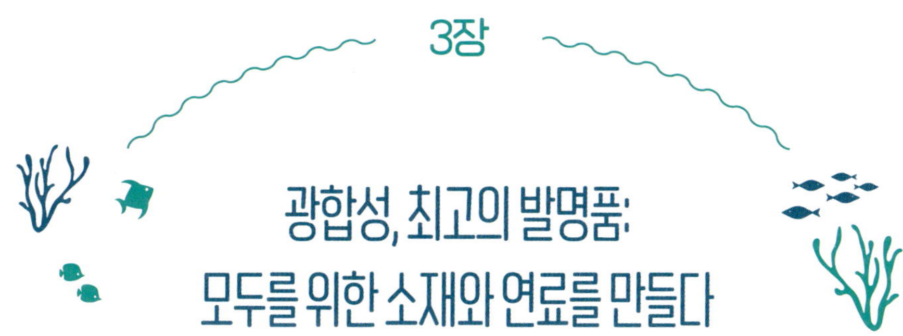

3장

광합성, 최고의 발명품: 모두를 위한 소재와 연료를 만들다

광합성은 지구 역사상 가장 위대한 발명품 중 하나다. 빛에너지를 이용하여 무기물인 이산화탄소(CO_2)를 유기물인 포도당($C_6H_{12}O_6$)으로 만들기 때문이다(그림 3-1). 그럼 포도당이 왜 중요할까? 포도당은 원유와 같은 것이다. 원유는 휘발유처럼 에너지원으로 쓰기도 하고, 다양한 화학물질이 들어 있어 플라스틱이나 의약품, 의류를 만들기도 한다. 포도당도 에너지원이면서 탄수화물, 지방, 단백질, 핵산 등을 만드는 원료로 쓰이므로 모든 생물에게 필수적인 물질이다. 우리도 하루하루 포도당을 얻기 위해 많은 노력을 한다.

1. 빛이 필요한 광합성

보통 이산화탄소를 이용하여 포도당을 합성하는 것을 1차생산primary production이라고 부른다. 처음으로 유기물을 합성하기 때문이다. 이산화탄소는 에너지 수준이 낮고 포도당은 높기 때문에 이산화탄소를 포도당으로 바꾸려면 에너지가 들어가야 한다. 이때 들어가는 에너지에는 빛에너지 또는 화학에너지가 있는

그림 3-1. 광합성 모식도. 이산화탄소와 빛에너지를 이용하여 포도당을 합성한다.

데, 빛에너지를 이용하는 것을 광합성이라 한다.

광합성은 크게 두 단계로 이루어진다. 첫 단계는 빛을 받아들인 후 빛에너지를 화학에너지로 바꾸는 단계이고, 두 번째 단계는 화학에너지를 이용하여 포도당을 합성하는 단계다. 빛에너지를 화학에너지로 바꾸는 단계는 빛이 필요한 단계여서 명반응light reaction이라 부르고, 화학에너지를 이용하여 포도당을 합성하는 단계는 빛이 필요 없어서 암반응dark reaction이라 부른다.

식물세포에 보면 엽록체chloroplast가 여러 개 들어 있다. 광합성을 하는 곳이 바로 엽록체인데, 그 안에 동전처럼 보이는 틸라코이드thylakoid들이 있고, 이 틸라코이드가 여러 개 겹쳐 있는 그라늄granum이 있다(그림 3-2). 또한 이러한 틸라코이드나 그라늄이 없는 빈 공간을 스트로마stroma라고 부른다. 명반응은 틸라코이드에서 일어나고 암반응은 스트로마에서 일어난다.

명반응이 일어나는 틸라코이드 막에는 2개의 광계photosystem가 들어 있다(그림 3-3). 이 광계들에는 빛을 흡수하는 색소들이 들어 있는데 모든 식물은 엽록소-achlorophyll-a를 공통적으로 가지고 있다. 그 외 다양한 보조색소가 있는데 생물그룹에 따라 다르다. 자세한 것은 다음 장에서 설명할 것이다.

'광계 I'에서는 광자photon가 엽록소에 있는 마그네슘(Mg)을 때리면 전자 두 개가 튀어나가 마그네슘이온(Mg^{2+})이 된다. 마그네슘이온이 다음 광자를 받아들이

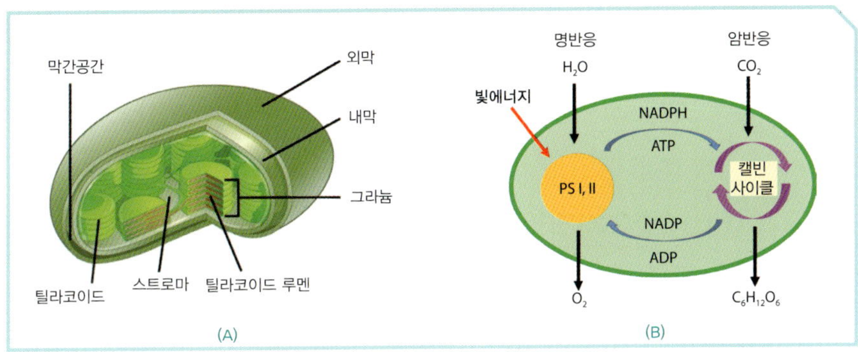

그림 3-2. (A) 엽록체 구조. (B) 빛에너지를 화학에너지로 바꾸는 명반응은 틸라코이드에서, 화학에너지를 이용하여 포도당을 합성하는 암반응은 스트로마에서 일어난다.

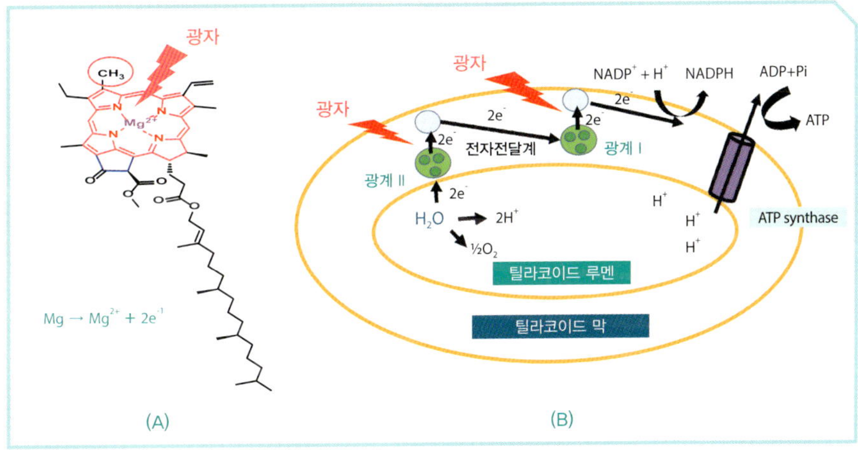

그림 3-3. 명반응은 틸라코이드 막에서 일어난다. (A) 틸라코이드 막에 있는 엽록소가 있는데 엽록소 중앙에는 마그네슘이 들어 있다. 광자가 마그네슘을 때리면 전자가 튀어나간다. (B) 전자가 전달되면서 결국 NADPH와 ATP가 생산된다.

기 위하여 전자를 채워넣어야 하는데 전자는 바로 옆에 있는 '광계 II'에서 공수해 온다(그림 3-3). 이때 필요한 전자가 광계 II에서 광계 I으로 전자전달계를 통해서 온다.

'광계 II'에서도 전자를 다른 곳에서 가져와야 하는데 바로 물을 분해해서 전자를 가져온다. 물분자가 분해되면 전자, 수소이온, 산소가 발생한다. 그러므로 광합성 때 산소가 나오는 것은 이산화탄소(CO_2) 안에 들어 있는 산소가 아니라 물분자

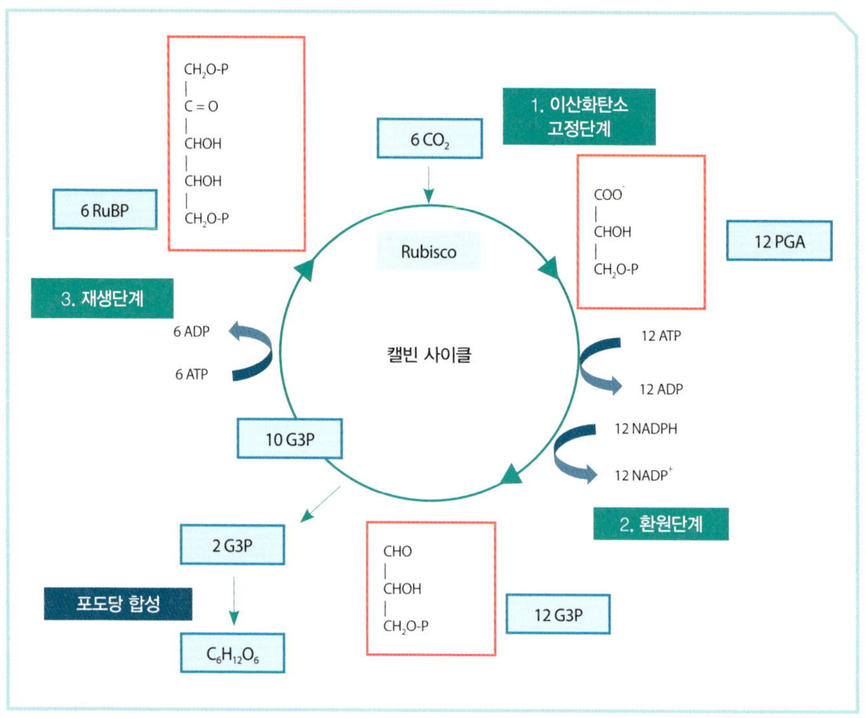

그림 3-4. 암반응인 캘빈 사이클(Calvin cycle)에는 이산화탄소 고정단계, 환원단계, 재생단계라는 비교적 복잡한 과정으로 이루어져 있다.

(H_2O) 안에 있는 산소다. 수소이온은 틸라코이드 막 안쪽인 루멘lumen에 쌓여 있다가 막 바깥으로 나오면서 ADP를 ATP로, NADP를 NADPH로 합성한다. ATP는 에너지를 저장한 화합물이고, NADPH는 강력한 환원제인데 이들은 CO_2를 포도당으로 합성하는 캘빈 사이클Calvin cycle이 일어나는 곳으로 이동한다.

화학에너지를 이용하여 포도당을 합성하는 암반응은 캘빈 사이클로 이루어져 있다. 첫 단계는 리불로스-1.5-이인산(ribulose-1,5-bisphosphate, RuBP)라는 탄소 5개짜리 단당류(5탄당)가 CO_2를 받아들인 후 2개의 3탄당인 3-phosphoglyceric acid(PGA)를 만드는 CO_2 고정단계다(그림 3-4). 이때 유명한 효소인 루비스코(Rubisco; Ribulose-1,5-bisphosphate carboxylase-oxygenase)가 작동을 한다.

두 번째 단계는 이 3탄당을 환원시키는 단계인데 산(PGA)을 알데하이드인 Glyceraldehyde 3-phosphate(G3P)로 환원시킨다. 이 과정에서 명반응에서 생산하여 가져온 강력한 환원제인 NADPH와 에너지원인 ATP를 쓴다.

세 번째 단계는 일부의 G3P를 RuBP로 재생하는 단계다. 이 과정은 9개의 단계로 되어 있고 많은 종류의 당과 효소들이 관여한다.

결국 광합성은 빛을 이용하여 에너지원인 ATP와 환원제인 NADPH를 만드는 명반응, CO_2와 ATP, NADPH을 이용하여 알데하이드인 G3P를 만드는 암반응, 그리고 G3P를 포도당으로 합성하는 포도당신생 과정을 거쳐 이루어진다. 남세균류가 처음 발명한 이 광합성 덕분에 식물뿐만 아니라 우리를 포함한 동물도 존재하는 것이다.

2. 표층만 밝은 바다, 광합성을 제한하다

여름 한낮에 해수 표면 바로 위의 광도light intensity or irrdiance를 재보면 2,000~3,000 $\mu E/m^2/s$ 정도다. 그런데 이러한 바다에서도 200m 정도 내려가면 빛이 거의 없다. 왜 그런지는 곧 이야기할 것인데 도대체 $\mu E/m^2/s$라는 단위가 무엇인가? E는 아인슈타인Albert Einstein 박사님의 이름을 따서 만들었다. 요즘 광도계로 광도를 재는데 왜 아인슈타인 박사님 이름이 나올까? 아인슈타인의 빛에 대한 연구업적이 엄청나게 빛나서인 것 같다. 광도를 $\mu mol.photons/m^2/s$로 쓰기도 한다.

옛날에 썼던 광도의 단위는 foot-candle이다. 1초 만에 감이 온다. 초 하나 놓고 발 하나1 feet 떨어진 곳에서 잰 밝기를 광도로 썼다. 필자가 좋아하는 세계적인 팝 가수 리키 마틴의 히트송 "Livin' La Vida Loca"에 나오는 구절이 있다. "New kicks and candlelight". 초 하나의 마법, 어둠 속의 작은 태양이라고나 할까? 한 줄기 빛 안에는 수많은 광자가 들어 있다. 얼마나 많이? 1E는 아보가드로수를 말하는데 6.02×10^{23}개다. μ micro는 10^{-6}이므로 1 μE은 6.02×10^{17}개를 말한다. m^{-2}이니까 1m×1m 안에, s^{-1}은 1초 동안에. 그러므로 1,000 $\mu E/m^2/s$은 사방 1m 면적에 1초 동안 6.02×10^{20}개 광자가 쏟아지는 것이다. 일사병은 여름날 밖에 나가 있을 때 엄청난 양의 광자 폭탄을 맞을 때 일어난다고 할 수 있다. 번개퀴즈 하나, 먹구

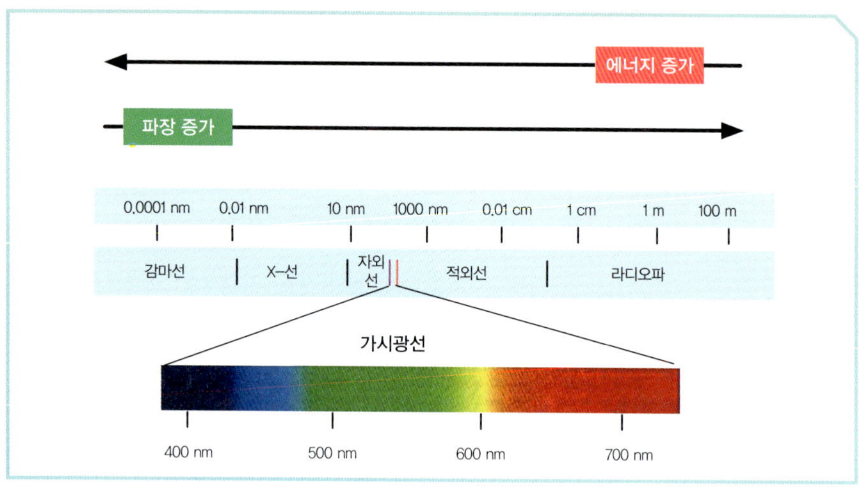

그림 3-5. 빛 스펙트럼. 눈으로 볼 수 있는 약 400~700 nm 파장의 빛을 가시광선이라고 부른다. 보라색(violet)보다 파장이 짧은 빛을 자외선(ultra-violet)이라고 부르는데, 이보다 더 짧은 파장의 빛에는 x-선, 감마선이 있다. 빨간색(red)보다 긴 파장을 적외선(infra-red)이라고 부르는데, 이보다 더 긴 파장의 빛에는 라디오파 등이 있다.

름이 낀 날 밖에서 광도를 잰 것과 실내에서 밝은 형광등 1m 아래서 잰 광도 중 어느 광도가 높을까? 아마 400 μE/m²/s 대 20 μE/m²/s 정도 될 것이다. 아~ 태양의 위대함이여. 오솔레미오~~.

그런데 바닷속 200m 아래에서는 광자가 거의 없다. 그 많던 광자는 어디로 갔을까? 물과 부유물이 흡수absorption와 산란scattering으로 없애버린 것이다. 태양빛은 수많은 파장의 광자를 포함하고 있다(그림 3-5). 그중에 빨, 주, 노, 초, 파, 남, 보의 무지갯빛을 우리가 볼 수 있다고 하여 가시광선visible light이라고 부른다. 식물도 광합성을 하는데 이 파장의 빛들을 이용한다. 이들 중 빨간색이 가장 긴 파장을 가지고 있고, 보라색이 가장 짧은 파장을 가지고 있다. 그 대신 빨간 파장은 주파수가 낮고, 보라색은 주파수가 높은데, 주파수가 낮으면 에너지가 낮고, 주파수가 높으면 에너지가 높다.

빛의 파동은 물 분자를 진동 또는 회전시킨다. 특히 파의 주파수와 물 분자의 진동수가 가까우면 그 파는 물 분자에 흡수되어 물 분자를 회전시키며 열을 발생시킨다. 적외선에 가까운 빨간색 파장이 가장 많이 물 분자에 흡수되고, 파란색 파장이 가장 적게 흡수된다(그림 3-6). 그러므로 맑은 해수에서는 표층 부분에서 빨간

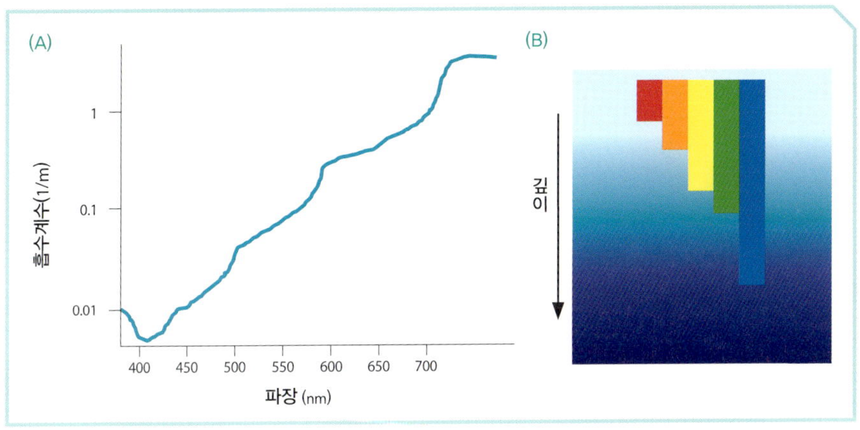

그림 3-6. (A) 순수한 물에서의 파장별 흡수계수(absorption coefficient). (B) 해수흡수에 의하여 빨, 주, 노, 초, 파 파장이 차례대로 없어진다.

색이 흡수되고, 중간층에서는 주황, 노랑, 초록이 흡수되며, 파랑이 가장 깊은 수심까지 들어간 후 산란되므로 맑은 바다는 파란색으로 보인다. 여기에서 블루오션blue ocean이란 말이 나왔는데, 이는 바다가 빛의 다양한 파장에 대한 선택적 흡수를 했기 때문에 나온 말이다. 모든 파장을 공평하게 흡수했으면 나오지 않을 말이다. 여기에도 편애가 있다니.

미국 동남부 앞에 있는 사르가소해Sargasso Sea는 가장 맑은 바다 중 하나다. 그러나 이 바다에서도 빛이 아무리 깊이 들어가도 200m를 넘지 않는다. 즉 거의 모든 바다가 200m 아래 수심으로 내려가면 깜깜하다. 보통 광합성을 할 만큼 빛이 많은 깊이를 유광층이라 하고, 빛이 전혀 없는 층을 무광층이라고 한다.

갑자기 송창식 선생님의 불멸의 명곡, '우리는'이 생각난다. "우리는 빛이 없는 어둠 속에서도 찾을 수 있는, 우리는, 아주 작은 몸짓 하나라도 느낄 수 있는, 우리는, 우리는 소리 없는 침묵으로도 말할 수 있는, 우리는, 마주치는 눈빛 하나로 모두 알 수 있는." 무광층에서 살고 있는 심해 생물들이 꼭 알아야 할 노래다. 대왕오징어와 대왕고래 '우리는'을 불러보세요. 그런데 둘이 '아주 작은 몸짓 하나라도 느끼다' 싸우면 누가 이기지?

3. 해양 광합성 생물의 색소들, 빛의 이용을 증대시킨다

광합성 생물들은 엽록체에서 빛을 흡수하는데 엽록체 안에서 빛을 흡수하는 화합물을 광합성 색소photosynthetic pigment라고 한다. 광합성 색소에는 크게 엽록소chlorophyll계 색소, 피코빌리단백질phycobiliprotein계 색소, 카로티노이드carotenoid계 색소가 있다.

거의 모든 광합성 생물은 엽록소-a를 공통적으로 가지고 있다. 그래서 엽록소-a를 주색소라 하고 광합성 생물의 양을 잴 때 엽록소-a의 밀도를 잰다. 엽록소-a 외 색소는 보조색소라고 하는데 이들이 흡수한 빛은 모두 엽록소-a로 보내 명반응을 하게 한다.

엽록소-a는 클로린chlorin이 중심을 잡고 주위에 피톨phytol을 가지고 있다. 이 클로린 중앙에는 광자를 흡수하는 마그네슘이 들어 있다(그림 3-7).

그런데 이 엽록소-a는 식물의 종류 및 유기용매 종류에 따라 조금씩 다르지만

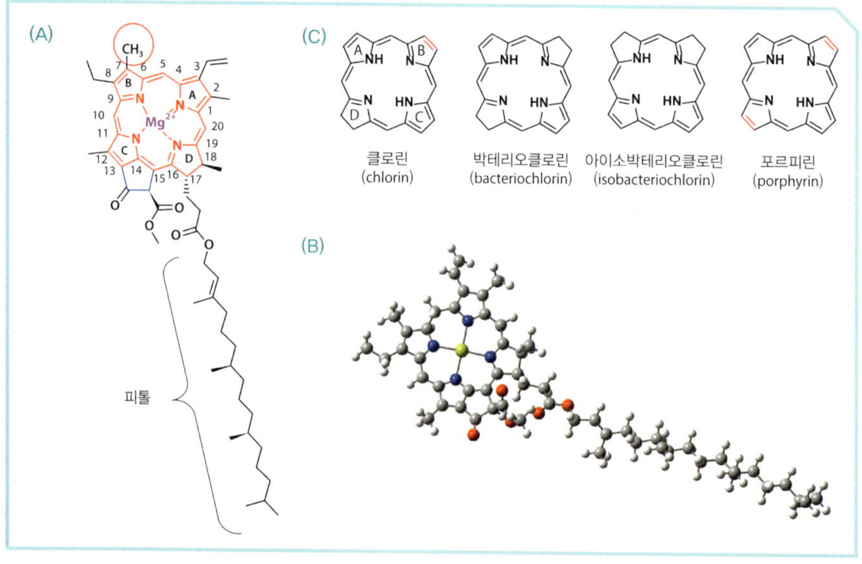

그림 3-7. (A, B) 엽록소-a 구조. (C) 클로린 계열과 포르피린(노정래 교수 제공)

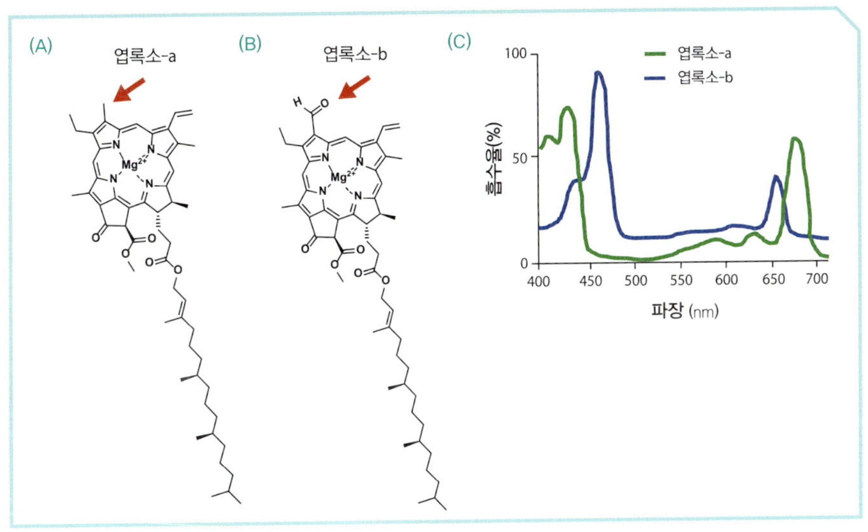

그림 3-8. (A, B) 엽록소-a와 -b의 구조적 차이(노정래 교수 제공). (C) 엽록소-a와 -b의 흡수 스펙트럼의 차이

보통 420~430 nm와 660~670 nm 근방의 파장의 빛을 가장 효과적으로 흡수할 수 있다. 앞서 언급한 대로 바다에서는 빛이 매우 부족하므로 이 두 파장의 빛만 주로 흡수하여 사용하는 것은 매우 비효율적이다. 그러므로 많은 해양식물은 다른 파장의 빛도 잘 흡수하기 위하여 엄청난 노력을 했다. 엽록소-a를 조금 변형시켜 엽록소-b, 엽록소-c, 엽록소-d, 엽록소-f를 만들었다. 이들은 엽록소-a와는 다른 파장의 빛을 효과적으로 흡수할 수 있다.

엽록소-b도 클로린이 중심을 잡고 주위에 피톨이 있다. 그러나 엽록소-a에서는 C7 그룹에 $-CH_3$기를 가지고 있는데 엽록소-b는 -CHO를 가지고 있다(그림 3-8). 엽록소-b는 450~460 nm와 640~650 nm 근방의 빛을 가장 잘 흡수한다. 엽록소-b는 주로 녹조류, 유글레나류, 그리고 와편모류 일부가 가지고 있다.

엽록소-c는 클로린 대신 포르피린porphyrin이 중심을 잡고 있으며 주위에 피톨이 없다. 즉 엽록소-a의 C17 그룹 부분이 $-CH_2CH_2COO$-Phytyl로 되어 있으나 엽록소-c에서는 -CH=CHCOOH로 바뀌어 있다(그림 3-9). 엽록소-c는 440~460 nm 근방의 빛을 가장 잘 흡수한다. 엽록소-c는 주로 갈조류, 규조류, 와편모류, 많은 미소편모류 등이 가지고 있다.

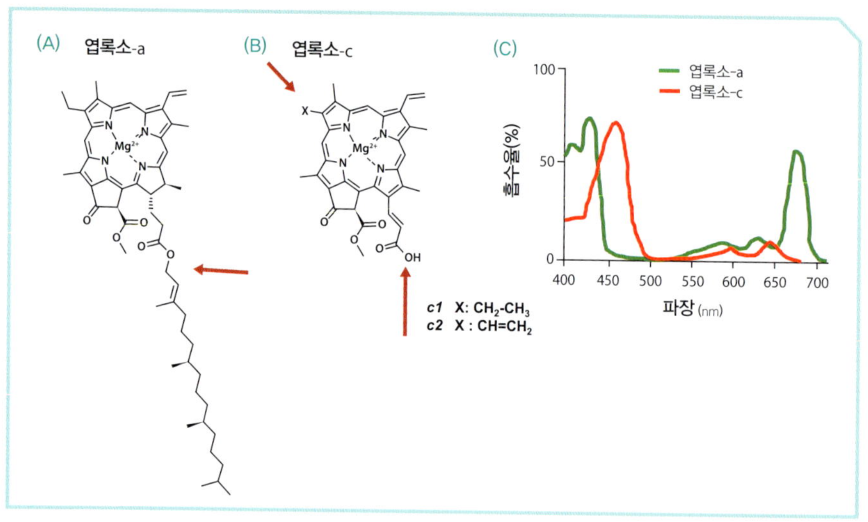

그림 3-9. (A, B) 엽록소-a와 -c의 구조적 차이(노정래 교수 제공). (C) 엽록소-a와 -c의 흡수 스펙트럼의 차이

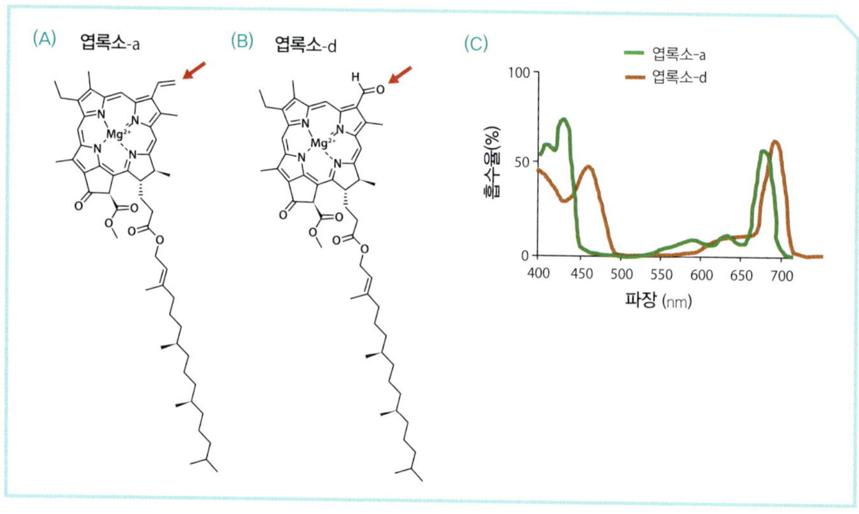

그림 3-10. (A, B) 엽록소-a와 -d의 구조적 차이(노정래 교수 제공). (C) 엽록소-a와 -d의 흡수 스펙트럼의 차이

엽록소-d도 클로린이 중심을 잡고 주위에 피톨이 있다. 엽록소-a가 C3 그룹에 $CH=CH_2$를 가지고 있으나 엽록소-d에서는 -CHO으로 바뀌어 있다(그림 3-10). 엽록소-d는 450~460 nm와 690~710 nm 근방의 빛을 가장 잘 흡수한다. 엽록소-d는 주로 홍조류, 남세균류가 가지고 있다.

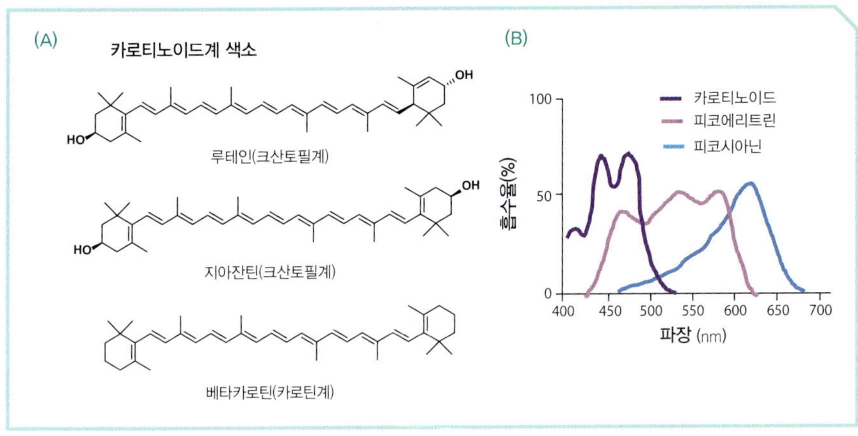

그림 3-11. (A) 카로티노이드계 색소의 구조(노정래 교수 제공). (B) 카로티노이드, 피코에리트린, 피코시아닌 색소의 흡수 스펙트럼

엽록소-f는 2010년에 호주 시드니대학교의 민첸Min Chen 박사가 처음 발견했는데, 남세균이 만드는 스트로마토라이트Stromatolites라는 퇴적암에서 찾아냈다(Chen et al. 2010, 2012). 이 퇴적암은 수십억 년 된 남세균들을 포함하고 있어 광합성 생물의 기원을 찾는 데 큰 도움을 준다. Stromatolites에서 *strōma*는 'layer 또는 stratum', 즉 층이라는 뜻이고 *líthos*는 'rock', 암석이라는 뜻이다. 남세균들이 끈적끈적한 물질을 내서 모래나 미네랄들이 달라붙게 만들어 미생물 매트microbial mat를 만든다. 이 매트는 세월이 갈수록 층을 더해가서 오래된 것은 1m가 넘는다.

엽록소-f도 클로린이 중심을 잡고 주위에 피톨이 있다. 엽록소-a에서 C2 그룹이 -CH_3인 반면, 엽록소-f에서는 -CHO으로 바뀌어 있다. 엽록소-f의 기능이나 생태학적 분포 등은 아직 알려지지 않았다. 엽록소-f도 주로 남세균류가 가지고 있다.

해양 광합성 생물photosynthetic organisms은 엽록소 계열 색소들로도 충분한 빛을 모으기가 부족하여 피코빌리단백질phycobiliprotein계 색소나 카로티노이드carotenoid계 색소도 개발하여 '빛' 샐 틈 없는 스크럼을 짠다(그림 3-11).

피코빌리단백질에서 피코는 조류alga라는 뜻을 가진 그리스어 '*phykos*'에서 유래했고 빌리는 담즙bile이라는 뜻을 가진 '*bilis*'에서 유래했다. 피코빌리단백질계 색소는 색소와 단백질의 결합체pigment-protein complex인데 피코에리트린phycoerythrin, 피코시아닌phycocyanin, 알로피코시아닌allophycocyanin이 있다. 피코에리트린 안에 들어 있는 단백질은 빨간색을 띠는 피코에리트로빌린phycoerythrobilin과 오렌지색을 띠는 피코유로빌린phycourobilin이고, 피코시아닌 안에 들어 있는 단백질은 파란색을 띠는 피코시아노빌린phycocyanobilin이다.

피코에리트린은 490~500 nm와 540~570 nm 근방의 빛을 잘 흡수하고, 피코시아닌은 620 nm 근방의 빛을 잘 흡수한다. 그런데 최대 흡수율이 나타나는 파장은 생물의 종류, 온도, pH 등의 영향을 받아 약간씩 다를 수 있다.

카로티노이드계 색소의 경우 현재까지 600여 종류가 알려졌는데 크게 오렌지색의 카로틴carotene 계열 색소와 노란색의 크산토필xanthophyll 계열 색소로 나뉜다. 카로틴은 당근carrot이란 뜻을 가진 그리스어 '*carota*'로부터 유래했고, 크산토필은 노란색이란 뜻을 가진 '*xanthos*'와 나뭇잎이란 뜻을 가진 '*phyllon*'에서 유래했다. 구조식을 볼 때 카로틴 계열 색소는 수소와 탄소로만 이루어져 산소를 가지고 있지 않으나 크산토필 계열 색소는 산소를 가지고 있다(그림 3-11).

카로티노이드계 색소는 종류가 많은 만큼 다양한 파장의 빛을 흡수하지만 주요 색소들은 400~500 nm의 파장에서 최대 흡수율을 갖는다(그림 3-11).

그런데 일부 식물이 육상으로 진출한 후에는 육상의 빛이 풍부하므로 엽록소-a, -b와 일부 카로티노이드계 색소만 이용했다.

바닷속은 빛이 부족하여 빛을 조금이라도 흡수하기 위하여 많은 색소를 만들었기 때문에 총천연색으로 보이고, 육상에서는 빛이 풍부한 지역이 많아 녹색으로 이루어진 것이다(그림 3-12).

이렇게 해양 광합성 생물은 빛을 조금이라도 많이 흡수하기 위하여 진화했다. 즉 바닷속 총천연색은 바닷물이 흡수와 산란으로 빛을 없앰으로써 생긴 빛 부족 상태에서 각 식물들의 빛에 대한 열망이 만들어낸 식물들의 진화의 산물이다. 각 식물그룹들이 가지고 있는 색소들에 대해서는 뒤에 있는 '식물플랑크톤'에서 자세히 설명하고자 한다.

오래 전에 해양생태학 시험문제를 '만일 바다의 수심이 5m로 얕아진다면 바닷속 색깔은 어떻게 변할 것으로 생각하는지 논하시오'라고 낸 적이 있다. 이 문제를 받아보고 수심이 가득한 학생들을 보았다. 수심이 얕아야 잘 풀 텐데.

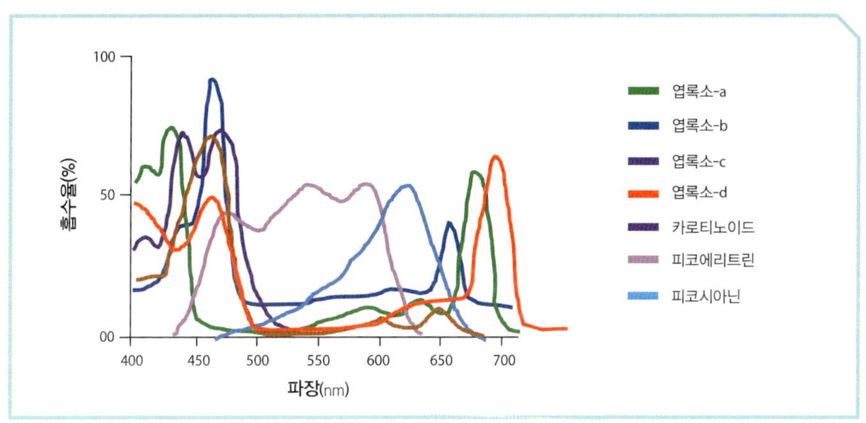

그림 3-12. 다양한 색소의 흡수 스펙트럼

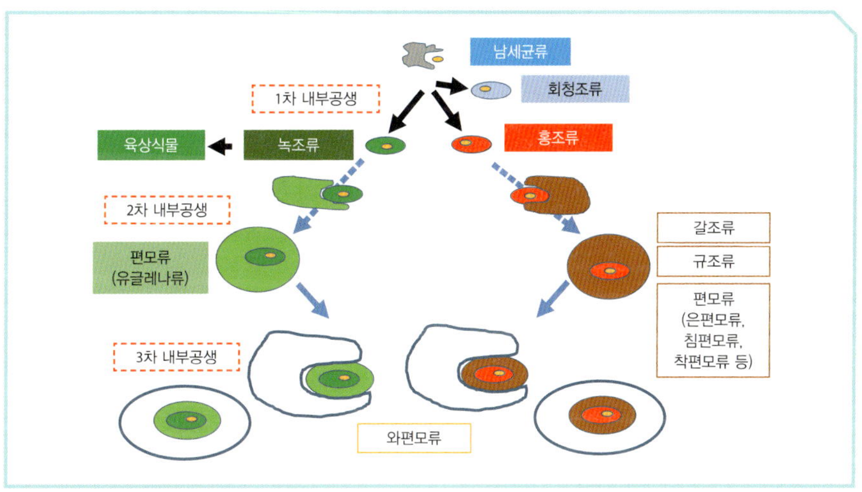

그림 3-13. 내부공생이론과 식물의 진화

지구상에는 수많은 광합성 생물이 있다. 그런데 이들은 모두 남세균류에서 유래한 것이다. 남세균류는 엽록소를 가진 최초의 생물이기 때문이다. 이제는 가설이 아니라 이론으로 받아들여지고 있는 내부공생이론endosymbiosis theory은 모든 식물이 포식과 내부공생에 의하여 형성되었다는 이론이다. 내부공생이론에 의하면 원시진핵세포proto-eukaryotes가 세균을 먹어서 미토콘드리아로 만들고, 남세균을 먹은 후 소화하지 않고 공생을 하도록 하여 색소체로 만들었는데 이렇게 해서 탄생한 생물이 회청조류glaucophytes, 홍조류red algae, 녹조류green algae이다(그림 3-13). 이

것을 1차 내부공생이라고 부른다. 회청조류, 홍조류, 녹조류에 육상식물을 합하여 원시색소체생물 슈퍼그룹 Supergroup Archaeplastida이라고 부른다. 이러한 홍조류가 또 다른 진핵세포에게 먹혀서 탄생한 것이 갈조류 brown algae, 규조류 diatoms, 은편모류 cryptophytes, 침편모류 raphidophytes, 착편모류 haptophytes 등이고, 녹조류가 진핵세포에게 먹혀서 탄생한 것이 유글레나류 euglenophytes와 같은 녹색편모류이다. 이것을 2차 내부공생이라고 부른다. 그런데 회청조류를 먹고 탄생한 2차 내부공생자는 아직 발견되지 않았는데 만일 발견한다면 최고학술지에 실릴 것으로 예상된다. 이어서 이러한 편모류들, 규조류 등을 먹어서 탄생한 것이 와편모류dinoflagellates인데 이를 3차 내부공생이라고 부른다. 즉 포식과 공생에 의하여 남세균류로부터 규조류, 편모류, 와편모류가 차례로 탄생한 것이다.

내부공생이론에서 각 식물 그룹들이 가지고 있는 엽록소의 종류를 보면 시조인 남세균류는 엽록소-a, -b, -d, -f를 가지고 있고, 1차 내부공생에 의하여 만들어진 홍조류는 엽록소-a, -d를, 녹조류는 엽록소-a, -b를 가지고 있다(그림 3-14). 2차 내부공생에 의하여 만들어진 유글레나도 엽록소-a, -b를 가지고 있으나, 미소편모류인 은편모류 cryptophytes, 착편모류 haptophytes, 규조류 diatoms는 엽록소-a, -c를 가지고 있다. 앞서 언급한 바와 같이 엽록소-a, -b, -d는 모두 클로린과 피톨을 가지고 있으나 엽록소-c는 클로린 대신 포르피린을 가지고 있고, 피톨은 가지고 있지 않다. 3차 내부공생에 의하여 만들어진 와편모류도 엽록소-a, -b를 가지고 있는 종도 소수 있으나 대부분 엽록소-a, -c를 가지고 있다.

엽록소는 녹색의 빛을 잘 흡수하지 않고 반사하거나 통과시킨다. 그러므로 엽록소가 많은 녹색식물이나 녹조류는 녹색으로 보이는 것이다. 즉 녹색은 엽록소에서는 흡수되지 않는 반항의 산물이라고 할 수 있다.

남세균류, 회청조류, 홍조류, 은편모류 일부는 피코빌리단백질계 색소를 가지고 있으나 녹조류, 갈조류, 규조류, 와편모류 등은 가지고 있지 않다(그림 3-14). 남세균과 대부분의 진핵식물은 카로티노이드계에 속하는 크산토필xanthophyll 계열 색소와 카로틴carotene 계열 색소 중 몇 가지씩 가지고 있으나 회청조류에서는 현재까지 카로티노이드계 색소를 발견하지 못했다. 그런데 회청조류는 원생누대Proterozoic Eon에는 많이 존재했었을 것으로 추정되나 현재에는 적은 수의 담수종밖에 남아

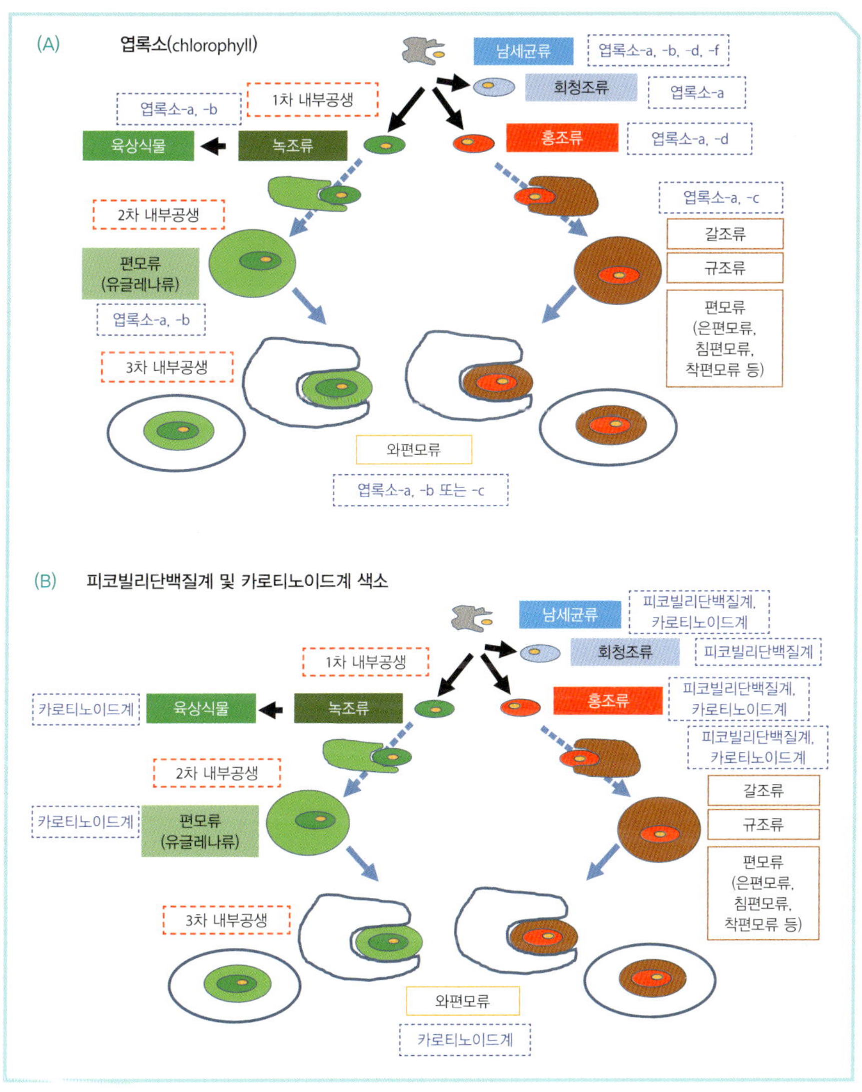

그림 3-14. 현재까지 밝혀진 해양광합성 생물의 색소. (A) 엽록소. (B) 피코빌리단백질계 및 카로티노이드계 색소

있지 않은데 남세균류가 카로티노이드계 색소를 가지고 있는 것으로 보아 과거에 살았던 종들은 카로티노이드계 색소를 가지고 있었을 가능성이 높다.

오랫동안 규조류는 푸코잔틴fucoxanthin을, 와편모류는 페리디닌peridinin을 독점적으로 가지고 있다고 생각하여 현장에서 색소를 분석하여 푸코잔틴이 검출되면 규조류라고 생각하고, 페리디닌이 검출되면 와편모류라고 생각했었다. 그러나 푸코잔틴을 가지고 있는 와편모류 종들이 많이 발견되었는데, 특히 유해성 적조를 대규모로 일으키는 카레니아시에과Family Kareniaceae에 속하는 많은 종이 푸코잔틴을 가지고 있다는 사실이 밝혀졌다. 그러므로 이제는 규조류와 와편모류를 구분하는 데 이러한 색소 방법을 쓰기가 어렵다.

4장

생물은 어떤 원소들로 이루어져 있나?

"한 송이 국화꽃을 피우기 위하여 봄부터 소쩍새는 그렇게 울었나 보다." 미당 서정주 시인의 〈국화 앞에서〉다. 시를 읽어보면 국화꽃을 피우기 위해서는 '무서리'도 내려야 하고 '천둥 번개'도 쳐야 한다. 그러나 실제로 국화꽃을 피우기 위하여 필요한 것은 질소, 인 등의 영양물질과 물, 빛 등이다.

요즘 사람들은 많은 것을 키운다. 식물도 키우고 동물도 키운다. 이들이 필요한 영양물질이 무엇인지 알려면 이들이 어떤 물질로 이루어졌는지를 봐야 한다. 몸을 구성하고 있는 화합물은 물, 탄수화물, 지방, 단백질, 핵산 등이다. 그런데 이 화합물들은 대부분 수소, 탄소, 산소, 질소, 인으로 이루어져 있다(그림 4-1).

몸속에 원자 개수가 가장 많이 있는 것은 수소다. 다음은 산소, 탄소, 그리고 질소 순으로 많다. 이들 원소를 한꺼번에 얻으려면 무엇을 먹어야 할까? 답은 '소'고기다. 수소, 산소, 탄소, 질소. 모두 '소'가 들어 있기 때문이다. 2010년쯤 만들어 강의나 강연 때 썼던 유머가 있다. 식당에 가면 웨이터가 물어본다. "스테이크 고기를 어떻게 익혀드릴까요?" 하고. 답은 '탄소'와 '저탄소'로 대답할 수 있다. Well done(많이 익힌 소고기)은 탄소, Rare(약간 익힌 소고기)는 저탄소. 식당에서 '저탄소 녹색성장' 요리는 'Rare steak with Salad' 정도 되지 않을까?

137억 년 전 빅뱅이 일어나 우주가 탄생했다고 한다. 처음엔 물질이 수소밖에

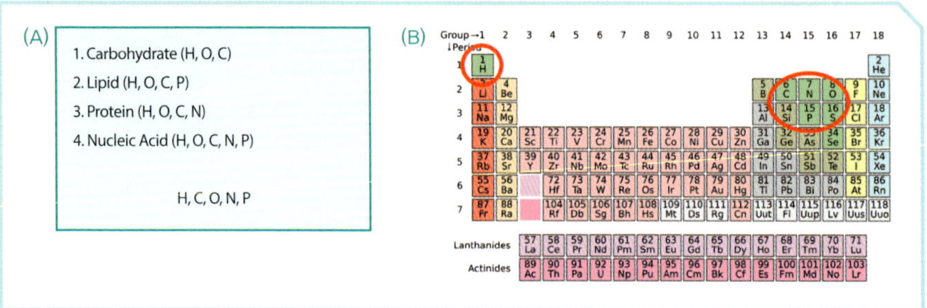

그림 4-1. (A) 생물 내 주요 물질인 탄수화물, 지방, 단백질, 핵산을 구성하는 원소와, (B) 이 원소들의 주기율표에서의 위치(Image by Gerd Altmann from Pixabay)

없었다. 그 후 수소와 수소가 결합하여 새로운 원소가 탄생했다. 사실 외양간의 수소와 수소가 만나면 싸우는데 원소인 수소와 수소는 만나서 사이좋게 결합하면서 헬륨이 되었다. 물론 이 과정에서 열을 내고. 태양은 이러한 과정을 통하여 우리에게 많은 에너지를 주고 있다. 그 후 탄소, 질소, 산소 등이 만들어졌지만 우주 안에 원소 중 수소가 아직도 70%를 차지한다.

생물의 몸을 구성하고 있는 수소, 산소, 질소는 원자량이 작은 가벼운 원소들이어서 주기율표에서 앞자리를 차지하고 있다. 생물이 이 원소들을 주로 이용하기 때문에 이렇게 많은 생물이 살아 있지, 만일 모든 생물이 우라늄이나 토륨 등을 필수적으로 가져야 한다면 아마 지구상의 생물은 1백만분의 1로 줄었을 것 같다.

1. 탄소, 생물의 근원 물질

탄소는 생명 현상과 직접적인 관련이 있다. 생물 물질의 기본인 포도당, 단백질, 지방 모두 흔한 수소, 산소 외에 탄소로 이루어져 있다. 그래서 한때 탄소가 들어 있는 화합물은 생명 현상과 관련 있는 유기물organic materials이라 하고, 들어 있지 않은 화합물은 무기물inorganic materials이라고 불렀다. 그러나 누구나 좋아하는 다이아몬드를 포함하여 연필 속에 들어 있는 흑연과 일산화탄소, 이산화탄소, 탄산염carbonates, 시아네이트cyanates 등은 비록 그 안에 탄소가 들어 있지만 무기물임이 밝혀졌다. 다이아몬드가 생명 현상과 무관하여 무기물이라고 하는데 정말 생명 현상과 무관한지는 잘 모르겠다.

45억 년 전에 지구가 탄생한 후 원시대기가 만들어졌는데 이때 가장 많은 물질은 수증기(H_2O), 이산화탄소(CO_2), 질소(N_2) 순이었다. 지표가 식으면서 막대한 양의 수증기는 바다가 되고, 이산화탄소는 주군을 따라 바다로 갈 것인가, 아니면 남아서 넘버원이 될 것인가 고민하다가 의리를 지켜 바다로 들어갔다.

바다로 녹아 들어간 이산화탄소를 생물체는 가만 놔두지 않았다. 38억 년 전쯤 지구상에서 가장 현명한 생물인 남세균류가 탄생하였고, 이들은 이산화탄소를 이용하여 유기물을 합성하는 지구상 최고의 발명인 광합성을 발명했다. 앞서 설명한 대로 남세균류는 20억 년 넘게 해양을 독점하다가 홍조류, 녹조류를 탄생시켰고, 또 다시 규조류, 편모류, 와편모류 등을 탄생시키며 지구상 식물의 양을 비약적으로 늘렸다. 이러한 식물들은 막대한 양의 산소를 발생하게 하여 산소호흡을 하는 동물이 탄생하게 되었다. 이러한 동식물의 증가는 당초 원시대기 중에 있던 이산화탄소를 생물의 몸 안에 유기탄소로 저장하여 대기중 이산화탄소의 농도를 낮추는 데 기여했다. 막대한 양의 탄소를 함유하고 있는 석유, 석탄이 어떻게 생성되었는지는 아직 정확히 밝혀지지는 않았으나 과학자들은 플랑크톤들이 해저에 가라앉은 후 퇴적물에 묻힌 후 지압, 지열에 의하여 석유가 되었고, 수목들이 묻힌 후 위로부터 압력을 받아 석탄이 되었다고 추정하고 있다(그림 4-2).

또한 이산화탄소는 물속에 녹은 후 일부가 탄산칼슘($CaCO_3$)으로 들어갔다(그림 4-3). 석회비늘편모류Coccolithophore 등과 같은 플랑크톤들의 껍질이나 산호초, 패류 껍질들이 이러한 탄산칼슘으로 되어 있는데 이들도 원래 대기중의 이산화탄소에서 만들어진 것이다. 대산호초는 막대한 양의 이산화탄소를 탄산칼슘 형태로 전환하여 가지고 있는 셈이다. 지금 우리는 사방에서 시멘트를 볼 수 있는데, 시멘트의 주성분이 석회석(탄산칼슘)이므로 이들도 원시대기 이산화탄소에서 만들어진 것이다.

이렇게 석탄, 석유, 석회석으로 전환되어 있던 원시대기의 이산화탄소는 인간들이 다시 끄집어내어 쓰면서 다시 대기중으로 들어가게 되었다. 이러한 과정은

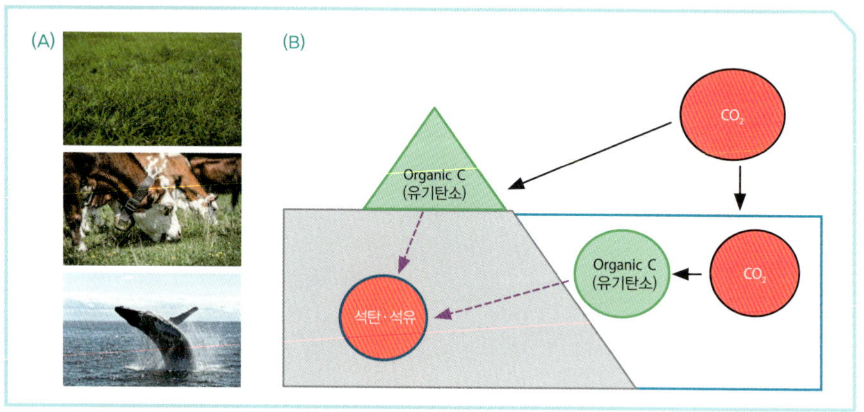

그림 4-2. (A) 대기중에 있던 많은 이산화탄소가 광합성에 의하여 식물의 몸 안에 고정되고, 이를 동물이 포식한 후 자신의 몸에 저장한다. (B) 이렇게 동식물에 저장된 탄소는 땅에 묻혀 석탄, 석유가 된다.

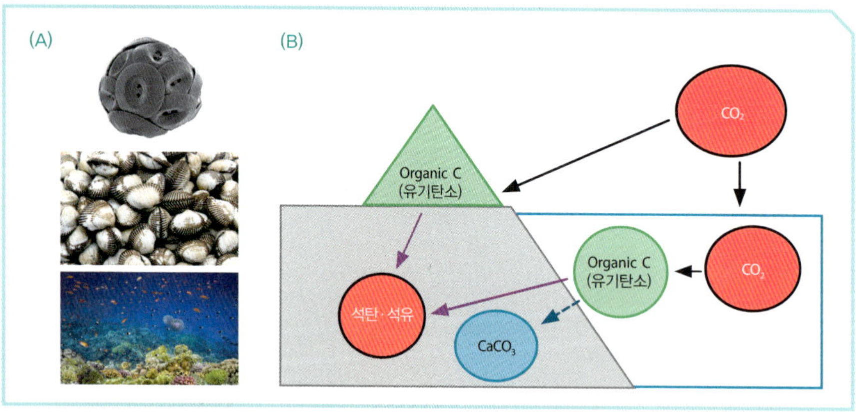

그림 4-3. 이산화탄소는 플랑크톤과 저서생물에 의하여 탄산칼슘($CaCO_3$)으로 전환되기도 한다. (A) 석회비늘편모류(Coccolithophore), 조개, 산호 등은 탄산칼슘으로 되어 있는 껍질을 가지고 있다. (B) 이러한 껍질은 땅에 묻혀 석회석이 되었다(석회비늘편모류 사진 – Richard Lampitt and Jeremy Young, distributed under a CC-BY-2.5).

대기중의 이산화탄소 농도를 높였고, 대기중 이산화탄소의 증가는 지구온실 효과를 야기해 지구온난화를 가속화하고 있다.

그런데 대기중이나 물속의 이산화탄소는 육상식물이나 해양식물이 이용하는 데 크게 부족하지 않다. 그러므로 탄소는 늘 부족한 질소, 인과 달리 성장을 제한하지 않으므로 영양소nutrient라고 부르지 않는다.

2. 질소, 해양의 생산을 좌우한다

현재 공기 중에서 질소는 78%를 차지하고 있다(그림 4-4). 즉, 공기 중의 질소는 풍부한 편이다. 앞서 언급한 바와 같이 원시대기에서 질소는 물(수증기)과 이산화탄소 다음인 넘버3였다. 그러나 이산화탄소가 물을 따라 바다로 들어감으로써 대기 속에서 노심초사 대기하던 질소가 드디어 넘버원이 되었다.

질소는 아미노산의 핵심성분이다(그림 4-4). 아미노산은 단백질의 원료이고, 단백질은 튼튼해서 생물의 형체를 이루게 하고, 물질반응을 도와주는 효소 역할을 한다. 근육, 소화효소도 단백질로 되어 있다. 소화시켜야 하는데 자신이 녹아내리면 안 되지 않겠는가? 식물은 광합성을 통해서 물과 이산화탄소를 몸 안에 수소, 산소, 탄소로 저장하기 때문에 식물이 필요로 하는 수소, 산소는 물로부터 얻을 수 있고, 탄소도 이산화탄소로부터 얻을 수 있다.

식물은 질소를 어디에서 얻을까? 공기 중에 78%가 질소인데 대부분의 식물들을 키우는 데 질소비료를 줘야 한다. 왜 그럴까? 공기 중의 질소보다는 비료 안에 질소가 더 고급이어서? 모든 질소는 다 똑같다. 광합성을 하는 생물 중 기체 상태의 질소를 흡수하여 이용할 수 있는 생물은 남세균류 cyanobacteria와 콩과식물밖에 없기 때문이다. 다른 광합성 생물들은 암모늄(NH_4^+)이나 질산염(NO_3^-)과 같은 질소화합물을 흡수해서 아미노산을 만든다. 미세조류들은 세포막을 통해서, 더 큰 식물들은 뿌리를 통해서 흡수한다. 사실 암모니아나 질산염은 결국 원시대기에서

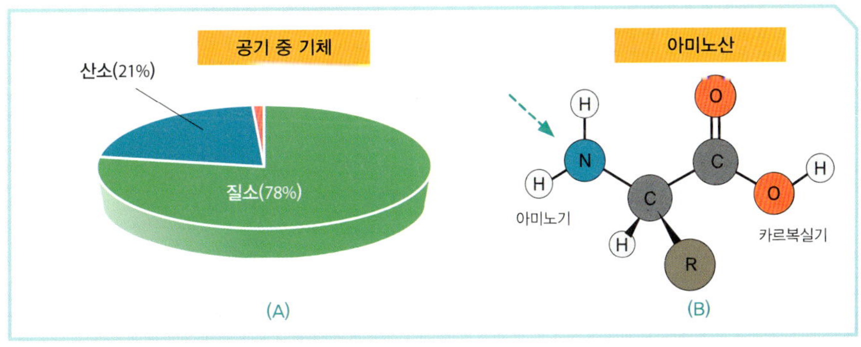

그림 4-4. (A) 공기의 구성. 질소가스가 78%를 차지. (B) 아미노산의 구조. 아미노기(NH_2^-)에 질소가 들어 있다(화살표). (아미노산 사진 – Techguy78, distributed under a CC-BY-SA-4.0 license)

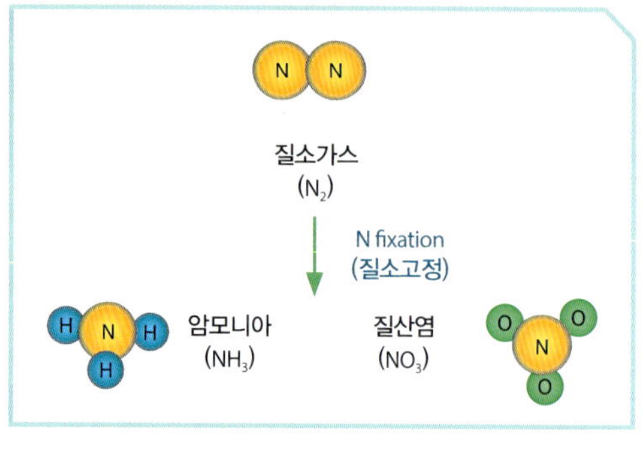

그림 4-5. 질소고정. 질소가스(N_2)를 암모니아(NH_3)나 질산염(NO_3)으로 바꿔준다.

부터 있었던 질소가스(N_2)로부터 왔다. 질소가스로부터 암모니아나 질산염이 만들어지는 현상을 질소고정(N fixation)이라고 한다(그림 4-5). 만일 모든 식물이 질소가스를 이용할 수 있다면 공기 중의 질소량이 많이 감소되지 않았을까?

남세균류는 질소분해효소 nitrogenase를 이용하여 질소가스 한 분자를 암모니아 두 분자로 환원시킨다(그림 4-6). 이 과정에서 16개의 ATP를 사용한다. 반응식은 그림 4-6과 같다.

남세균류에 대해서는 나중에 자세히 이야기하겠지만 담수에서 소위 녹조 현상을 일으키는 생물이다. 사실은 바다도 이들이 장악하고 있다. 연안에서는 큰 식물플랑크톤이 우점할 때가 많지만, 원양에서는 거의 남세균류가 우점한다. 질소가스를 흡수한 후 암모니아로 전환할 수 있는 능력을 가졌다는 것은 이렇게 엄청난

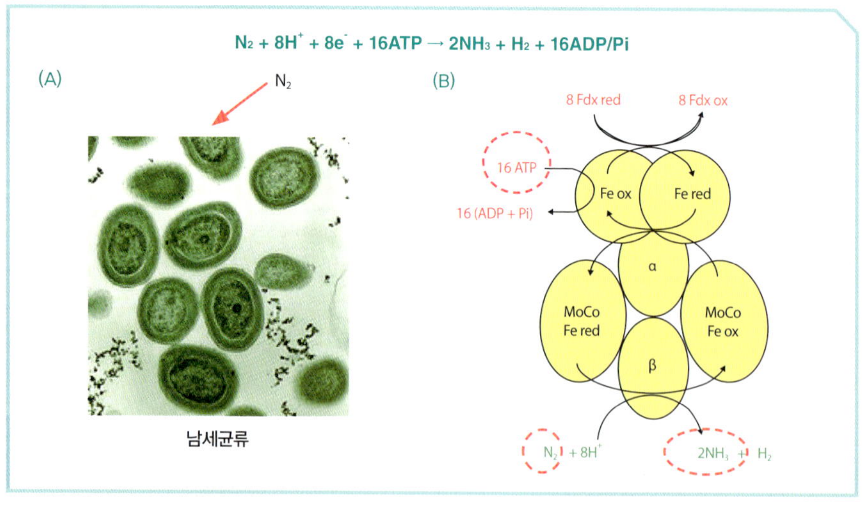

그림 4-6. (A) 남세균류. (B) 질소분해효소를 이용한 질소가스(N_2)의 암모니아화(NH_3) 과정(암모니아화 과정 - Rhicozia, distributed under CC-BY-SA-3.0,2.5,2.0,1.0)

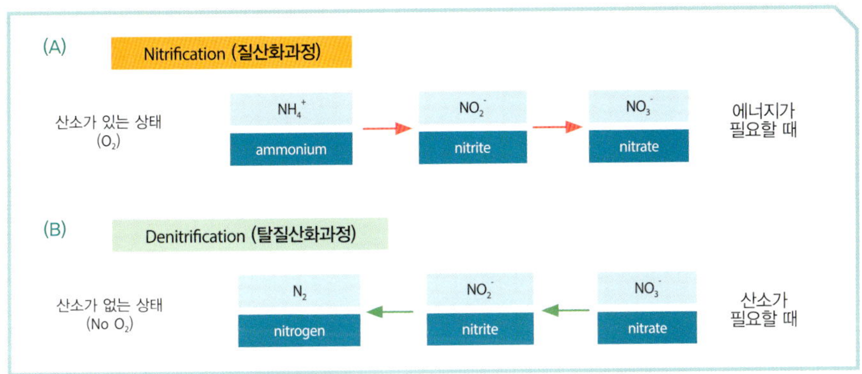

그림 4-7. (A) 원핵생물(세균)은 산소가 풍부할 때는 에너지를 얻기 위하여 암모늄(NH_4^+)을 질산염(NO_3^-)으로 바꾸는 질산화과정을 수행하고, (B) 산소가 없을 때는 질산염을 이용하는데 질산염을 질소가스(N_2)로 바꾸는 탈질산화 과정을 수행한다.

장점이다. 그런데 남세균류는 후손인 홍조, 갈조, 녹조, 육상식물에게 질소가스 이용의 비법을 가르쳐주시지 않은 대단한 분이시다. 이 분들은 가끔 자신의 기분이 어떻다는 것을 색깔로 표현하시기도 한다. 녹색으로 빨간색으로.

독일의 프리츠 하버Fritz Haber 박사가 질소가스와 수소를 합성해서 암모니아를 만드는 데 성공했다. 이 원리를 이용하여 질소비료가 만들어졌다. 질소비료가 만들어지면서 식물이 대규모로 경작되고 이를 먹는 가축들의 양도 폭발적으로 늘어났으며 인구도 급증했다. 현재 세계 인구가 79억 명이 된 것은 이 사람 덕이다. 하버 박사는 이 공을 인정받아 1918년 노벨화학상을 받았다. 나중에 이야기하겠지만 질소비료의 탄생은 연안의 적조 발생의 빈도를 크게 증가시켰다.

질소화합물에는 종류가 많은데 질소가스(N_2), 암모니아(NH_3), 암모늄(NH_4^+), 질산염(NO_3^-)뿐만 아니라 아질산염(NO_2^-), 아산화질소(N_2O)로도 존재한다. 질소는 모든 생물이 갖고 싶어하는 원소다. 특히 원핵생물도 좋아한다. 그래서 일부 세균들은 산소가 풍부할 때는 에너지를 얻기 위하여 암모니아(NH_3) 또는 암모늄(NH_4^+)을 질산염(NO_3^-)으로 바꾸는 질산화과정nitrification을 수행하고, 일부 원핵생물은 산소가 없을 때는 산소 대용품으로 질산염을 이용하는데 질산염을 질소가스(N_2)로 바꾸는 탈질산화과정denitrification을 수행하기도 한다(그림 4-7). 그러다 보니 질소는 수요가 많은데 공급이 못 따라가는 경우가 많다. 해양에서 질소는 항상 부족하다.

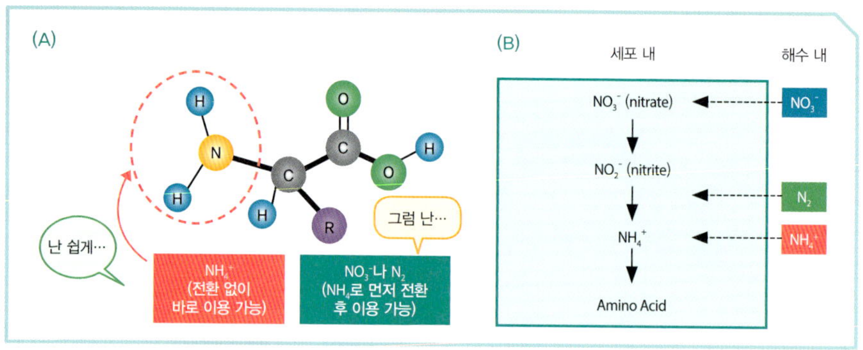

그림 4-8. (A) 아미노산, 암모늄(NH_4^+), 질산염(NO_3^-). (B) NH_4^+는 바로 아미노산의 아미노기(-NH_2)로 전환될 수 있지만 NO_3^-나 N_2는 먼저 NH_4^+로 전환한 후 사용된다.

그러므로 해양에 질소가 공급되면 적조가 크게 난다. 나중에 적조를 이야기할 때 이 부분을 언급할 예정이다. 그래서 원핵생물이나 식물플랑크톤들은 질소만 보면 "내가 (너에게) 질소냐?" 하고 서로 차지하려고 한다.

썰렁한 빙산퀴즈 하나. 식물플랑크톤들은 지독한 냄새가 나는 암모니아와 냄새가 없는 질산염 중 어느 것을 선호할까요? 답은 '암모니아'다. 암모니아는 바로 아미노산의 아미노기로 붙일 수 있지만 질산염은 몸 안에서 먼저 암모니아로 전환한 후 이용하기 때문이다(그림 4-8).

해수 속에 녹아 있는 질소화합물에는 질소가스(N_2), 암모니아(NH_3), 암모늄(NH_4^+), 질산염(NO_3^-), 아질산염(NO_2^-), 아산화질소(N_2O)와 같은 용존무기질소 dissolved inorganic nitrogen 외에도 용존유기질소 dissolved organic nitrogen가 있다. 용존유기질소에는 비타민과 요소 urea 등이 있다. 비타민은 생체 내에서 합성되지 않으므로 외부로부터 공급을 받아야 한다. 비타민에는 비타민 A, B, C, D, E, K 등이 있다. 그중에 비타민 B는 질소를 가지고 있다(그림 4-9).

생물들은 배설물로 암모니아를 내보내는데 암모니아는 독성이 강하므로 요소나 요산 uric acid으로 내보내는 경우가 많다(그림 4-10). 요소는 주로 포유류나 양서류가 배설하고 요산은 주로 파충류나 조류가 배설한다.

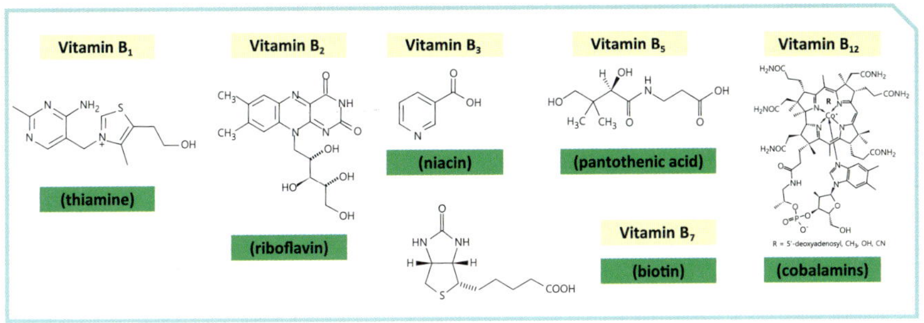

그림 4-9. 비타민 B_1, B_2, B_3, B_5, B_7, B_{12} 모두 질소를 가지고 있다.

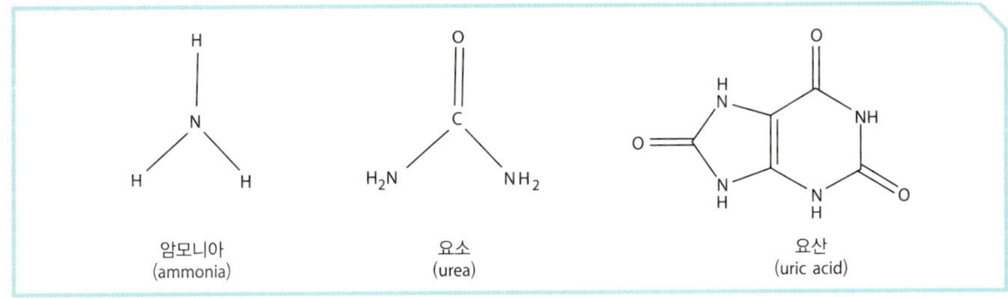

그림 4-10. 생물의 배설물인 암모니아, 요소, 요산

3. 인, 적지만 핵심적 성분

생물에게 인phosphorus도 매우 중요한 원소다. 인은 세포막의 성분이고, 유전물질인 핵산의 주원료다(그림 4-11). 또한 에너지 저장물질인 ATP의 원료이기도 하다. 담수에서는 질소고정을 할 수 있는 남세균류가 우점하기 때문에 질소보다는 인이 성장제한요소다. 그래서 인은 호수나 강에서 녹조 현상이 발생하는 데 큰 영향을 주는 원소다. 인은 비누, 세제 등에 많이 들어 있다. 그러므로 호수나 식수원 등으로 들어가는 물 안의 인의 농도를 줄여야 한다.

한 가지 신기한 것은 생물이 필수적으로 필요로 하는 질소와 인이 주기율표에서 같은 줄에 있다는 것이다. 그런데 생체 내에서 질소와 인의 비율은 16:1이다. 그리고 질소는 많은 원핵생물이 이용을 하기 때문에 무기질소 형태가 N_2, NH_4^+, NO_3^-, NO_2^-, N_2O 등으로 많아 주목을 받는데, 인은 PO_4^{3-}(인산염) 정도밖에 없어 질

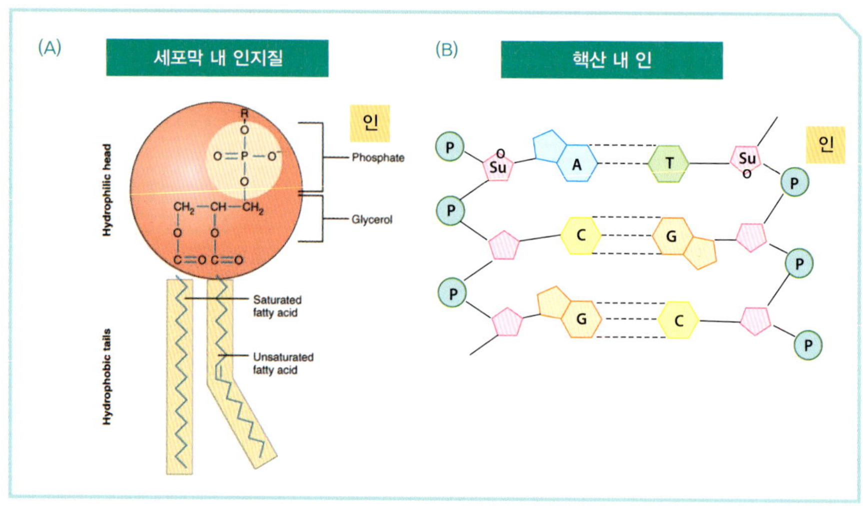

그림 4-11. (A) 세포막 인지질과 (B) 핵산 등에 인(P)이 들어가 있다(세포막 내 인지질 그림 - OpenStax, distributed under a CC-BY-4.0).

소만큼 주목을 받지 못한다. 아마 인은 질소에 대한 피해의식이 있을 수 있다. P해의식? 지금까지는 항상 '질소와 인'이라고 했는데 앞으로는 한번씩 '인과 질소'라고 해야겠다.

4. 해양에서의 질소와 인 분포, 어디에 많나?

바다에서 질소와 인의 분포를 보면, 세 가지 특징이 있다. 첫째, 수평적 분포를 보면 연안에서 질소와 인의 농도가 높고 외양으로 갈수록 낮다. 강물이 들어오거나 도시가 위치한 연안에서는 육지로부터 많은 양의 질소와 인이 유입된다. 그러므로 연안에서는 질소와 인의 농도가 높지만, 외양으로 갈수록 육상으로부터 멀어져 질소와 인의 농도가 낮다(그림 4-12).

둘째, 대부분 표층 부근에서 질소와 인의 농도가 낮고 깊은 수심에서 높다(그림 4-13). 표층 부근에서는 식물플랑크톤들이 질소와 인을 많이 쓰기 때문에 농도

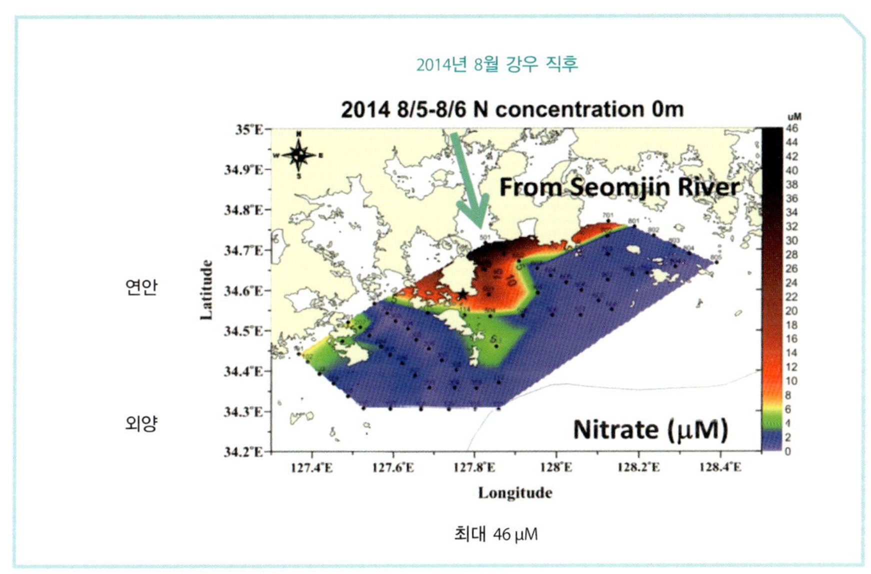

그림 4-12. 2014년 8월 강우 직후 우리나라 남해안 여수-남해도 해역에서의 질산염 농도. 섬진강에서 많은 양의 질산염이 유입되어 강에 가까운 곳은 40 μM가 넘었다.

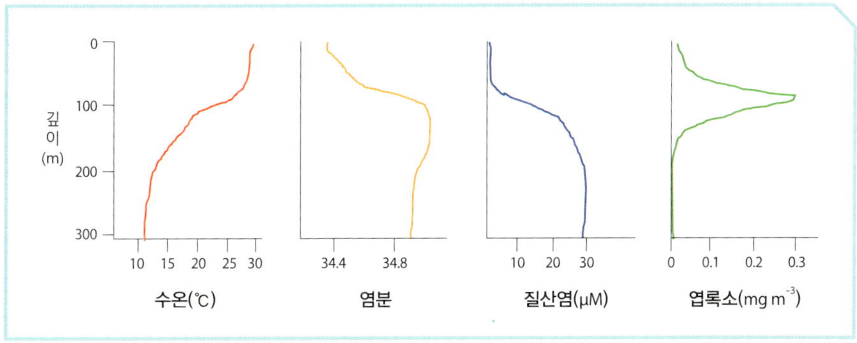

그림 4-13. 해양에서 수심에 따른 수온, 염분, 질산염, 엽록소 농도. 질산염 농도는 표층에서는 낮고 수심이 깊은 곳에서 높다.

가 낮다. 이렇게 만들어진 식물플랑크톤은 동물플랑크톤에게 먹히고, 동물플랑크톤의 배설물은 수심 깊은 곳으로 내려간 후 세균에 의하여 분해되어 질산염과 인산염 형태로 전환되기 때문에 저층수의 질소, 인 농도가 높다. 또한 어패류, 포유류 사체도 가라앉아 수심 깊은 곳에서 분해되어 질소, 인의 농도를 높이게 된다.

전 세계 해수는 순환하면서 컨베이어 벨트처럼 서로 연결된다(그림 4-14). 해수

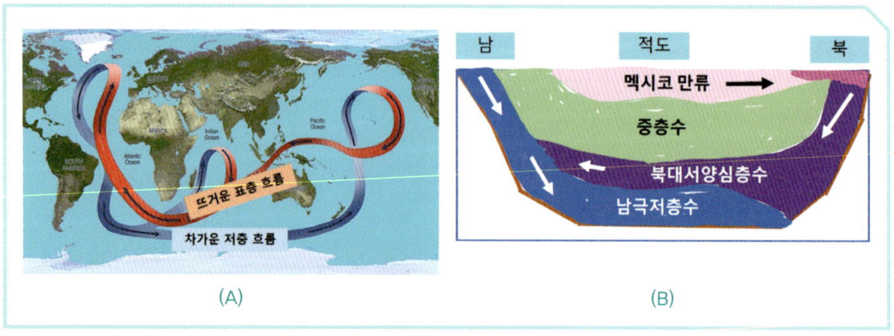

그림 4-14. (A) 해양대순환. (B) 대서양 북쪽에서는 북대서양심층수가 가라앉아 남쪽으로 이동하고 남극 주변 해에서는 남극저층수가 가라앉아 북쪽으로 이동한다. 북대서양 중간에서 서로 만나면 상대적으로 무거운 남극저층수가 해저면을 차지하고 그 위에 북대서양심층수가 그 위에 위치하게 된다.

는 주위보다 무거우면 가라앉고, 가벼우면 뜬다. 해수의 밀도가 높으면 무겁고, 낮으면 가볍다. 이러한 해수의 밀도를 결정하는 것은 수온, 염분, 압력이다. 수온이 높으면 가볍고, 낮으면 무겁다. 또한 염분이 높으면 무겁고, 낮으면 가볍다.

해수 중에 가장 무거운 해수는 남극 부근과 북대서양 그린란드 주변에서 만들어진 해수들이다. 이 해수들의 경우 수온이 매우 낮고 염분이 높은데 강한 표층 냉각과 함께 해빙이 만들어지는 과정에서 염이 방출되면서 염분이 높아지기 때문이다. 이들 해수는 다른 해역의 해수들보다 무겁기 때문에 해저면까지 가라앉은 후 서서히 펴져나간다. 이 두 해수(또는 수괴, water mass)가 만나면 어떻게 될까? 두 해수 중 남극 부근에서 만들어진 해수가 그린란드 주변에서 만들어지는 해수보다 염분이 더 높다. 그린란드 주변에서 만들어지는 해수의 경우 강우가 많아 상대적으로 염분이 낮다. 그러므로 북대서양 중간에서 서로 만나면 상대적으로 무거운 남극저층수Antarctic Bottom Water가 해저면을 차지하고 그린란드 주변에서 기원한 북대서양심층수North Atlantic Deep Water가 그 위에 위치하게 된다. 그렇지만 남극저층수와 북대서양심층수는 서로 의기투합하여 같이 인도양을 거쳐 태평양 저층으로 흘러간다. 그러므로 남극저층수와 북대서양심층수는 표층에서 가라앉을 때 산소를 풍부하게 포함한 새로운 물이었지만, 인도양, 태평양으로 가면서 오래된 물이 된다. 대서양에서 인도양을 거쳐 태평양으로 흐르는 동안 표층으로부터 많은 유기물이 떨어져 쌓이고 이들이 세균에 의하여 분해되면서 용존산소농도는 낮아지고 질산염과 인산염 농도는 높아지게 된다. 그러므로 대서양저층수는 상대적으로 용존산소농도가 높고 질산염과 인산염 농도는 낮으며, 태평양 저층수는 반대로 상대적으로 용존산소농도가 낮고 질산염과 인산염 농도가 높다. 보통 용존산소농도가 낮은 물을 생성된 지 오래된(표층에서 가라앉은 지 오래된) 물이라고 한다.

셋째, 수심 깊은 곳에 있던 물이 위로 올라오는 용승upwelling 해역에서 표층수의 질소와 인 농도가 높고 하강downwelling 해역에서는 낮다. 해양에서 일어나는 용승에는 연안 용승과 지형류에 의한 용승 등이 있다.

연안 용승

연안 용승은 주로 연안에 평행한 방향으로 바람이 불 때 일어난다. 노르웨이의 탐험가인 난센Fridtjof Nansen은 북극을 탐험하다가 바다 위에 떠 있는 얼음이 바람 방향의 오른쪽으로 이동하는 현상을 보고 스웨덴의 해양물리학자인 에크만Vagn Ekman에게 말했다. 에크만은 이를 수학적으로 해결하여 에크만 나선Ekman spirals을 만들었다(그림 4-15). 북반구에서 표층수는 바람 방향의 45도 오른쪽 방향으로 움직이고 아래로 내려갈수록 각이 커져 나중에는 깊은 수심에 있는 해수는 반대 방향으로도 움직인다. 그리고 바람의 영향을 받는 수층의 전체적 흐름은 북반구에서는 바람 방향의 90도 오른쪽으로, 남반구에서는 90도 왼쪽으로 이동한다.

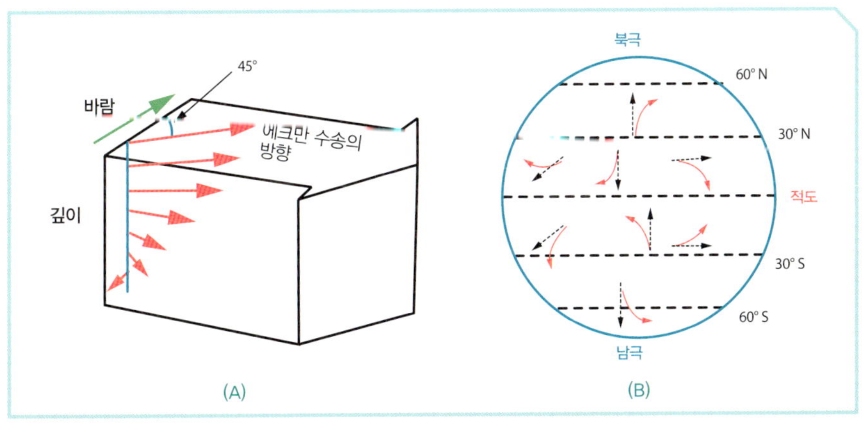

그림 4-15. (A) 에크만 나선. (B) 코리올리힘. 북반구에서는 움직이는 물체(점선)의 오른쪽, 남반구에서는 왼쪽으로 작용한다.

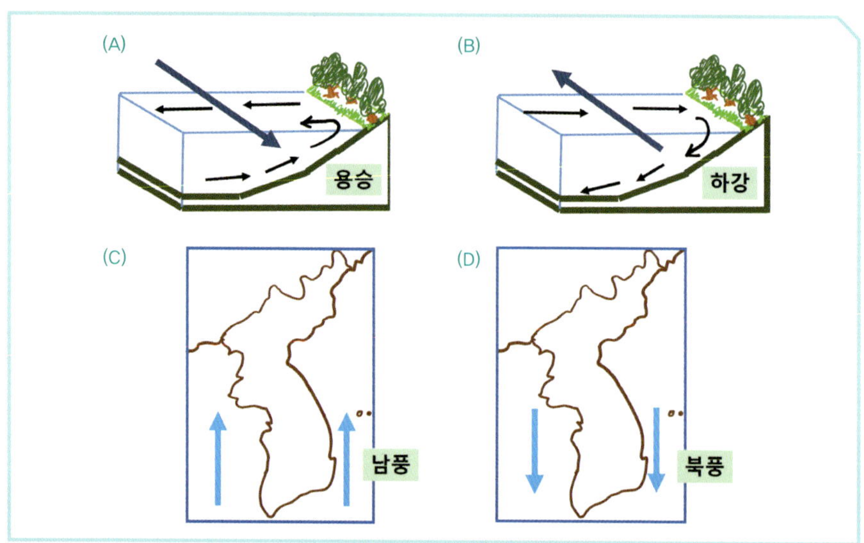

그림 4-16. (A) 북반구에서 육지가 바람 방향의 왼쪽에 있으면 용승이, (B) 오른쪽에 있으면 하강이 일어난다. (C) 한반도에서 남풍이 불면 동해안에 용승이, 서해안에 하강이 일어난다. (D) 반대로 북풍이 불면 서해안에 용승이, 동해안에 하강이 일어난다.

이는 코리올리힘 Coriolis force을 받기 때문이다. 코리올리힘은 북반구에서는 움직이는 물체의 오른쪽으로 작용하고, 남반구에서는 왼쪽으로 작용한다. 이 코리올리힘은 지구가 자전을 하기 때문에 생기는 가상의 힘이다. 지구가 멈춘다면 없어진다.

북반구에서 바람이 불 때 해수는 에크만 나선에 의하여 오른쪽으로 움직인다(그림 4-16). 이때 육지가 바람 방향의 왼쪽에 있으면 연안 해수는 바다 쪽으로 이동하여 표층이 일시적으로 비게 된다. 그러면 눌려 있던 아래층의 해수가 표층으로 올라오게 된다. 즉 용승이 일어난다(그림 4-16A). 반대로 육지가 바람 방향의 오른쪽에 있으면 해수는 육지 쪽으로 이동하여 표층에 쌓이고 아래로 내려가게 된다. 즉 하강이 일어난다(그림 4-16B).

그러면 한반도 연안에서 바람이 북쪽으로 불 때 (즉 남풍이 불면) 동해안과 서해안 중 어디에서 용승이 일어나고 어디에서 하강이 일어날까? 남풍이 불 때 동해안에서 용승이 일어나고 서해안에서는 하강이 일어난다(그림 4-16C). 반대로 바람이 남쪽으로 불면(즉 북풍) 동해안에서는 하강 현상이 일어나고 서해안에서는 용승이 일어난다(그림 4-16D).

미국 서부에 위치한 오리건주 뉴포트 앞에서 일어나는 용승은 매우 유명하다. 북풍이 불면 표층수가 바다 쪽으로 이동하면서 용승이 일어난다. 연안 용승이 일어나면 영양염류 농도가 높은 저층해수가 표층으로 공급되어 식물플랑크톤이 번성한다. 그러면 이들을 포식하는 동물플랑크톤의 양도 늘어나게 되고 결국 어류의 양도 증가하게 된다. 그러므로 세계 주요 어장들을 보면 연안 용승이 잘 일어나는 곳에 위치하고 있다.

지형류 용승

연안이 아닌 곳에서 일어나는 지형류에 의한 대규모 용승이나 적도에서 일어나는 용승도 있다. 싸우는 두 사람의 힘이 균형을 이루면 오래 간다. 지형류geostrophic current는 압력경도력pressure gradient force과 코리올리힘Coriolis force이 균형을 이루며 만든 해류다(그림 4-17).

해양에서 압력경도력은 수평적 두 지점의 압력이 서로 차이가 날 때 생긴다(그림 4-18). 수평선상에 있는 a와 b 지점이 있는데 해수 표면이 a쪽에 비하여 b쪽이 높으면 b쪽의 압력이 a쪽에 비하여 높다. 그러면 압력경도력은 b쪽에서 a쪽으로 작용한다. d가 c에 대하여 훨씬 더 높으면 압력경도력은 더 커진다.

지형류가 회전하는 형태로 생길 때 도는 방향에 따라 중심에서 용승이 일어날 수도 있고 하강이 일어날 수도 있다. 만일 북반구에서 알래스카 해류 등을 포함하는 아한대환류subpolar gyre처럼 시계 반대 방향으로 돌면 코리올리힘은 오른쪽인

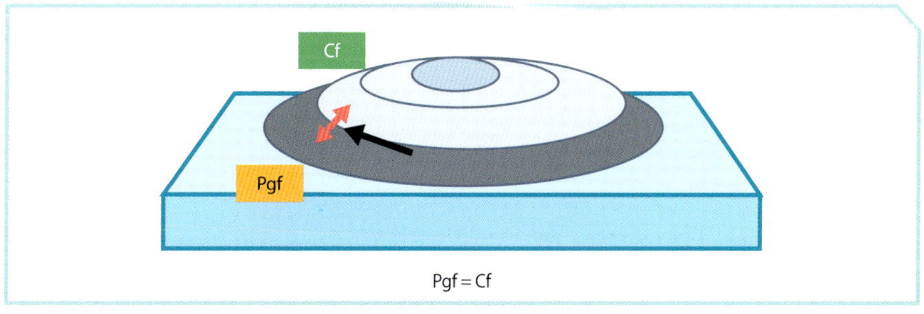

그림 4-17. 지형류 용승. 압력경도력(pressure gradient force, Pgf)과 코리올리힘(Coriolis force, Cf)이 균형을 이루며 지형류를 만든다.

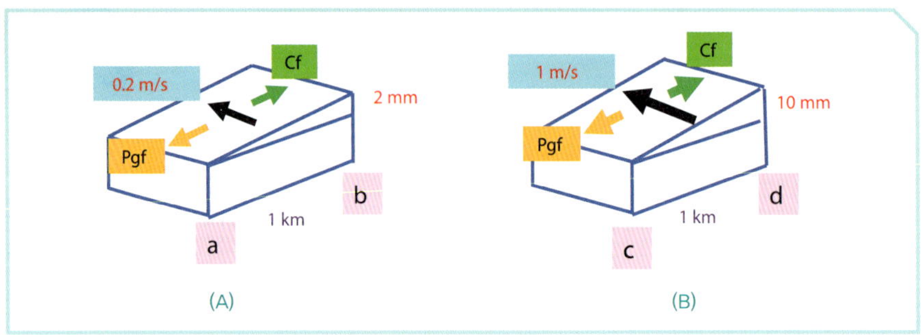

그림 4-18. (A) 압력경도력. 밀도가 같은 해수에서 해수면이 기울어져 있으면 해수면이 높은 쪽(b, d)의 압력이 낮은 쪽(a, c)의 압력보다 높다. 압력이 높은 쪽에서 낮은 쪽으로 압력경도력(Pgf)이 작용한다. (B) 이때 해수면의 기울기가 크면 압력경도력이 커진다. 지형류에서는 압력경도력(Pgf)의 반대쪽으로 코리올리힘(Cf)이 작용하는데, 북반구에서 코리올리힘은 움직이는 물체의 오른쪽으로 작용하므로 해수는 들어가는 방향으로 흐르게 된다.

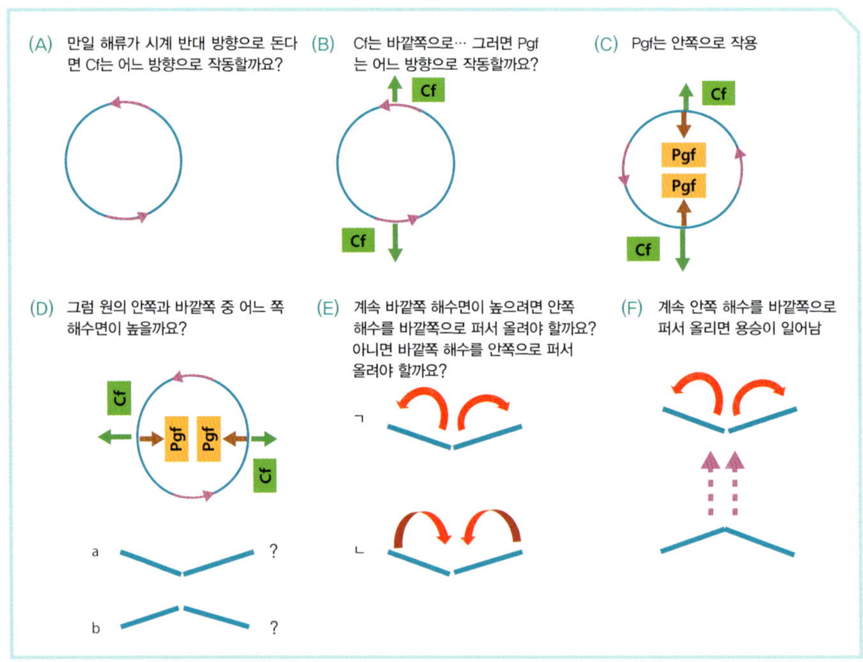

그림 4-19. 북반구에서 지형류가 시계 반대 방향으로 돌 때 용승이 일어난다.

바깥쪽으로 작용한다(그림 4-19). 이와 균형을 맞출 압력경도력은 반대 방향인 안쪽으로 작용한다. 이렇게 되려면 바깥쪽이 안쪽보다 해수면이 높아야 한다. 바깥쪽의 해수면이 계속 높게 유지되려면 안쪽의 해수를 바깥쪽으로 계속 퍼내야 한다.

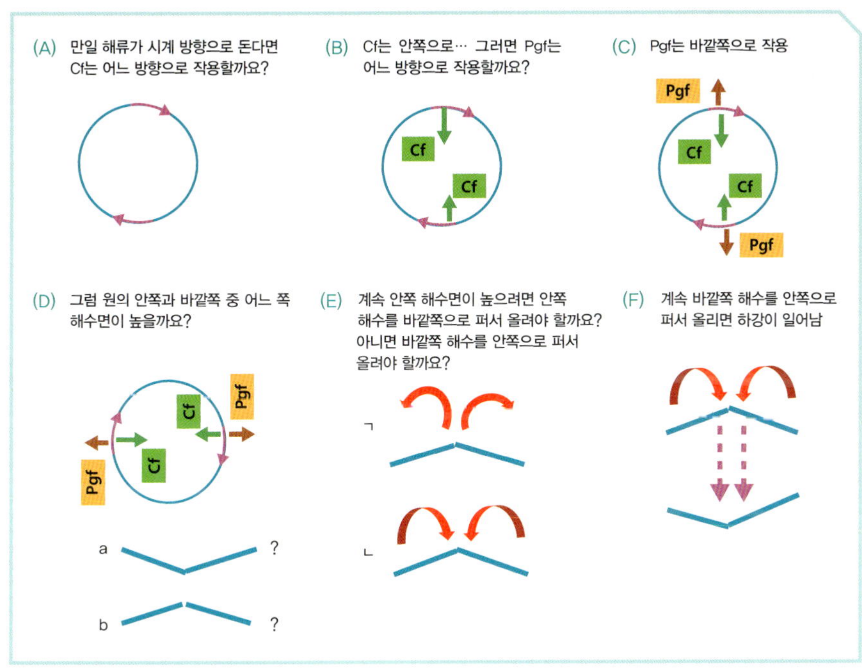

그림 4-20. 북반구에서 지형류가 시계 방향으로 돌면 중심에서는 하강이 일어난다.

그럴 경우 안쪽의 물은 용승하게 된다. 즉, 해류가 시계 반대 방향으로 돌면 용승 upwelling 현상이 일어난다. 용승 현상이 일어나면 질소와 인의 농도가 높은 저층수가 표층으로 공급되기 때문에 표층의 질소와 인의 농도가 높아지게 되어 이를 이용하는 식물플랑크톤이 증가한다.

반대로 쿠로시오 해류를 포함하는 북태평양환류처럼 시계 방향으로 돌면 코리올리힘은 해류 방향의 오른쪽인 안쪽으로 작용한다(그림 4-20). 이와 균형을 맞출 압력경도력은 반대 방향인 바깥쪽으로 작용한다. 이렇게 되려면 안쪽이 바깥쪽보다 해수면이 높아야 한다. 안쪽의 해수면이 계속 높이 유지되려면 바깥쪽의 해수를 안쪽으로 계속 퍼서 넣어줘야 한다. 그럴 경우 안쪽의 물은 가라앉게 된다. 즉 해류가 시계 방향으로 돌면 하강 downwelling 현상이 일어난다. 하강 현상이 일어나면 표층의 질소와 인의 농도는 매우 낮아지고 식물플랑크톤의 양이 적어진다.

용승이 일어나는 아한대환류 안에서는 질산염의 농도가 높은 반면, 하강이 일어나는 북태평양환류 안에서는 질산염의 농도가 낮다(그림 4-21).

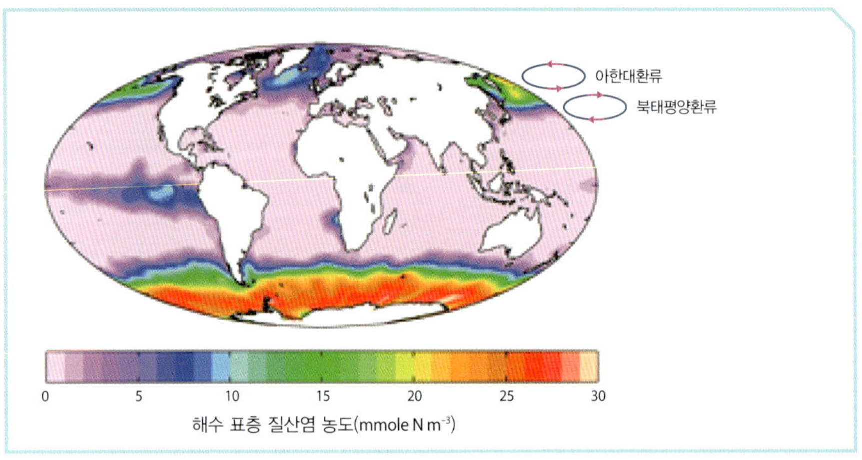

그림 4-21. 전 세계 바다 표층에서 측정한 질산염 농도. 아한대환류 안에서는 용승이 일어나 질산염의 농도가 높은 반면, 북태평양환류 안에서는 하강이 일어나 질산염의 농도가 낮다(표층 질산염 농도 이미지 – Plumbago, distributed under a CC-BY-SA-3.0).

용승이 일어나 표층수의 질소와 인의 농도가 높은 베링해에서 여름에 식물플랑크톤의 양이 많아질 것이라고 예상했다. 그러나 베링해에서 생각만큼 식물플랑크톤이 증가하지 않는다. 왜 이 해역에서 식물플랑크톤 양이 증가하지 않을까? 무엇이 부족해서 그럴까? 존 마틴 John Martin 박사 연구팀이 철 Fe 이 부족하다는 사실을 알아냈다(Martin and Fitzwater 1988). 식물플랑크톤들 중에 철없는 녀석들이 많았던 것이다. 이론상 이 해역 해수에 막대한 철을 넣어 식물플랑크톤 양을 늘어나게 하면 막대한 양의 이산화탄소를 흡수할 수 있다. 그래서 일부 과학자들은 실제로 이 해역에 철을 뿌려서 식물플랑크톤을 증가시켜 이산화탄소를 줄여서 탄소배출권을 확보하려고 했다.

앞서 언급한 바와 같이 대부분의 해역에서는 저층수의 영양염류 농도가 표층수보다 높다. 이러한 저층수는 용승 외에도 내부파 internal wave 나 내부조석보어 internal tidal bore 등에 의하여 표층으로 올라올 수 있다(그림 4-22). 이러한 내부파나 내부조석보어는 위아래 밀도 차가 클 때 주로 나타난다. 우리나라는 여름에 이러한 원리에 의하여 저층수가 표층으로 올라오는 경우가 많은데, 저층수가 올라오면 표층수온이 매우 낮은 냉수대가 형성될 수 있다.

높은 농도의 무기질소와 인을 포함한 저층수가 표층으로 올라오면 식물플랑크톤들이 이를 이용하여 광합성을 할 수 있다.

필자가 주도한 연구팀은 우리나라 남해안 고흥-여수-남해-통영-거제 해역 60개 정점, 3~5개 수심에서 2014년 5월부터 11월까지 1~2주 간격으로 수온, 염분, 영양염류 등을 측정하고 플랑크톤들의 밀도를 측정하였다(Jeong et al. 2017b). 이때 수온, 염분, 질산염 농도의

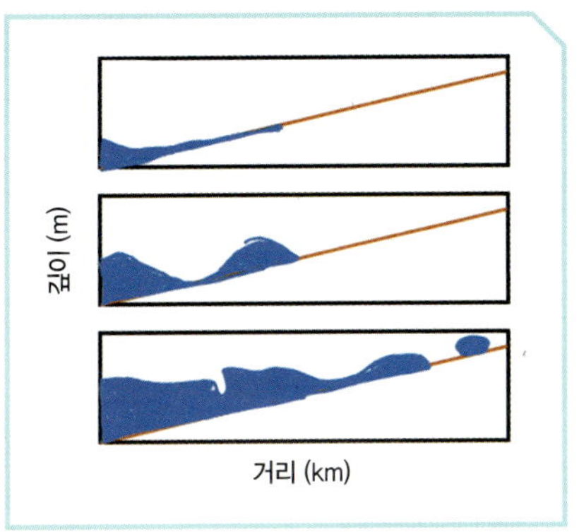

그림 4-22. 내부파나 내부조석보어에 의하여 저층수가 표층 근방으로 올라올 수 있다.

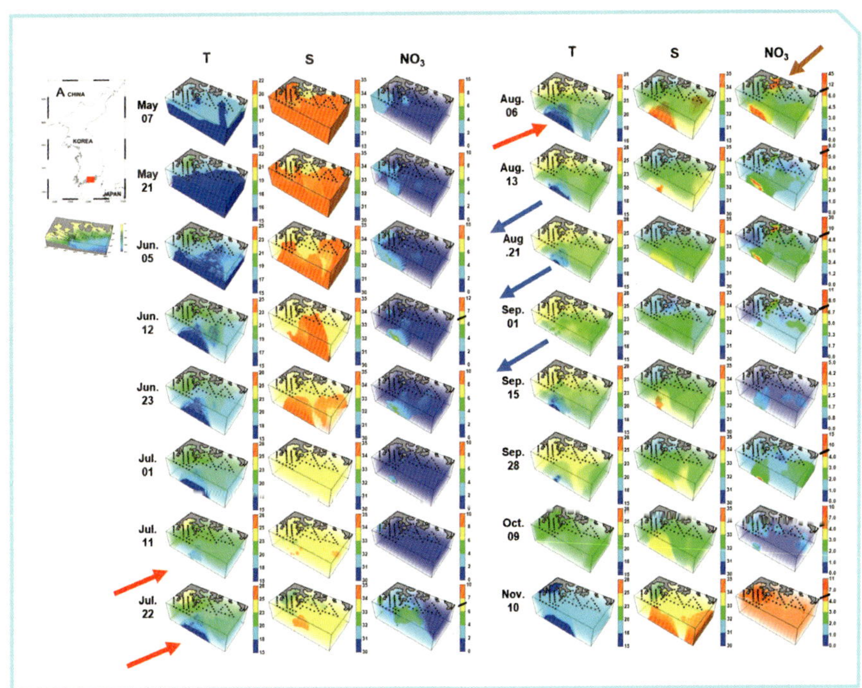

그림 4-23. 남해안 고흥-거제 해역에서 2014년 5월부터 11월까지 1~2주 간격으로 측정한 수온(T), 염분(S), 질산염(NO_3) 농도(Jeong et al. 2017b). 7월 11일부터 8월 6일 사이에 저수온-고염-고영양염류를 포함한 저층해수가 해안 쪽으로 들어왔다가(빨간색 화살표) 8월 13일부터 9월 1일 사이에 외양 쪽으로 나가는 것이 발견되었다(파란색 화살표). 8월 6일에는 섬진강으로부터 고영양염류 농도를 가진 담수가 유입되었다(고동색 화살표). 이 경우 영양염류 공급이 표층과 저층으로부터 동시에 일어났다.

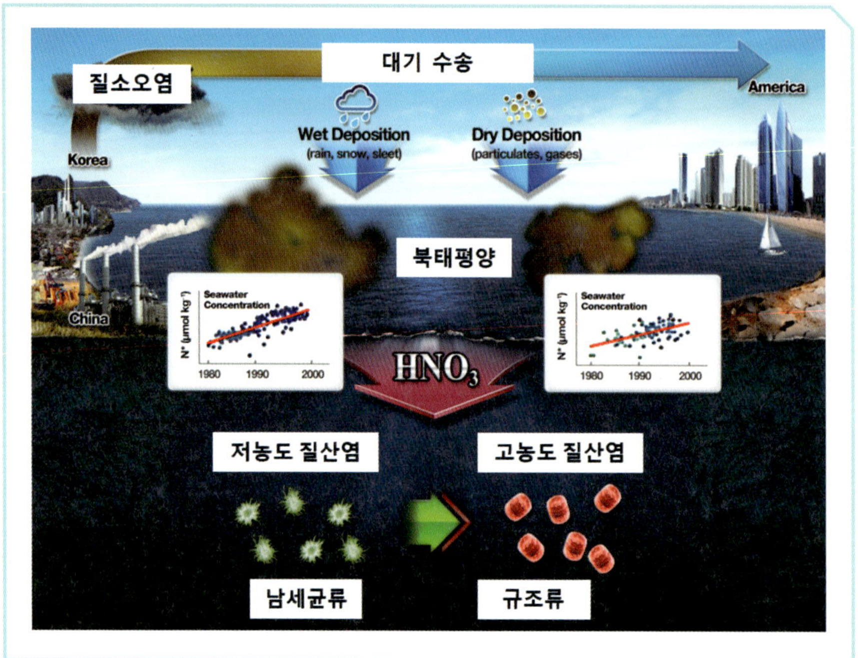

그림 4-24. 대기 수송(atmospheric transport)을 통하여 질소가스와 질소화합물이 해양에 공급되어 질산염(nitrate)의 농도를 증가시킬 수 있음을 보여주는 모식도(Kim et al. 2011a, 2014b). 질산염이 증가하면 질소가스를 이용하여 질소고정을 하는 남세균에 비하여 질산염을 이용하는 규조류가 더 증가할 것으로 예상된다(이기택 교수 제공).

3차원적 분포를 보면 저수온, 고염, 고영양염류의 저층수가 외양에서 연안 쪽으로 들어왔다가 나간다는 사실을 알 수 있었다(그림 4-23). 이러한 현상은 표층수와 저층수의 밀도 차가 큰 여름에 주로 일어났다. 이 저층수의 고영양염류는 일일수직이동을 하는 적조생물들에게 이용될 수 있다.

또한 질소는 공기를 통해서 바다에 공급될 수 있다(그림 4-24). 황사가 비료나 분뇨 알갱이를 포함하고 있을 경우 바다에 내려 질산염의 농도를 증가시킨다(Kim et al. 2011a).

5장

생태계 내 생물의 구분

1. 분류학적 구분, 족보

필자가 초등학교에서 배울 때는 생물을 동물계, 식물계, 미생물계로 나눈다고 배웠다. 대학에서도 생물학과를 동물학과, 식물학과, 미생물학과로 나눈 것도 당시에 이러한 분류에 의한 것이라고 생각한다.

그 후 필자가 대학에 와서는 1969년 휘태커R. H. Whittaker 박사가 만든 분류 체계에 따라 생물을 동물계Animalia, 식물계Planta, 원생생물계Protista, 곰팡이계Fungi, 원핵생물계Monera로 나눈다고 배웠다(Whittaker 1969; 그림 5-1). 아마 단세포들 중에 포식을 하면서(동물성) 광합성도 하는(식물성) 생물들인 혼합영양 생물들이 많이 밝혀지면서 이들을 어떻게 분류할 것인지 고민한 끝에 결정한 것이라고 생각한다. 예를 들어 해양생태계를 지배하고 있는 와편모류dinoflagellates에는 동물성, 식물성, 혼합영양성 종들이 다 있다. 유글레나 그룹도 마찬가지다. 그러므로 동물성인지, 식물성인지, 혼합영양성인지 구분이 잘 안 가는 단세포 진핵생물을 하나의 그룹으로 만들어 원생생물계로 만들었다. 더불어 원생proto-은 아주 먼 과거에서 온 생물이라는 뜻을 함유하고 있다. 그래서 원생생물계를 다세포 진핵생물인 동물계, 식물계와 구분하고, 단세포 원핵생물인 박테리아와도 구분을 한 것이다.

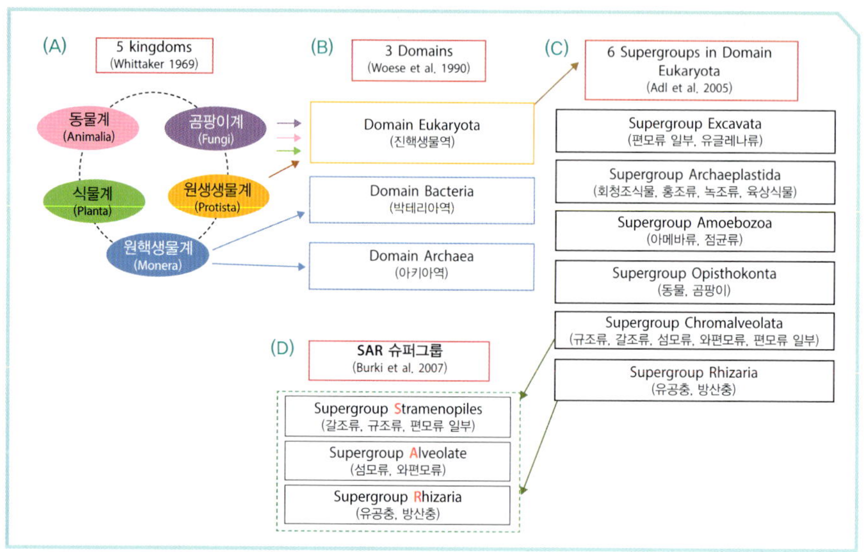

그림 5-1. 생물의 분류 체계 변천. (A) 1969년 휘태커(R. H. Whittaker)의 분류 체계에 따라 만든 다섯 개의 계(kingdom)에서 (B) 세 개의 역(domain)인 진핵생물역, 박테리아역, 아키아역으로 나누었고, (C) 추후 진핵생물역은 또 다시 여섯 개의 슈퍼그룹(Excavata, Archaeplastida, Amoebozoa, Opisthokonta, Chromalveolata, Rhizaria)으로 나누었다. (D) 그런데 크로말베올라타(Chromalveolata)의 단계통(monophyly)이 불분명하여 폐기되고, 스트라메노파일(부등편모류, Stramenopile), 엘비오레이트(Alveolate), 리자리아(Rhizaria)가 단계통임이 밝혀져 이들을 하나의 그룹으로 묶어 SAR 슈퍼그룹을 탄생시켰다(Burki et al. 2007).

그런데 1990년대에 와서 DNA 염기서열을 분석하는 기술이 발달함에 따라 '계kingdom'의 상위 개념인 '역domain'이 생겼다(Woese et al. 1990). 즉 모든 생물을 3개의 역인 1) 아키아archaea역, 2) 박테리아bacteria역, 3) 진핵생물eukaryota역으로 나누었다. 아키아와 박테리아는 핵막이 뚜렷하게 없는 원핵생물에 속한다. 최근 먹이망 연구에서 아키아도 원생동물의 먹이가 되는 것이 밝혀져 이 책에서는 아키아와 박테리아를 구분할 수 없는 부분에서는 원핵생물로 기술했다. 특히 과거에 박테리아를 세균이라고 불렀는데 이는 원핵생물을 말하는지 박테리아역을 말하는지 혼란스러워 꼭 필요한 경우를 제외하고는 세균이라는 표현을 지양했다.

그 후 생물의 분류 체계를 나누기 좋아하는 학자들에 의해 진핵생물eukaryota역은 또 다시 6개의 슈퍼그룹supergroup으로 나누었다(Adl et al. 2005).

엑스카바타 슈퍼그룹Excavata supergroup은 다양한 편모류를 포함하고 있다. 유글레나 그룹을 제외하고는 모두 동물성 편모류이고 기생성이 많다. 동물 내장에 기생하는 혐기성종들은 일반적인 미토콘드리아classic mitochondria보다 훨씬 축소된 미토콘드리아를 가지고 있고, 또 다른 엑스카바타종 중에는 아예 일반적인 미토콘드리아가 없어 'amitochondriate'라고 부르기도 한다. 엑스카바타 편모류들은 몸체에 홈이 있어서 이 부분을 통해 먹이를 섭식하는 특징이 있다.

원시색소체생물인 아케플래스티다 슈퍼그룹Archaeplastida supergroup은 광합성을 하는 단세포 또는 다세포 진핵생물인데, 회청조식물인 글라우코파이트Glaucophyte와 녹조류, 홍조류, 육상식물을 포함한다.

아메바 슈퍼그룹Amoebozoa supergroup은 대부분의 둥근 잎 모양의 아메바류와 점균류slime molds를 포함하고 있으며, 많은 병원성 생물이 여기에 포함된다.

후편모생물인 오피소콘타 슈퍼그룹Opisthokonta supergroup은 인간을 포함한 동물, 곰팡이류, 동정(또는 깃, collar)을 가진 동정편모류(깃편모류, choanoflagellate)를 포함한다.

크로말베올라타 슈퍼그룹Chromalveolata supergroup은 엽록소-c를 가지고 있는 그룹이다. 3장에서 언급한 홍조류로부터 2차 내부공생에 의하여 탄생한 그룹이다. 당초 이 슈퍼그룹 안에는 갈조류, 규조류 등을 포함한 스트라메노파일Stramenopiles, 섬모류, 와편모류 등을 포함한 엘비오레이트Alveolate, 은편모류cryptophytes, 착편모류haptophytes가 포함되어 있었다. 스트라메노파일에서 Stramen은 straw로 '볏짚(속이 비어 있는)'을 뜻하고, pile은 hair라는 뜻으로 '짚 같은 털을 가지고 있다'는 뜻이다. 스트라메노파일에 속하는 많은 종들의 편모를 보면 가는 털이 나 있다(그림 5-2). 이들은 부등편모류heterokonta라고도 하는데 hetero는 '다르다'라는 뜻이고, konta는 '편모'라는 뜻이다. 부등편모류는 일반적으로 두 개의 편모를 가지고 있고, 각 편모의 형태가 다르다. 엘비오레이드Alveolate에서 Alveolate는 cavitie라는 뜻으로 '속이 비었다'는 뜻이다. 여기 속하는 생물의 속이 빈 것이 아니라 '빈 주머니'라는 뜻을 가진 alveoli를 몸의 표면에 많이 가지고 있다. 와편모류의 표면을 보면 마치 거북이 등 조각과 같이 생긴 타일이 잔뜩 붙어 있다(그림 5-2). 그런데 이 크로말베올라타 슈퍼그룹은 분자생물학적 분석 결과 단계통이 아님이 밝혀져 이 슈퍼그룹은 폐기되었다.

리자리아 슈퍼그룹Rhizaria supergroup에서 rhíza는 root라는 뜻으로 '뿌리 모양을

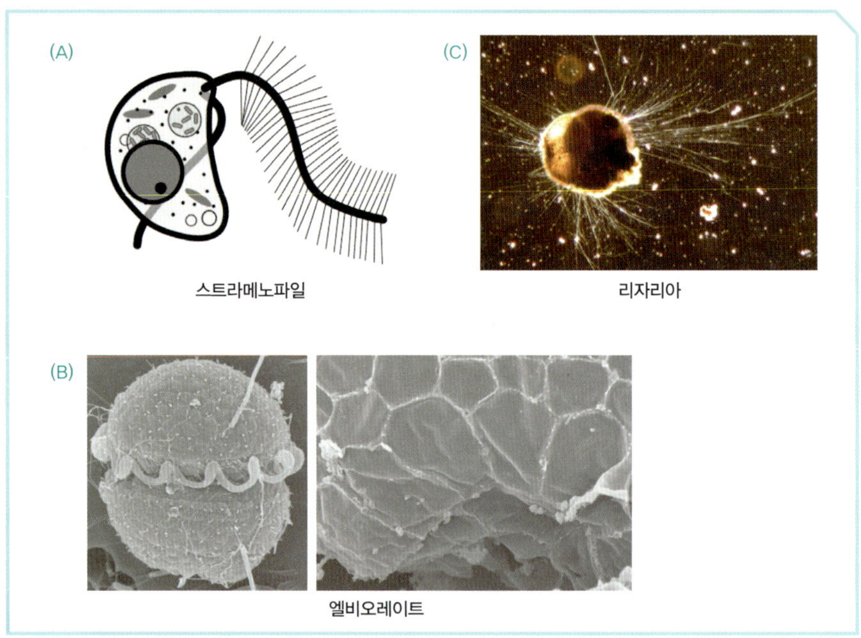

그림 5-2. 단계통인 SAR(Stramenopiles + Alveolate + Rhizaria) 슈퍼그룹. (A) 스트라메노파일(Stramenopiles)에 속하는 편모의 형태가 각기 다른 편모류(대표적인 카페테리아 종). (B) 엘비오레이트(Alveolate)에 속하는 와편모류 *Paragymnodinium shiwhaense*로 표면에 타일처럼 생긴 엘비올리를 가지고 있다. (C) 리자리아(Rhizaria)에 속하는 종들로 대부분 위족이 뿌리처럼 나 있다.

하고 있다'는 뜻인데 위족pseudopod이 뿌리처럼 나 있기 때문에 붙인 이름이다. 여기에 속하는 유공충류foraminiferan나 방산충류radiolarian를 보면 껍질 밖으로 여러 개의 위족이 나와 있다(그림 5-2).

그 후 유전체 분자계통분석을 통해 스트라메노파일, 엘비오레이트와 리자리아 슈퍼그룹이 단계통이라는 사실이 밝혀졌다(Burki et al. 2007). 그래서 이들을 하나로 묶어서 사르 슈퍼그룹SAR supergroup을 제안했다. 지구상 진핵생물의 50% 이상이 사르 슈퍼그룹에 속하는 것으로 추정되고 있다.

이러한 분류를 보면 진핵생물의 경우 지구를 지배하고 있는 생물은 동물과 식물과 같이 큰 다세포 진핵생물이 아니라 편모류, 와편모류, 규조류, 아메바류와 같이 아주 작은 단세포 원생생물들이다. 우리가 너무 보이는 것에만 신경을 쓴 것 같다.

2. 영양방식 구분, 포도당을 어떻게 얻나?

영양방식trophic mode은 자신이 필요로 하는 포도당을 어떻게 얻느냐에 따라 구분한다. 식물처럼 스스로 무기물인 이산화탄소를 이용하여 유기물인 포도당을 만드는 방식을 자가영양(또는 독립영양, autotrophy)이라고 부른다(그림 5-3). 자가영양 방식 중 빛에너지를 이용하여 포도당을 합성하는 것을 광합성(photo-autotrophy 또는 photosynthesis)이라고 하는데 주로 식물들이 수행한다. 또한 일부 원핵생물이 화학에너지를 이용하여 포도당을 합성할 수 있는데, 이를 화학합성chemo-autotrophy이라고 부른다.

동물처럼 다른 생물로부터 포도당을 얻는 것을 타가영양(또는 종속영양, hetero-trophy)이라고 부른다. 타가영양은 대부분 포식에 의하여 일어난다.

식량 문제가 나올 때 이런 생각을 한 적이 있다. 낮에 누워서 자고 있으면 광합성을 해서 포도당이 생산되고 저녁에 맛있는 음식이 나오면 즐겁게 먹고. 사실 식

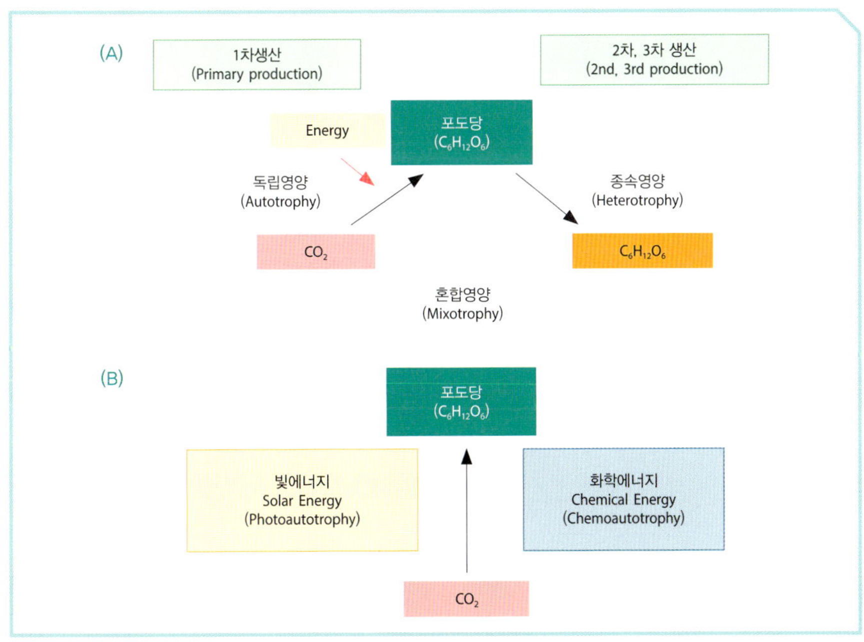

그림 5-3. (A) 생물의 영양방식과 (B) 1차생산에 이용되는 에너지의 종류

그림 5-4. 타이거 + 우즈 = 혼합영양

충식물은 광합성도 하고 포식도 한다. 이것이 엄청 신기해서인지 찰스 다윈도 식충식물에 대하여 관심을 가지고 연구를 하였다(Darwin and Darwin 1888). 동물성 성질과 식물성 성질을 같이 가지고 있어 광합성과 포식을 같이 할 수 있는 영양방식을 혼합영양 mixotrophy이라고 한다(Jeong et al. 2010b, Glibert et al. 2019). 육상생물 중에서는 드물게 있지만 해양생물 중에서는 상당히 많다. 많은 적조생물이 혼합영양성이다. 일부 적조생물은 광합성도 하지만 질소, 인과 같은 영양염류 물질이 없는 곳에서 원핵생물이나 작은 플랑크톤들을 잡아먹으면서 성장한다. 그러므로 요즘은 적조 발생 모델을 만드는 데 혼합영양을 포함시키고 있다.

필자가 박사학위를 받은 UC San Diego의 Scripps Institution of Oceanography(스크립스 해양연구소)에 2012년 재방문하여 '혼합영양성 적조생물들'에 대한 특강을 한 적이 있다. 특강 전날 TV에서 골프황제 타이거 우즈가 샌디에이고를 방문하고 있다는 뉴스를 보고 급히 퀴즈 문제를 만들었다. "이 세상에서 가장 유명한 혼합영양생물은 누구일까요? Who is the most famous mixotroph in the world?" 답은 Tiger Woods인데 Tiger는 동물이고, Woods는 식물이어서 혼합영양성 생물이다(그림 5-4). 정답을 맞힌 사람에게는 '코리아 하우스'라는 한정식집에서 풀코스 요리를 대접하겠다고 했으나 아무도 맞추지 못했다. 풀코스 요리가 무엇이냐고요? 산채비빔밥. 풀로 만든 요리.

3. 먹이망에서의 역할 구분: 생산자, 소비자, 분해자

먹이망에서 생물들은 크게 생산자, 소비자, 분해자로 나눌 수 있다(그림 5-5). 먹이망에서 생산자는 1차생산자를 말하는데 이산화탄소로부터 포도당을 합성하여 생산하는 생물을 말한다. 앞서 언급한 바와 같이 일부 화학합성 원핵생물도 들어 있지만 주로 식물들이다.

1차생산자들을 잡아먹는 동물을 1차소비자primary consumer라고 부른다. 이들은 식물을 먹기 때문에 초식동물herbivores이라고도 부른다. 이러한 초식동물을 잡아먹는 동물을 2차소비자라 부르고, 동물이 동물을 잡아먹기 때문에 육식동물carnivores이라고 부른다.

식물이나 동물의 사체나 물속에 녹아 있는 유기물(요산, 아미노산, 비타민 등)을 분해하여 질산염, 암모니아, 인산염 등을 만드는 원핵생물(박테리아, 아키아 등)은 분해자decomposers라고 부른다. 이렇게 분해되어 만들어진 질산염, 암모니아, 인산염 등은 식물들이 광합성을 하는 데 이용한다. 원핵생물은 물질의 순환을 잘하게 하지만, 해양생태계에서 원핵생물과 광합성하는 식물은 질산염, 암모니아, 인산염 등을 두고 경쟁관계에 있다.

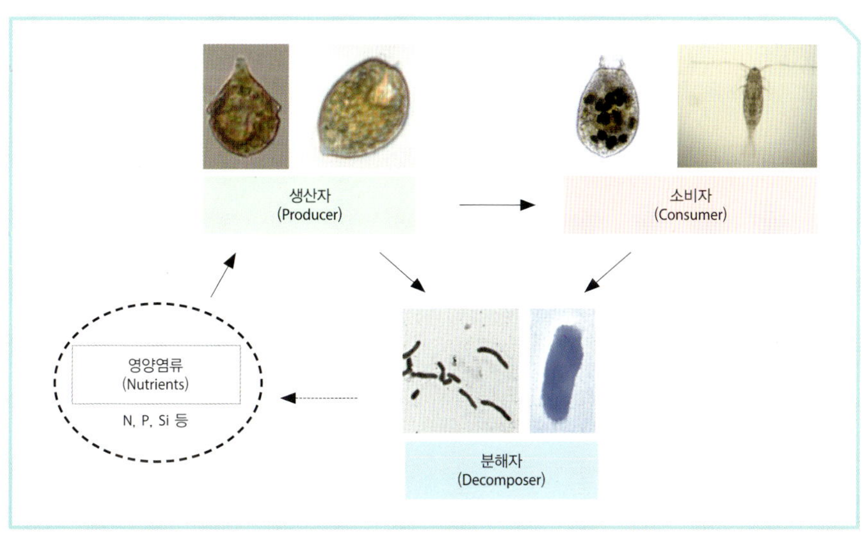

그림 5-5. 생태계 내 먹이망에서의 역할. 생산자, 소비자, 분해자

4. 서식지 및 생활방식으로 구분, 너 집이 어디니?

바다로 나가면 생물이 사는 곳을 수층과 해저로 나눌 수 있다. 수층에 사는 생물을 표영생물 pelagic organisms이라 부르고, 해저에 사는 생물은 저서생물 benthic organisms이라고 한다(그림 5-6).

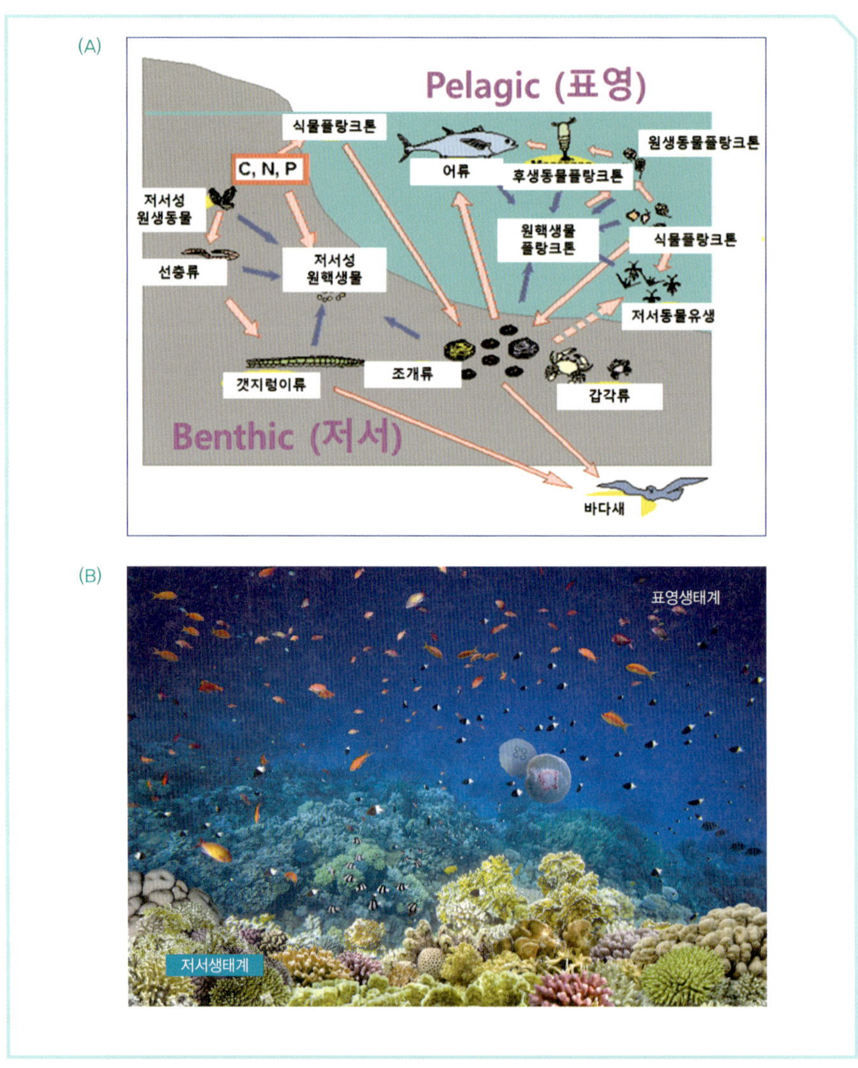

그림 5-6. 해양생태계는 크게 표영생태계와 저서생태계로 나눈다. (A) 모식도. (B) 실제 바닷속

표영생물은 크게 두 종류로 나눈다. 하나는 플랑크톤plankton이고, 또 하나는 고래, 물고기, 거북 등과 같은 생물인데 유영생물nekton이라고 부른다. 이 둘은 크기로 나눈 것일까? 결론부터 말하면 아니다. 크기가 2미터 되는 대형 해파리도 플랑크톤에 속한다. 그 이유는 바로 뒤에 설명했다.

6장 플랑크톤 왕국

"바다를 지배하고 있는 생물은 누구일까?" 우리는 TV나 영화를 통하여 자주 보는 고래나 상어가 바다를 지배하고 있는 생물이라고 생각할 수 있다. 아니면 거대한 무리를 지어 다니는 참치와 같은 어류라고 생각할 수도 있고, 거북이도 가끔 나오니까 거북이에게 한 표를 던질 수도 있겠다. 사실 바다를 지배하고 있는 것은 플랑크톤이다(Bar-On and Mile 2019). 이들에 대해서 잘 아는 것이 인생을 잘 살아가는 데 도움이 될 것 같다.

1. 플랑크톤의 정의, 수영선수도 있다

플랑크톤 하면 사람들은 현미경으로 봐야 하는 작은 것이고 힘이 없는 생물이라는 느낌을 갖는다. 그런데 플랑크톤 종류는 수십만 종에 이르고 크기도 매우 다양하다. 아주 작은 박테리아, 적조생물, 섬모류뿐만 아니라 초대형 해파리도 플랑크톤에 속한다(그림 6-1). 그럼 플랑크톤의 정의는 무엇일까? 플랑크톤plankton은 그리스어인 *planktos*에서 왔는데 '정처 없이 떠다니는 생물'이란 뜻으로

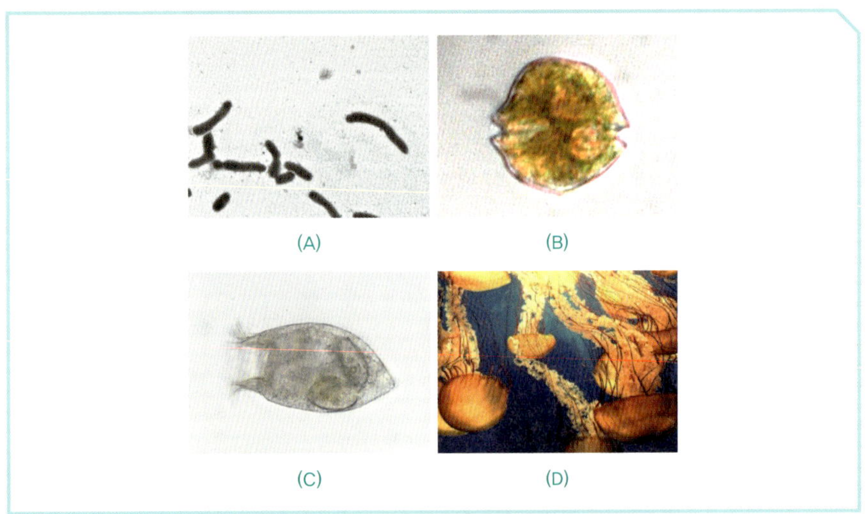

그림 6-1. 다양한 플랑크톤. (A) 박테리아(황청연 교수 제공). (B) 식물플랑크톤. (C) 섬모류. (D) 해파리 등 매우 다양하다.

1887년에 빅터 헨젠Victor Hensen이 만든 말이다(Hensen 1887). 국민가요 '아파트'를 부른 가수 윤수일 씨가 부른 노래 중 '유랑자'라고 있다. 개인적으로 좋아하는 노래여서 가끔 모임에서 생음악으로 부르는 노래다. '구름이 흘러가는 곳. 마음이 흘러가는 곳. 끝없는 유랑'. 그럼 플랑크톤은 정말 유랑자처럼 그냥 떠다니는 것일까? 답은 '아니다'이다.

많은 식물플랑크톤이 매일, 낮에는 표층으로 올라오고, 밤에는 저층으로 내려간다(그림 6-2). 이들 중에는 매일 40~50m씩 왕복할 수 있는 종도 있다. 특히 단세포 동물플랑크톤인 프로토페리디니움 바이프스*Protoperidinium bipes*라는 종은 몸길이가 0.02 mm인데 1초에 8.3 mm를 헤엄칠 수 있어 1초에 자기 몸길이의 약 400배를 움직인다(Jeong et al. 2004c). 번개같이 달리는 우사인 볼트는 신장이 190cm인데 100m를 9초에 달리니 1초에 자기 신장의 6배 정도를 달린다. 그러니 단세포 플랑크톤들이 얼마나 빠른지 알 수 있다.

또한 대표적인 다세포 동물플랑크톤인 요각류도 매일 엄청난 여행을 한다. 이들은 식물플랑크톤과는 반대로 낮에는 깊은 곳으로 내려가고 밤에는 표층 부근으로 올라오면서 하루에 보통 수십~수백 m를 이동한다(그림 6-2). 그러므로 플랑크

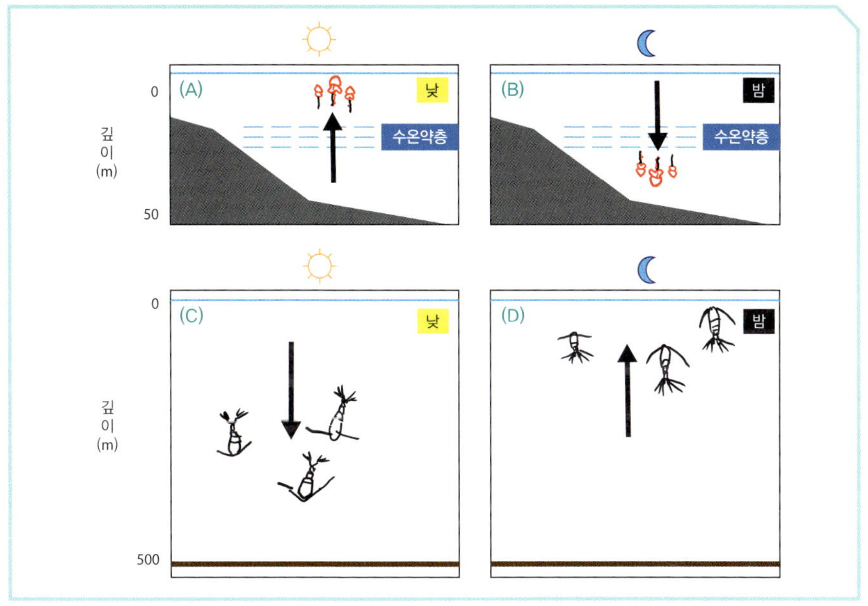

그림 6-2. (A, B) 식물플랑크톤들의 주야수직이동. (A) 매일, 낮에는 표층으로 올라오고, (B) 밤에는 저층으로 내려간다. (C, D) 동물플랑크톤들의 주야수직이동. (C) 매일, 낮에는 저층으로 내려가고, (D) 밤에는 표층으로 올라온다.

톤은 그냥 떠다니는 생물이 아니라 목적을 가지고 위아래로 많이 움직이는 생물이라고 할 수 있다. 즉 플랑크톤은 '유랑자'보다는 인기그룹 '크레용팝'의 히트송 '빠빠빠'를 부를 때 하는 폴짝폴짝 춤의 율동을 할 수 있는 생물이다.

그러면 플랑크톤이라는 말을 처음 쓴 후 130년이 넘은 지금은 플랑크톤을 어떻게 정의할까? 요즘 플랑크톤plankton의 정의는 '물의 흐름에 역행해서 수영할 수 있는 능력이 없는 생물'이라 하고, '물의 흐름에 역행해서 수영할 수 있는 능력이 있는 생물'은 유영동물nekton이라고 부른다. '강산에'의 노래 '거꾸로 강을 거슬러 오르는 저 힘찬 연어들처럼'을 들어보면 유영동물의 정의를 알 수 있다. 그러므로 눈으로 보이지 않아 현미경으로 봐야 하는 박테리아성 플랑크톤뿐만 아니라 2m가 되는 초대형 해파리까지도 플랑크톤에 속한다. 한번씩 바다에 가면 해파리가 방파제 위에서 일광욕을 하는 것을 볼 수 있다. 곧 탈수 현상이 일어나지만, '물의 흐름에 역행해서 수영할 수 있는 능력'이 없어서 강제로 일광욕을 하는 것이다. 그래서 해파리는 플랑크톤에 속한다.

2. 영양방식에 따른 구분

플랑크톤은 영양방식에 따라 크게 광합성을 하는 식물플랑크톤phyto-plankton, 광합성과 포식을 동시에 할 수 있는 혼합영양플랑크톤mixoplankton, 포식을 하는 동물플랑크톤zooplankton으로 나눈다. 동물플랑크톤은 다시 단세포인 원생동물플랑크톤protozooplankton과 다세포인 후생동물플랑크톤metazooplankton으로 나눌 수 있다. 각 플랑크톤에 대하여 자세히 알아보자.

7장

식물플랑크톤, 모두 다 먹여 살린다

식물플랑크톤은 단세포 식물이다. 이들은 광합성을 통하여 이산화탄소를 흡수하고 산소를 배출하는데, 지구 대기중에 존재하는 산소량의 상당 비율이 식물플랑크톤이 배출한 산소다. 대표적 식물플랑크톤인 규조류는 지구에서 연간 대기에 공급하는 산소량의 20~50%가량을 생산하는 것으로 추정하고 있다. 오늘 아침에 신선한 공기를 마셨다면 규조류를 포함한 식물플랑크톤에게 감사해야 한다.

이러한 식물플랑크톤은 크게 4대 그룹으로 나눌 수 있다(그림 7-1). 남세균류 cyanobacteria, 규조류 diatoms, 미소편모류 nanoflagellates, 와편모류 dinoflagellates 등이다. 그런데 이들은 앞서 언급한 바와 같이 내부공생 endosymbiosis에 의하여 탄생했기 때문에 커다란 한 가족이라고 할 수 있다(그림 3-13). 남세균류가 엑스카바타 슈퍼그룹 Excavata supergroup에 속하는 생물에 의하여 먹힌 후 공생체인 회청조류와 홍조류와 녹조류가 탄생했다. 홍조류는 대부분 저서성이고, 녹조류도 저서성이 많으나 플랑크톤 생활을 하는 종도 많다. 이러한 홍조류를 또 다시 먹어서 탄생한 공생체가 갈조류와 규조류, 편모류 일부(은편모류, 착편모류 등. 뒤에 자세히 설명)다. 또한 녹조류가 먹혀서 탄생한 것이 또 다른 편모류인 유글레나류다. 이러한 편모류들과 규조류 등이 먹혀서 탄생된 것이 와편모류다. 규조류, 유글레나, 편모류, 와편모류에는 저서성도 있으나 주류는 플랑크톤이다. 식물플랑크톤은 남세균으로부터 시작

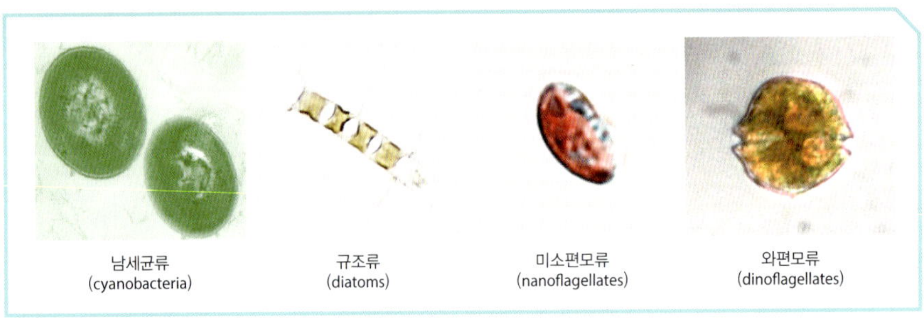

그림 7-1. 식물플랑크톤 4대 그룹

하여 많은 종류의 물질분자와 유전자를 새로운 공생체에 순차적으로 전달하면서 엄청난 다양성을 이룩하였으며, 이러한 다양성은 식물플랑크톤 그룹이 온갖 지구적 환경변화를 이겨내고 오랜 세월 동안 바다를 지배하도록 했다.

1. 남세균류, 30억 살 장수의 상징

연못에 돌을 던지지 말라고 한다. 연못 속에는 금도끼, 은도끼 감별하시는 연못신령님이 주무시는데 깨울까 염려가 되어서? 아니면 머리에 헬멧을 안 쓴 개구리들이 돌에 맞으니까? 그게 아니고 연못 속에는 30억 살 잡수신 남세균류가 살고 계시기 때문이다. 소위 말하는 호수나 강에서 '녹조' 현상을 일으키는 분들은 남세균류다.

남세균류는 뚜렷한 핵막이 없는 원핵생물이다(그림 7-2). 다른 식물플랑크톤들은 핵막이 뚜렷한 진핵세포들이다. 이들은 한때 남조류blue green algae라고 불리기도 했으나 원핵생물이기 때문에 지금은 남세균류라고 부른다. 사실 이러한 남세균류는 담수뿐만 아니라 대부분의 바다를 지배하고 있다.

1970년대 말까지만 해도 망망대해에는 식물플랑크톤이 거의 존재하지 않는 줄 알았다. 그런데 형광현미경이 나오면서 아주 작은 남세균들이 청정한 먼바다를 지배한다는 사실을 알게 되었다. 형광현미경은 광합성 색소를 가지고 있는 생물들

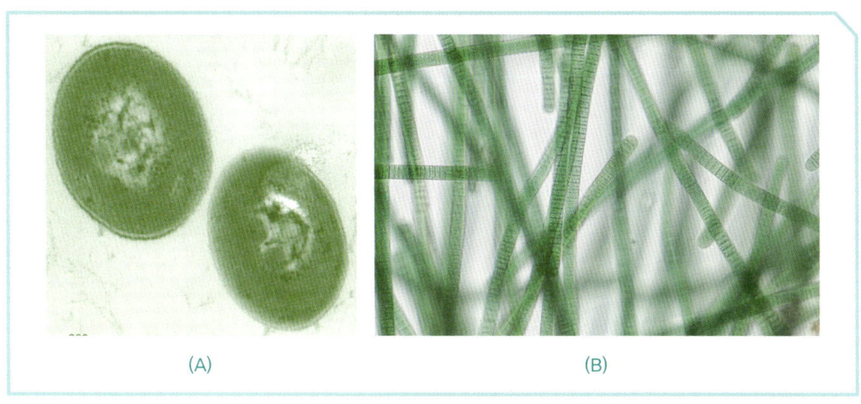

그림 7-2. 남세균류 모습. (A) 한 개체 남세균. (B) 시슬 모양 남세균

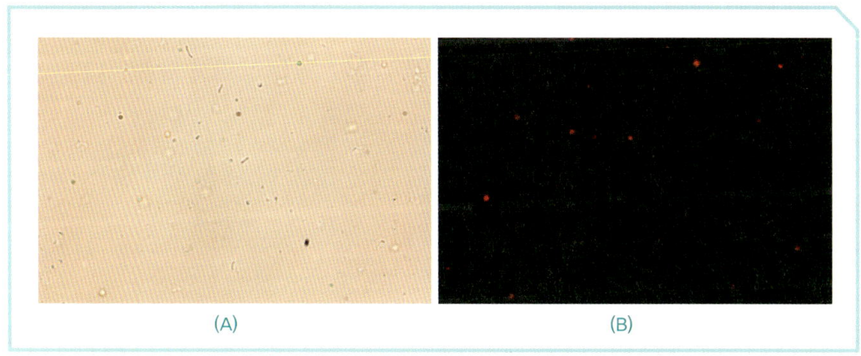

그림 7-3. 남세균류인 *Prochlorococcus marinus*의 형광현미경 사진. (A) 형광이 없을 때 세포들(잘 안 보인다). (B) 형광이 있을 때 세포들(빨간 점들이 *P. marinus* 세포들이다) (옥진희 촬영)

은 빨간색으로, 가지고 있지 않은 생물들은 초록색이나 파란색으로 보이기 때문에 광합성 생물인지 아닌지 금방 알 수 있게 해준다(그림 7-3).

지금 대양을 지배하고 있는 남세균이 바로 *Prochlorococcus*와 *Synechococcus* 속이다. 프로pro는 원시, 클로로chloro는 녹색, 코커스coccus는 알갱이, 시네코synecho는 연속이라는 뜻이므로 이들이 어떤 생물인지 짐작할 수 있다. 1979년 미국 MIT와 URI 과학자들은 대양의 상층 수십 m에는 시네코코커스로 가득하다는 신기한 연구 결과를 보고하였다(Waterbury et al. 1979). 그리고 1986년 미국 MIT의 샐리 키즘Sallie Chisholm 박사가 대양의 표층 바로 아래에는 엽록소-a2와 -b2를 가지고 있는 아주 작은 남세균(즉, 원핵녹조세균)으로 채워져 있다는 사실을 밝혀낸 후 1988년

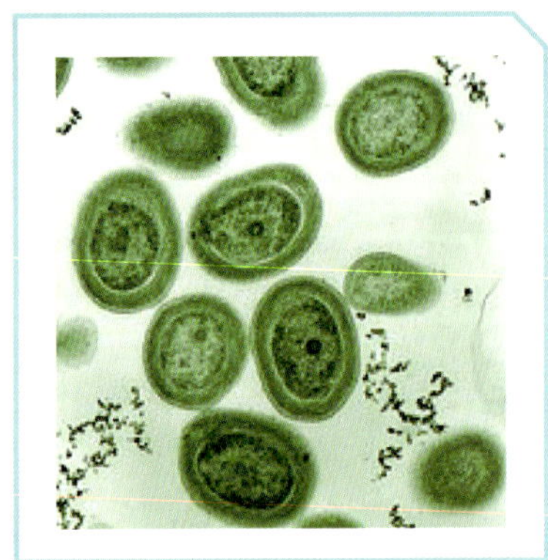

그림 7-4. 대양을 지배하고 있는 남세균류인 *Prochlorococcus marinus*의 사진(https://commons.wikimedia.org/wiki/File:Prochlorococcus_marinus.jpg)

에는 이 사실을 『네이처』지에 발표하였다(Chisholm et al. 1988).

한 가지 더 놀라운 것은 이 종이 수십억 년 동안 살아오면서 전혀 진화를 하지 않았다는 사실이다. 그래서 이 종이 속해 있는 *Prochlorococcus*속genus에는 *Prochlorococcus marinus* 한 종만 존재한다(그림 7-4). 얼마나 완벽한 생물인가! 무엇이 다른 식물들과 다른가? 이 종은 질소고정을 할 수 있어 해수 속의 질소가스를 흡수하여 아미노산을 합성할 수 있는 능력이 있다. 이 *P. marinus*는 크기가 0.5~0.7 μm로 지구상에서 광합성을 하는 생물 중 가장 작으나 개체수가 가장 많다. 이 종은 작기 때문에 체적당 표면적이 커서 마찰 면적이 넓어 뜨기 쉽고, 넓은 표면적으로 영양물질을 흡수하기 유리하다. 또한 큰 움직임이 없어서 에너지 소비도 매우 적다.

*Prochlorococcus marinus*는 한 종이지만 두 개의 그룹으로 나누어진다(Coleman et al. 2006). 한 그룹은 주로 표층 근방에 사는데 강한 빛에 적응한 그룹이다. 또 하나는 수심 100여 m 근방에 사는 그룹으로 약한 빛에 적응한 그룹이다. 이렇게 종을 분화하지 않고 사는 환경을 다양하게 하는 것은 대단히 유리하다. 이 종은 수십억 년을 살아왔기 때문에 많은 환경변화를 겪어왔을 것이다. 즉 온난화, 빙하기, 화산폭발, 슈퍼태풍, 빛이 거의 없는 상태 등을 수십 번 겪었을 것이다. 이러한 격한 환경변화에서 사는 깊이를 다양하게 함으로써 쉽게 적응하고 살아남은 것이다. 또한 두 개의 그룹으로 나눔으로써 전멸을 막는 지혜를 발휘한 것이다.

*Prochlorococcus marinus*와 같이 대표적인 남세균류인 *Synechococcus*속은 암모니아나 질산염 농도가 높은 곳에서 사는데 규조류나 와편모류와 심한 경쟁을 한다. 극심한 경쟁 환경 때문인지 *Synechococcus*속은 진화를 많이 해서 *Synechococcus*속 안에 33종이나 들어 있다. 남세균류의 세계에서 잘 변하지 않는 보수적인 속과 잘 변하는 진보적인 속을 비교해 보는 재미를 느낄 필요가 있다.

*Prochlorococcus marinus*는 막대한 양의 산소를 공급한다. 사실 '녹조' 현상을 일으키는 남세균들에게 감사해야 한다. 그들 덕분에 동물들이 숨을 쉴 수 있기 때문이다.

*Prochlorococcus*와 *Synechococcus*는 다양한 혼합영양플랑크톤이나 동물플랑크톤의 좋은 먹이여서 생태계 내 먹이망에서 중요한 역할을 한다(Gallager et al. 1994, Dolan and Šimek 1998, Christaki et al. 1999, 2002, Jeong et al. 2005c, 2010b, 2012c, Lee et al. 2021).

어떤 상황을 설명할 때 논리적으로 설명하면 쉬우나 그것이 길 때는 설명을 해야 하나 안 하는 것이 좋은가를 고민할 때가 있다. 소위 '녹조' 또는 '녹조 현상'이 이에 해당된다. 그러나 매우 중요한 이슈이므로 이에 대하여 자세히 설명하는 것이 좋겠다고 판단되어 아래와 같이 길게 설명을 하기로 했다.

1995년 우리나라 바다에서 대규모 적조(赤潮, red tide)가 발생하여 많은 양식어류가 폐사하여 많은 국민들이 적조에 대하여 잘 알게 되었다. 22장에서 다시 설명하겠지만 적조는 플랑크톤이 대량으로 번성하여 생기는 현상인데 사실 단어의 뜻과는 다르게 꼭 빨간색만은 아니고 갈색, 노란색, 녹색으로 다양하며 밀물과 썰물을 말하는 조석(潮汐)과는 무관하다. 그러나 적조라는 용어를 오랫동안 써왔기 때문에 학계에서는 적조의 정의를 '플랑크톤이 대량으로 번성하여 수색을 변하게 하는 현상'으로 했다. 우리나라에서 대규모 적조가 일어난 후 호수나 강에서 녹색을 가진 플랑크톤이 대량으로 번성하는 현상이 일어났다. 이때 언론이나 학계에서는 국민들이 인식하고 있는 적조와 비슷하지만 녹색이므로 녹조(綠潮)라고 했다. 그러나 호수나 강과 같은 담수에서는 조석이 전혀 없으므로 녹조라는 용어를 담수에서 쓰는 것은 매우 부적절하다. 현재 녹조(綠潮, green tide)는 해양에서 대형해조류인 녹조류(green algae, 파래 등)가 대량으로 번성하여 수색을 변하게 하는 현상을 일컫는 말로 쓰이고 있다. 이에 담수에서 발생하는 소위 '녹조'의 한자를 '綠藻'로 바꾸어 쓰기도 한다. 그러나 담수에서 발생하는 '녹조'는 '녹조류'가 아니라 주로 '남세균류'에 의하여 발생된다. 물론 담수에서 규조류, 편모류, 와편모류도 대번성bloom을 일으키지만 대부분은 남세균류에 의하여 발생하며, 유해성 대번성도 거의 남세균류에 의하여 발생한다. 즉 진핵생물인 조류algae가 아니라 박테리아bacteria에 의하여 발생되는 것이다. 그러므로 담수에서 발생하는 남세균류의 대번성을 '綠潮'나 '綠藻'로 부르는 것은 적절치 않다. 용어가 길지만 정확한 표현은 '담수 단세포 광합성 생물 대번성 freshwater unicellular-photosynthetic organism bloom'이다. 물론 남세균류를 옛날처럼 남조류 blue green algae로 하여 algae에 넣는다면 담수조류대번성 freshwater algal bloom이라고 할 수 있다. 그러나 현대 식물학자들은 algae를 진핵세포에만 국한하고 남세균류는 algae에서 배제하고 있다. 그러므로 이들 용어에 대한 학계의 진지한 토론이 필요하다.

2. 규조류, 하루에 10배도 될 수 있다

규조류는 영어로 diatom이라고 하는데, Dia는 'apart'라는 뜻으로 '떼어내다'라는 뜻이고, tom은 'cut'으로 '자르다'라는 뜻이다. 즉 '잘라서 떼어내다'라는 뜻이다. 표영생태학 시험에서 한 학생이 답한 것처럼 'di'를 2개, 'atom'을 원자로 하여 '2원자' 생물이라고 하면 안 된다. 규조류는 규소로 만들어진 프러스튤(frustule, 뚜껑)이라는 세포벽을 가지고 있는데 크기가 약간 다른 투명 유리 그릇 두 개를 붙여놓은 모양을 하고 있다(그림 7-5). 위쪽에 있는 프러스튤을 epitheca(위 뚜껑), 아래쪽에 있는 프러스튤을 hypotheca(아래 뚜껑)라고 부른다. 즉 diatom이라는 명칭은 마치 큰 유리를 반절로 잘라 붙여놓은 것 같은 모양에서 왔다. 온실 속의 화초 또는 유리로 된 온실 속에서 살아가고 있는 식물플랑크톤이라고나 할까. 우리나라에서는 규조류를 '돌말류'라고도 부른다. 규조류의 프러스튤은 모양이 매우 다양하여 건축학자들이 많이 연구하고 이용한다.

규조류는 공식적으로 등록된 미세조류 38,000여 종 중 약 40%인 16,900여 종에 이른다(Jeong et al. 2021). 규조류는 형태적으로나 유전학적으로 매우 다양하다.

규조류의 분류는 종들이 다양하고 DNA 염기서열이 밝혀지면서 분류에서 많은 변화를 일으키고 있다. 오랫동안 모든 규조류는 하나의 강인 바실라리오파이시에 Class Bacillariophyceae강이나 하나의 문인 바실라리오파이타문 Phylum Bacillariophyta에

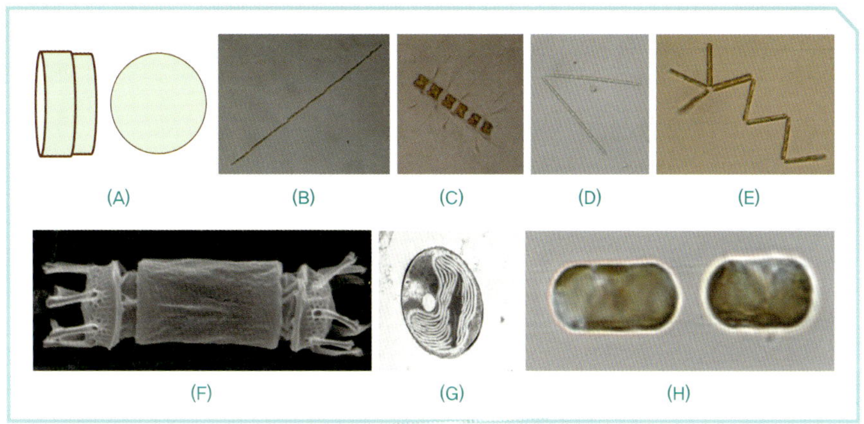

그림 7-5. 규조류의 모습. (A) 2개의 투명한 유리 그릇을 붙여놓은 것같이 보임. (B) *Bacillaria paxillifer*. (C) *Chaetoceros curvisetus*. (D) *Thalassionema frauenfeldii*. (E) *Thalassionema nitzschioides*. (F, G, H) *Skeletonemam costatum*의 SEM(F), TEM(G), 광학현미경(H) 사진(F.G.H. 유영두 교수 제공)

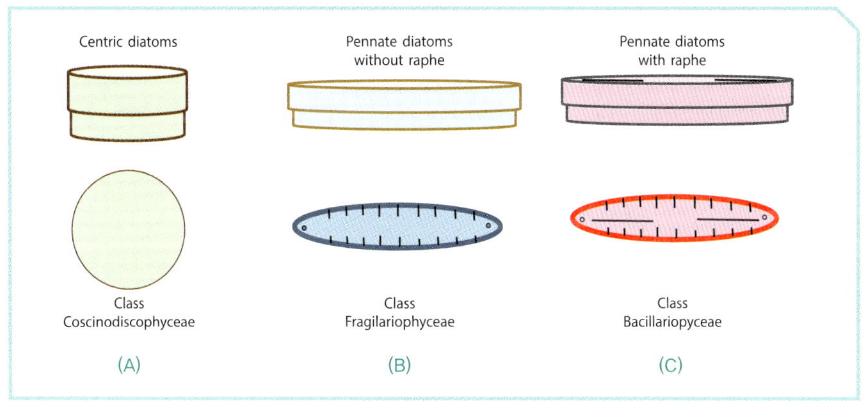

그림 7-6. 규조류의 형태에 의한 분류. (A) 중심규조류(centric diatoms, Class Coscinodiscophyceae). (B) raphe가 없는 우상규조류(pennate diatoms, Class Fragilariophyceae). (C) raphe가 있는 우상규조류(Class Bacillariophyceae)

넣었다. 그리고 그 강이나 문 아래에 형태적으로 원통 모양centric diatoms인지, 깃털 모양pennate diatoms인지로 구분했다(그림 7-6). 옛날 유럽에서는 깃털에 잉크를 찍어서 글씨를 썼다. 글씨를 쓰는 펜pen은 '깃털'이라는 뜻인 라틴어 '*penna*'에서 유래되었다. 즉 먼저 위에서 보았을 때 둥근 모양을 한 원형 규조류는 중심규조류라 하였고, 길쭉한 모양을 한 것은 우상규조류에 넣어 분류했다. 규조류를 하나의 문으로 분류할 경우 중심규조류centric diatoms는 하나의 강인 코시노디스코파이시에강Class Coscinodiscophyceae으로, 우상규조류pennate diatoms는 두 개의 강인 바실라리오파이시에강Class Bacillariophyceae과 프라질라리오파이시에강Class Fragilariophyceae으로 나누었다. 프러스튤 중앙에 라피raphe라는 길고 가는 자국이 있는 것을 '바실라리오파이시에강'으로, 없는 것을 '프라질라리오파이시에강'으로 분류한 것이다.

규조류 속genus들 중에 *Chaetoceros*, *Coscinodiscus*, *Leptocylindrus*, *Skeletonema*, *Thalassiosira* 등 많은 속들이 중심규조류이고, *Asterionellopsis*, *Bacillaria*, *Cylindrotheca*, *Navicula*, *Pseudonitzschia*, *Thalassionema* 등 상대적으로 훨씬 적은 수의 속이 우상규조류에 속한다.

가장 최근에 발표된 규조류 분류는 2019년 Adl et al.(2019)에 의한 분류인데 규조문Phylum Diatomeae 아래 8개의 아문subphylum을 두었는데 아문 Leptocylindrophytina, 아문 Ellerbeckiophytina, 아문 Probosciophytina, 아문 Melosirophytina, 아문 Coscinodiscophytina, 아문 Rhizosoleniophytina, 아문 Arachnoidiscophytina, 아문 Bacillariophytina이다. 그리고 8개 아문 아래 5개의 강class이 들어 있다. 즉, Subphylum Leptocylindrophytina 아래에는 Class Leptocylindrophyceae과 Class Corethrophyceae가 들어 있고, Subphylum Bacillariophytina 아래에는 Class Mediophyceae, Class Biddulphiophyceae, Class Bacillariophyceae가 들어 있다. 그런데 이 아문 이름들은 지금 쓰고 있는 속명과 비슷한 것이 많다. 분자생물학적 분류 방법이 발달하면서 상위단계 분류군을 세분화하기 때문이다.

규조류의 분류, 특히 상위단계 분류군의 분류는 아직 정확하게 정립되어 있지 않아 계속 변하고 있다. 그러므로 한 규조류 종을 분류할 때 먼저 형태적 분류 방법과 분자생물학적 분류 방법으로 속 수준으로 구분하고, 널리 인정받고 있는 온라인 사이트인 AlgaeBase(https://www.algaebase.org)에서 상위분류체계를 알아보는 것이 좋을 것 같다. 물론 AlgaeBase에서의 규조류 분류 체계와 가장 최신 논문인 Adl et al.(2019)에서의 규조류 분류 체계는 차이가 난다. 그러나 이 분야를 연구하는 학자들은 계속 합의를 하여 분류 체계를 정립해나갈 것이다. 아마 규조류 분류가 정확히 정립되지 않은 것은 미세조류 중 종수가 가장 많기 때문일 것이다.

규조류는 종에 따라 혼자 다니는 종들이 있고, 사슬chain을 이루어 다니는 종들

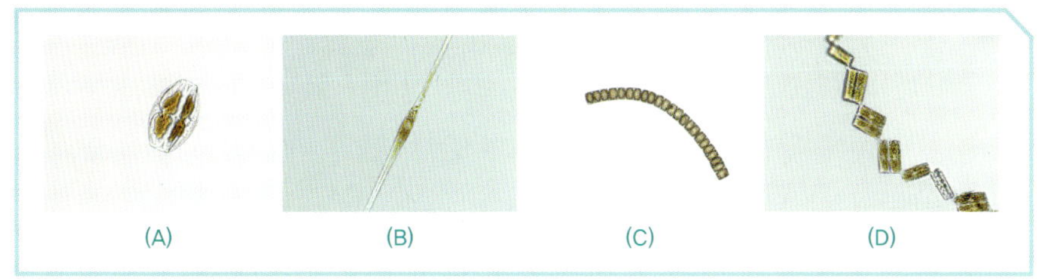

그림 7-7. 규조류 종들 중에는 (A, B) 하나로 되어 있는 것도 있고, (C, D) 여러 개체가 체인을 이루는 것도 있다.

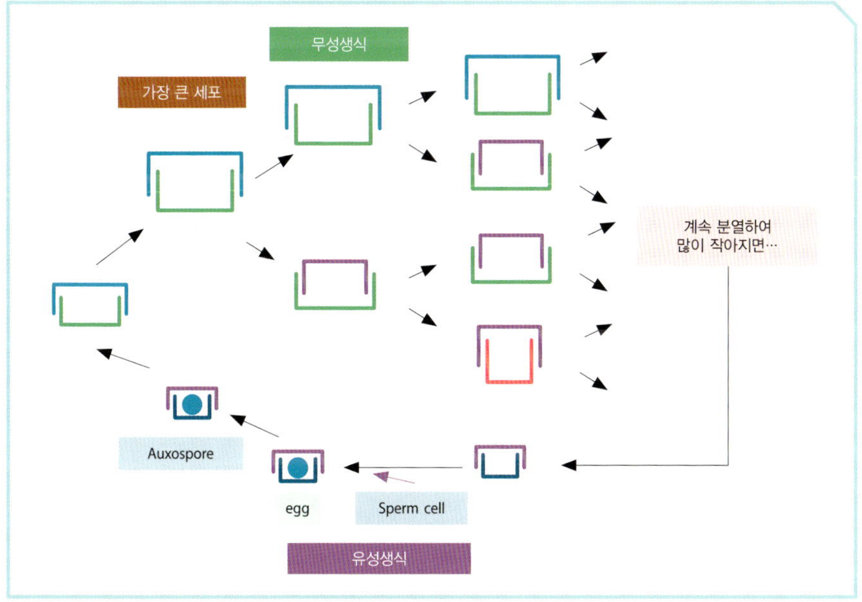

그림 7-8. 규조류의 생식. 위쪽은 이분법으로 분열하는 무성생식이고, 아래는 정자와 난자가 접합하는 유성생식이다. 무성생식에서 규조류가 이분법으로 여러 번 분열하면 다양한 크기의 개체가 만들어진다.

이 있다(그림 7-7). 또한 많은 돌기를 가지고 있다. 사슬을 이루거나 돌기를 많이 가지고 있으면 체적당 표면적이 넓어져 마찰력이 증가한다. 무거운 유리창을 짊어지고 다니는 규조류가 쉽게 가라앉지 않게 하는 데 큰 도움이 된다.

규조류의 번식 방법에는 이분법으로 분열하는 무성생식asexual reproduction과 정자와 난자가 수정하는 유성생식sexual reproduction이 있다(그림 7-8). 규조류 2개의 프러스튤 중 위쪽에 있는 epitheca(위 뚜껑)가 아래쪽에 있는 hypotheca(아래 뚜껑)보다 큰데, 재미있는 것은 2개가 이분법으로 나누어져 각각의 프러스튤을 만들 때 항상 자기보다 작게 만든다는 사실이다. 그러므로 epitheca가 새로 만든 hypotheca는 원래 같이 있었던 hypotheca의 크기와 같다. 그러나 원래의 hypotheca는 새로 만들어지는 개체에서는 epitheca가 되어 자신보다 작은 새로운 hypotheca를 만든다. 그러므로 하나의 규조류 개체가 여러 번 분열하면 매우 다양한 크기의 개체들이 새로 만들어진다. 특히 hypotheca의 hypotheca의 hypotheca의 hypotheca의 hypotheca로 내려가면 개체가 매우 작아진다. 이때 그 작은 개체는 정자와 난자를 만든 후 접합한 후 증대포자Auxospore를 만들어 원래 크기를 회복한다.

규조류는 이분법으로 분열하는데, 경쟁하는 식물플랑크톤인 와편모류나 편모류에 비하여 성장률이 매우 높다. 많은 해역에서 가장 흔하게 발견되는 규조류 중 하나인 *Skeletonema costatum*을 비롯한 몇몇 종은 하루에 3~4번씩 분열하여 한 개체가 하루 지나면 8~16개체가 될 수 있다. 보통 규조류는 헤엄을 치지 않아 에너지 대부분을 자신의 몸을 만드는 데 쓰기 때문에 빠른 분열을 할 수 있다. 그러나 대부분의 와편모류나 편모류는 하루에 한 번 정도 분열하는데 유해성 적조를 일으키는 코클로디니움의 경우 2~3일에 한 번 분열한다(Kim et al. 2004, Jeong et al. 2004e). 와편모류나 편모류들은 빠르게 헤엄을 치기 때문에 많은 에너지를 운동에너지로 써버린다(Jeong et al. 2015). 그러므로 좋은 광합성 조건이 주어지면 규조류는 빠르게 분열하여 우점한다(Ok et al. 2021b). 큰비가 온 후 담수가 연안으로 들어오거나 용승이 일어나면 영양염류 농도가 크게 높아진다. 이때 빛 조건이 좋아지면 규조류는 크게 번성한다. 그러나 표층의 영양염류를 다 써버리면 규조류의 밀도는 급격히 감소한다. 이때 규조류를 포식할 수 있는 혼합영양 또는 동물성 와편모류들의 밀도가 증가하는 경우가 있다.

3. 식물성 미소편모류, 바닷속 비스킷

식물성 미소편모류autotrophic nanoflagellates는 편모를 1~6개 가지고 있는 그룹으로 매우 다양한 식물플랑크톤이 속해 있다. 이들은 동물플랑크톤의 좋은 먹이여서 바닷속 비스킷이라고 부른다. 잘 알려진 미소편모류에는 은편모류 cryptophytes, 침편모류 raphidophytes, 착편모류 haptophytes, 유글레나류 euglenophytes가 있다. 앞서 언급한 바와 같이 이들은 2차 내부공생에 의하여 만들어졌는데 침편모류, 은편모류, 착편모류는 홍조류 red algae의 자손이어서 엽록소-a와 -c를 가지고 있고, 유글레나류는 녹조류 green algae의 자손이어서 엽록소-a와 -b를 가지고 있다.

은편모류

Crypto-는 숨겨져 있다는 뜻이다. 은편모류는 보통 크기가 10~50 μm 정도인데, 크기가 다른 2개의 편모를 가지고 있고, 몸은 다소 평평하다(그림 7-9). 이들은 내부물질을 분출시키는 기관인 이젝토좀 ejectosome을 특징적으로 가지고 있다. 은편모류가 물리적 · 화학적인 스트레스나 빛에 의한 스트레스를 받으면 ejectosome을 발사한다.

은편모류는 먹이였던 홍조류 핵의 흔적인 핵형 nucleomorph을 색소체 plastid 안에 가지고 있다(그림 7-9). 이 핵형 안에 있는 유전자는 원래 홍조류 핵 안의 유전자에 비하여 많이 줄어들어 있는데 이것은 홍조류가 먹힌 후 유전자를 포식자의 핵에 넘겨주었기 때문이라고 판단하고 있다. 색소체 plastid는 네 겹의 막으로 둘러싸여 있는데 이는 먹이를 먹은 후 먹이의 색소체 막을 다시 한번 감싸기 때문에 생긴

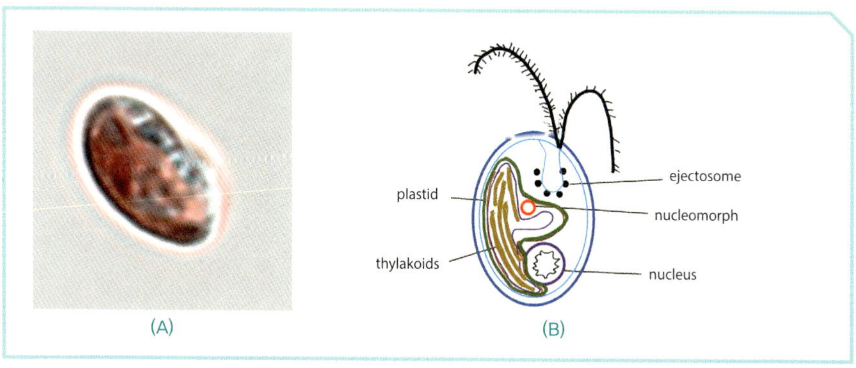

그림 7-9. 은편모류. (A) 은편모류인 *Teleaulax amphioxeia* 광학현미경 사진(옥진희 촬영). (B) 내부를 보여주는 모식도. 발사체(ejectosome). 먹이의 핵형(nucleomorph). 핵(nucleus). 색소체(plastid). 틸라코이드(thylakoids) 등을 가지고 있다.

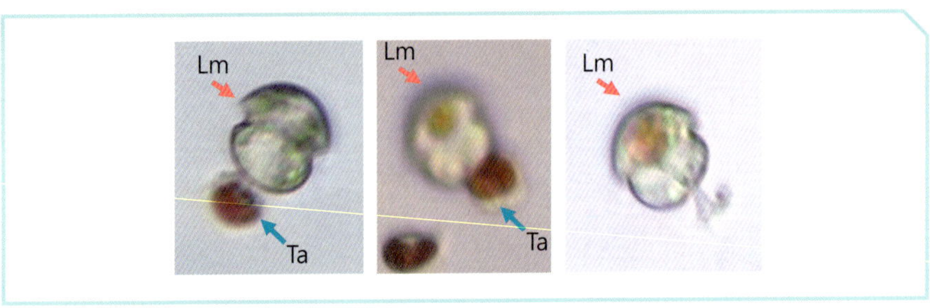

그림 7-10. 동물성 와편모류인 *Luciella masanensis*(Lm)가 은편모류인 *Teleaulax amphioxeia*(Ta)에 빨대(peduncle)를 꽂아 섭식하는 장면

것이다.

은편모류에는 지금까지 220여 종이 발견되어 공식적으로 인정되고 있다. 이들 중에는 식물성뿐만 아니라 동물성인 종들도 있어서 은편모조류 대신 은편모류라고 많이 쓴다. *Teleaulax amphioxeia*, *Rhodomonas salina*, *Storeatula major* 등은 널리 알려진 종들인데 광합성을 할 수 있는 종들이다. 또한 *Guillardia theta*도 광합성을 할 수 있는 종인데 핵에 들어 있는 게놈의 염기서열이 밝혀진 최초의 은편모류로 유명하다. 이 종은 약 8,700만 개의 염기서열과 24,840개의 유전자를 가지고 있다.

은편모류에 속하는 여러 종은 종종 적조를 일으킨다(Jeong et al. 2013a). 은편모류는 다양한 혼합영양플랑크톤이나 단세포 동물플랑크톤의 좋은 먹이가 되는 것으로 밝혀졌다(Jeong et al. 2004e, 2005d, 2005e, 2006, 2007a, Burkholder et al. 2008; 그림 7-10). 또한 은편모류는 대규모 적조를 일으키는 광합성 섬모류인 메소디니움 루브름*Mesodinium rubrum*의 필수적인 먹이로 밝혀졌다(Yih et al. 2004). 그러므로 은편모조류는 생태계에서 먹이생물로서 중요한 역할을 한다.

또한 은편모류의 여러 종이 혼합영양을 하는 것으로 밝혀졌다. 특히 *Teleaulax amphioxeia*는 해양 박테리아를 잘 섭식하는 것으로 밝혀졌다(Yoo et al. 2017). 자세한 것은 8장 혼합영양플랑크톤에서 다룬다.

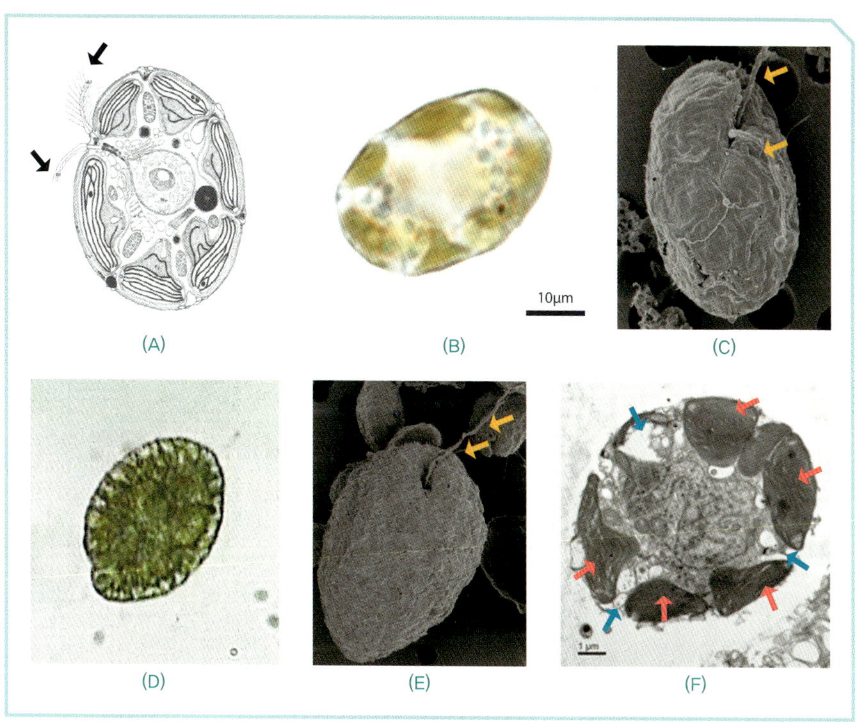

그림 7-11. 침편모조류. (A) 앞쪽에는 가시가 나 있는 것 같은 편모가 있으나 뒤쪽에는 반질반질한 편모가 나 있다(검정색 화살표). (B, C) *Heterosigma akashiwo*의 광학현미경 사진(B)과 SEM 사진(C). 2개의 편모가 보인다(노란색 화살표). (D, E) *Chattonella ovata*의 광학현미경 사진(D)과 SEM 사진(E). (F) *Heterosigma akashiwo*의 TEM 사진은 많은 엽록체(빨간색 화살표)와 점액세포(mucocysts, 파란색 화살표)를 보여준다.

침편모류

Raphidophyte에서 *Raphide*는 '바늘(침) 모양'이라는 뜻이다. 크기는 20~100 μm 정도인데, 크기가 다른 2개의 편모를 가지고 있다(그림 7-11). 침편모류에 속하는 대표적인 속은 *Heterosigma*, *Chattonella*, *Fibrocapsa*인데 *Heterosigma*속과 *Chattonella*속에 속하는 종들은 많은 나라에서 적조를 일으킨다(Zhang et al. 2006, Jeong et al. 2013b). 특히 일본에서는 침편모류에 속하는 *Heterosigma akashiwo*가 대표적인 적조생물로 널리 알려져 있다(Kim et al. 1998, Imai and Itakura 1999). 아카시오는 일본 말로 '적조'라는 뜻이다.

2010년대에 들어와서 *Heterosigma*속과 *Chattonella*속에 속하는 여러 종이 혼합영양을 하는 것이 발견되었다(Jeong et al. 2010a, Jeong 2011). 자세한 내용은 뒷장의 혼합영양플랑크톤에서 언급할 예정이다.

착편모류

Haptophyte에서 *hapsis*는 '접촉touch', *nema*는 '실thread'이란 뜻인데, 착편모류는 앞부분에 착색haptonema이라는 뾰족한 부분을 가지고 있다(그림 7-12). 이 착색은 언뜻 보기에 편모와 모양이 비슷하지만 미세관들로 되어 있다. 착편모류에는 콕콜리쏠래스Coccolithales목, 아이소크라이시달래스Isochrysidales목 등이 있는데 콕콜리쏠래스가 전체 착편모류 762종에서 673종을 차지하고 있다. 콕콜리쏠래스목에 속하는 종들은 석회석으로 되어 있는데 화석으로 잘 보존되어 있어 우리가 쓰고 있는 시멘트 중 많은 부분에 기여했을 것으로 생각한다.

*Chrysochromulina*속과 *Prymnesium*속에 속하는 종들 중에는 독성을 가지고 있는 것들이 있어서 유해성 적조를 일으킨다(Nielsen et al. 1990, Karlson et al. 2021). 또한 *Phaeocystis*속에 속하는 종들은 거품을 만들어 사람들에게 역겨운 냄새를 풍겨 피해를 줄 수 있다(Schoemann et al. 2005, Karlson et al. 2021).

또한 착편모류에 속하는 종들 중 *Isochrysis galbana*나 *Pavlova lutheri*는 다양한 양식생물의 먹이가 되기 때문에 산업적으로 중요한 종이다(He et al. 2018, Camacho-Rodríguez et al. 2020, Hassan et al. 2021). 또한 불포화지방산인 오메가3 물질을 포함하고 있어 상업적으로도 이용되고 있다(Wang et al. 2019, Pratiwy and Pratiwi 2020).

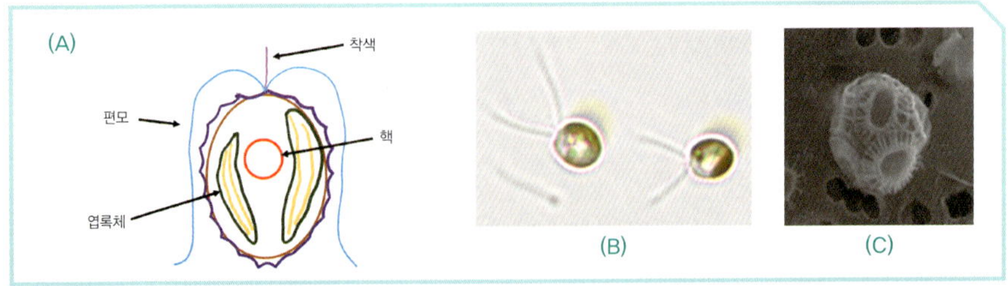

그림 7-12. 착편모류. (A) 착편모류 모식도. 앞부분에 착색을 가지고 있다. (B) *Isochrysis galbana*. (C) Coccolithospore에 속하는 *Emiliania huxleyi* (Nam et al. 2018; Algae로부터 허락받음)

4. 식물성 와편모류, 가장 영리한 식물

와편모류는 영어로 dinoflagellate라고 하는데 dino는 그리스어로 *whirl*인데 '소용돌이', 즉 '와류(渦流)'라는 뜻이다. 긴 편모flagellum를 움직이면 와류가 생기기 때문에 붙인 이름이다(그림 7-13).

대부분의 와편모류는 두 개의 편모와 잘록한 허리인 싱귤럼cingulum을 가지고 있다. 2개의 편모 중 긴 종편모longitudinal flagellum는 와편모류가 앞으로 나아갈 수 있도록 추진력을 발생시킨다. 나선형으로 꼬여 있는 횡편모transverse flagellum의 경우 정확한 기능은 밝혀지지 않았으나 균형을 잡을 때 쓸 것으로 추정하고 있다. 대부분의 싱귤럼은 중간 정도에 있으나 유명한 적조생물들인 *Prorocentrum*속이나 *Dinophysis*속에 속하는 종들처럼 위쪽으로 치우쳐 있는 것들도 있다(Lim et al. 2013, Park et al. 2019).

싱귤럼 아래 중간에는 썰커스sulcus 부분이 있는데 혼합영양성이나 동물성 와편모류들은 이 부분으로 먹이를 삼킨다(Jeong et al. 2005e). 와편모류의 입이라고 할 수 있다. 이 부분은 여러 개의 작은 조각으로 이루어져 먹이를 꽉 잡아서 삼키는데 유리하도록 되어 있다. 이 조각들은 인간의 이빨과 비슷하다.

와편모류 표면은 샌드위치 봉지처럼 된 엘비올리alveori로 덮여 있는데 타일

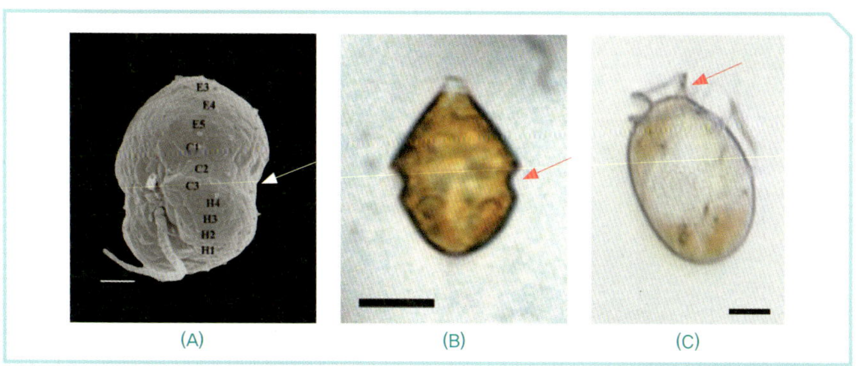

그림 7-13. 와편모류에서 '와' 자는 소용돌이를 뜻한다. 2개의 편모를 가지고 있고 싱귤럼(화살표)을 가지고 있는데 그 위치는 다를 수 있다. (A) *Ansanella granifera* (Jeong et al. 2014a). (B) *Scrippsiella lachrymosa* (Lee et al. 2018). Algae로부터 허락받음. (C) *Dinophysis* sp.(유지현 촬영)

처럼 정교하게 붙어 있다(Kang et al. 2010). 그 봉지 안에 theca라는 판을 가지고 있는 종들을 유각 와편모류thecate dinoflagellates, 없는 종들을 무각 와편모류 athecate dinoflagellates라고 부른다. 유각 편모류의 경우, 정단부를 apex라고 부르는데 구멍 pore을 가지고 있는 경우도 있다(Jeong et al. 2005b). 싱귤럼 윗부분을 epicone 또는 epitheca라고 부르고, 아랫부분을 hypocone 또는 hypotheca라고 부른다. 가장 아랫쪽 부분은 antapex라고 부른다.

캘리포니아대학교 스크립스 해양연구소의 찰스 코포이드Charles A. Kofoid 박사는 유각 와편모류를 분류하는 Kofoidian plate formula를 만들었는데 지금도 이용하고 있다(Lim et al. 2015b, 2018b, Rhodes et al. 2017, Lee et al. 2019c). 먼저 정단부에 있는 부분을 Apical pore complex(APC)라고 부르는데 pore(Po)와 이를 감싸고 있는 closing plate(cp)를 가지고 있는 경우가 많다(그림 7-14). APC에 접해 있는 plate들을 apical plate라 하고 ′를 쓴다. 만일 apical plate가 3개면 3′, 4개면 4′으로 표기한다. 그런데 1′가 APC와 떨어져 있을 때 작은 plate와 연결되는 경우가 많은데 이 plate를 x plate라고 부른다. 싱귤럼 윗부분에 접해 있는 plate를 pre-cingular plate

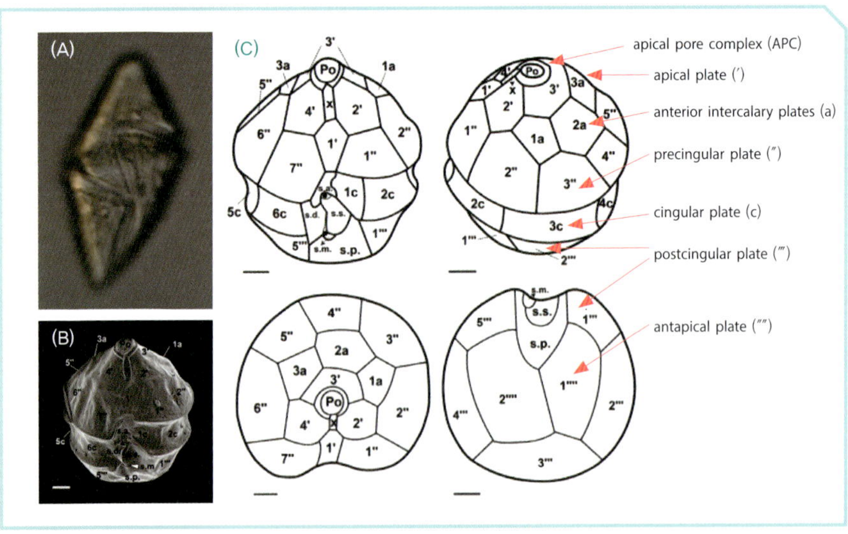

그림 7-14. (A) 무각 와편모류인 *Gyrodinium moestrupii*와 (B) 유각 와편모류인 *Scrippsiella lachrymosa*. (C) 유각 와편모류의 plate 명칭(Lee et al. 2018). 이 종은 Closing plate(cp)가 없음. (B, C) 사진은 Algae로부터 허락받음.

라 부르고 ″로 쓴다. Pre-cingular plate가 6개면 6″, 7개면 7″로 표기한다. 그리고 epicone에 apical plate와 pre-cingular plate 사이에 1~3개의 추가적인 plate가 있을 수 있는데 이를 anterior intercalary plate(a)라고 부른다. 싱귤럼에 있는 plate는 cingular plate라고 한다. 5개면 5C, 6개면 6C로 표기한다.

싱귤럼 아랫부분에 접해 있는 plate를 post-cingular plate라 부르고 ‴로 쓴다. post-cingular plate가 5개면 5‴, 6개면 6‴로 표기한다. Antapex와 접해 있는 plate는 antapical plate라 부르고 ⁗로 쓴다. 2개면 2⁗, 3개면 3⁗로 표기한다. Hypocone에 antapical plate와 post-cingular plate 사이에 추가적인 plate가 있을 수 있는데 이를 posterior intercalary plate(p)라고 부른다. hypocone 중앙에 sulcus가 존재하는데 여기에 여러 개의 sulcal plate가 존재한다.

Kofoidian plate formula는 cp, x, 4′, 2a, 6″, 6c, 6s, 5‴, 2p, 2⁗와 같은 방식으로 표현한다. 이는 하나의 closing plate, x plate, 4개의 apical plate, 2개의 anterior intercalary plate, 6개의 pre-cingular plate, 6개의 cingular plate, 6개의 sulcal plate, 5개의 post-cingular plate, 2개의 posterior intercalary plate, 2개의 antapical plate로 이루어져 있다는 뜻이다. Plate formula는 보통 속genus을 나눌 때 사용하고, 세포의 크기와 모양이나 각 plate의 크기와 모양, plate들 간의 상대적 위치는 주로 종species을 나눌 때 쓴다.

와편모류는 식물성autotrophic, 동물성heterotrophic, 그리고 동물성과 식물성을 동시에 가지고 있는 혼합영양성mixotrophic 와편모류로 나뉜다(Stoecker 1999, Burkholder et al. 2008, Jeong et al. 2010b, 2015, 2021). 식물성 와편모류와 혼합영양성 와편모류는 광합성을 하는데, 식물성 와편모류들 중에 혼합영양 여부에 대한 연구가 진행된 것은 10% 미만이어서 아직 많은 종들이 식물성인지 혼합영양성인지 알 수가 없다(Jeong et al. 2010b, 2015, 2021). 그런데 이들이 광합성을 하는 것은 사실이므로 편의상 이들을 묶어서 광영양성 와편모류phototrophic dinoflagellates라고 부르기도 한다.

앞에 언급한 바와 같이 인류역사상 가장 위대한 과학자는 '다윈'이다(그림 7-15). 다 Win. '다 이기다'라는 뜻이기 때문인데 이러한 다윈을 가볍게 이기는 생물이 있다. 바로 와편모류다. 와편모류들의 염색체 수는 200개가 넘는 것도 있어 인간의 46개보다 훨씬 많고, 염기 수는 2,000억 개가 넘는 것도 있어 인간의 30억 개보다

그림 7-15. 누가 가장 위대한 과학자인가? (A) 뉴튼. (B) 아인슈타인. (C) 다윈. (D) 많은 염색체를 가지고 있는 와편모류

훨씬 많다(Spector 1984). 그래서 이들은 완전히 움직이는 중앙도서관이라고 할 수 있다. 앞으로 이러한 와편모류의 유용한 유전자를 많이 이용할 것으로 예상한다.

대부분의 와편모류는 편모를 이용하여 수영할 수 있다. 광합성을 하는 와편모류는 보통 낮에는 표층으로 올라와 빛을 받고, 저녁에는 영양물질이 많은 저층으로 내려가 질소나 인을 흡수하는 주야수직이동diurnal vertical migration을 한다(그림 7-16). 그러므로 표층에 질소와 인이 없어도 저층으로 내려가 영양염류를 흡수함으로써 성장을 할 수 있다.

주야수직이동을 할 때 도달할 수 있는 깊이는 종마다 다르다(Jeong et al. 2015). 예를 들어 가장 깊은 곳까지 헤엄쳐서 내려갈 수 있는 광영양성 와편모류 종은 *Margalefidinium polykrikoides*(과거에는 *Cochlodinium polykrikoides*로 불렸다)다. 이 종

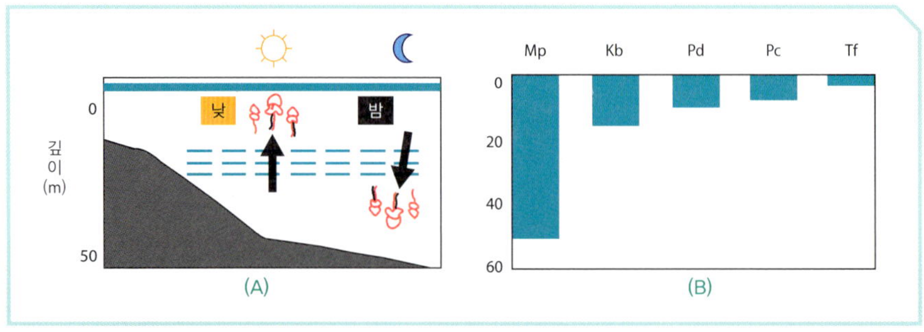

그림 7-16. (A) 와편모류의 주야수직이동. (B) 10시간 내려갈 때 도달할 수 있는 깊이. Mp: *Margalefidinium polykrikoides*. Kb: *Karenia brevis*. Pd: *Prorocentrum donghaiense*. Pc: *Prorocentrum cordatum*. Tf: *Tripos fusus*

은 1초에 1.4 mm를 헤엄칠 수 있어 10시간 내려간다면 40~50m까지 도달할 수 있다(Jeong et al. 2015, 2017b). 저층에는 신선한 영양염류가 엄청 많아서 *M. polykrikoides*는 밤에 저층에 내려가 영양염류를 흡수하면서 번성할 수 있다. 그러므로 주야 수직이동은 적조 형성뿐만 아니라 생존에 매우 중요한 전략이다.

광영양성 와편모류는 다양한 종류의 색소pigment를 가지고 있다. 즉, 엽록소-a, -b, -c를 가지고 있고, 많은 종류의 카로티노이드계 색소를 가지고 있다. 이들이 깊은 곳까지 주야수직이동을 하기 때문에 아주 적은 양의 빛도 흡수해야 하는데 다양한 색소를 가지고 있어서 이를 가능하게 한다. 오랫동안 와편모류는 주요 카로티노이드계 색소로 페리디닌peridinin만을 가지고 있다고 생각했다. 그러나 카레니아시에과Family Kareniaceae에 속하는 대표적인 속인 *Karenia*, *Karlodinium*, *Takayama*에 속하는 종들이 푸코잔틴fucoxanthin을 가지고 있다는 사실이 밝혀져 푸코잔틴의 함유를 카레니아시에과의 분류 key로 삼았었다(그림 7-17). 그런데 2019년 일본 연구진에 의하여 카레니아시에과에 속하지만 페리디닌을 가진 종이 발견되었다(Takahashi et al. 2019). 이 종은 *Gertia stigmatica*라는 신속, 신종으로 명명되었다. 그 후 2021년에 필자의 연구팀에 의하여 우리나라 진해 연안에서 카레니아시에과에 속하지만 페리디닌도 푸코잔틴도 가지고 있지 않은 종을 찾아냈다. 이 종은 *Shimiella gracilenta*라는 신속, 신종으로 명명되었다(Ok et al. 2021a). *Gertia*와 *Shimiella*의 발견으로 푸코잔틴의 함유는 더 이상 카레니아시에과의 분류 key가 되지 않는다. 사실 페리디닌과 푸코잔틴은 구조적으로 한 부분만 다르므로 진화적으로 어렵지 않게 전환되었을 가능성이 높다. 이에 대한 향후 연구가 필요하다(그림 7-17).

또한 광영양성 와편모류는 다양한 독소toxin를 가지고 있다. 와편모류가 가지고 있는 독소에는 마비성패독Paralytic Shellfish Poisoning, 설사성패독Diarrhetic Shellfish Poisoning, 기억상실성패독Amnestic Shellfish Poisoning, 시구아테라어독Ciguatera Fish Poisoning 등 매우 다양하다. 독소는 생태계에서 포식자로부터 자신을 보호하기 위한 수단이다. 그러나 독소는 고분자이므로 만드는 데 많은 에너지가 소모될 것으로 판단된다. 독소에 대해서는 22장 '적조'에서 자세히 설명한다.

와편모류는 바다의 왕이라고 할 만큼 생태학적으로 많은 역할을 한다. 즉 광합성을 하는 1차생산자primary producer, 다양한 동물의 먹이prey, 원핵생물이나 미세

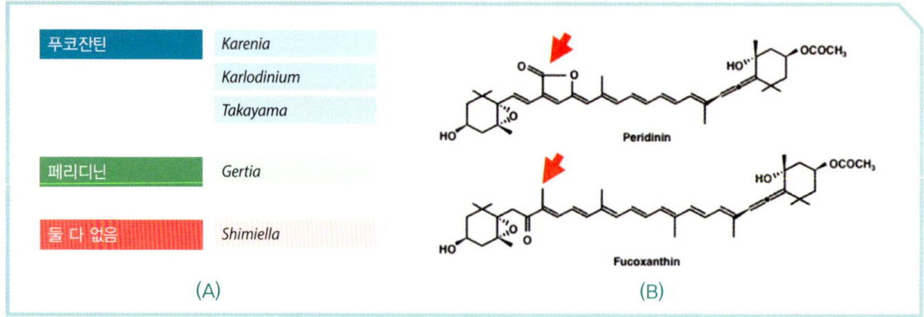

그림 7-17. (A) 카레니아시에과(Family Kareniaceae)에 속하는 속들의 페리디닌(peridinin)과 푸코잔틴(fucoxanthin) 함유 여부. (B) 페리디닌과 푸코잔틴의 구조적 차이(화살표)

조류의 포식자predator, 산호, 말미잘 등과의 공생자symbiotic partner, 그리고 수많은 생물 안에 서식하는 기생자parasite 역할을 한다(그림 7-18). 와편모류 중 식물성 와편모류는 1차생산자, 먹이, 공생자 역할을 하고, 혼합영양성 와편모류는 1차생산자, 먹이, 포식자, 공생자 역할을 한다(Jeong et al. 1997, 1999a, 2010b, LaJeunesse et al. 2018). 또한 동물성 와편모류는 먹이, 포식자, 기생자 역할을 한다(Drebes 1988, Jeong et al.

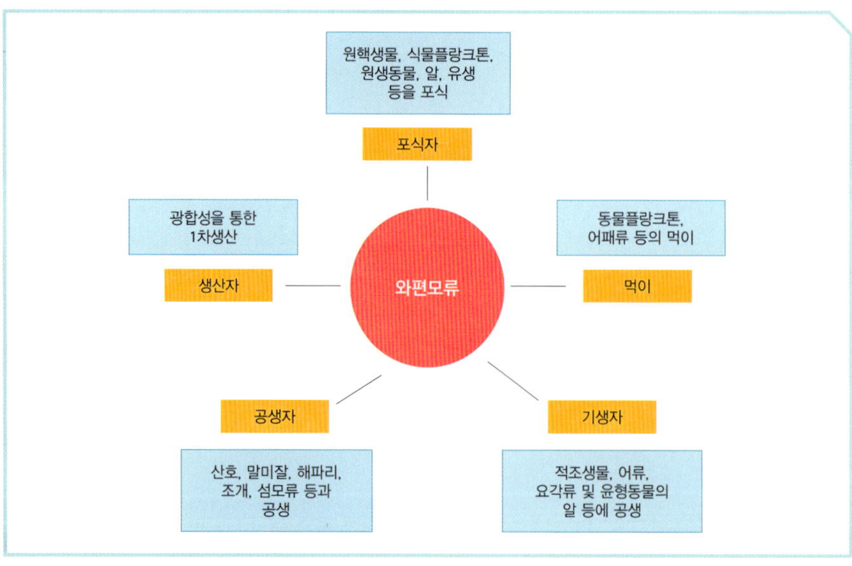

그림 7-18. 와편모류의 생태학적 역할

2001b).

2020년 봄 미국에서 열린 Ocean Science Meeting에서 신규 와편모류에 대한 발표를 하면서 '다음 아카데미상은 〈공생자〉라는 제목의 영화가 받을 것 같다'는 유머를 했다. 〈기생충〉이 이미 아카데미상을 받았고, 〈포식자predator〉라는 아놀드 슈워제너거 주연의 영화가 있고, 〈먹이Prey〉라는 영화가 있어서 '1차생산자' 또는 '공생자'라는 제목의 영화를 만들면 아카데미상을 받을 것 같다.

와편모류는 해양생태계 내에서 많은 역할을 하는 과정에서 다양한 물질을 만들이 자신을 보호하거나 상대방을 무력화시킨다(Jeong et al. 2017a). 이러한 물질들은 지방산, 독소, 색소 등인데, 오메가3, 항산화물질 등 건강물질과 항생제, 항암제와 같은 치료제, 천연색소 등으로 이용될 수 있다. 현재 동물성 와편모류인 *Crypthecodinium cohnii*는 상업적인 오메가3 생산에 이용하고 있다(Jiang and Chen 2000, Mendes et al. 2009, Stramarkou et al. 2021).

이렇게 생태, 진화적으로 중요하고 유용물질, 유전자, 기능을 가지고 있는 와편모류에 대한 관심이 매우 크다(Lim et al. 2018a). 특히 생물을 인류의 공동자산에서 한 국가의 자산으로 인정하는 나고야 의정서가 발효된 후, 국제적으로 와편모류 신종 발굴에 힘을 쏟고 있다. 아울러 유용한 와편모류를 대량 배양하는 기술 개발에도 많은 노력을 하고 있다(Lim et al. 2020).

우리나라는 2005년 이전에 와편모류뿐만 아니라 다른 미세조류 신종 발표가 거의 없는 불모지였다(Jeong et al. 2005b). 와편모류 신종을 발표하기 위해서는 먼저 분리, 배양에 성공한 후, 광학 및 전자현미경을 이용한 형태학적 분석, 유전자를 이용한 분자생물학적 분석, 색소 등을 이용한 생화학적 분석을 실시해야 한다. 이러한 어려움 때문에 전 세계적으로 매년 20종 미만의 와편모류 신종이 발표되고 있다(https://www.dinophyta.org). 신종의 윗단계인 신속genus 발굴은 더욱 어렵다. 필자의 연구실에서는 지난 15년 동안 10여 개의 와편모류 신속, 20여 개의 신종을 발표했다. 발표한 신속은 *Stoeckeria*(Jeong et al. 2005b), *Luciella*(Mason et al. 2007), *Paragymnodinium*(Kang et al. 2010), *Gyrodiniellum*(Kang et al. 2011), *Ansanella*(Jeong et al. 2014a), *Aduncodinium*(Kang et al. 2015), *Yihiella*(Jang et al. 2017), *Cladocopium*(Lee et al. 2020b), *Effrenium*(Jeong et al. 2014b, LaJeunesse et al. 2018), *Shimiella*(Ok et al. 2021a)

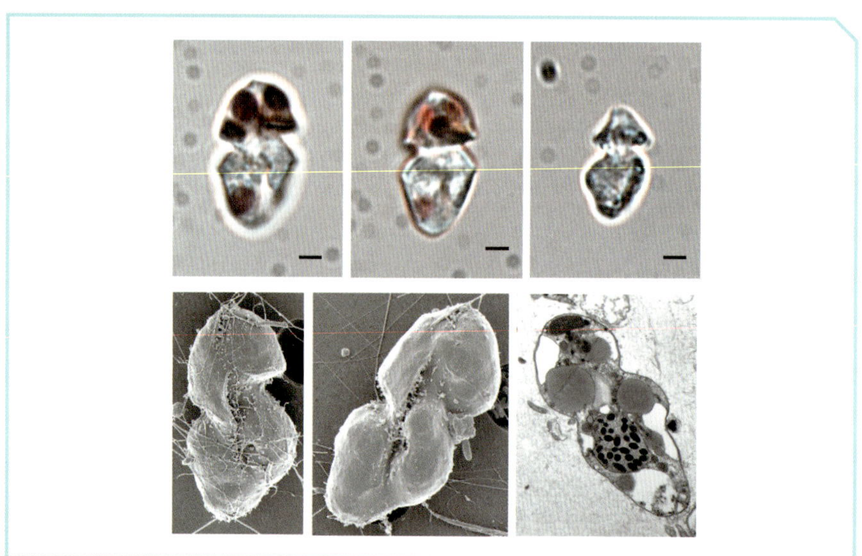

그림 7-19. *Shimiella gracilenta*(옥진희 촬영)

인데 최근 15년간 신속 발표 순위에서 세계 1위를 차지했다. 또한 종명이나 속명에 우리나라 지명을 따 스크립시엘라 마산엔시스, 이히엘라 여수엔시스, 파라짐노디니움 시화엔스, 알렉산드리움 포항엔스, 고니알렉스 화성엔시스, 안산엘라 그라니페라 등으로 명명하여 우리나라의 연구력과 지명을 널리 알렸다(Kang et al. 2010, Jeong et al. 2014a, Jang et al. 2017, Lim et al. 2015b, 2018b, Lee et al. 2019c). 아울러 외각이 매우 약해서 전자현미경을 찍기가 어려워 형태적 분류가 잘 이루어지지 않았던 공생미세조류인 *Symbiodinium*속에 대한 정확한 형태 분류를 하였고, 여러 개의 신종을 발표했다(Jeong et al. 2014b, Lee et al. 2014b, 2015b, 2020b, LaJeunesse et al. 2015, 2018).

최근에는 *Shimiella gracilenta*라는 신속, 신종을 발표했다(그림 7-19). 이 종은 진해만에서 분리, 배양했는데 우리나라 해양생물학의 태두이신 효산 심재형 교수님의 성(姓)을 따서 심이엘라 그라실렌타로 명명한 후 미국 조류학회지 *Journal of Phycology*에 논문을 게재했다(Ok et al. 2021a). 신속명의 기초가 된 심재형 교수님은 우리나라 해양생물학 분야를 정립한 해양학자로 많은 해양학자들을 길러내 우리나라의 플랑크톤, 적조 연구 분야 등이 세계적인 수준에 도달하는 데 기여했다. 해양 와편모류에 붙여진 이름은 수백 년 동안 학계에서 사용하기 때문에 이름의 기초가

그림 7-20. 필자의 연구실에서 발표한 와편모류 신속(new genus), 신종(new species), 분리된 장소와 유용성을 표시한 포스터. 분홍생 글씨는 지명, 초록색 글씨는 인명을 따서 지은 것이다.

된 학자에게는 불멸의 의미를 준다. 심이엘라 그라실렌타는 동물성이지만 식물플랑크톤을 먹은 후 먹이의 엽록체를 소화시키지 않고 광합성을 하도록 하여 한 달 이상 생존할 수 있는 신비로운 종이라는 사실도 함께 밝혔다. 이는 생태생리학적으로나 진화학적으로 매우 중요한 발견이다.

해양학 연구 중 가장 기본적인 와편모류 분류 분야에서 우리나라가 200년의 역사를 가진 유럽이나 100년의 역사를 가진 미국, 일본과 대등한 연구력을 갖추게 된 것은 큰 의미가 있다. 앞으로 이 분야 최강국의 지위를 유지하기 위하여 많은 후학들의 도전이 필요하다.

최근 필자의 연구실에서는 그 동안 발표한 해양 와편모류 신종들이 함유한 유용물질이나 기능을 찾아낸 후 각 종의 분리 장소와 유용성을 표시한 포스터를 제작했다(그림 7-20).

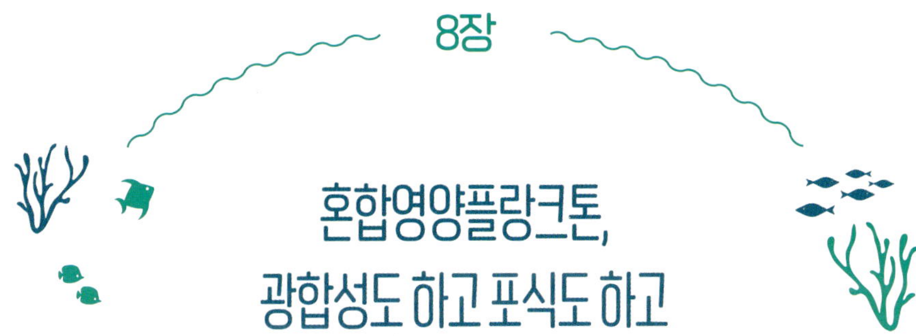

8장

혼합영양플랑크톤, 광합성도 하고 포식도 하고

이솝우화에 보면 '두 사람과 곰'이라는 이야기가 나온다. 스토리를 대충 아실 것 같아 생략하고 죽은 척하던 사람을 그대로 보낸 곰의 손자곰 이야기를 하자(그림 8-1). 할아버지 곰이 어처구니없이 먹이를 놓친 것을 안 손자는 이번에는 나무에 올라간 사람을 쫓아갔다. 언젠가는 내려오겠지 하고. 당초의 각본대로 안 되고 있다는 사실을 안 나무 위의 사람은 뭔가를 열심히 빌었다. 뭐라고 빌었을까? 전래동화에 나오는 호랑이와 남매 이야기에서처럼 "동아줄을 내려주세요?"라고 빌었을까? 그 사람이 열심히 빈 것은 "나무님~~ 곰을 잡아먹어주세요"였다. 이렇게 식물이 포식을 하는 것을 혼합영양mixotrophy이라고 한다. 이 사람은 생태학을 열심히 공부해서 혼합영양 개념을 잘 알았던 것 같다.

1. 혼합영양이란? 모든 생물의 꿈

혼합영양생물은 광합성photosynthesis과 포식feeding을 동시에 할 수 있는 생물을 말한다(Jeong et al. 2015, 2021, Mitra et al. 2016, Glibert et al. 2019). 즉 식물이 포식

그림 8-1. 현대판 곰과 두 사람 이야기. 나무가 곰을 잡아먹는다면 그 나무는 혼합영양성 나무다.

을 하거나, 동물이 엽록체를 획득한 후 광합성을 하는 경우 혼합영양이 된다. 사실 육상에 있는 끈끈이주걱도 식충식물이며 혼합영양성이다(Glibert et al. 2019). 질소와 인이 풍부하면 광합성을 하고 이들이 부족하면 다른 생물들을 포식하는 혼합영양은 모든 생물의 꿈이라고 할 수 있다.

2. 누가 혼합영양을 하나?

육상에서는 식충식물을 보기가 쉽지 않지만 해양에서는 많은 생물이 혼합영양성이다(Stoecker 1999, Burkholder et al. 2008, Jeong et al. 2010b, 2015, 2021). 특히 많은 미소편모류와 와편모류에 속하는 종들이 혼합영양을 한다는 사실이 밝혀졌는데 이들 중에는 적조를 일으키는 종이 많다. 많은 적조생물이 혼합영양을 한다는 사실이 밝혀지면서 적조 발생 모델이 바뀌게 되었다(Jeong et al. 2015).

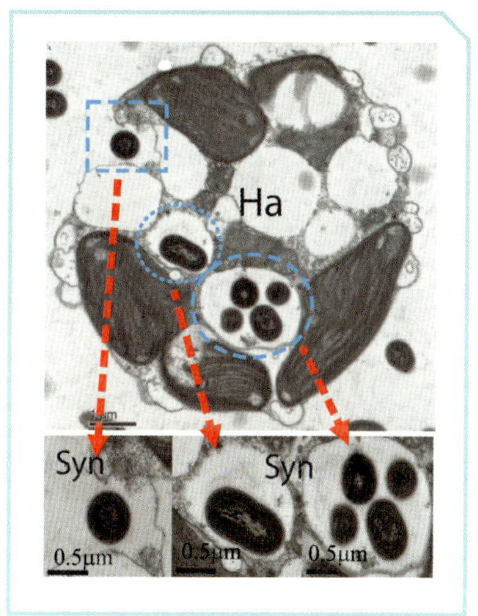

그림 8-2. *Heterosigma akashiwo*(Ha) 세포 안에 먹힌 남세균 *Synechococcus* sp.(Syn) 세포들. 자세한 내용은 Jeong et al.(2010a)

침편모류에 속하는 *Heterosigma akashiwo*나 *Chattonella*속에 속하는 종들이 혼합영양성이라는 밝혀졌다(Jeong et al. 2010a, Jeong 2011). 이들은 끈적끈적한 점액질을 분비하는 점액질포mucocysts를 온몸에 가지고 있는데 적조 때 점액질을 많이 분비하여 물고기의 아가미를 막아서 폐사시키는 것으로 알려져 있다. 그런데 이들이 점액질을 분비하는 이유를 필자의 연구실에서 새롭게 밝혀냈다(Jeong et al. 2010a; 그림 8-2). 바로 원핵생물을 잡기 위한 것이다. 이들이 각 점액질포에서 점액질을 분비하면 원핵생물이 한 마리씩 붙는 것을 관찰했다. 그리고 잠시 후 잡힌 원핵생물은 몸 안으로 흡입되는 것이 관찰되었다.

은편모류에 속하는 *Teleaulax amphioxeia*도 원핵생물을 잡아먹는 혼합영양성이라는 사실이 밝혀졌다(Yoo et al. 2017).

와편모류의 경우 많은 종이 혼합영양을 한다. 해마다 발생해서 막대한 피해를 주기 때문에 우리에게 잘 알려진 유해성 적조생물인 *Margalefidinium*(=*Cochlodinium*) *polykrikoides*나 *Gonyaulax polygramma* 등도 혼합영양성 와편모류에 속하고, 많은 유해성 적조생물이 혼합영양성 와편모류다(Jeong et al. 2004e, 2005e; 그림 8-3). 현재 혼합영양성이 밝혀진 와편모류는 60여 종인데 기존의 식물성 와편모류 종들 중 혼합영양을 한다는 사실이 계속 밝혀지고 있다(Burkholder et al. 2008, Jeong et al. 2015, 2021). 앞에서 언급한 바와 같이 내부공생endosymbiosis이론에 의하여, 모든 광

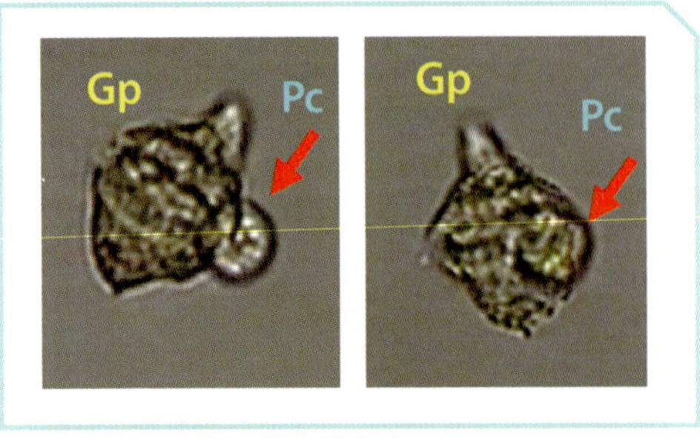

그림 8-3. 와편모류인 *Gonyaulax polygramma*(Gp)가 또 다른 와편모류인 *Prorocentrum cordatum*(Pc, 빨간색 화살표)을 썰커스를 통하여 먹고 있는 장면. 작은 먹이는 정단에 나 있는 뿔을 통하여 먹는다(Jeong et al. 2005e).

합성 생물은 남세균류로부터 시작했다. 그러므로 기본적으로 광합성 생물이나 조상들은 혼합영양을 할 수 있는 잠재력을 가지고 있다고 생각한다. 식물플랑크톤 중 포식을 할 수 있는 종들은 계속 발견될 것으로 생각된다.

지금까지 알려진 *Alexandrium*속에 속하는 종은 33종인데 이 중 15종에 대하여 혼합영양 여부가 연구되었으며, 그중 *Alexandrium andersonii*, *A. pohangense* 등 7종이 혼합영양을 한다는 사실이 밝혀졌다(Lim et al. 2019). 그러므로 한 속에서 혼합영양을 하는 능력을 갖추는 것은 어렵지 않은 진화일 수도 있다.

*Gymnodinium*속이나 *Gyrodinium*속에는 식물성, 동물성, 혼합영양성 종들이 다 들어 있다. 우리의 인식 속에는 식물과 동물은 서로 넘사벽이지만 DNA 분석을 통한 계통수를 그려보면 그 인식은 부질없는 것이다. 또한 광합성을 하는 와편모류 중에 먹이를 먹을 수 없는 식물성 와편모류와 먹을 수 있는 혼합영양성 와편모류는 바로 옆에 위치하여 진화적으로 보면 먹이를 먹을 수 있고 없고는 쉽게 바꿀 수 있는 특성이라고 할 수 있다.

일반적으로 혼합영양을 하면 하지 않을 때에 비하여 성장률이 증대된다. 필자는 2021년 1월에 세계적 권위의 학술지인 『사이언스 어드밴시스Science Advances』에 글로벌 적조를 일으키는 혼합영양 와편모류들의 생태진화학적 전략에 관한 논문을 발표했다(Jeong et al. 2021). 이 논문에서는 혼합영양 생물의 총성장률에 대한 포식기여도Predation Contribution to Total Growth Rate, $PredC^{TGR}$라는 새로운 지표를 개발하여 와편모류를 혼합영양의 정도에 따라 구분했다(그림 8-4). 예를 들어 먹이를 넣었을 때 측정한 혼합영양 성장률(또는 전체 성장률)이 1.0/d인데, 먹이를 넣지 않았을 때 측정한 광합성 성장률이 0.7/d라고 하면 $PredC^{TGR}$은 (1.0-0.7)/1.0 × 100 = 30%가 되는 것이다. 그런데 광합성만으로는 자라지 못하고 먹이를 먹었을 때만 자랄 경우

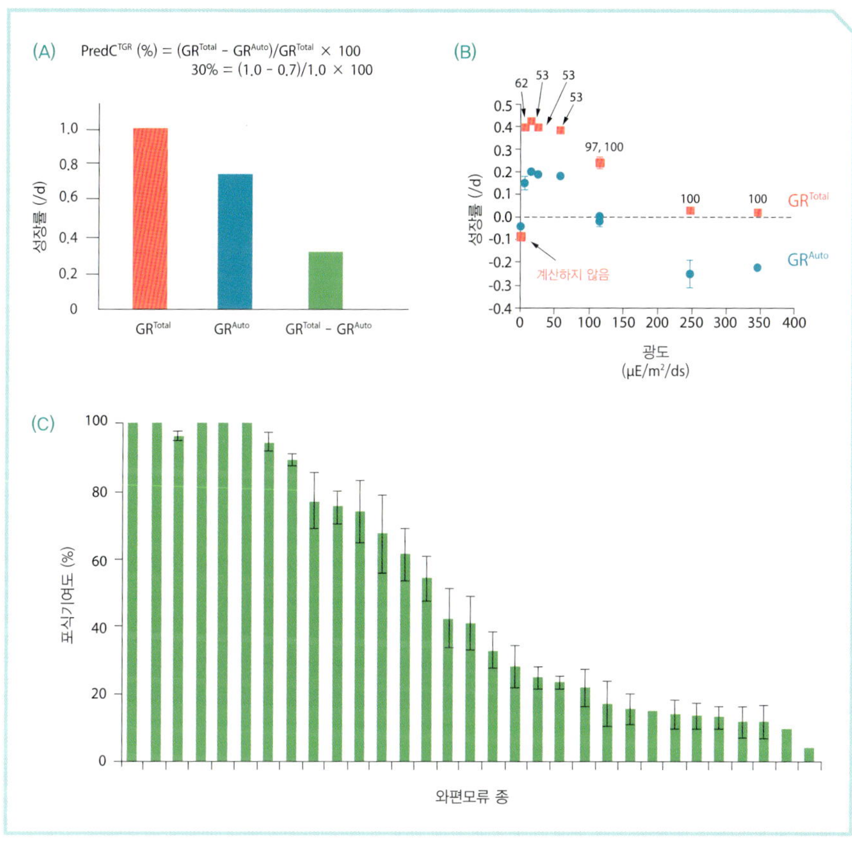

그림 8-4. 혼합영양 생물의 총성장률에 대한 포식기여도(Predation Contribution to Total Growth Rate, $PredC^{TGR}$) 계산 방법(Jeong et al. 2021). 단 광합성만으로는 자라지 못하고 먹이를 먹었을 때만 자랄 경우는 100%로 한다. (A) 총성장률(GR^{Total})이 1.0/d, 광합성 성장률(GR^{Auto})이 0.7/d일 때 포식기여도는 30%다. (B) 와편모류인 *Takayama helix*가 *Alexandrium minutum*을 먹을 때 광도에 따른 총성장률, 광합성 성장률, 포식기여도. 성장률 자료는 Ok et al.(2019)로부터 얻음. (C) 다양한 혼합영양성 와편모류의 포식기여도는 4~100%까지 다양하다(Jeong et al. 2021).

는 100%가 된다. 이 논문에 의하면 혼합영양성 와편모류의 $PredC^{TGR}$은 4%에서 100%까지 매우 다양했다. *Paragymnodinium shiwhaense*와 *Yihiella yeosuensis*의 $PredC^{TGR}$은 90~100%이고, *Heterocapsa steinii*와 *Akashiwo sanguinea*는 10% 미만이다.

아울러 이 논문에서는 한 종의 혼합영양 와편모류의 테스트한 잠재적 먹이 종수에 대한 먹을 수 있는 먹이의 종 수 비율Ratio of the number of Edible prey taxa to that of Total

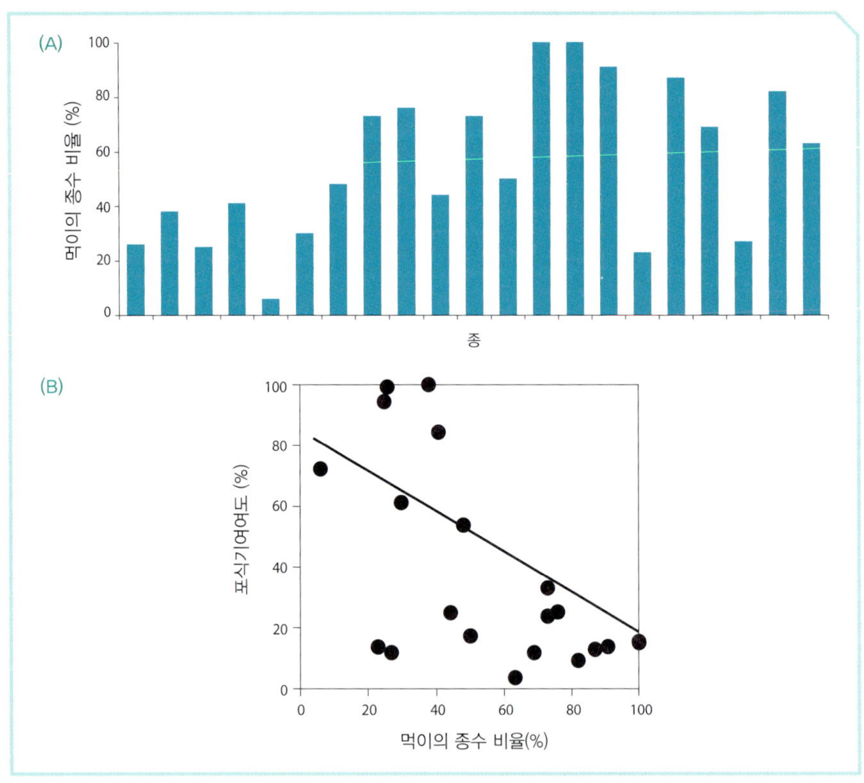

그림 8-5. 한 종의 혼합영양 와편모류의 테스트한 잠재적 먹이 종 수에 대한 먹을 수 있는 먹이의 종 수 비율(Ratio of the number of Edible prey taxa to that of Total tested taxa, RET^{PREY}). (A) 혼합영양성 와편모류의 RET^{PREY}도 6%에서 100%까지 다양하다. (B) 주요 혼합영양성 와편모류들의 경우 $PredC^{TGR}$이 RET^{PREY}과 음의 상관관계인 것으로 나타났다(Jeong et al. 2021에서 수정).

tested taxa, RET^{PREY}에 대한 지표도 개발했다(그림 8-5). 만일 한 와편모류에 20종의 잠재적 먹이를 차례로 투입하여 만일 12종을 먹으면 RET^{PREY}는 12/20 × 100 = 60%가 되는 것이다. 혼합영양성 와편모류의 RET^{PREY}도 6%에서 100%까지 다양했다. 재미있는 것은 $PredC^{TGR}$이 RET^{PREY}과 음의 상관관계에 있다는 것이다(그림 8-5). 그리고 $PredC^{TGR}$이 낮은 종들이 최대성장률이 낮다는 것이다. 이를 종합해 보면 다양한 먹이를 먹는 와편모류가 소수의 먹이를 먹는 와편모류보다 에너지를 더 많이 쓰기 때문에 최대성장률이 낮고 $PredC^{TGR}$이 낮다는 것이다. 그런데 다양한 먹이를 먹는 와편모류는 광합성 조건이 안 좋을 때 먹을 수 있는 여러 종의 먹이들 중 한 종을 먹고 생존할 수 있어 다양한 환경에서 살아남았다가 광합성 조건이 좋아지면 적조를 일으킬 수 있다. 그러나 소수 종의 먹이만 먹을 수 있는 와편모류는 그 먹이종이 있을 때만 생존할 수 있어서 다양한 해역에서 생존하기가 어렵다.

3. 일시적인 혼합영양, 진화적 수수께끼

재미있는 것은 동물성 와편모류heterotrophic dinoflagellates와 혼합영양성 와편모류mixotrophic dinoflagellates 사이에는 또 다른 그룹이 있다. 바로 도색소체성 와편모류Kleptoplastidic dinoflagellates 그룹인데 Kleptoplastidy는 '훔친 엽록소'라는 뜻이다(Lewitus et al. 1999, Park et al. 2006, Kim et al. 2014a, Hehenberger et al. 2019). 이들은 식물플랑크톤을 먹은 후 먹이의 엽록체를 소화하지 않고 광합성을 시켜 물질을 생산 공급하게 한다. 이렇게 먹이의 엽록체가 생산한 광합성 산물을 이용함으로써 오랫동안 추가로 먹이를 먹지 않아도 살 수 있다(Ok et al. 2021a). 혼합영양성 와편모류는 자신의 엽록체를 가지고 있으나 도색소체성 와편모류는 자신의 엽록체가 없다는 차이가 있다(Jeong et al. 2021a). 도색소체성 와편모류도 일시적으로 혼합영양을 한다는 의미에서 'non-constitutive mixotrophs'라 하고, 일반적인 혼합영양성 와편모류와 같이 자신의 엽록체가 있어 원래 광합성을 할 수 있는 종은 'constitutive mixotrophs' 라고 하여 이 두 그룹을 나누기도 한다(Mitra et al. 2016).

최근에 필자의 연구실에서 만든 신속, 신종인 *Shimiella gracilenta*는 먹이를 먹인 후 굶겼을 때 한 달 이상 살 수 있는 개체들이 있었다(Ok et al. 2021a). 그의 사촌인 남극종주는 수개월 동안 먹지 않고도 살 수 있는 개체들이 발견되었다. 사람도 식물을 먹은 후 몸 안에서 광합성을 하여 포도당을 공급하게 하여 추가로 먹지 않고도 살 수 있으면 식량 문제는 해결될 수 있을 것으로 생각한다. 오늘 점심에는 상추를 많이 먹어봐야겠다.

최근 필자는 유전자 분석을 통하여 도색소체성 와편모류가 혼합영양성 와편모류보다는 동물성 와편모류에 가깝다는 사실을 밝혔다(그림 8-6). 당초 혼합영양성 와편모류로 알려졌던 *Gymnodinium smaydae*가 광계photosystem 관련 유전자를

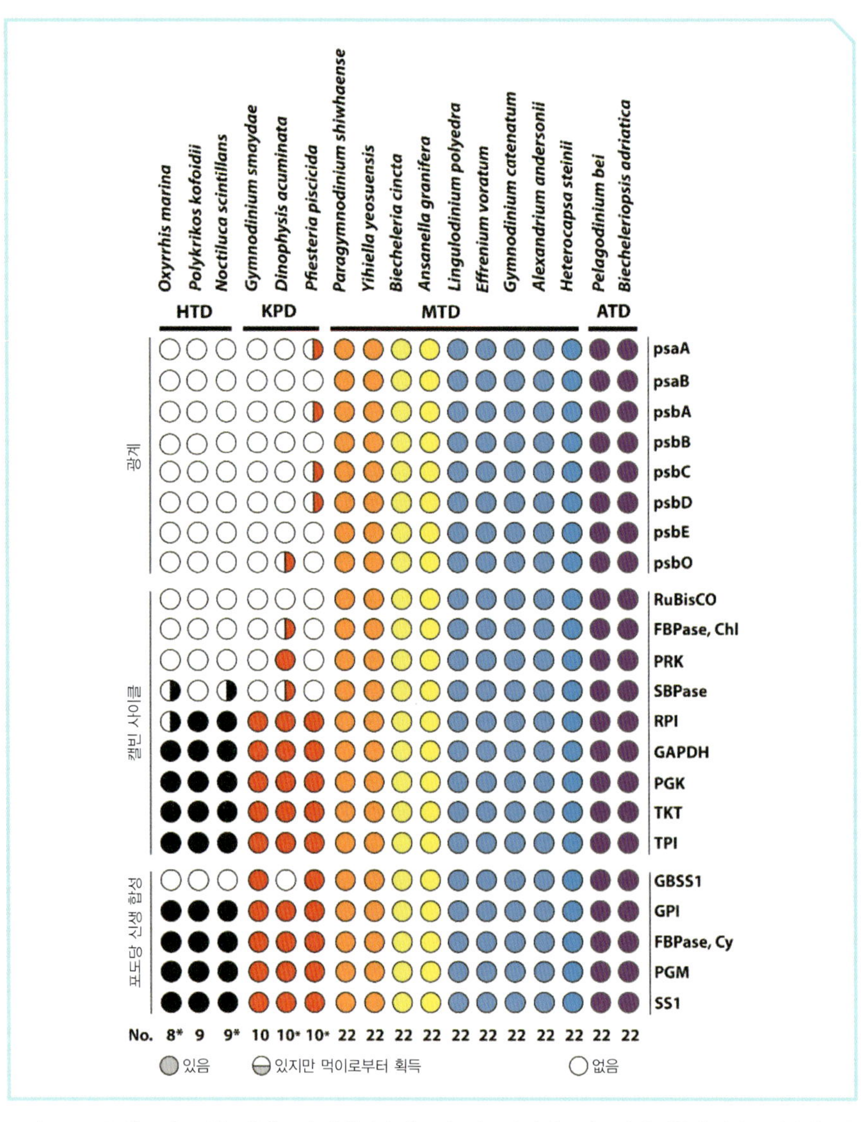

그림 8-6. 동물성(HTD), 도색소체성(KPD), 혼합영양성(MTD), 식물성 와편모류(ATD)의 광합성 관련 유전자의 보유 유무(Jeong et al. 2021에서 수정)

가지고 있지 않아 도색소체성 와편모류에 속한다는 사실을 밝혔다(Lee et al. 2014a, Jeong et al. 2021). 또한 이와 같은 이유로 *Dinophysis* spp.와 *Pfiesteria piscicida*도 도색소체성 와편모류에 속한다(Lewitus et al. 1999, Park et al. 2006). 한편 혼합영양성 와편모류 간에는 광합성 관련 유전자의 보유 유무 차이가 없었다.

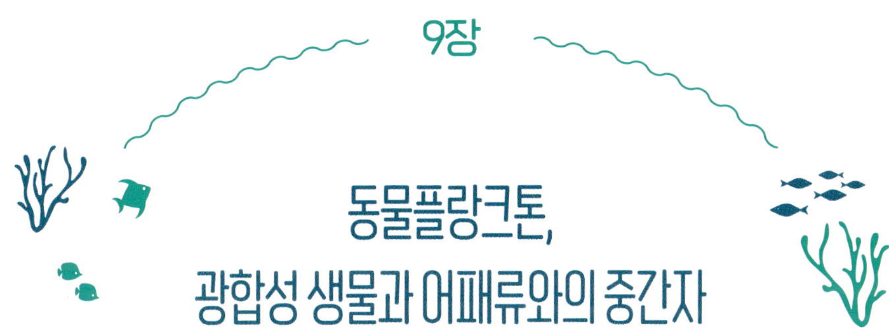

9장

동물플랑크톤, 광합성 생물과 어패류와의 중간자

1. 동물의 역할

생태계 내에서 동물의 역할은 무엇일까? 육상에 살고 있는 동물들을 보면 그들의 역할을 금방 알 수 있다. 먼저 저 푸른 초원 위에서 풀을 뜯고 있는 소, 양, 말을 보면 식물을 먹는 초식섭식자grazer라는 것을 알 수 있다. 또한 밀림에서 얼룩말을 잡아먹는 사자를 보면 동물을 잡아먹는 육식성 포식자predator이고 얼룩말은 다른 동물의 먹이prey라는 것을 알 수 있다. 그리고 이들이 먹이를 먹은 후 배설을 하면 원핵생물이 배설물을 분해한 후 영양물질(질소, 인 등)로 만들어 식물들이 이용하게 한다. 사실 동물이 있음으로써 섭식과 배설이 빨리 이루어져 많은 생물이 공존할 수 있게 된다. 즉 동물이 있어서 풀 → 얼룩말 → 사자 → 배설물 → 풀로 빠르게 순환된다. 그러나 만일 사자가 얼룩말을 잡아먹지 않으면 먹이망이 깨져 사자도 얼룩말도 사라지게 된다. 그러므로 사자가 존재하는 것이 풀에도 얼룩말에게도 필요한 것이다. 또한 산호나 말미잘은 공생미세조류를 몸 안에 가지고 공생을 하는 공생자symbiotic partner다. 아울러 다른 생물에 기생하는 기생자 역할을 하는 동물도 있다. 그러므로 동물은 생태계에서 초식섭식자, 육식성 포식자, 먹이, 공생자, 기생자 역할을 수행하고, 물질의 순환을 용이하게 한다.

2. 동물플랑크톤, 어떻게 나누나?

동물플랑크톤zooplankton은 자신이 필요로 하는 포도당을 먹이로 섭식하여 얻는 플랑크톤을 말한다. 해양에서 동물플랑크톤도 일반동물같이 초식섭식자, 육식성 포식자, 먹이, 공생자, 기생자 역할을 수행하고, 물질의 순환을 용이하게 한다. 이들은 세포가 하나인지 여러 개인지에 따라 원생동물플랑크톤protozooplankton과 후생동물플랑크톤metazooplankton으로 나눈다.

Protozooplankton에서 proto-는 '처음' 또는 '원시'라는 뜻인데 단세포로 동물성 미소편모류heterotrophic nanoflagellates, 동물성 와편모류heterotrophic dinoflagellates, 섬모류, 아메바류, 방산충류 등이 속해 있는데 이들은 원핵생물과 식물플랑크톤의 주요 포식자들이다.

Metazooplankton에서 meta-는 '나중' 또는 '변하다'라는 뜻인데 다세포 생물이며 해파리, 윤충류, 갑각류, 저서동물 유생 등이 여기에 속한다. 이들은 식물플랑크톤과 원생동물플랑크톤의 포식자들이다.

10장

단세포 원생동물플랑크톤, 원핵생물과 식물플랑크톤의 주요 섭식자

단세포 동물플랑크톤인 원생동물플랑크톤protozooplankton은 광합성 아케플래스티다Archaeplastida 슈퍼그룹을 제외한 모든 슈퍼그룹에 나누어 들어가 있다. 사르SAR 슈퍼그룹에는 주요 원생동물플랑크톤인 섬모류ciliates, 와편모류dinoflagellates, 유공충류foraminiferan, 방산충류radiolarian가 포함되어 있다. 또한 진핵생물의 조상그룹으로 평가받는 엑스카바타Excavata 슈퍼그룹에는 다양한 편모류가 포함되어 있고, 아메바Amoebozoa 슈퍼그룹은 대부분의 둥근 잎 모양의 아메바류가 포함되어 있다. 오피소콘타Opisthokonta 슈퍼그룹에도 collar(동정)를 가진 편모류인 동정편모류(깃편모류, choanoflagellates)가 포함되어 있다.

해양생태계에서 원핵생물과 식물플랑크톤의 주된 섭식자로 알려진 원생동물플랑크톤 그룹에는 동물성 미소편모류, 동물성 와편모류, 섬모류 등이 속해 있다.

1. 동물성 미소편모류, 원핵생물의 주요 포식자

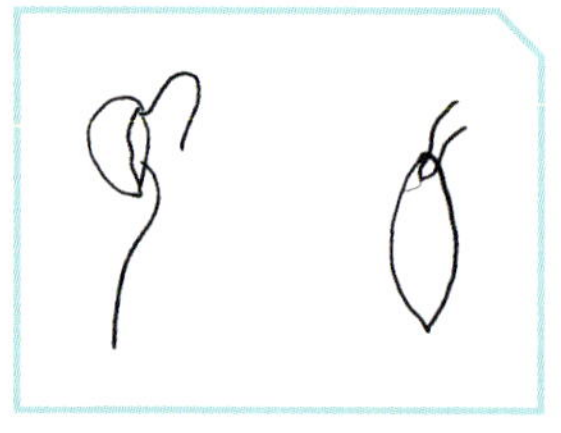

그림 10-1. 동물성 미소편모류

동물성 미소편모류(종속영양 미소편모류, heterotrophic nanoflagellates, HNFs)는 지구상 생물 중에 가장 작은 동물 중 하나에 속하는 그룹이다(그림 10-1). 보통 이들의 크기는 2~20 μm 정도다.

이들은 주로 원핵생물을 포식하면서 살아간다(Seong et al. 2006). 이들이 편모를 이용하여 원핵생물을 잡아먹는 것을 보면 완전 예술이다(Boenigk and Arndt 2000). 체조에서 '공' 종목에 나오는 동작과 비슷한 것도 있다(그림 10-2). 최근 원핵생물보다 훨씬 큰 식물플랑크톤을 잘 포식하는 종들도 발견되었다. 특히 종속영양 미소편모류인 *Katableph-*

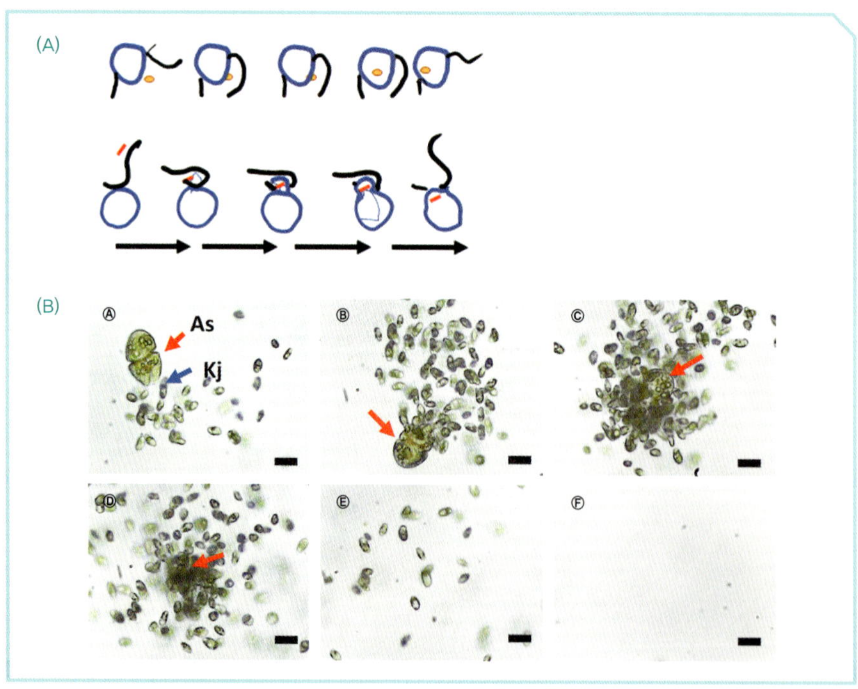

그림 10-2. (A) 동물성 미소편모류(종속영양 미소편모류)들이 원핵생물을 잡아먹는 모습(Boenigk and Arndt 2000에서 수정). (B) 동물성 미소편모류인 *Katablepharis japonica*(Kj)가 적조를 일으키는 와편모류인 *Akashiwo sanguinea*(As)를 공격하여 먹는 장면(옥진희 촬영)

*aris*속에 속하는 종들은 식물플랑크톤 중 적조생물을 잘 포식하여 적조 발생에 영향을 주는 종으로 밝혀졌다(Kwon et al. 2017, Ok et al. 2018). 이 종은 한 마리가 적조생물을 공격하면 다른 개체들도 달려들어 공격하여 순식간에 적조생물을 흔적도 없이 없애버린다. 미소편모류는 미소가 예쁜 편모류로 알았는데 포식력을 보면 전혀 아니다.

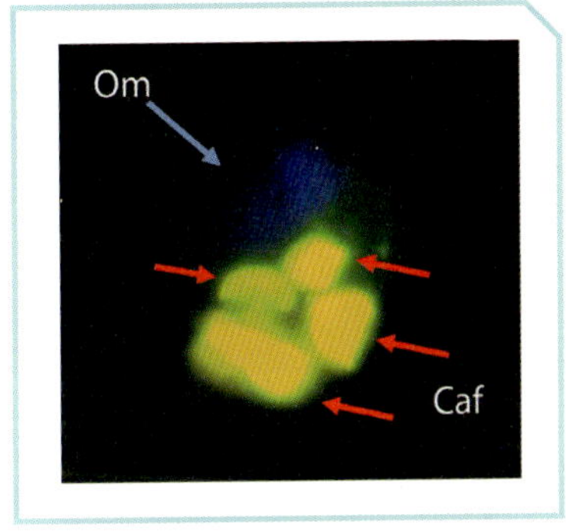

그림 10-3. 동물성 와편모류인 *Oxyrrhis marina* (Om)가 동물성 미소편모류인 *Cafeteria* sp.(Caf)를 먹은 모습(Jeong et al, 2007c에서 수정)

또한 이들은 크기가 큰 동물성 와편모류나 섬모류들의 먹이가 된다. 대표적인 동물성 미소편모류인 *Cafeteria*속의 생물들은 많은 해역에서 흔하게 나오는 *Gyrodinium*속, *Oxyrrhis*속 등에 속하는 동물성 와편모류의 좋은 먹이가 된다(그림 10-3).

2. 동물성 와편모류, 뭐든 잘 먹어요

동물성 와편모류(종속영양 와편모류, heterotrophic dinoflagellates, HTDs)는 종수가 1,000종이 넘으며, 거의 모든 바다에서 발견되는 그룹이다(Jeong 1999). 이들은 종종 원생동물플랑크톤 중 가장 우점하기도 한다. *Oxyrrhis*속과 *Protoperidinium*속에 속하는 종들은 모두 동물성이다(그림 10-4). *Polykrikos*속과 *Noctiluca*속에 속하는 종들은 대부분 동물성이지만 일부 혼합영양성도 있다(Kim et al. 2015, Lee et al. 2015a). *Pfiesteria*속도 동물성이지만 일시적으로 혼합영양을 한다(Lewitus et al. 1999). *Gyrodinium*속에 속하는 종들 중 대표적인 동물성 종은 *Gyrodinium dominans*, *G. moestrupii*, *G. jinhaense*, *G. spirale* 등인데 이들은 엽록체를 가지고 있지 않다(Hansen 1992, Hansen and Daugbjerg 2004). 이들 중 *G. moestrupii*와 *G. jinhaense*는 필자의 연구실에서 신종으로 발표한 종들이다(Yoon et al. 2012, Jang et al. 2019).

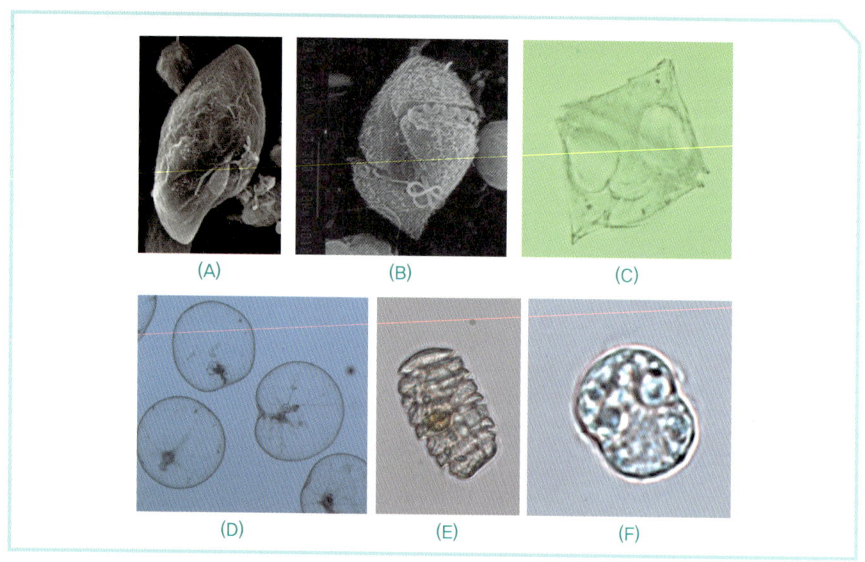

그림 10-4. 주요 동물성 와편모류들. (A) *Oxyrrhis marina*. (B) *Gyrodinium dominans*. (C) *Protoperidinium* sp. (D) *Noctiluca scintillans*. (E) *Polykrikos* sp. (F) *Pfiesteria piscicida*

동물성 와편모류의 각 부위 명칭은 식물성 와편모류 또는 혼합영양성 와편모류의 명칭과 같다.

동물성 와편모류는 다양한 먹이를 먹을 수 있다(Jeong 1999, Jeong et al. 2010b). 원핵생물과 같이 작은 먹이부터 어패류와 같이 큰 먹이까지도 먹을 수 있다(Vogelbein et al. 2002, Jeong et al. 2008b).

최근에는 많은 동물성 와편모류가 원핵생물을 잡아먹는 포식자로 밝혀졌다. 대표적인 동물성 와편모류인 *Oxyrrhis marina*는 원핵생물을 잘 잡아먹는다(그림 10-5). 이 종은 멀리 있는 물을 끌어당겨 그 속에 들어 있는 원핵생물을 10~20초마다 하나씩 잡아먹는다는 사실이 밝혀졌다(Jeong et al. 2008b).

또 다른 대표적인 동물성 와편모류인 *Gyrodinium*속에 속하는 종들은 싱귤럼 어긋남cingulum displacement이 많이 되어 있어 싱귤럼 아랫부분인 썰커스sulcus에 매우 좁은 통로를 형성한다. 몸 뒷부분에 있는 종편모를 움직이면 싱귤럼에서 썰커스 좁은 통로로 물이 빠르게 흐르게 된다(그림 10-6). 이 물이 썰커스 아랫부분을 지날 때 물속에 들어 있는 원핵생물(박테리아)을 하나씩 잡아먹는다(Jeong et al. 2008b).

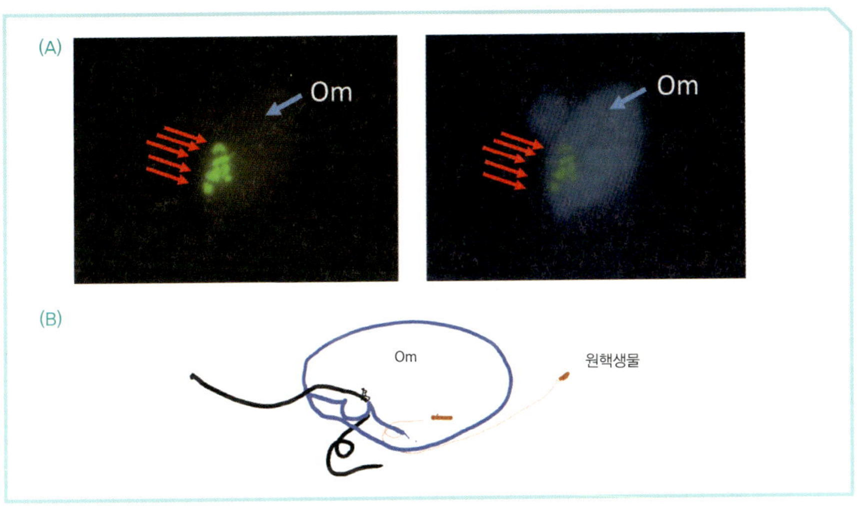

그림 10-5. (A) 동물성 와편모류인 *Oxyrrhis marina*(Om; 파란색 화살표)가 형광 염색 박테리아(fluorescently labeled bacteria, FLB; 빨간색 화살표)를 먹은 장면. (B) *O. marina*가 섭식류를 만들어 당긴 후 크게 함몰된 부분에 도착한 원핵생물(주황색)을 포식하는 장면(Jeong et al. 2008b에서 수정)

싱귤럼이 어긋난 이유가 원핵생물을 잡아먹기 위한 것이라니 매우 지능적인 생물이다. 이러한 동물성 와편모류는 수천만 년 또는 수억 년 동안 살아오면서 지천으로 깔려 있는 원핵생물을 잡아먹기 위하여 좁은 싱귤럼 통로 등 기발한 기구나 방법을 개발했다. 그런데 싱귤럼 어긋남이 크면 큰 먹이를 먹을 때도 유리한데 싱귤럼 어긋남이 없을 때보다 입(썰커스)이 커지기 때문이다.

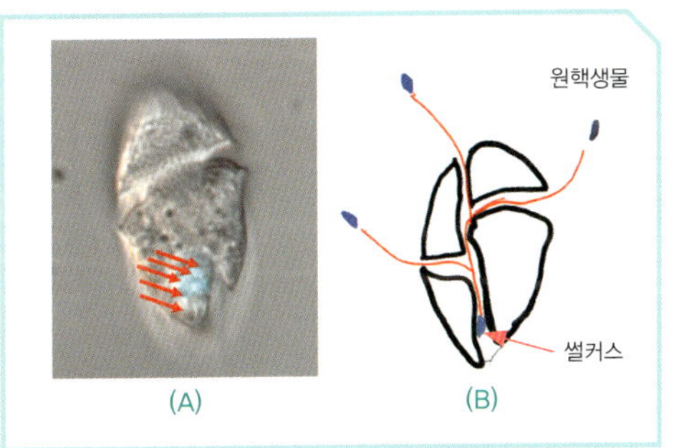

그림 10-6. (A) *Gyrodinium guttula*가 박테리아 크기의 미세비드(microbead)를 많이 먹은 장면. (B) *Gyrodinium guttula*가 원핵생물을 섭식하는 장면. 편모를 움직이면 싱귤럼과 썰커스를 통과하는 섭식류가 생긴다. 이때 실려온 원핵생물을 썰커스에서 흡입하면서 잡아먹는다(Jeong et al. 2008b에서 수정).

동물성 와편모류는 원핵생물보다 큰 먹이를 먹는 방식이 매우 다양하다. 많은 와편모류는 다른 동물들처럼 먹이를 찾아다니고, 붙잡고, 먹는 방식을 취한다. 이

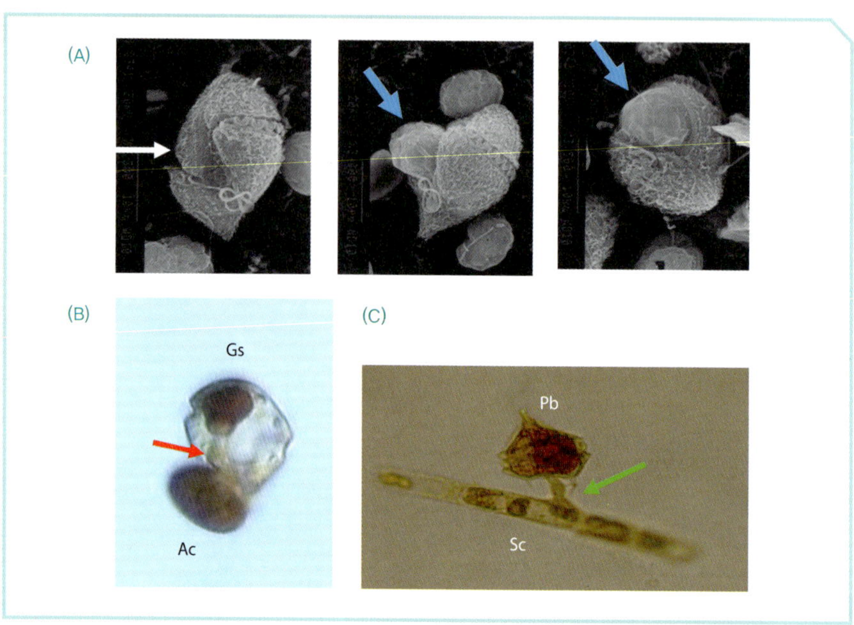

그림 10-7. 포획섭식을 하는 와편모류들의 세분화한 세 가지 섭식 방법. (A) 삼킴포식. 흰 화살표는 포식자인 *Gyrodinium* sp.의 입 역할을 하는 삼킴포식 부분. 파란색 화살표는 먹이. (B) 빨대포식. *Gyrodiniellum shiwhaense*(Gs)가 먹이인 *Amphidinium carterae*(Ac)에 peduncle(빨간색 화살표)를 꽂은 후 빨아먹는 장면. (C) 보자기포식. *Protoperidinium bipes*(Pb)가 규조류인 *Skeletonema costatum*(Sc)을 pallium(연두색 화살표)으로 싼 후 소화액을 넣어 녹여먹는 장면

를 포획섭식 raptorial feeding이라고 한다(Jacobson and Anderson 1986, Hansen and Calado 1999). 다른 방식은 여과섭식 filter feeding인데 물을 끌어당기고 그 속에 있는 먹이들을 잡아먹는 방식이다(Jeong et al. 2008b). 여과섭식은 육상에서는 흔치 않지만 물속에서는 흔한 방식이다. 일부 동물에서 사용하는 가만히 기다리고 있다가 먹이가 오면 잡아먹는 섭식방법인 확산섭식 diffusion feeding은 와편모류에서는 잘 관찰되지 않는다.

귤을 먹는 방법이 몇 가지나 있을까? 삼켜먹고, 빨대를 꽂아서 먹고, 짜서 즙으로 먹는 등 다양하다. 그런데 수천만 년 살아온 동물성 와편모류도 비슷한 생각을 하며 먹는 방법을 개발하여 이제까지 쓰고 있다(그림 10-7). 위에 언급한 포획섭식을 하는 동물성 와편모류는 먹이를 쫓아간 후 세 가지 방식으로 먹는다. 첫 번째는 먹이를 통째로 또는 일부씩 삼켜먹는 방식으로 '삼킴포식 engulfment feeders'이라고 할 수 있다(Jeong et al. 2005e, Lee et al. 2016b).

두 번째는 빨대를 꽂아서 먹는 방식인데 '빨대포식peduncle feeders'이라고 부를 수 있다. 섭식관feeding tube or peduncle을 먹이 몸에 꽂은 후 먹이물질을 빨아먹는 경우다(Jeong et al. 2007a, 2011b, 2012c, Yoo et al. 2010). 이는 주로 크기가 작은 와편모류들이 자신과 비슷하거나 큰 먹이를 먹을 때 쓴다.

마지막은 보자기로 싸서 먹는 방식인데 '보자기포식pallium feeders'이라고 할 수 있다. 먼저 움직이는 먹이에 끈끈한 점액을 묻혀 잡은 후 유기물 보자기feeding veil를 분비하여 먹이를 둘러싼다(Jacobson and Anderson 1986, Jeong and Latz 1994, Jeong et al. 2004c). 그 후 먹이 속으로 소화액을 넣어 녹인 후 먹이물질을 빨아먹는 방식이다. 이 방식으로 자신보다 훨씬 큰 먹이를 먹을 수 있다. 동물성 와편모류의 노력은 많은 먹이들이 참가할 수 있도록 하여 플랑크톤 먹이망을 튼튼하게 만들었다고 생각된다. 여러분이 상상할 수 있는 방법들을 이들은 수천만 년 전에 이미 개발해서 쓰고 있다.

동물성 와편모류 중에는 힘차게 움직이는 먹이를 잡아먹기 위하여 독침을 가지고 있는 종들이 있다. 우리나라 시화호에서 발견하여 신속, 신종으로 등록한 *Gyrodiniellum shiwhaense*는 네마토시스트nematocyst라는 독침을 가지고 있다(그림 10-8). Nemato-는 '실'이라는 뜻인데 실 끝에 독침이 붙어 있는 형태다. 이 독침의 모양은 백열전구와 비슷하다(Kang et al. 2011). 백열전구는 에디슨이 발명한 것으로 알려져 있으나, 자이로디니엘룸 시화엔스가 수천만 년 전에 이미 백열전구 모양의 독침을 만들어 써왔던 것이다. 이 종은 진화적으로 매우 중요한 위치에 있다.

혼합영양성 와편모류인 *Paragymnodinium shiwhaense*는 *Gyrodiniellum shiwhaense*와 사촌 간인데 역시 독침을 가지고 있다(kang et al. 2010). 이 종의 독침은 주사기처럼 생겼다. 주사기도 이미 수천만 년 전에 *Paragymnodinium shiwhaense*가 만들어놓았다.

*Gyrodiniellum shiwhaense*의 또 다른 사촌은 *Polykrikos*속에 속하는 종들이다(Kang et al. 2011). 이들은 네마토시스트-테니오시스트 복합체Nematocyst-taeniocyst complex라는 더 발전한 독침을 가지고 있다. 다세포인 히드라, 산호, 말미잘, 해파리 등은 독침인 자포cnidocyst를 가지고 있어서 자포동물cnidaria이라고 한다. 진화적으로

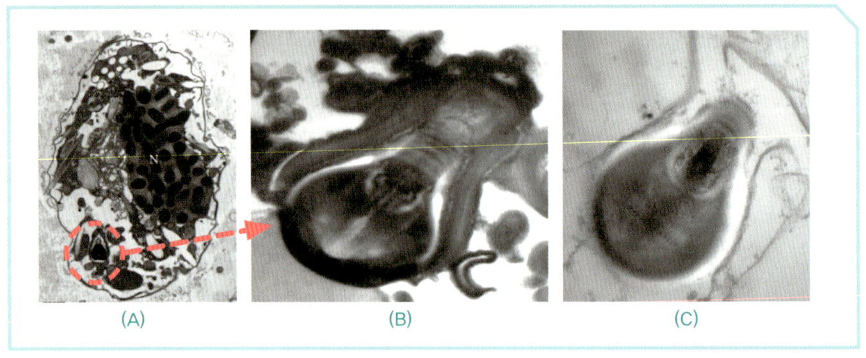

그림 10-8. *Gyrodiniellum shiwhaense*의 투과전자현미경(TEM) 사진. (A) 핵(N) 안에 많은 염색체가 들어 있고 독침(빨간 원 안)이 들어 있다. (B, C) 독침을 확대하면 백열전구와 비슷하다(Kang et al. 2011에서 수정).

보면 이 폴리크리코스에서 히드라로 진화된 것으로 알려져 있다.

Polykrikos spp.는 4개 세포가 함께 다니는 의사군체pseudo-colony 형태를 하고 다닌다. 4개의 세포 안에 4개의 핵이 있는 것도 있고 2개인 것도 있다. 그러므로 *Gyrodiniellum shiwhaense*, *Paragymnodinium shiwhaense*, *Polykrikos* spp.와 자포동물 모두 독침을 가지고 있어 차례로 진화된 것으로 보고 있다. 특히 *Gyrodiniellum shiwhaense*와 *Paragymnodinium shiwhaense*는 단세포, *Polykrikos* spp.는 4개의 세포가 모인 의사군체, 자포동물은 다세포여서 단세포에서 다세포로 진화하는 과정을 보여주는 매우 중요한 단서이며 앞으로 많은 연구가 필요한 생물관계다.

지금까지 밝혀진 동물성 와편모류의 먹이는 원핵생물, 식물플랑크톤, 동물성 미소편모류, 후생동물플랑크톤(다세포)의 알이나 유생, 상처가 난 성체, 어패류 등 매우 다양하다(Jeong 1994, Tillmann 2004, Jeong et al. 2010b). 특히 동물성 와편모류는 적조생물의 주요 포식자다(Kim and Jeong 2004). 이들은 종종 적조가 발생하기 전에 적조생물을 많이 잡아먹어 적조 발생을 막기도 하고, 적조가 발생한 후에도 적조생물을 잡아먹어 적조가 빨리 끝나도록 하기도 한다(그림 10-9). 그래서 적조를 제어하는 천적으로 많이 추천되기도 한다(Jeong et al. 2003a, Park et al. 2013b).

동물성 와편모류는 물벼룩, 저서동물 유생 등 많은 후생동물플랑크톤의 좋은 먹이가 된다(Jeong et al. 2007b, 2010b). 동물성 와편모류는 식물플랑크톤보다 단백질

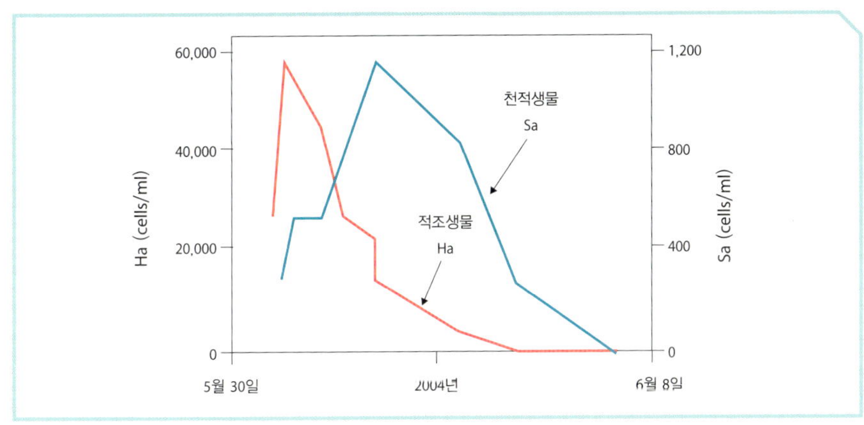

그림 10-9. 마산만에서 2004년 5월 30일부터 6월 8일까지 측정한 적조생물 *Heterosigma akashiwo*(Ha)와 천적생물인 동물성 와편모류 *Stoeckeria algicida*(Sa)의 밀도 변화. *S. algicida*는 섭식관을 *H. akashiwo* 몸에 꽂은 후 물질을 빨아먹는다. *S. algicida*에서 *algicida*는 식물플랑크톤을 죽인다는 의미가 내포되어 있다(Jeong et al. 2005a에서 수정).

이 많아 좋은 먹이가 되는 것으로 생각된다. 후생동물플랑크톤이 식물플랑크톤 개체군에 영향을 주는 포식압은 낮은 편이다(Kim et al. 2013a, Lim et al. 2017). 식물플랑크톤의 밀도에 비하여 후생동물플랑크톤의 밀도가 너무 낮기 때문이다. 그러나 후생동물플랑크톤이 동물성 와편모류 개체군에 영향을 주는 포식압은 때때로 높은 편이다(Lee et al. 2017a). 그러므로 식물플랑크톤-동물성 와편모류-후생동물플랑크톤으로 이어지는 먹이망이 효과적이다.

많은 와편모류 종이 생물발광 bioluminescence을 한다(그림 10-10). 낮에 보면 적조가 발생하여 빨갛게 물들었던 바다가 밤에는 파란 형광빛으로 변하는 경우가 종종 있다. 이러한 경우 바닷가에서 파도가 부서질 때 보면 형광빛이 환하게 나온다. 또한 밤에 배를 타고 갈 때도 배 주위로 형광빛이 나고 돌고래나 고등어 등이 지나갈 때도 형광빛이 난다. 이것은 바로 와편모류가 물리적으로나 화학적으로 충격을 받았을 때 내는 형광빛이다.

바다에서 가장 많은 빛을 내는 와편모류는 동물성 와편모류인 야광충이다. 야광충은 영어로 *Noctiluca*인데, noct는 '밤'이라는 뜻이고, luca는 '빛'이라는 뜻이다. 또한 동물성 와편모류인 *Protoperidinium*속에 속하는 종들도 빛을 낸다. 동물성

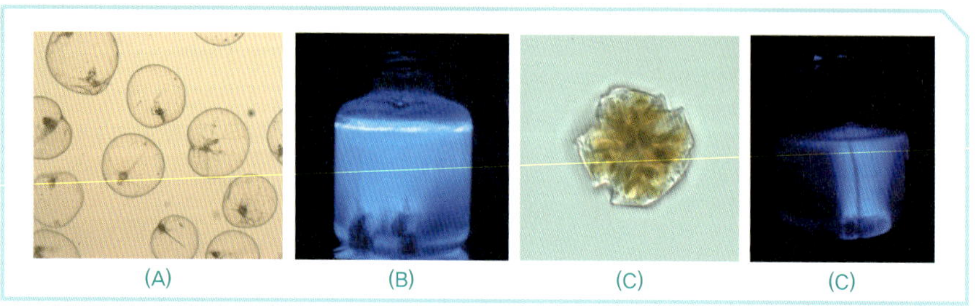

그림 10-10. 와편모류에 의한 발광. (A, B) *Noctiluca scintillans*. (C, D) *Alexandrium pacificum*(박상아 촬영)

와편모류뿐만 아니라 식물성 또는 혼합영양성 와편모류인 *Alexandrium*, *Gonyaulax*속에 속하는 종들도 생물발광을 한다. 이 생물발광은 냉전 시절에 미국과 소련에서 많은 연구를 했다. 밤에 큰 배들이 발광을 하는 와편모류가 적조를 일으킨 해역을 가면 배의 테두리가 환하게 보이기 때문이다. 정찰기에서 배의 제원을 쉽게 알 수 있었다.

와편모류가 발광을 하는 이유는 눈을 가지고 있는 동물플랑크톤들이 이들을 잡으려고 건드리면 번쩍거려서 포식자를 깜짝 놀라게 해 뒤로 물러나게 한다. 즉 포식을 피하기 위한 좋은 방법이다. 필자가 박사과정 중 해양발광 연구의 대가 중 한 명인 마이클 라츠Michael Latz 교수와 6개월간 공동연구를 했다. 동물성 와편모류인 *Protoperidinium* spp.의 발광량이 먹이 종류에 따라 달라지는지를 밝힌 연구였다(Latz and Jeong 1996). 연구 결과, 선호하는 먹이인 *Lingulodinium polyedra*를 먹었을 때가 선호하지 않는 먹이인 *Prorocentrum* cf. *balticum*을 먹었을 때보다 *Protoperidinium* spp.의 총발광량이 많았다.

최근 필자는 '바닷불이'라는 야광충의 순우리말 별칭을 지었다. 육상의 반딧불이처럼 친근하게 불려지면 좋겠다.

3. 섬모류, 털털한 녀석들

섬모류ciliates는 말 그대로 섬모를 많이 가지고 있는 단세포 원생동물이다(그림 10-11). 사실 섬모는 편모와 같은 구조를 가지고 있는데, 9 × 2 + 2 구조라고 하여 가운데 2개의 탄성이 있는 심이 있고 바깥쪽에 2개씩 묶여 있는 심이 9개 분포해 있다. 원생동물 한 마리의 섬모는 짧고 수백 개 이상으로 많고, 편모는 길고 1~6개 정도 있다. 그래서 섬모류는 무척 털털한 녀석들이다. 섬모류의 털은 보통 입 주위나 몸에 나 있다.

현재까지 공식적으로 분류된 섬모류 중 자유유영을 하는 종은 약 4,500종에 이른다. 많은 강class들이 있지만 해양에서 가장 중요한 섬모류는 선모충강Class Spirotrich에 속하는 종들이다. 이들은 입쪽에 입 주위 막판adoral zone of membranes을 가지고 있는데 구강oral cavity 앞쪽에서 시작하여 안쪽에 있는 입mouth까지 이어져 있다. 선모충강 안에는 입 주위의 섬모열이 닫혀 있는 폐구환소모충목Order Choreotrichida과 입 주위의 섬모열 한쪽이 열려 있는 개구환소모충목Order Oligotrichida이 들어 있다(Agatha 2011).

해양생태계에서 많이 발견되는 폐구환소모충목에 속하는 섬모류에는 로리

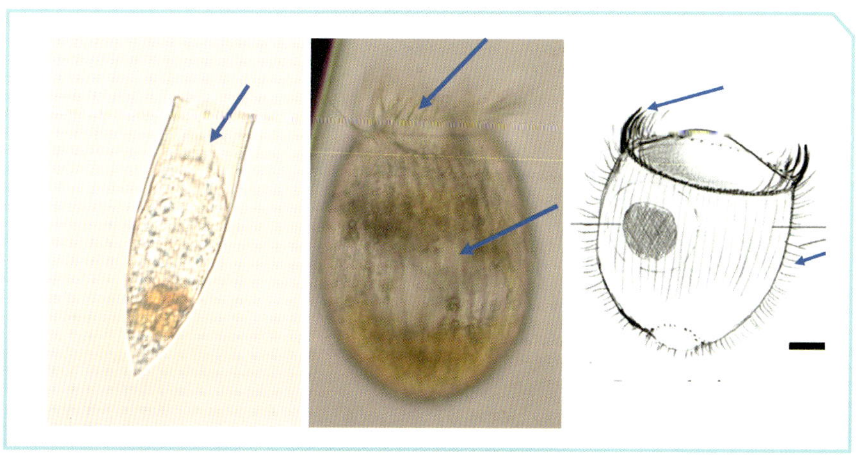

그림 10-11. 다양한 섬모류. 섬모가 있는 곳(파란색 화살표)(김재성 박사 제공)

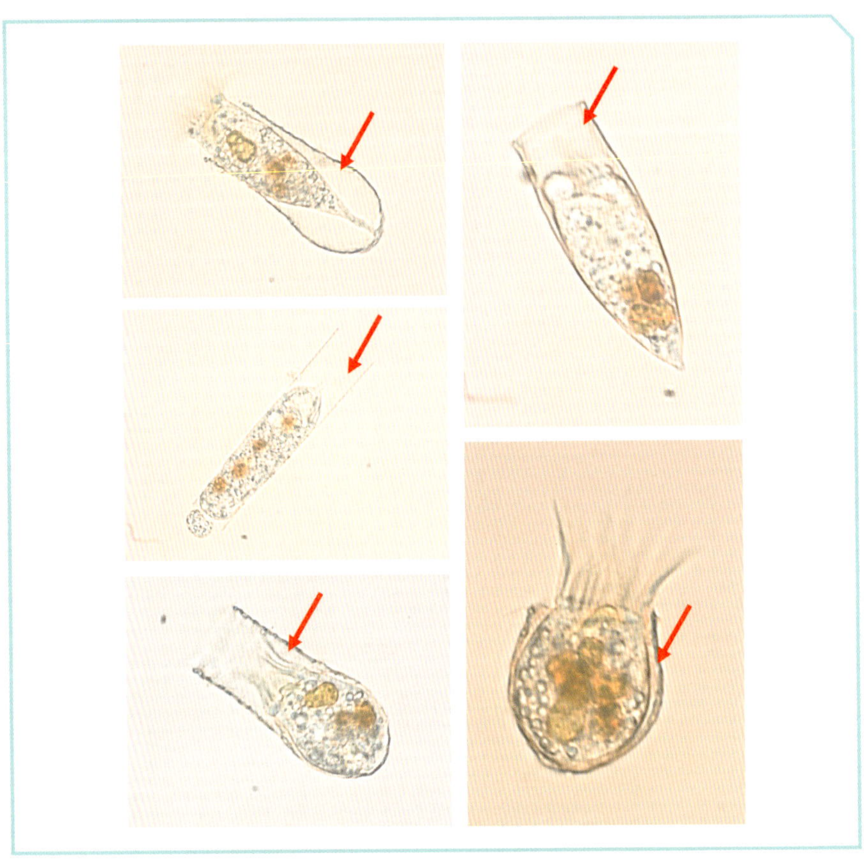

그림 10-12. 틴티니드 섬모류(tintinnid ciliates). 로리카(lorica, 빨간색 화살표)를 가지고 있다(유지현 촬영).

카 lorica라는 외피를 가지고 있는 틴티니드 섬모류 tintinnid ciliate와 로리카가 없는 *Rimostrombidium*속, *Strobilidium*속, *Strombidinopsis*속, *Parastrombidinopsis*속 등이 있다. 또한 개구환소모충목에는 *Strombidium*속 등이 있는데 바다에서 많이 발견된다.

틴티니드 섬모류의 로리카는 탄수화물로 되어 있는데 그 안에 섬모류가 들어가 살기 때문에 모빌 홈이라고 할 수 있다. 로리카의 모양은 매우 다양하여 분류 키가 된다(그림 10-12).

필자는 석사학위를 이 틴티니드 섬모류를 주제로 받았다. 우리나라 서해안에 위치한 천수만에서 1년 동안 매달 시료를 채집 분석하면서 틴티니드 섬모류의 밀도가 적조를 일으키는 와편모류의 양과 밀접한 관계가 있다는 사실을 발견하고 나중에 원생동물플랑크톤과 적조생물 간의 상호작용을 연구하기로 마음먹었다. 결국 박사학위 주제를 미국 남부 캘리포니아 연안에서 원생동물플랑크톤성 천적과 적조생물 간의 상호작용으로 했다.

로리카가 없는 섬모류는 네이키드 섬모류naked ciliate라고 하는데 이들의 경우 섬모가 나 있는 부위나 섬모열의 개수나 나 있는 패턴 등이 분류 키가 된다. 입 주위의 섬모열이 원형을 이루며 닫혀 있고 몸에 나 있는 섬모열이 입 부분에서 아래 끝까지 연결되어 있으며, 섬모열도 규칙적으로 배열되어 있는 그룹이 있는데 *Strombidinopsis*속에 속하는 종들이다(그림 10-13). 또한 적조생물을 매우 잘 잡아먹는 섬모류 천적을 발견했는데 이 종이 *Strombidinopsis*속에 속하는 종임을 밝혀 *Strombidinopsis jeokjo*로 명명했다(Jeong et al. 2004a, 2004d). 신종명에 우리말인 '적조'라는 명칭을 붙인 것이다.

*Strombidinopsis*속과 거의 비슷하지만 입에 있는 섬모열이 열려 있는 속이 있는데 *Parastrombidinopsis*속이다(그림 10-13). 이 속은 필자의 연구실에서 국내 연안에서 발견하여 신속, 신종으로 발표한 종인데 신종명을 효산 심재형 교수님의 성함을 따서 파라스트롬비디놉시스 심이*Parastrombidinopsis shimi*로 명명했다(Kim et al. 2005). 참고로 새롭게 발굴된 종에 명칭을 부여할 수 있는 권한은 발굴한 학자에게 있는데, 일반적으로 학문적으로 존경하는 학자의 이름을 사용하거나 발굴한 지역명을 넣거나 형태 및 생리적 특성 등을 고려해서 명명한다.

*Strobilidium*속에 속하는 종들도 입 주위의 섬모열이 원형을 이루고 있고 닫혀 있다. 그러나 이 그룹은 *Strombidinopsis*속과 다르게 몸에 나 있는 섬모열이 입 부분에서 아래 끝까지 연결되어 있지 않은 경우가 많다.

한편 *Strombidium*속에 속하는 종들은 입 주위의 섬모열이 원형을 이루고 있으나 한쪽이 열려 있다(Montagnes et al. 1988).

섬모류는 원핵생물, 식물플랑크톤, 작은 동물성 와편모류, 작은 섬모류 등 다양한 생물을 섭식한다(Jeong et al. 2004d, 2008a, 2011a). 특히 식물플랑크톤의 주요 포식자이자 적조를 일으키는 종들의 천적이다(Jeong et al. 1999b). 섬모류는 주로 물을 여과하면서 물속에 들어 있는 먹이를 걸러서 먹는다. 많은 섬모류의 입 쪽에 있는

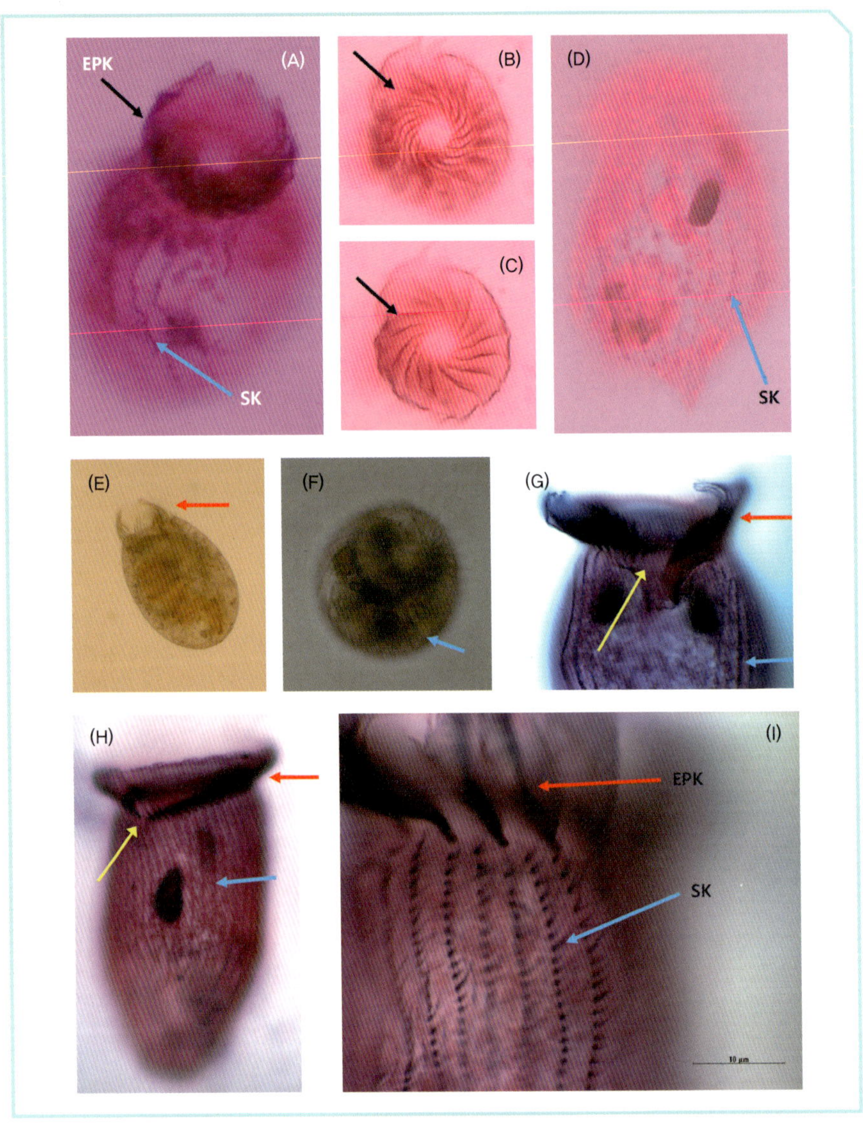

그림 10-13. (A-D) *Strombidinopsis jeokjo*. (E-I) *Parastrombidinopsis shimi* (Jeong et al. 2004a, Kim et al. 2005 에서 수정)

* EPK: External oral polykinetids(외측입섬모)
* SK: Somatic kinetids(체섬모)

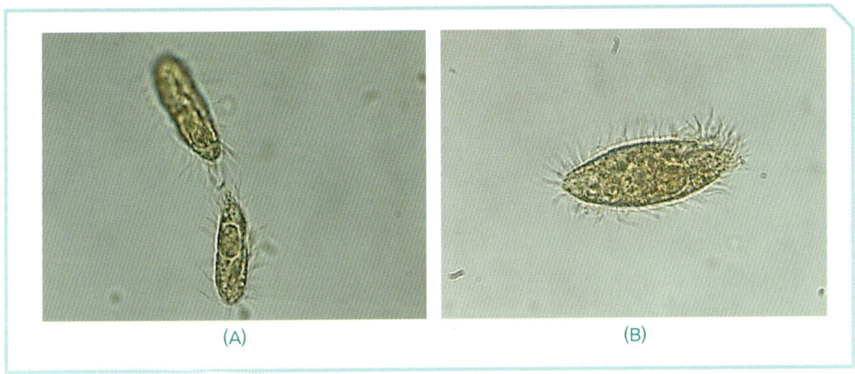

그림 10-14. 스쿠티카섬모류(Scuticociliates). (A) *Miamiensis avidus*. (B) *Miamiensis* sp.(박상아 촬영)

섬모들을 보면 나선형으로 배치되어 있어 섬모들이 움직이면 소용돌이가 생긴다. 소용돌이가 생기면 먹이가 딸려오는데 도망가기가 어렵다.

섬모류는 요각류 등 다양한 후생동물플랑크톤의 좋은 먹이다(Jonsson and Tiselius 1990). 그러나 일반적으로 섬모류는 대부분의 동물성 와편모류에 비하여 빨라서 동물성 와편모류에 비하여는 덜 먹히는 편이다.

섬모류의 일부는 먹은 먹이의 엽록체를 소화시키지 않고 광합성을 하게 만든다(Stoecker et al. 1988, Stoecker 1998, Esteban et al. 2010, Johnson 2011b). 즉 일시적 혼합영양을 한다. 이는 먹이가 고갈되었을 때 견딜 수 있게 한다. 또한 섬모류 중 작은 섬모류인 *Mesodinium*속은 반드시 식물플랑크톤인 은편모류 cryptophytes를 먹은 후 먹이의 엽록체를 이용하여 광합성을 해야 살 수 있는 종들이다(Yih et al. 2004). 이들은 종속영양 생물이 광합성하는 생물을 어떻게 이용했는지 진화하는 과정을 보여주는 매우 중요한 단서이며 앞으로 많은 연구가 필요한 생물관계다. 한편 *Mesodinium rubrum*은 많은 해역에서 종종 대규모 적조를 일으킨다(Johnson et al. 2013, Peterson et al. 2013, Yih et al. 2013).

섬모류 중 기생성 섬모류가 있는데 스쿠티카섬모류 scuticociliates라고 부른다(그림 10-14). 어류의 연약한 부분을 섬모로 상처를 낸 다음 몸으로 들어가 어류를 폐사시키는 섬모류다(Munday et al. 1997, Iglesias et al. 2002). 또한 패류의 치패도 공격하여 고부가가치 패류인 백합 유생 등을 폐사시키기도 한다. 아울러 어린 해마도 공격하여 피해를 끼친다.

스쿠티카섬모류는 양식산업에 큰 피해를 주고 있는데 스쿠티카섬모류를 죽이기 위하여 수산용 포르말린을 써왔다. 그런데 안전 논란이 지속되고 있고 치패의 경우 수산용 포르말린을 쓸 수가 없어 친환경적인 대체물질의 개발이 필요하다. 최근에 필자의 연구팀에 의하여 스쿠티카섬모류를 효과적으로 죽일 수 있는 와편모류인 *Alexandrium andersonii*와 *Gambierdiscus jejuensis*가 개발되었다(Kim et al. 2017).

4. 아메바류와 근족류, 위족을 만들다

지구상에 아메바 형태의 생물은 약 2만 종 존재하는 것으로 알려져 있고, 대표 그룹으로는 아메바류 슈퍼그룹과 리자리아 슈퍼그룹이 있다.

아메바류Amoebozoa 슈퍼그룹은 아메바 모양을 한 2,400여 종이 포함된 원생동물 그룹이다. 이들은 손가락 모양, 잎 모양 등 다양한 모양의 위족pseudopod을 가지고 있는데, 아메바는 잎 모양을 가진 엽상근족류(Labosea, 나뭇잎 모양의 위족)에 속한다(그림 10-15). 언론에서 많이 쓰는 '문어발식 확장'보다 더 많은 사업에 진출한 것은 '아메바식 확장'이라고 할 수 있다.

리자리아Rhizaria 슈퍼그룹은 근족류라고도 하는데 이들은 뿌리 모양의 위족을 가지고 있다. 사족충류cercozoan, 방산충류radiolarian, 유공충류foraminiferan 등이 속해 있다(그림 10-16).

사족충문Phylum Cercozoa은 아메바편모류 또는 사족류로 부르기도 한다. 이들은 사상위족filopodia으로 포식하고 아메바 모양을 하는 생물과 편모류 등으로 이루어져 있다.

유공충문Phylum Retaria은 유공충아문Subphylum Foraminifera과 방산충아문Subphylum Radiolaria을 포함하고 있다. Fora는 hole, 즉 '구멍'이라는 뜻이고, minifera는 '가지다'라는 뜻이다. 유공충아문에 속하는 종들은 탄산칼슘($CaCO_3$)으로 되어 있는 외각을

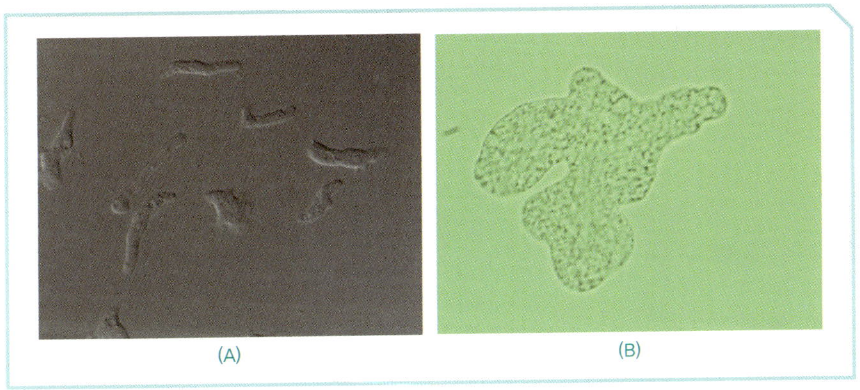

그림 10-15. 아메바류 슈퍼그룹. (A) 독도 물골에서 분리한 *Veramoeba vermiformis* (박종수 교수 제공). (B) 동정되지 않은 아메바류

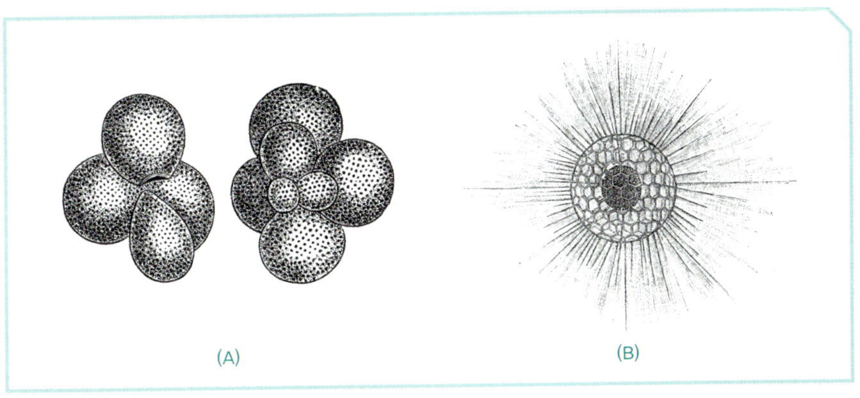

그림 10-16. 리자리아 슈퍼그룹. (A) 유공충. (B) 방산충

가지고 있는데 외각에 구멍이 많이 나 있다. 이 외각은 오랫동안 보전이 되므로 고기후 및 고생물을 연구하는 데 많이 이용되어왔다. 더불어 기후 변화에 따른 대기 중의 이산화탄소 증가를 감소시키기 위한 생물 그룹으로 연구가 진행 중이다.

방산충류radiolarian는 바다에 사는 플랑크톤으로 키틴질을 분비하고 외부는 규질Si의 골격으로 싸여 원형을 이루고 방사상의 모양을 한다. 구멍이 뚫린 외골격을 통해 여러 가지 위족이 나온다. 화석으로 유해는 바다 밑에 쌓여 방산연니를 형성하여 퇴적암의 일부가 된다. 출아, 이분법, 다분법 등의 무성생식을 하며 와편모류와 공생하는 종류도 있다. 선캄브리아대(5억 7,000만 년 전) 지층에서 화석으로 발견되며 지구의 환경이나 지층을 비교하는 데 중요한 역할을 한다. 방사극충강Class Acantharea은 황산스트론튬($SrSO_4$) 성분의 골편으로 골격이 이루어져 있다. 중세의 창이나 칼 모양을 보면 이들의 골편과 비슷하다. 바다에서도 다른 생물들이 이들을 창이나 칼처럼 생각할까?

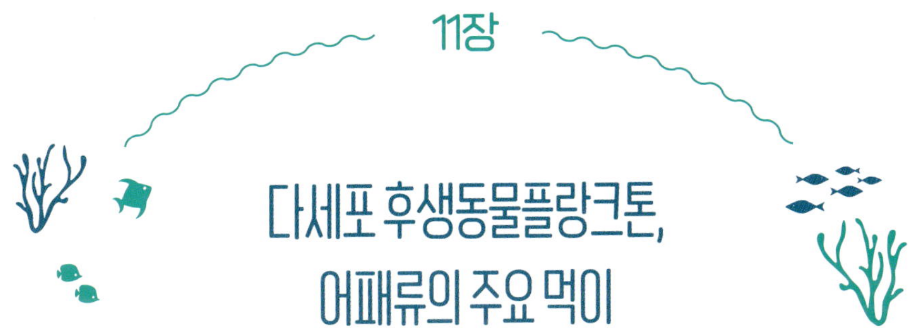

11장

다세포 후생동물플랑크톤, 어패류의 주요 먹이

다세포 동물플랑크톤은 후생동물플랑크톤metazooplankton이라고 부른다. 이들은 알에서 깨어나서 성장하면서 모양이 변한다(그림 11-1). 후생동물플랑크톤은 평생을 플랑크톤 생활을 하는 종생플랑크톤holoplankton과 일생의 일부만 플랑크톤 생활을 하는 임시플랑크톤meroplankton으로 나눈다. 갑각류에 속하는 요각류, 지각류, 윤형동물 등이 종생플랑크톤에 속한다. 게, 조개, 소라, 갯지렁이 등의 유생처럼 성체들

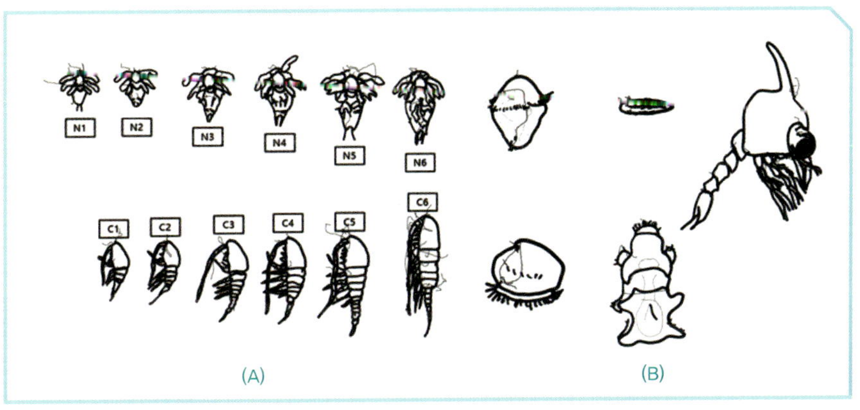

그림 11-1. 후생동물플랑크톤. (A) 평생을 플랑크톤 생활을 하는 종생플랑크톤(자세한 설명은 그림 11-6 참조 바람). (B) 일생의 일부만 플랑크톤 생활을 하는 임시플랑크톤. 주로 저서동물 유생들

은 저서생활을 하지만 알에서 깨어나온 후 잠시 플랑크톤 생활을 하는 생물들은 임시플랑크톤에 속한다.

후생동물플랑크톤은 거의 모든 해양동물 그룹을 포함하고 있으나, 대표적으로 해파리, 윤형동물, 요각류, 크릴, 저서동물 유생 등이 있다.

1. 해파리, 크지만 플랑크톤

해파리는 자포cnidocyte를 가지고 있는 자포동물cnidaria에 속한다(그림 11-2). 자포를 가지고 어류 등을 마비시켜 잡아먹는다. 그런데 몸 안에 공생 와편모류인 심바이오디니움을 가지고 있다(Lee et al. 2016a). 심바이오디니움이 가장 먼저 종으로 발표된 것은 *Symbiodinium microadriaticum*인데 해파리에서 발견된 것이다(Freudenthal 1962).

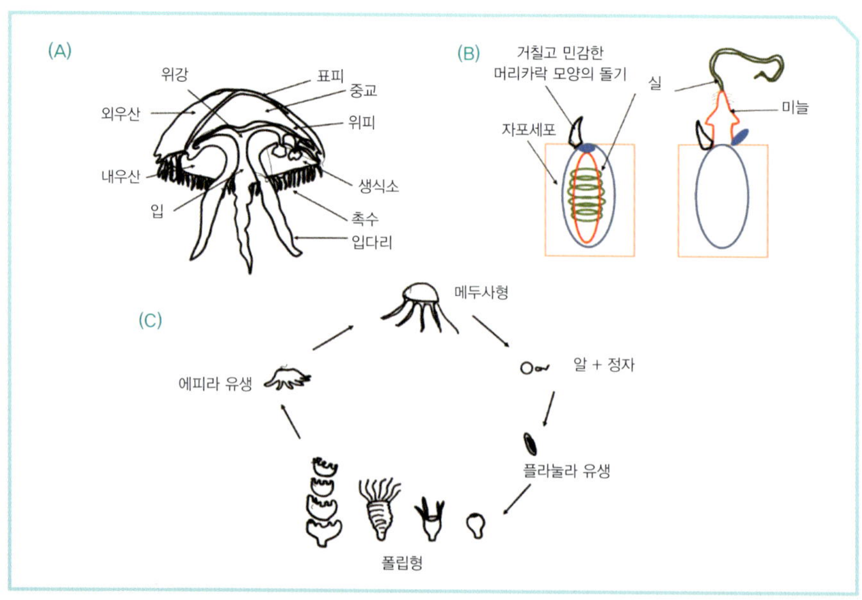

그림 11-2. 해파리. (A) 해파리의 형태. (B) 자포. (C) 생활사

요즘 해파리로 인하여 많은 어민이 피해를 받고 있다. 해파리 수정체가 해저에 정착한 후 분열하여 여러 개의 폴립단계polyp stage를 만든다(Lucas et al. 2012). 이들 폴립은 해수 표면으로 올라와 부유생활을 하는데 이를 메두사단계medusa stage라고 한다(Goldstein and Steiner 2020). 표층의 메두사를 제거해도 해저에서 자꾸 공급이 되므로 아주 없애기가 어렵다.

메두사단계에 있는 해파리는 그 크기가 수 cm에서 수 m에까지 이르는데 플랑크톤이라고 하는 이유는 그들이 물의 흐름에 역행해서 수영할 수 있는 능력이 없기 때문이다. 해안가 방파제에 가보면 해파리들이 일광욕을 하고 있는 것을 볼 수 있다. 물의 흐름을 이겨내지 못한 결과다.

오래된 해파리 화석들은 5억 년 이상 되었는데 몸이 연하여 잘 보존되지 않는 것을 감안하면 더 오래되었을 것으로 추정하고 있다(Young and Hagadorn 2010).

2008년 노벨화학상은 오사무 시모무라Osamu Shimomura, 마틴 챌피Martin Chalfie, 로저 첸Roger Tsien 박사에게 돌아갔다. 이들은 초록색 형광단백질Green Fluorescent Protein을 연구하여 받았다(Shimomura 1979, Chalfie 1995, Tsien 1998). 이 형광단백질은 유전자 발현, 투여 물질 추적 등 생리·의학적으로 널리 이용되고 있다. 오사무 시모무라 박사는 30년 동안 해파리 88만 마리를 잡아 분석하여 이 형광단백질을 찾아냈다고 한다. 끈기와 열정이 노벨상을 받게 했다고 생각한다.

우리나라에도 해파리가 아주 많은데 노벨상Nobel prize을 받지 못한 이유를 생각해보니, 해파리를 잡으면 연구를 하는 것보다는 해파리 냉채를 해먹는 것을 선호하기 때문이라고 생각한다. 또 다른 이유는 우리나라 식당을 가면 거의 모든 상에 벨이 있어서 노벨상No-bell table을 보기 힘들기 때문이라는 생각이 든다(그림 11-3). 벨을 없애서 과학자들이 진득하게 연구에 매진할 수 있도록 하는 것이 필요할 것 같다.

그림 11-3. 아직 우리나라가 노벨과학상을 못 받은 이유에 대한 카툰. 우리나라 식당에는 노벨상(No-bell table)이 없어서. 노벨이 우리나라에 오면 식당 벨을 누를까?

2. 윤형동물, 양식장의 보물

어패류를 양식하는 데 먹이로 많이 쓰이는 생물은 윤형동물Rotifera이다. 머리 쪽에 섬모열인 코로나corona가 2개 있는데 이들이 움직이는 바퀴가 도는 것처럼 보여서 윤형동물(바퀴동물)이라고 부른다(그림 11-4). 이들 목구멍에는 먹이를 씹을 수 있는 저작낭mastax을 가지고 있는데, 이것의 중간에는 좁고 긴 단두대가 설치되어 있다. 이것을 저작기 또는 트로피trophi라고 부른다. 운동이나 웅변대회 등에서 우승하면 트로피를 받는데 겉에서 보면 비슷한 모습이다.

윤형동물은 식물플랑크톤을 잘 포식하고 후생동물에게 잘 먹힌다(Korstad et al. 1989, Suchar and Chigbu 2006). 윤형동물이 치자어에게 필요한 필수지방산 등 일부 성분이 부족함에도 불구하고 치자어의 먹이로 쓰이는 이유는 빠른 성장률에 있다고 판단된다(Mejri et al. 2021). 윤형동물은 알에서 깨어나와 가입 가능한 성체가 되는 데 2~3일밖에 걸리지 않는다(Suchar and Chigbu 2006). 거의 일부 원생동물의 성장률과 맞먹는다.

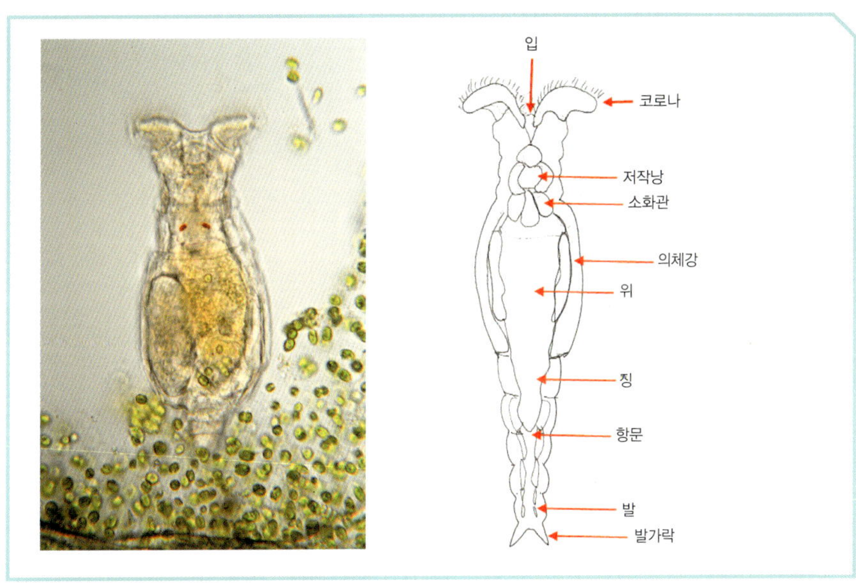

그림 11-4. 윤형동물

3. 요각류, 바다의 소고기

딱딱한 갑옷을 입고 있는 갑각류Crustacea는 절지동물문Phylum Arthropoda에 속한다. 딱딱한 갑옷을 입고 있기 때문에 성장을 하려면 탈피를 해야 한다. 많은 해역에서 후생동물플랑크톤 중 가장 우점하는 그룹이 요각류다(Kiørboe 1997, Aguirre et al. 2012, Kim et al. 2013a, Lee et al. 2017a, Rekık et al. 2018).

요각류는 코페포드copepod라고 하는데 oar-feet(노와 같은 발)을 가진 동물이라는 뜻이다(그림 11-5). 최근에는 요각류 대신 우리말로 '노벌레'라고 부르기도 한다.

요각류는 알에서 나와 11번 탈피를 한다(그림 11-6). 알에서 깨어나오면 노플리우스 1번 단계nauplius I가 된다. 노플리우스 단계는 꼬리 부분이 나오기 전인 노플리우스 6단계까지이고, 꼬리 부분이 나온 후 첫 번째 단계는 코페포다이트 1번 단계copepodite I다. 코페포다이트 6번 단계는 성체를 말한다. 형태적으로 볼 때 성체 때는 암수 구분이 쉬우나 코페포다이트 5번 단계까지는 쉽지 않다.

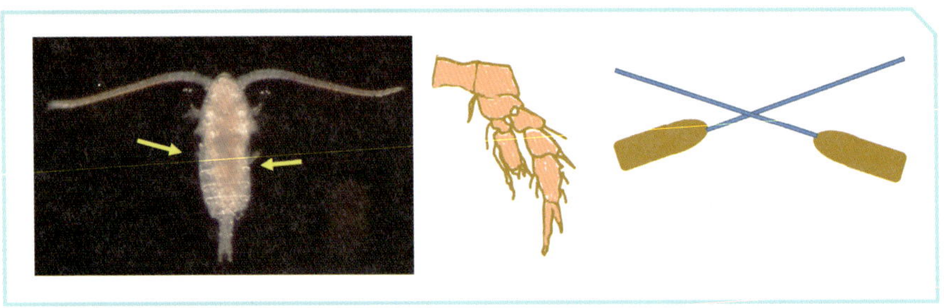

그림 11-5. 코페포드(copepod)는 노와 같은 발(노란색 화살표)을 가지고 있다는 뜻이다.

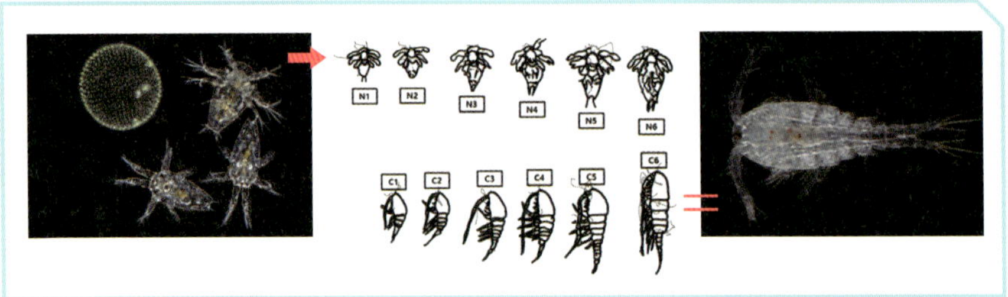

그림 11-6. 요각류의 생활사. 알에서 깨어난 후 노플리우스(nauplius) 6단계(N1-N6)와 코페포다이트(copepodite) 5단계(C1-C5)의 유생 시기를 차례로 거친 후 성체(C6)가 된다.

이들의 몸은 머리, 가슴, 배와 꼬리 부분으로 이루어져 있다(그림 11-7). 머리와 가슴마디로 이루어진 전체부prosome와 배와 꼬리로 이루어진 후체부urosome로 나누어진다. 머리 부분에는 2개의 안테나가 있다. 안테나는 먹이의 움직임을 멀리서 알 수 있는 센서mechano-sensory뿐만 아니라 후각을 담당하는 센서chemo-sensory도 들어 있다. 즉 피부와 코가 안테나에 붙어 있는 셈이다. 머리에는 눈, 입, 손 역할을 하는 부속지들이 있다. 초식성인 경우 물속에 있는 먹이를 모으기 위한 뜰채가 있다. 그러나 육식성인 경우에는 먹이를 찌르는 창이 있다. 가슴 부분에는 가슴마디마다 헤엄치는 데 사용하는 5쌍의 흉지(가슴다리)가 달려 있다. 배 부분에는 생식공과 항문이 있다.

요각아강Subclass Copepoda 안에는 10여 개의 목이 있는데 Order Calanoida(긴노요각목), Cyclopoida(검물벼룩목), Harpacticoida(갈고리노벌레목)이 대표적이다. Calanoida목은 전체부와 후체부가 뚜렷하게 구분이 되는데 몸의 다섯 번째와 여섯 번째 마디가 뚜렷하게 차이가 나는 주요 연결부main joint가 있다. 그리고 전체부가 긴

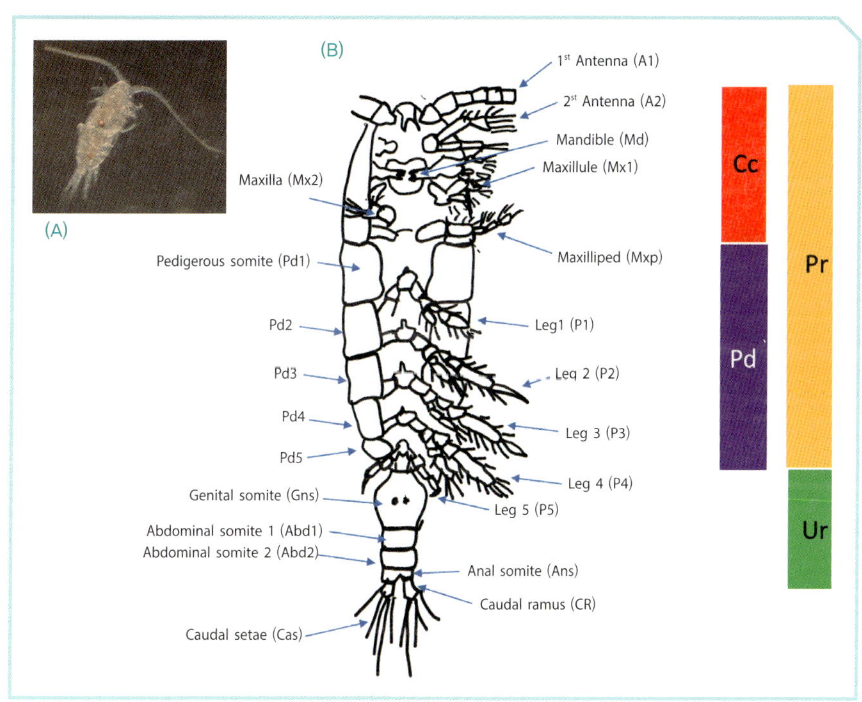

그림 11-7. 요각류의 모습. (A) 현미경사진(이무준 박사 제공). (B) 주요 명칭. Cc: Cephalosome(두부). Pd: Pedigerous somites(유족흉절). Pr: Prosome(전체부). Ur: Urosome(후체부). 1st, 2nd Antenna: 제1, 2 촉각. Mandible: 대악. Maxillule: 제1 소악. Maxilla: 제2 소악. Maxilliped: 악지. Pd1-5: 제1-5 흉절. P1-5: 제1-5 흉지. Genital somite: 생식절. Abdominal somite 1, 2: 제1, 2 복절. Anal somite: 항문절. Caudal setae: 꼬리 강모. Caudal ramus: 꼬리 분지

막대처럼 되어 있다. 또한 이들은 긴 첫번째 안테나를 가지고 있는데 몸길이의 반절 정도가 된다. 크기는 보통 0.5~2 mm 정도다. 이 목 안에는 46개 과Family, 1,800여 종이 속해 있다. 대표적인 요각류 속genus인 *Acartia*, *Calanus*, *Paracalanus* 등이 긴노요각목에 속한다.

Cyclopoida목은 전체부가 원형 또는 타원형이고 첫번째 안테나가 짧다. 그리고 몸의 네 번째와 다섯 번째 마디가 뚜렷하게 차이가 나는 주요 연결부가 있다. 이 목 안에는 30개 과, 1,200여 종이 속해 있다. 대표적인 요각류 속인 *Cyclops*, *Oithona* 등이 검물벼룩목에 속한다.

Harpacticoida목은 몸이 길게 되어 있고 첫번째 안테나가 매우 짧다. 이 목 안에는 65개 과, 3,000여 종이 속해 있다. 대표적인 요각류 속인 *Tigriopus* 등이 갈고리노벌레목에 속한다. 이 목에 속하는 종들은 저서성이 많다.

초식성 또는 잡식성 요각류는 식물플랑크톤뿐만 아니라, 동물성 미소편모류, 동물성 와편모류, 섬모류 등을 잡아먹는다(Mullin and Brooks 1970, Frost 1972, Jeong et al. 2001a, 2007a). 요각류 속 중에 *Acartia, Calanus, Paracalanus* 등이 대표적인 초식성 또는 잡식성 요각류다(Mullin 1963, Frost 1972, Checkley 1980, Berggreen et al. 1988). 육식성 요각류는 다른 요각류를 잡아먹는데 요각류 속 중에 *Euchaeta, Labidocera, Tortanus* 등이 속해 있다(Landry 1978, Mullin 1979, Yen 1983).

먹이를 먹고 소화시키고 남은 것은 항문을 통해 배설하는데 이를 분립 fecal pellet이라고 한다(Dagg and Walser 1986). 이 분립은 해양의 물질순환에서 매우 중요한 역할을 한다(그림 11-8). 보통 식물플랑크톤이 죽으면 가라앉는 속도가 매우 느려서 하루에 10m 이내로 가라앉는다. 이 과정에서 원핵생물이 공격을 하기 때문에 식물플랑크톤 사체의 크기가 점점 작아져 가라앉는 속도도 감소한다. 그런데 요각류가 식물플랑크톤을 먹은 후 소화가 되지 않는 규조류의 껍질 frustule이나 석회물질,

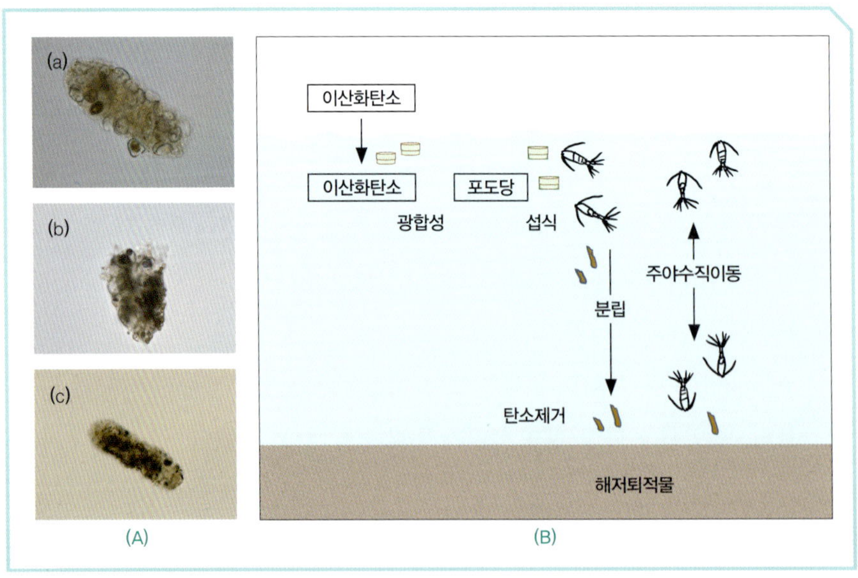

그림 11-8. (A) 요각류의 분립. (B) 생물 펌프

규소물질 그리고 그 안에 남아 있는 물질 일부 등은 분립에 밀집되어 담기게 된다. 이 분립은 하루에 수백 m까지 내려가 해저에 도달하기 쉽다(Smayda 1971, Turner 1977). 이는 해양 내 물질순환에서 표층에 있는 물질을 저층으로 공급하는 매우 중요한 역할을 한다(Schrader 1971). 만일 분립이 해저에 도달한 후 퇴적물에 묻히면 표층 물질이 해양생태계에서 완전히 제거되므로 결국 공기 중 이산화탄소를 완전히 제거하는 셈이 된다(Turner 2015). 이렇게 공기 중 이산화탄소가 해양 표층수로 녹아 들어간 후 광합성 생물에 의하여 유기물로 고정되고 이 유기물이 분립이나 동물플랑크톤의 주야수직이동 등에 의하여 해저로 가라앉아 제거되는 기작을 생물펌프biological pump라고 부른다(Ducklow et al. 2001).

그리고 요각류들은 어류의 좋은 먹이여서 어류 생산에 큰 영향을 준다(Castonguay et al. 2008, Mejri et al. 2021). 또한 요각류들은 산업적으로 어류유생들을 키우는 데 먹이로 이용되기도 한다(Nanton and Castell 1998, Rasdi and Qin 2016).

4. 지각류, 물벼룩

매일 지각하는 녀석은 누구일까? 아마 지각류(枝角類)일 것 같다. 지각류는 영어로 cladocera라고 쓰는데 그리스어로 *Klados*-는 '분지'라는 뜻이고, *keras*

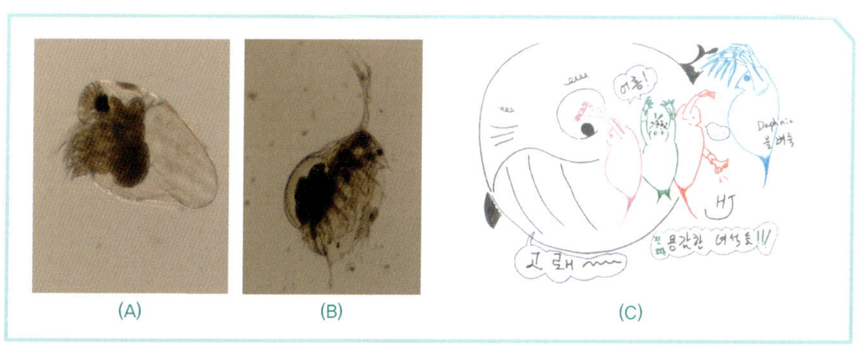

그림 11-9. 지각류. (A) *Evadne* sp.(이무준 교수 제공). (B) *Podon* sp. (C) 카툰. 고래를 놀라게 하는 지각류

는 '뿔'이라는 뜻이다. 이들이 머리에 분지가 되어 있는 뿔을 가지고 있기 때문에 이름을 cladocera라고 했다(그림 11-9). 이들은 조개처럼 두 개의 껍질로 된 두흉갑carapace이라는 외투를 가지고 있다. 눈은 하나다. 우리가 흔히 말하는 물벼룩water plea이 지각류에 속한다.

지각류의 모습을 보면 마치 두 팔을 들어 상대방을 놀라게 하는 모습과 닮았다. 개콘의 "용감한 녀석들"처럼. 사실 해양에서는 요각류가 우점하고 핵심적인 역할을 하지만 담수, 호수에서는 지각류가 우점하고 핵심적인 역할을 한다.

해양에서 서식하는 지각류는 시디데과Family Sididae에 속하는 *Penilia*속을 제외하고는 모두 포돈니데과Family Podonidae에 속하는데, 해양지각류 중에 가장 잘 알려진 속인 *Podon*과 *Evadne*이 포돈니데과에 속한다. *Podon*속은 머리와 몸통 사이가 깊이 들어가 있고, *Evadne*속은 밋밋하다(그림 11-9).

해양지각류는 원핵생물, 식물플랑크톤, 동물성 미소편모류, 다른 후생동물플랑크톤 등을 잡아먹는 것으로 알려져 있다(Turner et al. 1988, Lipej et al. 1997, Katechakis and Stibo 2004, Lehtiniemi and Gorokhova 2008). 그리고 해양지각류는 육식성 요각류나 어류들의 좋은 먹이다(Landry et al. 2019, Oghenekaro and Chigbu 2019).

5. 크릴, 고래밥

크릴krill은 난바다곤쟁이라고도 하는데 난바다곤쟁이목Order Euphausiacea에 속하는 갑각류다(그림 11-10). Krill은 노르웨이말로 'small fry of fish' (물고기의 작은 새끼)라는 뜻으로 종종 물고기로 취급을 했었다.

가장 널리 알려진 속은 *Euphausia*인데 현재까지 31종이 알려져 있다. *Euphausia*속에 속하는 종들은 작은 식물플랑크톤에서부터 큰 후생동물플랑크톤까지 섭식을 한다(Boyd et al. 1984). 특히 널리 알려진 종들인 *Euphausia superba*나 *E. pacifica*는 식물플랑크톤뿐만 아니라 요각류도 효과적으로 섭식하는 것으로 알려져 있다(Ohman 1984, Price et al. 1988). 분자생물학적 기법으로 *E. superba*의 위 내용

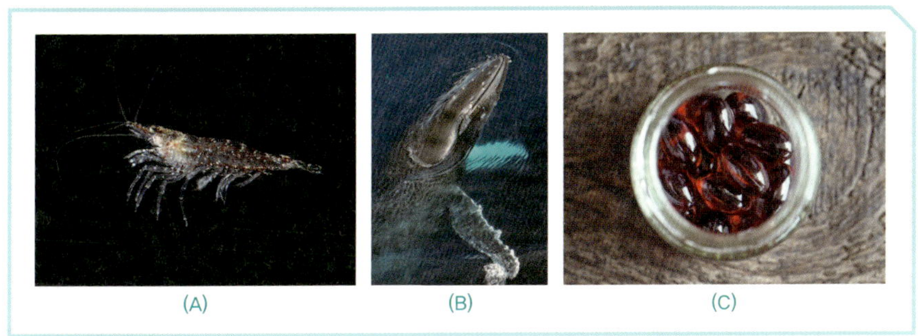

그림 11-10. (A) 크릴. (B) 고래. (C) 크릴 오일 제품

물을 분석한 결과, *E. superba*가 규조류, 편모류, 와편모류, 섬모류, 요각류 등 다양한 먹이를 먹는 것으로 밝혀졌다(Cleary et al. 2018).

크릴은 고래, 고래상어, 물개, 바다새, 펭귄, 오징어, 어류 등 다양한 포식자들의 먹이가 되는 것으로 알려져 있다(Nemoto et al. 1988, Fraser et al. 1989, Armstrong and Siegfried 1991, Croxall et al. 1999, Jarman and Wilson 2004, Trivelpiece et al. 2011).

큰 대왕고래가 하루에 16톤을 먹는다는 크릴. 이쯤이면 고래밥이라고 해야 할 듯하다. 가장 큰 고래는 대왕고래인데 약 180톤에 이른다. 5톤급인 코끼리에 비하여 30배 이상 무겁다. 과학자들은 이들의 먹이인 크릴이 엄청난 영양분을 가지고 있다고 믿고, 많은 연구를 했다. 시중에 많은 제품이 나와 있는데, 식품으로 나온 것은 적다(그림 11-10). 아마 맛이 없어서일 것이다. 과자인 '고래밥'은 맛있던데.

6. 화살벌레, 정교한 화살

화살벌레 arrow worm는 모악동물문 Phylum Chaetognatha에 속하는 동물을 일반적으로 부르는 이름이다(그림 11-11). Chaeto-는 'bristle(털)'이라는 뜻이고, gnatha-는 'jaws(턱)'이라는 뜻이다. 즉 '털을 가지고 있는 턱'이라는 뜻이다. 이들의 크기는 2~120 mm이다. 현재 20여 속에 120여 종이 포함되어 있다.

그림 11-11. 모악동물. 화살벌레라고도 부른다(이무준 교수 제공).

화살벌레의 몸은 투명한데 각피cuticle로 덮여 있다. 몸은 머리, 몸통, 꼬리로 나눌 수 있는데 머리에는 4~14개의 가시가 있다. 이 가시는 주로 사냥을 할 때 쓴다.

대부분의 화살벌레는 육식성인데, 요각류와 물고기의 치어를 주로 먹으며, 일부는 잡식성으로 미세조류microalgae나 쇄설물질detritus을 먹기도 한다(Pearre 1980, Alvarez-Cadena 1993, Amano et al. 2019, Grigor et al. 2020). 화살벌레 중 가장 잘 알려진 종은 *Sagitta elegans*인데 장내에서 다양한 요각류(*Pseudocalanus elongatus*, *Oithona* spp., *Acartia clausi*, *Temora longicornis*)와 치어가 발견되었다(Alvarez-Cadena 1993).

7. 후생동물플랑크톤의 주야수직이동

독일은 1917년 잠수함 유보트U-boat를 개발한 후 세계대전 때 운용하면서 연합군과 미국의 많은 배를 침몰시켰다. 이에 대응하기 위하여 미국은 소나(SOund NAvigation and Ranging, SONAR)를 개발했다. 소나는 음파를 쏜 뒤 돌아오는 시간에 음파진행 속도를 곱한 후 2분의 1로 나누어 거리를 측정한다. 그런데 소나를 쏘았을 때 깊은 물속에서 음파가 반사되는 Deep Scattering Layer(DSL)를 발견했다. 이 DSL은 낮에는 깊어지고, 밤에는 얕아지는 것으로 나타났다. 캘리포니아대학 전쟁관련연구부The University of California's Division of War Research와 스크립스 해양연구소 해양생물연구팀은 이러한 현상이 후생동물플랑크톤과 작은 유영동물이 매일매일 수직이동을 하기 때문이라는 사실을 밝혀냈다(그림 11-12). 이들은 주로 낮에는 깊은 곳에 들어가 있고, 밤에는 반대로 표층으로 올라온다. 이를 주야수직이동(diurnal vertical migration 또는 diel vertical migration, DVM)이라고 부른다.

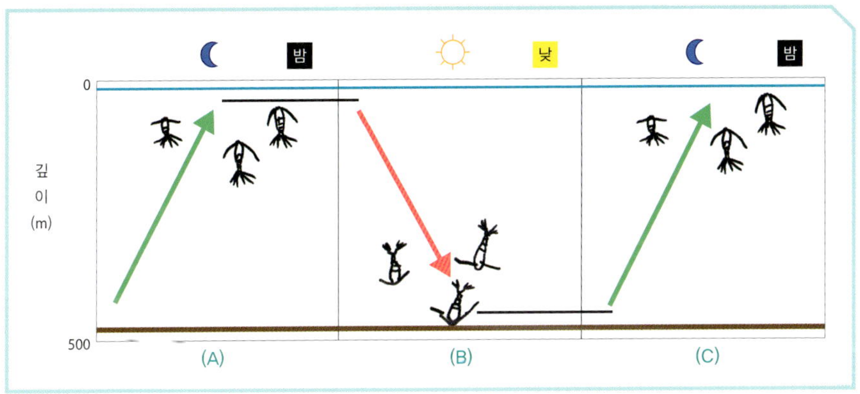

그림 11-12. 후생동물플랑크톤의 주야수직이동. (A) 매일, 밤에는 표층으로 올라오고, (B) 낮에는 저층으로 내려갔다가, (C) 밤에 다시 올라온다.

후생동물플랑크톤들은 주야수직이동을 할 때 보통 하루에 수십~수백 m를 오간다. 만일 몸길이가 2 mm인 후생동물플랑크톤이 하루에 200m를 왕복할 경우 자기 몸길이의 200,000배를 수직이동하는 것이다(20,000 cm × 2 = 40,000 cm / 0.2 cm = 200,000배). 키가 2m인 농구선수가 매일 자기 키의 200,000배 거리를 걸으면 400,000 m, 즉 매일 400 km을 걷는 것이다. 갑자기 "오늘도 걷는다마는 정처 없는 이 발길" '나그네설움'이라는 노래가 생각난다. 그러나 사연이 있을 것이라는 생각이 든다. 에너지를 상당히 소모해야 하기 때문이다.

그럼 왜 주야수직이동을 할까? 그동안 이에 대한 수많은 연구가 수행되어왔다(reviewed by Bandara et al. 2021). 그런데 밤낮으로 수영하는 방향이 달라지므로 빛과 관련이 있다고 생각하지만 아직 정확한 이유를 잘 모른다. 그래서 직접적인 원인을 찾기보다는 이렇게 주야수직이동을 하면 어떤 이점이 있는지를 연구하여 그 답을 유추해왔다. 그동안 제안되었던 대표적인 가설들은 다음과 같다.

첫째, 눈을 가진 포식자를 피하기 위한 것이다(Bollens et al. 1992, Hays 2003). 낮에 표층에 있으면 포식자의 눈에 잘 띄기 때문에 수심 깊은 곳에 머물다가 밤이 되면 표층 근방으로 올라와 먹이를 먹는다는 설이다. 가장 합리적인 설명이라고 생각한다. 그러나 이미 깜깜한 수심인데도 더 깊이 이동을 하는 종들이 있다. 또한 몸에 발광체를 가지고 다니는 녀석도 있다. 포식자 눈을 피하려고 하면서 전등을 밝게 밝히고 다니는 녀석들이다. 정말 이해가 안 간다. 이해가 안 가면 내년이 안 오는데.

둘째, 먹이에 대한 배려(?)다(McAllister 1969, Kerfoot 1970). 낮에 표층에서 먹이인 식물플랑크톤들이 광합성을 활발히 하여 분열하도록 놔두었다가 밤에 와서 잡아먹는 것이다. 정말 고양이가 쥐 생각해주는 격이다.

셋째, 에너지 절약이다(McLaren 1963). 낮에 표층에서 열심히 먹이를 잡으러 다니면 더워서 에너지 소모가 많으므로 수심이 깊은 곳에 있다가 밤에 수온이 낮아지면 표층으로 올라와 먹이를 잡아먹는다는 것이다.

넷째, 독성물질을 피하는 것이다. 낮에 식물플랑크톤들이 활발히 광합성을 할 때 독성물질이 많이 분비되므로 깊은 곳에 피해 있다가 밤에 올라와 잡아먹는다는 것이다(Ward et al. 2008).

다섯째, 매일 떼를 지어 주야수직이동을 하면서 몰려다니면 짝짓기를 할 확률이 높아져 종족번식에 유리하다는 것이다(Folt and Burns 1999).

위와 같은 이유들은 주로 생태학적인 측면에서 생각한 것이고 생물 내부적인 측면에서도 생각해볼 수 있다. 즉 생물 내에 내생적 리듬endogenous rhythmicity이나 생물학적 시계가 내부적인 측면이라고 할 수 있다(Enright and Hamner 1967). 스크립스 해양연구소의 짐 앤라이트Jim Enright 교수팀은 큰 물탱크 안에 자연해수를 넣고 그 안에 들어 있는 동물플랑크톤들의 분포를 관찰했다. 처음에는 낮에는 빛을 주고 밤에는 주지 않는 주야 사이클을 주자 주야수직이동을 하던 동물플랑크톤들이 며칠 후 4일 정도 매우 낮은 광도의 빛을 연속적으로 공급한 후에도 계속 주야수직이동을 하는 것을 관찰했다. 연구팀은 이 결과를 바탕으로 동물플랑크톤들 내 내생적인 리듬이 주야수직이동과 관련이 있다고 결론내렸다.

동물플랑크톤 군집의 수직분포가 변하는 것을 관찰하는 것보다 동물플랑크톤 개체가 직접 이동하는 것을 관찰하고 내부의 물질들이 어떻게 분비되는지를 알아내는 것이 이상적인 방법이라고 생각한다. 요즘 해양동물에 센서를 부착하여 이들의 운동을 모니터링하는 바이오로깅bio-logging 기술이 발전하고 있다. 앞으로 미세칩microchip을 주요 후생동물플랑크톤 몸에 심은 후 어떤 자극에 반응하고 어떤 행동을 하는지 알아낼 시기가 올 것이라고 생각한다.

동물플랑크톤이 밤에 표층 부근에서 식물플랑크톤 등을 먹은 후 낮에 저층으로 이동한다. 만일 저층으로 이동한 후 배설을 한다면 표층에 있던 물질이 저층으로 이동될 수가 있다. 즉 일일수직이동이 생지화학biogeochemical 순환에 큰 영향을 줄 수 있어 요즘 이에 대한 연구가 활발하다(Aumont et al. 2018).

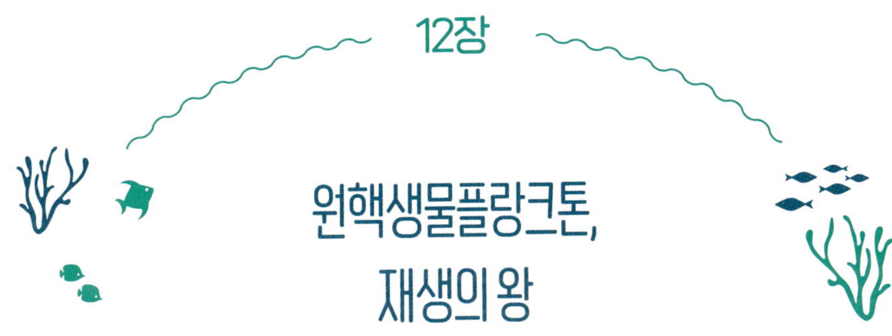

12장

원핵생물플랑크톤, 재생의 왕

원핵생물플랑크톤prokaryotic plankton은 아키아역Domain Archaea과 박테리아역Domain Bacteria에 속하는 플랑크톤으로 이루어져 있다. 남세균류cyanobacteria도 박테리아역에 속하지만 7장 식물플랑크톤에서 설명했으므로 이 장에서는 종속영양성 원핵생물만 언급하고자 한다.

1. 아키아, 열악한 환경을 극복하다

Archaea는 그리스어인 *archaios*에서 왔는데 '원시' 또는 '원조'라는 뜻이다. 그래서 우리는 아키아를 고균이라고 부른다.

아키아역과 박테리아역은 핵막이 없다는 것이 비슷하지만, 상당히 다른 점들이 있다. 즉 세포막의 지방 성분에 있어서 아키아는 ether 결합(R-O-R′)인데, 박테리아나 진핵생물은 ester 결합(R-COO-R′)이다(Jain et al. 2014, Caforio and Driessen 2017; 그림 12-1). 또한 박테리아는 세포벽에 펩티도글리칸Peptidoglycan이 있으나 아키아는 없다.

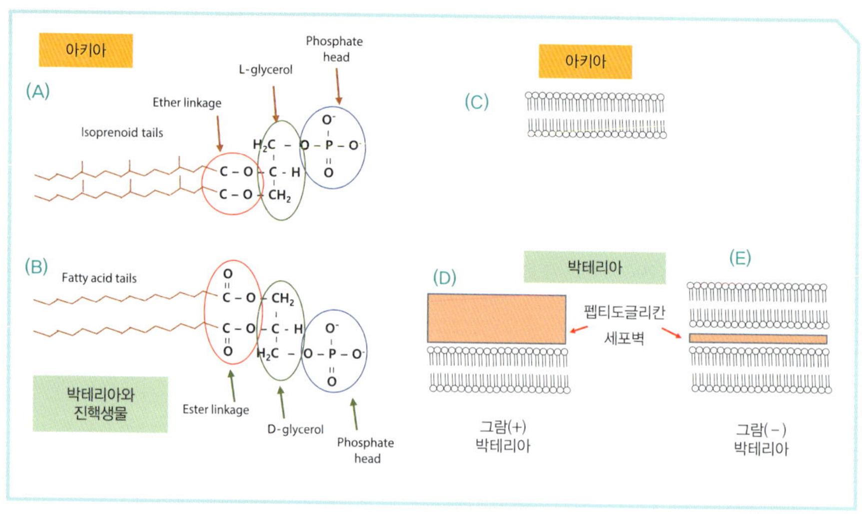

그림 12-1. (A, B) 아키아역과 박테리아역의 세포막의 지방 성분 차이. (A) 아키아는 ether 결합인데, (B) 박테리아와 진핵생물은 ester 결합이다. (C) 아키아역은 펩티도글리칸을 가지고 있지 않으나, (D, E) 박테리아역은 가지고 있다. 박테리아 중 그람(+)박테리아와 그람(-)박테리아 간에는 펩티도글리칸의 두께와 위치의 차이가 있다.

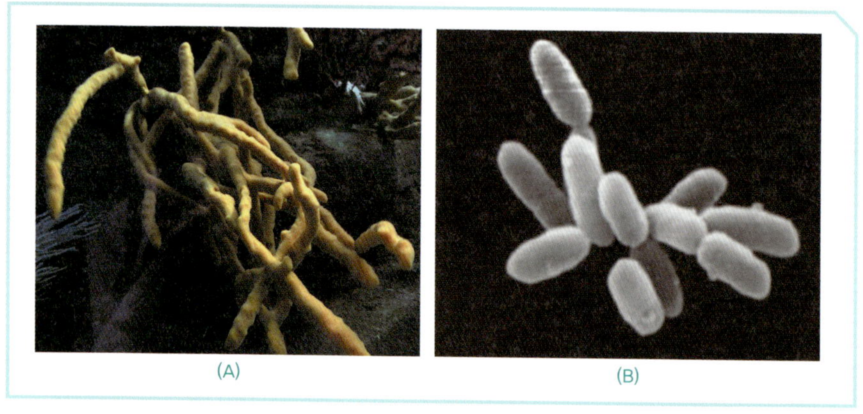

그림 12-2. 해양 아키아. (A) Thaumarchaeota 해양 그룹(해면동물인 *Axinella polypoides* 안에서 내부공생함. By Liné1, CC-BY-SA). (B) Euryarchaeota 해양그룹 II (Halobacteria by NASA)

해양 아키아는 크게 세 그룹으로 나눌 수 있다. Thaumarchaeota 해양 그룹 I과 Euryarchaeota 해양그룹 II, III이다(그림 12-2). Thaumarchaeota는 주로 심해에서 많은데 수백 m 아래에서 존재하는 총 원핵생물플랑크톤 중 상당한 부분을 차지한다. Thaumarchaeota에는 암모니아-산화아키아(Ammonia-oxydizing Archaea,

AOA)가 많이 포함되어 있다(Pester et al. 2011). 이들은 산소가 있는 상태에서 암모니아를 산화시켜 에너지를 얻는다.

Euryarchaeota는 심해에서는 Thaumarchaeota보다는 훨씬 적게 있으나 표층수에서는 더 많다. 이들은 산호나 해면동물들과도 관계를 맺고 있다. 지금까지 알려진 모든 메탄형성아키아methanogenic archaea와 모든 극호염아키아extremely halophilic archaea는 Euryarchaeota에 속한다(Oren 2019).

2. 박테리아, 높은 다양성

해양에서 가장 작은 생물들 중 하나인 박테리아는 크기가 0.5~1 μm 정도 된다. 박테리아는 Acidobacteria문, Actinobacteria문, Bacteroidetes문, Chloroflexi문, Deferribacteres문, Verrucomicrobia문, Planctomycetes문, Lentisphaerae문, Proteobacteria문으로 나눌 수 있다(그림 12-3). 이들은 42강, 148목, 336과, 1008속으로 나누어져 있다.

엑티노박테리아문Phylum Actinobacteria은 방선균이라고 하는데, 펩티도글리칸이 여러 층으로 되어 있는 그램양성균들이고 높은 Guanine+Cytosine(G+C) 비율을 가지고 있다. 이 문에 속하는 종들은 바다뿐만 아니라 육상에서도 살고 있으며,

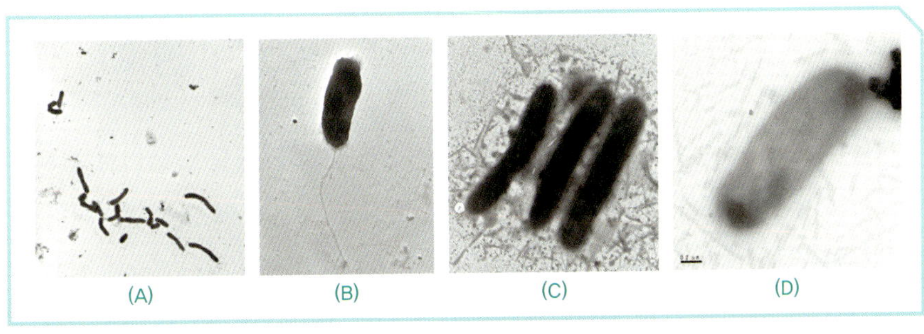

그림 12-3. 박테리아의 종류 일부. (A) Actinobacteria, (B) Proteobacteria문 중 Alpha-proteobacteria, (C) Bacteroidetes, (D) Gamma-proteobacteria(황청연 교수 제공)

가장 크고 가장 많이 연구된 문이다. 특히 이들은 다른 박테리아종들과의 싸움에서 이기기 위하여 해로운 물질을 내는데 이 물질들은 항생물질로 이용되고 있다(Grossart et al. 2004, Barka et al. 2016). 이들은 해양에서 넓게 분포하고 있어서 해양 박테리오 플랑크톤 군집을 분석하면 흔하게 나오는 그룹이다(Kurtböke 2017).

프로테오박테리아문Phylum Proteobacteria은 많이 연구된 그룹 중 하나이고 염기서열이 가장 풍부한 문이다. 널리 알려진 비브리오균*Vibrio* spp., 살모넬라균*Salmonella* spp. 등이 이 문에 속한다. 이 문은 rDNA 염기서열에 의하여 알파Alpha-, 베타Beta-, 감마Gamma-, 델타Delta-, 입실론Epsilon- 프로테오박테리아 5개 강으로 나눈다. 알파-프로테오박테리아강에 속하는 박테리아들은 주로 해양과 하구에서 우점하지만 저염수에서는 밀도가 낮다(Kirchman et al. 2005). 베타-프로테오박테리아강에 속하는 박테리아들은 반대로 저염수에서 우점하고 해양에서는 밀도가 낮다(Cottrell and Kirchman 2000, Bouvier and del Giorgio 2002, Kirchman et al. 2005).

3. 산소를 좋아하는 원핵생물, 싫어하는 원핵생물

종속영양성 원핵생물은 남세균류cyanobacteria가 처음 광합성을 발명했을 때 그냥 격려를 했을 것 같다. '큰일을 했어' 하면서. 앞으로 다가올 문제에 대해서는 크게 생각을 안 했을 것이다. 그런데 남세균류가 포도당을 만드는 광합성 과정에서 물이 분해되어 산소가 발생되는 것을 간과한 것 같다. 그 전에 산소를 접하지 않았던 종속영양성 원핵생물은 산소가 점차 많아지면서 자신들이 살아가는 방식과 전혀 다른 삶의 방식을 살아야 된다는 사실을 알게 되었다. 산소를 끝까지 싫어하는 종속영양성 원핵생물은 산소가 없는 곳에서 산다. 이들을 혐기성 원핵생물anaerobic prokaryotes이라고 부른다. 반대로 산소가 있는 곳을 좋아하는 종속영양성 원핵생물을 호기성 원핵생물aerobic prokaryotes이라고 한다. 여기에서 '기(氣)' 자는 산소를 말한다. 호기성 원핵생물과 혐기성 원핵생물은 둘 다 에너지를 얻기 위하여 포도당과 같은 유기물질을 분해한다.

식물이 광합성으로 만든 포도당glucose은 요술 덩어리다. 호흡에 의한 포도당 분해의 첫 단계는 탄소가 6개인 포도당이 탄소가 3개인 피루브산 2개로 나누어지는 것이다. 이 과정은 당이 분해되었다고 하여 해당작용이라고 한다(그림 12-4A). 정치권에서 당원을 징계할 때 많이 들어보던 소리다. 한 개의 피루브산은 크렙스 순환Krebs cycle이라는 과정을 거치며 3개의 이산화탄소를 발생시키고 ATP를 생산한다. 이것이 끝이 아니다. 크렙스 순환에서는 전자가 발생한다. 이 전자는 전자전달계로 넘어간다. 전자전달계의 전자를 누군가는 받아줘야 한다. 누가 전자를 받아줄 것인가? 후자가? 이때 전자와 누가 친하냐가 밝혀진다. 전자와 가장 친한 것은 산소다. 산소는 전자와 결합하는데 이때 수소와도 같이 결합하여 물을 만든다.

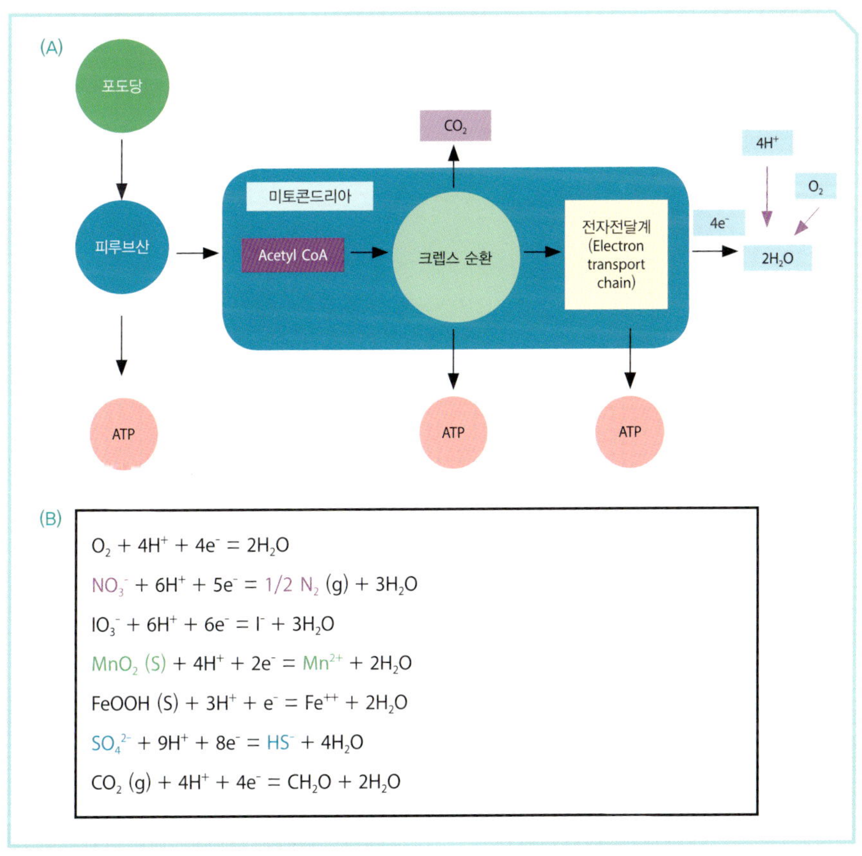

그림 12-4. 전자수용과정. (A) 호흡 과정. (B) 호기성 및 혐기성 호흡과 산소대용물질

대부분의 동물, 식물은 이러한 과정을 가지고 호흡을 한다. 즉 산소호흡을 하며, 이를 호기성 호흡aerobic respiration이라고 부른다. 그런데 유기물이 많이 쌓이는 해저나 퇴적층에서는 산소가 다 고갈되는 경우가 종종 발생하는데 이렇게 산소가 고갈되었을 때는 호흡을 못할까? 아니다. 산소대용품을 가지고 호흡을 한다. 이를 혐기성 호흡anaerobic respiration이라고 부른다.

산소대용품도 우선순위가 있다. 질산염(NO_3)이 첫 번째 대용품이다(그림 12-4B). 질산염(NO_3)이 전자를 잡아주면서 질소가스(N_2)로 바뀌게 된다. 이러한 과정은 원핵생물에 의하여 발생되는데 탈질산화과정이라고 한다(Thamdrup and Dalsgaard 2002). 여기에서 유머를 한마디 해야겠다. 사양지심(辭讓之心)이라는 말이 있다. 좋은 것도 세 번 정도 사양을 한 후 받아들이는 것이 좋다는 말이다. NO(노)를 세 번 하면 NO + NO + NO = NO_3가 될 것 같다. NO_3는 전자를 이용하라고 조언을 받았을 때 보통은 세 번 사양하는 것 같다.

NO_3가 다 없어지면 다음 산소대용품은 요오드 산화물(IO_3, iodate), 그다음은 망간산화물(MnO_2, manganese dioxide)이다(Ghiorse and Ehrlich 1976, Amachi et al. 2007). 마지막 2개는 황산화물(SO_4, sulfate)과 이산화탄소(CO_2)다(Leloup et al. 2009). SO_4는 전자를 받으면 황화수소이온(HS^-)으로 바뀌고, CO_2는 포름알데하이드(CH_2O)가 된다. 포르말린 냄새가 나면 가장 많이 썩은 것이다.

4. 원핵생물플랑크톤, 소중한 먹이가 되다

원핵생물플랑크톤은 해양 먹이망에서 여러 가지 역할을 수행한다. 생물의 사체에 붙어 분해하거나 물에 녹아 있는 유기물을 흡수하기 때문에 분해자 역할을 한다. 해양의 많은 종이 자유롭게 헤엄치기 때문에 작은 포식자들의 좋은 먹이가 된다. 그 전에는 오랫동안 동물성 미세편모류와 작은 섬모류가 원핵생물(당시에는 그냥 박테리아라고 했지만 최근 아키아도 피식되는 것이 밝혀졌으므로 엄밀히 말하면 원핵생물플랑크톤에 해당된다)을 잡아먹는 주포식자라고 알려져왔는데, 2000년대 이후에 혼합영양성 미소편모류, 혼합영양성 와편모류, 동물성 와편모류 등도 원핵생물을 잘 잡아먹는다는 사실이 밝혀졌다(Seong et al. 2006, Jeong et al. 2008b). 그럼으로써 해양먹이망에서 역할이 늘어났다. 자세한 설명은 19장 '먹이망' 절에서 하려고 한다.

13장

유영동물, 상위 포식자이자 먹거리

1. 유영동물이란? 물고기, 파충류, 포유류를 포함하다

앞서 언급한 대로 물의 흐름에 역행해서 수영을 할 수 있는 동물을 유영동물nekton이라고 부른다(그림 13-1). 물속을 헤엄쳐 다니는 어류, 거북, 물개, 상어, 고래 등이 유영동물에 속한다. 오징어도 유영동물에 속한다.

2. 유영동물, 떠야 산다

유영동물은 플랑크톤에 비하여 몸무게가 엄청 많이 나간다. 그러므로 뜨는 데 문제가 많다. 어떻게 하면 뜰까? BTS를 엄청 뜨게 한 Hybe entertainment의 방시혁 님께 물어봐야 할까?

뜨는 문제를 해결하기 위하여 유영동물은 어떻게 진화해왔을까? 먼저 유영동물은 뜨기 위해 지방질을 많이 가지고 있다. 지방질은 부피에 비하여 밀도가 낮으니까 가볍다. 삼치의 매운탕이 고소한 것은 지방이 많아서다. 둘째는 부레를 가지

그림 13-1. 유영동물들

그림 13-2. 유영생물인 어류의 뜨기 위한 적응. (A) 부레. (B) 지방이 많으면 뜨기 쉽다.

고 있다. 몸 안에 있는 부레의 크기를 조절하면서 뜨거나 가라앉는다(그림 13-2). 부레 속 기체량을 증가시켜 체적을 키우면 뜨고, 부레 속 기체를 빼면서 체적을 줄이면 가라앉는다. 그런데 부레 안에 무엇이 들어 있을까? 바로 이산화탄소, 산소, 질소의 혼합물이다. 이러한 기체는 공기나 배설물질로부터 쉽게 얻을 수 있는 것이다. 이들 기체의 혼합비율은 수심에 따라 달라질 수 있다(Kanwisher and Ebeling 1957). 상어는 부레가 없어서 계속 움직여야 뜰 수 있다. 사실 영화에 나오는 백상어 '조스'도 힘들게 살아간다. 계속 뜨기 위해서 엄청나게 부지런히 움직이면서. 영화배우와 상어의 희망은 비슷하다. 뜬 상태를 계속 유지하면 좋겠다.

3. 유영동물, 숨을 곳이 없는 환경

TV나 영화에서 보는 유영동물이 사는 공간(집)은 멋있어 보인다. 망망대해 물속을 유유히 헤엄치고 있는 참치 떼의 모습. 그런데 이러한 공간은 먹이망 관점에서 보면 매우 열악하다. 진짜 3차원이고, 숨을 곳이 없다(그림 13-3). 그러므로 포식자에게 잘 노출된다.

유영동물은 이러한 열악한 환경을 어떻게 극복할까? 첫 번째는 빨리 도망가는 것이다. 병법에 보면 36번째 계책이 도망가는 것이다. 원래는 '36계 주위상(走爲上)'이라고 하는데 우리는 쉽게 '36계 줄행랑'이라고 부른다. 유영동물도 포식자가 잡아먹으려고 할 때 빨리 도망가는 방법을 택한다. 재빨리 도망가기 위해서 'S' 자 유선형의 몸을 갖는다. 또한 포식자가 공격을 할 때 몸을 C나 S 자의 형태로 만들어 빠르게 도망갈 수 있도록 한다(Domenici and Blake 1997, Domenici and Hale 2019). 또한 오징어와 같은 생물은 제트 추진을 하면서 뒤로 도망간다(Otis and Gilly 1990).

두 번째는 위장이다(Kelley et al. 2017). 많은 해양어류의 등은 검은색이나 푸른

그림 13-3. 유영동물이 사는 환경은 3차원이고, 숨을 곳이 없다. 옆에 있는 친구들 뒤에 숨을 수밖에 없다.

그림 13-4. 일반적으로 물고기등은 검은색이나 푸른색이고, 배는 하얀색이다.

색이고, 배는 하얀색이다(그림 13-4). 바닷속 윗부분에서 아래를 내려다보면 푸른색이어서 위쪽에 있는 포식자가 아래를 보면 물고기가 안 보인다. 반대로 아래쪽에서 위쪽을 보면 태양빛 때문에 하얀색이다. 아래쪽에 있는 포식자가 위쪽을 보면 물고기가 잘 안 보인다. 등푸른 생선이 몸에 좋다고 하는데 등이 푸른 이유는 위장을 잘하기 위한 것이었다.

4. 정어리, 최고의 해양모니터링 프로그램 CalCOFI를 만들다

1940년대 말경 미국 캘리포니아에서 정어리가 잡히지 않자 과학자들에게 원인과 대책을 의뢰했다(Radovich 1982). 스크립스 해양연구소를 중심으로 여러 대학이 참여하여 캘코피 CalCOFI, California Cooperative Oceanic Fisheries Investigations 프로그램을 만들어 연구를 시작했다(그림 13-5). 주로 정어리의 먹이 변동에 대한 연구를 했다. 매년 네 차례에 걸쳐 100개 이상의 정점에서 3주 동안 해양생태계 조사를 실시해왔다. 해양물리, 화학적인 요소들과 먹이망을 조사했다(Bograd et al. 2003).

여기에서 나온 논문은 수천 편에 이르고 세계적인 학술지인 『네이처』나 『사이언스』에도 수십 편의 논문이 발표되었다(Roemmich and McGowan 1995, Hsieh et al. 2006, Anderson et al. 2008, Stenseth and Rouyer 2008, McQuatters-Gollop et al. 2011, Koslow

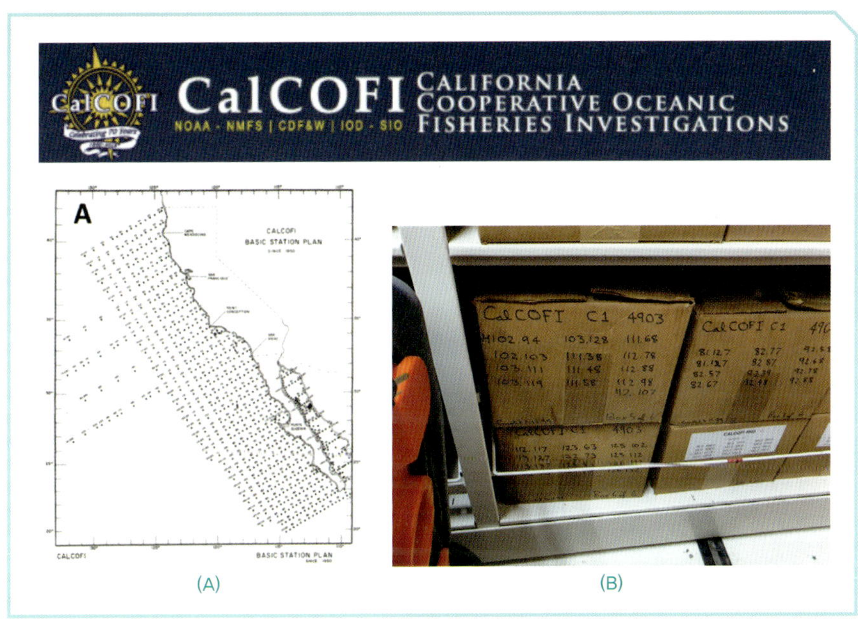

그림 13-5. 캘코피 프로그램. (A) 초기 정점도(https://calcofi.org). (B) 스크립스 해양연구소 시료보관실에 보관된 첫번째 CalCOFI 시료(1949년 3월)

and Couture 2013). 특히 70년 가까이 고정정점들에서 환경인자와 먹이망에 대한 조사를 함으로써 기후변화에 대한 해양생태계의 영향을 예측할 수 있도록 했다(Hays et al. 2005, Koslow et al. 2011, Gallo et al. 2019). 전 세계 과학자들이 쓸 수 있도록 기본적인 데이터를 모두 개방하고 있다. 필자의 연구팀도 2019년 Harmful Algae에 '온난화와 부영양화가 연안식물플랑크톤 생산에 미치는 영향Effects of warming and eutrophication on coastal phytoplankton production'이란 제목으로 논문을 낼 때 캘코피 장기 모니터링 데이터를 이용했다(Lee et al. 2019a).

필자의 박사학위 지도교수님이셨던 마이클 멀린Michael Mullin 교수님은 오랫동안 캘코피 프로그램의 연구책임을 맡으셔서 어류의 생태생리에 큰 영향을 주는 먹이망 연구를 주도하셨다. 아울러 해양학자들에게 익숙한 PICES(The North Pacific Marine Science Organization, 북태평양해양과학기구) 창설을 주도하셨는데 이 기구는 우리나라를 비롯하여 미국, 캐나다, 일본, 중국, 러시아가 참가하는 태평양 인접국가 간의 정부지원 기구다.

14장

저서생물 왕국

20년 전쯤 해양플랑크톤 분야의 세계적 저명학자이자 미국 남가주대학교USC 교수인 데이비 캐런David Caron 박사와 우리나라 남해안을 여행한 적이 있다. 거제도에 있는 횟집을 갔는데 식사를 하다가 '이렇게 좁은 면적에서 이렇게 많은 저서생물을 본 적이 없다'고 했다. 대부도에 있는 조개구이집을 데려갔으면 기절했을 것 같다.

1. 저서생물이란?

저서생물benthic organisms은 해저의 표면에 살거나epifauna, 해저 속에 들어가 사는 생물infauna을 말한다(그림 14-1). 저생생물은 광합성 저서생물photosynthetic benthic organisms, 저서동물benthic animals, 저서원핵생물benthic prokaryotes로 나뉜다. 필자가 좋아하는 미역, 다시마, 김, 파래 등은 광합성 저서생물이고, 소라, 전복, 게, 멍게, 성게 등은 저서동물이다. 그리고 수많은 저서원핵생물이 존재한다.

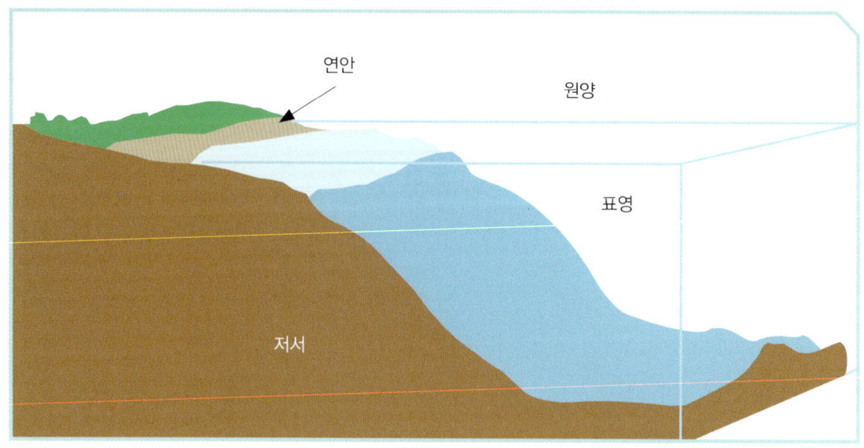

그림 14-1. 해양환경은 연안(coastal)과 원양(pelagic) 환경 또는 저서(benthic)와 표영(pelagic) 환경으로 나눌 수 있다.

2. 저서생물의 역할

저서생물 중 광합성 저서생물은 광합성을 통하여 1차생산을 하고, 질소나 인을 포함한 물질의 순환에 관여한다(Dalsgaard 2003). 저서동물은 주로 무척추동물이지만 원생동물을 포함한 거의 모든 문phylum에 속하는 생물들이 속해 있기 때문에 다양한 생태학적 역할을 수행한다(Boudreau and Worm 2012). 이들은 주로 광합성 저서생물, 쇄설물detritus, 원핵생물뿐만 아니라 플랑크톤과 다른 저서동물들도 먹는 포식자 역할을 한다(Giere 1975, Gili and Coma 1998). 아울러 저서동물은 많은 어류나 포유류, 바다새, 그리고 다른 저서동물에게 잡아먹힘으로써 먹이 역할을 한다(Bowen 1997, Link 2004, Zmudczyńska-Skarbek et al. 2015). 그리고 저서원핵생물은 물질을 분해하거나 물질의 형태를 변화시키며 물질순환에 관여하며 분해자 역할을 한다(Schmidt et al. 1998, McLain et al. 2020). 또한 산호, 말미잘 등은 공생조류와 공생을 하며 공생자 역할을 한다(Savage et al. 2002, LaJenesse et al. 2018).

15장 광합성 저서생물, 다양한 저서성 1차생산자

광합성 저서생물은 크게 저서조류benthic algae와 바다풀sea grass로 나뉜다. 또한 저서조류는 현미경으로 봐야 보이는 저서미세조류benthic microalgae or microphytobenthos와 맨눈으로 볼 수 있는 대형해조류macroalgae로 나뉜다. 미역, 다시마, 김, 파래, 청각 등은 대형해조류다. 대형해조류와 바다풀은 언뜻 보면 비슷하지만 바다풀은 꽃이 피고 열매를 맺으며 뿌리가 있고 잎과 뿌리로 질소와 인 등 영양물질을 흡수한다(Stapel et al. 1996, Diaz-Almela et al. 2006). 대형해조류는 뿌리가 없지만 바닥에 고정시키는 기관이 있다(Wilson et al. 2014). 영양물질은 고등식물의 잎과 같은 엽상체thallus를 통해서 흡수한다(Wallentinus 1984, Thomas et al. 1985). 바다 목장화 사업은 대형해조류를 인공적으로 심어서 엽상체 숲을 만들어 물고기 등 다양한 생물에게 서식환경을 제공하는 것이다

1. 저서미세조류, 퇴적물 속에서 광합성을 하다

저서미세조류는 주로 퇴적물과 물의 경계에서 사는 그룹과, 해조류나

그림 15-1. 저서미세조류(김종성 교수 제공)

바위 표면에 부착하여 사는 그룹으로 나눌 수 있다.

주로 퇴적물과 물의 경계에서 사는 저서미세조류는 규조류, 남세균류, 녹조류, 와편모류 등에 속한다(그림 15-1). 이들은 다양한 해양환경에서의 1차생산에 큰 영향을 준다(Virta et al. 2019, Frankenbach et al. 2020).

미역, 다시마 등 대형해조류의 표면에 붙어사는 미세조류는 주로 와편모류에 속한다. 이를 대형해조류 표면에 붙어산다고 하여 착생와편모류epiphytic dinoflagellates라고 부른다(Parsons and Preskitt 2007, Kang et al. 2013, Lee et al. 2013). 이들은 주로 *Gambierdiscus*속, *Ostreopsis*속, *Coolia*속 등에 속하는 종들이다(그림 15-2). 이들 중 많은 종이 독소를 가지고 있다(Holmes et al. 1990, Hwang et al. 2013). 대형해조류는 이 독성와편모류를 표면에 붙이고 있음으로써 포식자들이 자신을 쉽게 먹지 못하게 한다. 최근 우리나라 해역에도 많은 착생와편모류 종들이 발견되었고(Kim et al. 2011b, Jeong et al. 2012a, 2012b, Lim and Jeong et al. 2021), *Gambierdiscus jejuensis* 등 신종도 발견되었다(Jang et al. 2018).

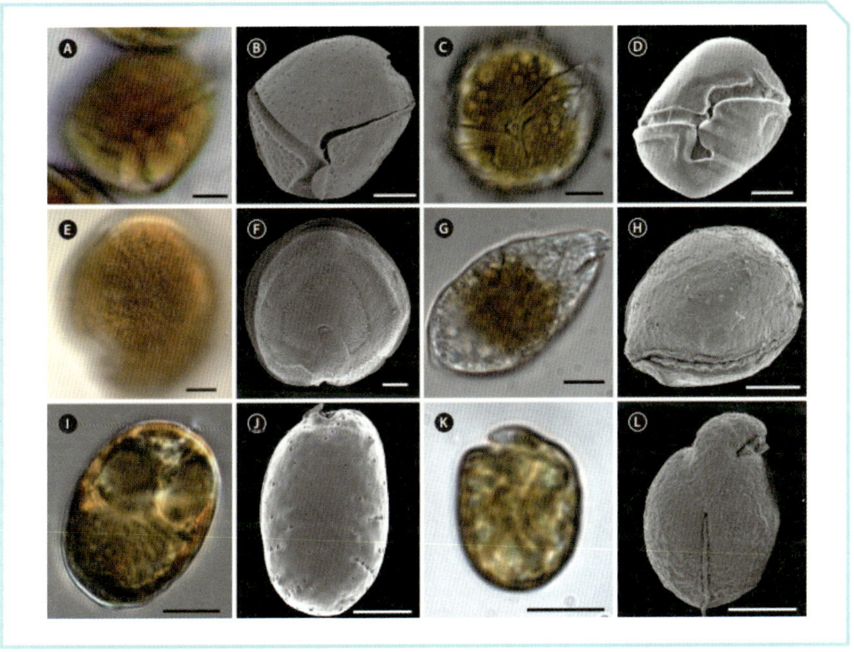

그림 15-2. 해조류 표면에 붙어사는 착생와편모류(Lim and Jeong 2021; Algae의 허락을 받음)

2. 대형해조류, 식탁을 풍요롭게 하다

김은 식탁에서 자주 볼 수 있는 대표적인 바다식품 중 하나다. 또한 미역국도 자주 먹는 음식이다. 다시마는 맛을 내는 데 쓰이기도 한다. 이러한 김, 미역, 다시마가 모두 대형해조류에 속한다. 아울러 아이스크림의 끈적끈적한 알긴산Alginic acid 성분도 대형해조류에서 온 것이다(Jeon et al. 2016).

대형해조류는 엽상체thallus라는 몸체를 가지고 있는데 이 엽상체는 다시 부착 기능을 가진 기부holdfast, 광합성을 하는 엽상부blades, 엽상부의 지지대 역할을 하는 지루stipe로 나누어진다(그림 15-3). 대형해조류가 해초와 구조적으로 크게 다른 것은 기부 때문인데, 이는 영양물질을 흡수하는 기능이 있는 육상식물이나 해초의 뿌리와 달리 엽상체를 고정하는 기능만 한다. 영양물질은 주로 엽상부를 통하여 흡수된다(Wallentinus 1984, Thomas et al. 1985). 대형해조류는 엽상부에 기낭(gas blad-

그림 15-3. 대형해조류의 구조

der 또는 pneumatocyst)을 가지고 있는데 가스를 포함하고 있어 엽상부가 햇빛이 비추는 쪽으로 떠 있게 해준다(Liggan and Martone 2020).

대형해조류는 색소 성분에 따라 녹조류, 갈조류, 홍조류로 나눈다. 녹조류는 엽록소-a와 -b를 가지고 있고, 갈조류는 엽록소-a와 -c를 가지고 있으며, 홍조류는 엽록소-a를 가지고 있지만 일부 종은 엽록소-d도 가지고 있다(Dougherty et al. 1970, Dere et al. 2003, Larkum and Kühl 2005).

녹조류는 Chlorophyta라고 하는데 chloro는 '녹색'을 말한다. 녹조류에는 파래, 청각 등이 있다(Fralick and Mathieson 1973, Kim et al. 2004; 그림 15-4). 갈파래 *Ulva lactuca*는 바다의 상추라는 별명을 가지고 있다. 청각 *Codium fragile*은 '녹색 바다손가락'이라고 부른다. 작고 긴 실린더 모양의 구조들이 서로 붙어 있다. 파도가 센 조간대 또는 조하대에 산다.

갈조류는 Phaeophyta라고 하는데 Phaeo는 *phaios*가 어원으로 '갈색'이라는 뜻이다. 이들은 엽록소-a와 -c 외에 카로티노이드 색소로 푸코잔틴 fucoxanthin을 가지고 있다(Heo et al. 2010).

그림 15-4. 녹조류. (A, B) 파래류(Lee et al. 2020a). (C) 청각류(Hwang and Park 2020)(Algae의 허락을 받음)

그림 15-5. 갈조류. (A) 미역(김광용 교수 제공). (B) 다시마(Hwang et al. 2018; Algae의 허락을 받음). (C) 스크립스 해양연구소 아쿠아리움에 있는 자이언트 캘프

갈조류에는 다시마목Order Laminariales과 뜸부기목Order Fucales이 들어 있는데 다시마목은 엽상이 넓으나 뜸부기목은 좁고 관처럼 되어 있다(Schmitz and Lobban 1976, Roleda et al. 2004, Mattio et al. 2009). 미역, 다시마 등이 다시마목에 속하고, 자이언트 캘프giant kelp도 이 목에 속한다(그림 15-5).

모자반*Sargassum*은 뜸부기목에 속하는데 공기주머니를 가지고 있어 표층 쪽으로 뜨게 만든다(그림 15-6). 요즘 모자반이 대번성을 하여 해변을 덮어 피해를 주는 경우가 많다(Van Tussenbroek et al. 2017).

홍조류는 Rhodophyte라고 하는데 *rhodon*은 rose로 '장미'라는 뜻이다. 이들은 가장 오래된 진핵식물 중 하나다(Brawley et al. 2017). 현재 홍조류에는 약 7,000종이 있는데 김, 우뭇가사리 등이 대표적이다(그림 15-7). 홍조류는 엽록소-a와 -d뿐만 아니라 피코에리트린phycoerythrin 색소를 가지고 있는데 이 색소가 빨간색을 내게 한다(Sampath-Wiley and Neefus 2007).

김속*Porphyra*에는 현재 64종이 있는데, 김은 몸에 좋은 영양물질이 많이 들어

그림 15-6. (A) 모자반과 공기주머니(빨간 화살표). (B) 모자반 대번성

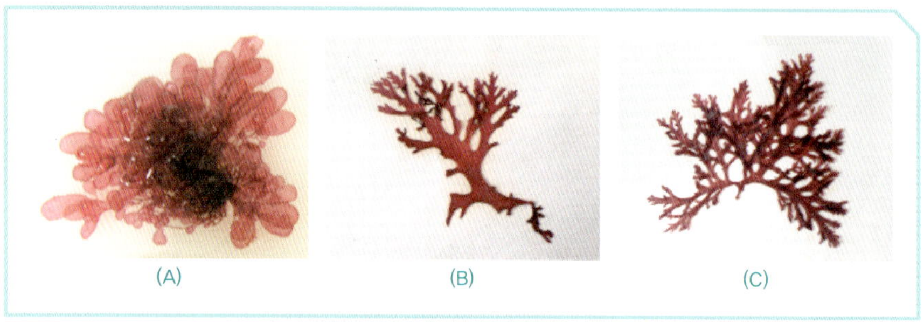

그림 15-7. 홍조류. (A) *Botryocladia exquisita*(Wynne 2011). (B, C) *Portieria*속(Yang and Kim 2018). (Algae의 허락을 받음)

있어 양식이 많이 되고 있으며 전 세계적으로 소비도 많다(Venkatraman and Mehta 2019, Hwang et al. 2020).

3장과 7장에서 언급한 바와 같이 내부공생이론에 의하면 홍조류는 남세균이 엑스카바타Excavata 슈퍼그룹에 속하는 생물에 먹혀서 탄생했다. 이들은 주로 해저 표면에 붙어사는 저서성이다. 화석에 의하면 홍조류의 조상은 약 12억 년 전에 탄생한 것으로 알려져 있다. 한 가지 의문이 들 수 있다. 홍조류는 광합성만 하는 생물인데 어떻게 남세균을 먹었을까? 포식을 할 수 있는 홍조류의 조상이나 자매가 있어야만 되는 것 아닐까? 과학자들은 오랜 연구 끝에 포식을 할 수 있는 홍조류의 자매들을 찾아냈는데, 이 발견은 매우 획기적인 것이어서 세계적 권위의 학술지 『사이언스*Science*』에 실렸다(Gawryluk et al. 2019). 이 생물은 담수에 살고 있는

그림 15-8 미나리와 다시마의 대화

*Rhodelphis limneticus*와 바다에 살고 있는 *Rhodelphis marinus*라는 종인데 10~13 μm의 크기를 가진 아주 작은 편모류다. 오랫동안 과학자들은 인간, 공룡, 특정 동물들의 잃어버린 연결고리생물을 찾으려고 노력해왔다. 요즘에는 광합성 생물들 간의 연결고리를 찾으려고 많은 노력을 하고 있다.

2021년 배우 윤여정 씨가 영화 〈미나리〉로 아카데미 여우조연상을 받은 기념 유머 하나. 어느 날 다시마가 육상에 놀러갔다. 미나리가 다시마를 보고 아주 친절하게, "넌 누구니?"라고 묻자 다시마 살짝 웃으면서, "응 나미나리아"라고 했다. 미나리가 갑자기 정색을 하고, "누구 놀리니, 내가 미나리지 네가 미나리니?" 다시마 황당해 하면서, "나미나리아"라고 했다. 다시마를 영어로 Laminaria라고 한다. "Laminaria". La-mi-na-ri-a. 나-미-나-리-아. Lamina가 '판'이라는 뜻인데 다시마가 마치 여러 개의 판blade을 겹쳐놓은 것 같아 Laminaria로 한 것 같다(그림 15-8).

3. 해초, 바다로 되돌아간 풀

연안 바닷속으로 들어가면 녹색식물인 잘피가 있는 경우가 있다(그림 15-9). 이들은 해초(sea grass, 바닷풀)라고 하는데 현화식물로 꽃이 피고 열매가 열린

그림 15-9. 해초

다. 해초는 언뜻 보면 대형해조류와 비슷하지만 뿌리가 있어 질소와 인 등 영양물질을 뿌리로 흡수한다(Stapel et al. 1996, Diaz-Almela et al. 2006).

바다에 서식하는 해초는 속씨식물 angiosperms에 속한다. 해초는 약 60여 종이 보고되어 있는데 이는 육상의 속씨식물 종수에 비하여 매우 적은 숫자다(Les et al. 1997, Orth et al. 2006). 널리 알려진 거머리말 *Zostera* spp. 등이 해초에 속한다. 원래 해초는 육상에서 살다가 7천만~1억 년 전쯤 바다로 돌아왔다(Orth et al. 2006). 육상에서는 영양물질이 많이 있는 곳이 매우 제한되어 있는데 연안은 영양염류가 물에 녹아 있어 육상보다는 비교적 균일하다. 고농도 영양염류를 담은 연안 해수가 자주 자신들의 집을 지나가므로 해초는 영양염류를 쉽게 구할 수 있을 것 같다.

해초는 광합성을 하는 데 강한 빛이 필요한데 입사광도의 약 25%의 광도가 필요하다(Dennison et al. 1993). 보통 다른 속씨식물들은 1% 정도의 광도만 있어도 되는 것으로 알려져 있다. 그러므로 해초는 매우 깨끗한 물속에서 살 수 있으며 수질 변화에 민감하다.

해초는 해양생태계에서 다양한 역할을 수행하는데 1차생산을 통하여 유기물을 생산하고, 영양염류 순환에 관여하며, 저층퇴적물을 안정화시키고, 다양한 동물에게 서식지와 먹이를 공급한다(Beck et al. 2001, Orth et al. 2006). 그러나 퇴적물 유실, 외래종 유입, 질병, 조류 대번성, 기후변화 등으로 해초의 서식면적이 감소하고 있어 이에 대한 대책이 필요하다(Orth et al. 2006).

16장

저서동물, 엄청난 분화

저서동물은 횟집에 가면 많이 볼 수 있다. 조개, 소라, 개불 등등. 저서동물 중 퇴적물 표면이나 바위 위에 사는 동물을 표서동물 epifauna이라 부르고, 퇴적물 안에 사는 동물을 매재동물 infauna이라고 부른다(그림 16-1).

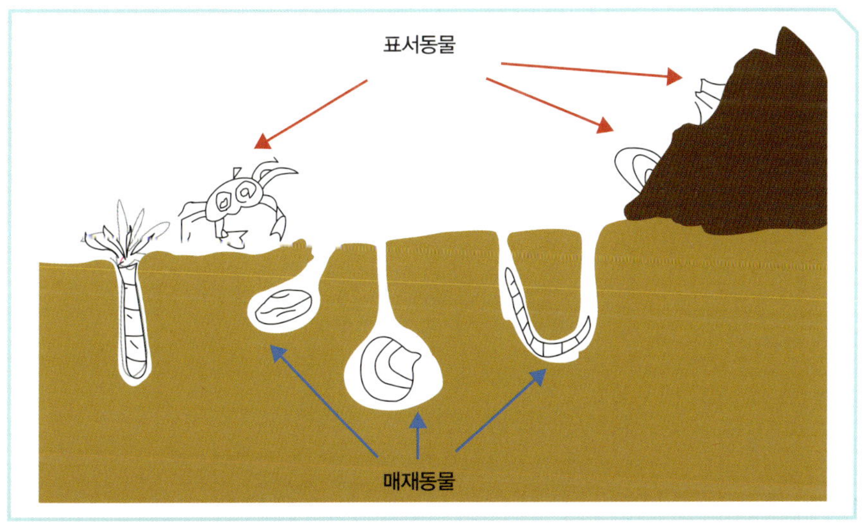

그림 16-1. 저서생물. 표서동물(epifauna)과 매재동물(infauna)

1. 해면동물, 바다수세미

가장 원시적인 다세포저서동물은 해면동물문Phylum Porifera에 속하는 동물이다. 일명 sponge, 바다수세미라고 부른다. Pori는 '구멍'이라는 뜻이고, fera는 '가지다'라는 뜻이므로 '구멍을 가진 생물'이라는 뜻이다. 해면동물 몸은 물통처럼 되어 있는데 물통(몸)벽은 젤라틴 성분으로 되어 있는 간충질mesohyl로 이루어져 있다(그림 16-2). 이 안에 골편spicule이라는 작은 뼈조각을 가지고 있는데 이들은 탄산칼슘($CaCO_3$)이나 규소(Si)로 되어 있다. 이 골편은 단순히 막대 모양부터 육각형 별 모양으로 다양한데, 해면동물은 이 골편의 특징에 의하여 Class Calcarea(석회해면강), Demospongiae(보통해면강), Hexactinellida(육방해면강), Homoscleromorpha(동골해면강) 등 4개의 강으로 나눈다.

해면동물은 신경계, 소화계, 순환계를 가지고 있지 않아 먹이를 잡아먹고 소화

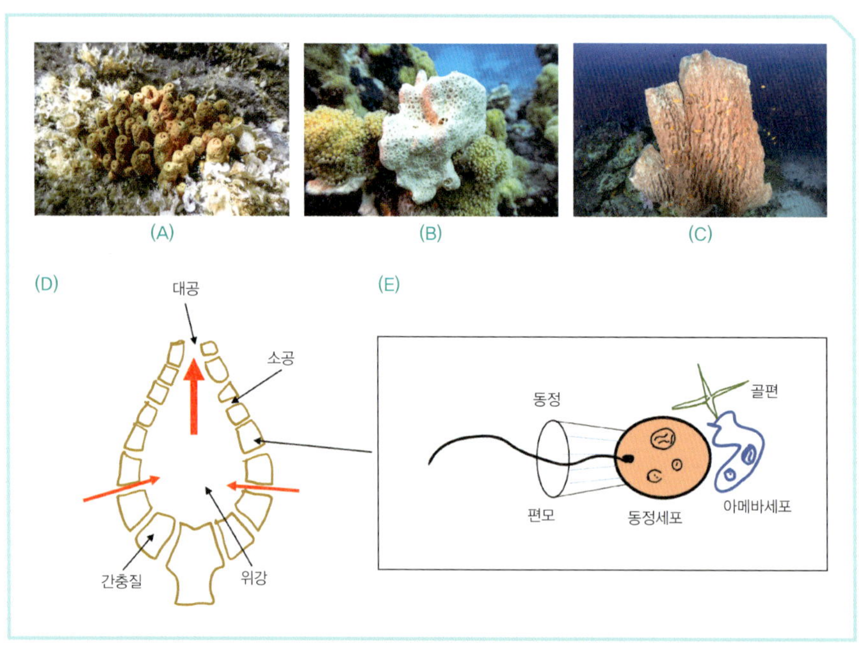

그림 16-2. 해면동물. (A-C) 해저에 사는 해면동물들. (D) 해면동물 단면. 옆으로 물이 들어왔다가 위로 나감. (E) 편모를 가진 동정세포(choanocyte)와 아메바세포(amoebocyte)

하는 데 다른 동물과 다를 수밖에 없다. 해면은 옆에 있는 수많은 작은 구멍인 소공ostium으로 물을 흡수하고 위에 있는 하나의 큰 구멍인 대공osculum으로 내보낸다(그림 16-2D). 이때 해면의 안쪽에는 수많은 동정세포collar cell 또는 choanocytes가 붙어 있어 물속에 있는 작은 먹이를 잡아먹는다(Reiswig 1971). 동정세포에는 편모가 나 있고 동정collar을 가지고 있으며 뒤쪽에는 아메바세포amoebocytes가 붙어 있다. 즉 다른 동물들은 대부분 입으로 먹는 중앙집권제인데 해면동물은 몸 안에 붙어 있는 동정세포들 각각이 작은 먹이들을 먹는 지방자치제라고 할 수 있다.

많은 포식자들이 움직이지 못하는 해면을 공격해서 잡아먹으므로 해면은 방어용 물질을 가지고 있다. 이러한 물질은 많은 유용한 물질로 개발되어왔다(Mehbub et al. 2014, 2016, McCauley et al. 2020). 수세미보다는 훨씬 가치 있게 쓰여서 다행이다.

2. 자포동물, 독침을 가지고 있다

바닷속 사진을 보면 바닥에 바위들이 있고 그 위에 울긋불긋 총천연색 생물들이 붙어 있다. 이들은 다이버들의 눈을 즐겁게 하는데 대부분 산호, 말미잘 등 자포동물문Phylum Cnidaria에 속한 동물이다(그림 16-3). 자포cnidocyte는 '독침'이라는 뜻

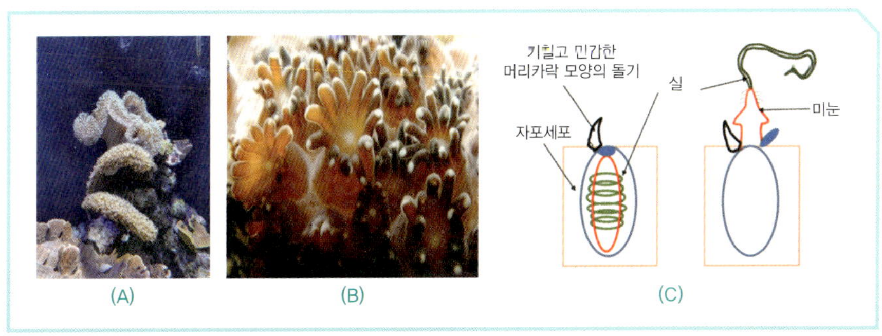

그림 16-3. (A, B) 저서성 자포동물인 산호와 (C) 자포동물의 자포 모식도

이다.

산호, 말미잘, 해파리, 빗해파리 등은 원래는 속이 비어 있다고 하여 강장동물문Phylum Coelenterata이라고 하였는데, 지금은 자포동물과 유즐동물문Phylum Ctenophora으로 분리되었다. 산호, 말미잘, 해파리 등은 자포를 가지고 있어 자포동물이라고 했고, 빗해파리는 빗 모양인 유즐comb plate을 가지고 있어 유즐동물이라고 했다. 자포동물은 생활사에서 메두사단계medusa와 폴립단계polyp를 모두 가지고 있으나, 대부분의 유즐동물은 메두사단계만 가지고 있다(Richardson et al. 2009, Fuchs et al. 2014).

산호는 독침을 가지고 있으나 독침을 쏘아 큰 먹이를 잡아먹는 경우는 적고 자신이 필요한 80~90%의 영양물질은 주산텔라zooxanthella라는 공생 와편모류에서 얻는다. 자세한 내용은 19장 '공생'에서 설명할 것이다.

산호초coral reef는 수산업, 관광산업, 생물다양성 유지, 연안지형보호 등 여러 방면에서 경제적 가치가 높다(Cesar et al. 2003, Cesar and van Beukering 2004). 산호는 자신의 몸을 시멘트 성분인 탄산칼슘($CaCO_3$)으로 고정시킨다(Opdyke and Walker 1992, Carlot et al. 2021). 이러한 물질들은 결국 산호초를 만들고 일부 산호초는 땅이 된다. 그 땅에는 고급 호텔, 리조트, 식당 등이 세워지면서 많은 사람들이 직업을 가지게 한다. 그런데 온난화가 진행되면서 공생 와편모류가 산호 밖으로 나가서 산호가 죽게 된다(Baird et al. 2009). 그러면 산호의 지지물질인 탄산칼슘만 남아 하얗게 변하는 산호백화coral bleaching 현상이 일어난다. 이러한 산호백화 현상으로 자연적으로나 경제적으로 중요한 산호초가 파괴된다. 산호백화 현상 후에 온도에 강한 공생 와편모류가 산호 안에 들어가 증식되는 경우도 있으므로 이러한 공생 와편모류 증식 기술 개발도 필요하다(Kemp et al. 2014).

3. 연체동물, 연한 몸체

연체동물문Phylum Mollusca은 부드러운 몸을 가지고 있고 일부를 제외하고는 체절이 없다(그림 16-4). 이 문에는 소라, 조개, 오징어 등 85,000여 개의 현생종

그림 16-4. 연체동물. (A) Bivalvia강. (B) Gastropoda강. (C) Polyplacophora강. (D, E) Cephalopoda강. (F) Scaphopoda강에 속하는 종들

이 속해 있어 지구상 동물 중 절지동물문 다음으로 많은 종수를 포함하고 있다. 이제까지 보고된 전체 해양생물 중 약 23%를 차지하고 있다.

현생 연체동물은 일부 예외적인 종을 제외하면 세 가지 공통점이 있는데, 육질을 싸고 있는 외투막mantle, 이빨 역할을 하는 치설radula, 신경계nervous system다. 그리고 대부분의 연체동물종이 심장과 혈관을 포함한 개방혈관계를 가지고 있다.

이 문에는 Aplacophora강, Monoplacophora강, Polyplacophora강, Gastropoda강, Bivalvia강, Cephalopoda강, Scaphopoda강이 있다. placo는 '판'이라는 뜻이며, phora는 '가지고 있다'라는 뜻이므로 Aplacophora강은 판이 없는 무판강, Monoplacophora강은 단판강이라고 한다. Polyplacophora강에서 poly는 '많다'라는 뜻인데 판을 여러 개 가지고 있어서 다판강이라고 한다. 이 다판강에 속하는 대표적인 생물인 군부chiton는 판을 여러 개 가지고 있는 모양을 하고 있다(Giribet et al. 2006).

Gastropoda강에서 Gastro는 '복부'라는 뜻이고, poda는 '다리'라는 뜻이어서, '복부에 다리가 있다'는 뜻이다. 그러므로 우리말로는 복족류라고 부른다. 여기에는 소라, 전복, 고둥 등이 속해 있다. 삿갓조개는 이름과 달리 조개류가 아니고 복족류에 속한다. 복족류는 주요한 수산물인데 전 세계 연체동물 수확량 중 약 2%를 차지한다(Leiva and Castilla 2002). 필자는 해산물 중 특히 소라를 좋아해서 '소라 소라 푸르른 소라(솔아 솔아 푸르른 솔아)'를 부르며 소라를 많이 먹는다.

Bivalvia강은 '밸브가 두 개 있다'는 뜻인데 이매패류 또는 조개류라고 부른다. 조개껍데기가 도끼 모양을 하고 있다고 하여 도끼'부' 자를 써서 부족류(斧足類)라고 부르기도 한다. 여기에는 조개, 홍합, 굴, 바지락, 대합, 가리비 등이 있다. 이들은 머리가 없어서 눈, 촉각, 입, 치설이 없다. 그 대신 입수관과 출수관이 있어서 들어오고 나가는 물속에 들어 있는 먹이를 잡아먹는다. 물속에 떠 있는 다양한 크기의 먹이를 먹을 수 있는데 박테리아 크기(0.2~2 μm)의 먹이도 덩어리로 만든 후 먹는다(Kach and Ward 2008).

Cephalopoda강에서 Cephalo는 '머리'라는 뜻이고 poda는 '다리'라는 뜻이므로 '다리가 머리에 붙어 있다'는 뜻이다. 그래서 두족류라고 부른다. 두족류에는 오징어, 문어, 꼴뚜기, 한치 등이 있다. 이들은 연체동물 중 가장 발달된 형태로 빨리 움직이기 좋은 구조를 가지고 있다. 즉 좌우대칭이고 두 개의 눈이 있고 손이나 발 역할을 하는 여러 개의 다리를 가지고 있다. 이들은 해양생태계에서 상당히 높은 영양단계의 포식자로서 동물플랑크톤, 작은 물고기 등 다양한 먹이를 잡아먹는다(Cortez et al. 1995, Navarro et al. 2013). 또한 큰 물고기, 바다새, 해양포유류 등의 중요한 먹이다(Navarro et al. 2013).

Scaphopoda강에서 Scapho는 '보트'라는 뜻이고 poda는 '다리'라는 뜻이므로 '보트 모양의 다리를 가지고 있다'는 뜻이다. 그래서 다리가 굽었다는 의미의 굴족류(掘足類)라고 부른다. 껍데기는 뿔이나 상아 모양으로 되어 있다. 뿔조개류가 굴족류에 속한다. 굴족류는 세계적으로 분포하는데, 거의 다 퇴적물 속에서 서식하는 매재동물에 속한다(Coles and McCain 1990, Hendrickx et al. 2007, Noseworthy et al. 2007).

사실 필자는 이 두족류를 가지고 많은 유머를 만들어왔다. 예를 들어 "바다에서 가장 싸움을 잘하는 동물은 무엇일까요?"라는 퀴즈를 낸다. 범고래killer whale 아니냐고요? 아니고 답은 문어다. 절대 문어지지 않기 때문이다. 그러면 "바다에서 가장 큰 동물은 누구일까요?" 30m짜리 대왕고래 아니냐고요? 답은 '한치'다. 한 치 앞을 내다볼 수 없기 때문이다. 사실 한 치는 2.5cm 정도를 말하는데 한치 다리의 길이가 한 치여서 한치라고 부른다.

4. 환형동물, 반지의 제왕

환형동물문은 Phylum Annelida라고 부르는데 anellus는 '작은 반지'라는 뜻이다. 즉 환형동물은 여러 개의 반지를 이어놓은 것 같은 동물이다(그림 16-5). 반지의 제왕이라고 해야 할 것 같다.

환형동물은 머리 부분에 입, 안점, 촉수를 가지고 있다. 이들은 체절이 발달되어 있는데 체절 양쪽에는 옆다리 parapodium가 있기도 하고 없는 것도 있다. 환형동

그림 16-5. 다양한 환형동물(김종성 교수 제공)

물은 근육, 소화관, 배설관 등이 발달되어 있다. 또한 혈관이 있고 피부나 아가미로 호흡한다. 대부분 유성생식을 한다.

환형동물 중 가장 유명한 것은 다모류Polychaeta인데 많은 해역에서 가장 밀도가 높은 저서동물 그룹들 중 하나로 보고되어왔다(Jażdżeski et al. 1986, Metcalfe and Glasby 2008, Brugnoli et al. 2021). 이들은 오염된 해역에서도 잘 살아남아 해양오염의 지시종indicator species으로 이용되기도 하고, 저산소에서 잘 견디는 종들도 지시종으로 이용된다(Dauvin et al. 2016, Rabalais and Baustian 2020).

환형동물은 먹고사는 방식에 따라 퇴적물 섭식자deposit feeders와 현탁물 섭식자suspension feeder로 나누고, 이동 여부에 따라 이동할 수 있는 종들motile과 이동하지 않고 고정되어 있는 종들sessile로 나눌 수 있다(Gaston 1987).

5. 절지동물, 갑갑한 녀석들이 많다

절지동물문은 Phylum Arthropoda라고 부르는데 arthron은 '마디'라는 뜻이고 poda는 '다리'라는 뜻이다. 즉 '마디다리를 가지고 있는 동물'이라는 뜻이다. 게나 바닷가재 등이 여기에 속한다.

갑각아문Subphylum Crustacea은 '갑각'이라는 두꺼운 껍질을 가지고 있는데 갑각은 키틴질chiton로 되어 있다(그림 16-6).

갑각아문에 속하는 종들은 머리, 가슴, 배가 뚜렷하고 체절이 많이 되어 있다. 또한 머리부에는 5쌍의 부속지가 있는데 이분지형으로 되어 있다. 이들은 관형의 소화계와 개방혈관계를 가지고 있고 뇌와 신경절을 가지고 있다.

갑각아문에는 6개강class이 있는데 플랑크톤인 물벼룩, 지각류, 보리새우 등이 포함되어 있는 새각강Class Branchiopoda, gill-foot, 요지강Class Remipedia, oar-footed, 말굽새우가 속해 있는 두판강Class Cephalocarida, 요각류, 따개비류barnacle 등이 속해 있는 소악강Class Maxillopoda, 씨앗처럼 생긴 씨앗새우 등이 속해 있는 패충강Class Ostracoda, 게, 랍스터, 크릴 등이 속해 있는 연갑강Class Malacostraca으로 되어 있다. 그러므로 저

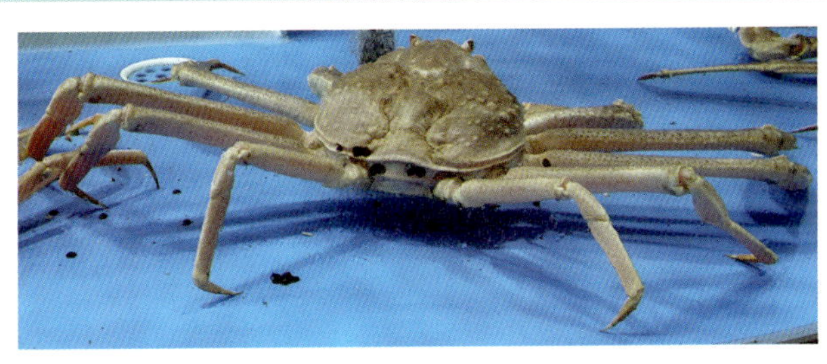

그림 16-6. 갑각류인 게

서성 갑각류는 주로 연갑강에 속해 있다.

갑각류의 먹이는 다양한데, 예를 들어 게crab의 경우 조개류, 고둥류, 다모류, 다른 게, 해초 등을 먹는 것으로 알려져 있다(Edgar 1990, Kneib and Weeks 1990, Hughes and Seed 1995, Jankowska et al. 2018). 그러므로 저서성 갑각류는 다양한 생태학적 역할을 수행한다고 할 수 있다.

온난화 방지용 썰렁 퀴즈 하나. "해양생물 중 먹으면 힘이 되고 약이 되는 생물은 무엇일까요?" 바다에 이렇게 건강에 좋은 생물이 있냐고요? 네. 답은 '게'다. 무슨 소리냐고요? 속담을 보면, '아는 게 힘', '모르는 게 약'이라고 있다. 사실 해양생물을 연구하지만 전공이 플랑크톤이라, 아는 게는 5,000종 중 5종 정도밖에 안 된다. 참게, 꽃게, 방게, 대게, 칠게.

6. 극피동물, 피부 관리가 필요한 방사대칭 동물

극피동물문은 Phylum Echinodermata라고 부르는데 *echīnos*는 '고슴도치'라는 뜻이고, *derma*는 '피부'라는 뜻으로 '고슴도치와 같은 피부를 가지고 있다'는 뜻이다. 여기에 속하는 성게sea urchin는 정말 고슴도치처럼 생겼는데 해삼sea cucumber과 불가사리sea star는 덜 닮았다(그림 16-7).

그림 16-7. 극피동물. (A) 성게. (B) 해삼. (C) 불가사리

이들의 몸체는 5면의 방사대칭형이다. 한 가지 재미있는 것은 이들의 조상은 좌우대칭이었으며 유생도 초창기에는 좌우대칭이다(Ji et al. 2012). 유생이 방사대칭보다는 좌우대칭이어서 물속에서 빨리 움직일 수 있다. 극피동물의 성체는 수관계 water-vascular system를 가지고 움직인다.

극피동물의 현생종은 약 7,000종에 이르는데 담수종이나 육상종은 없고 다 해양종이다. 극피동물문은 크게 바다나리강 Class Crinoidea, 성게강 Echinoidea, 해삼강 Holothuroidea, 불가사리강 Asteroidea, 거미불가사리강 Ophiuroidea 등 5개 강으로 나뉜다.

극피동물은 무성생식으로 증식할 수 있는데 조직 tissue, 기관 organ, 수족 limbs을 재생할 수 있어 생명력이 매우 강하다(Heatfield 1971, Sun et al. 2011, Ben Khadra et al. 2015). 그러므로 해로운 불가사리 등을 완전히 퇴치하기가 어렵다.

성게류는 주로 해조류를 먹지만 움직임이 느리거나 산호같이 움직이지 않는 동물들도 먹는다(Bak and van Eys 1975, Anderson and Velimirov 1982). 또한 불가사리류는 미세조류, 해면동물, 조개류, 고둥류, 따개비류, 산호 등 다양한 생물을 먹는다(Penney and Griffiths 1984, Jackson et al. 2009). 한편 해삼류는 식물플랑크톤, 동물플랑크톤의 알이나 유생, 작은 갑각류, 쇄설물 debris 등을 먹는 것으로 알려져 있다(Hamel and Mercier 1998).

성게류는 해달, 불가사리뿐만 아니라 도미, 곰치 등 어류에도 잡아먹힌다(Bonaviri et al. 2009). 불가사리류는 게, 어류, 바닷새, 해달, 다른 불가사리 종, 큰 고둥 등에 잡아먹힌다(Bose et al. 2017, Cowan et al. 2017). 해삼류는 물고기, 불가사리류, 갑각류 등에 먹히는 것으로 알려져 있다(Francour 1997). 필자도 성게와 해삼을 좋아하므로 이들의 포식자라고 할 수 있다.

한편 척삭동물문Phylum Chordata 내 턱이 없어 무악상강Superclass Agnatha에 속하는 칠성장어Lamprey나 망둥어Goby 등도 저서동물에 속한다. 온난화 방지용 썰렁 퀴즈 하나. “요즘 턱 없이 비싼 물고기는?” 답은 칠성장어다. 턱이 없다. 그래서 ‘무악류’라고 부른다.

17장

저서동물 서식환경과 적응

1. 갯벌에서는 2개의 구멍을 만들다

해안가에 가보면 어느 곳은 진흙으로 되어 있는 갯벌이 있고, 어느 곳은 멋진 모래사장이 있고, 어느 곳은 자갈, 어느 곳은 바위로 되어 있다(그림 17-1). 보통 파도나 물의 흐름이 약한 곳은 바다바닥물질(저질)이 진흙으로 되어 있다. 파도가 중간 세기일 때는 모래, 좀 더 세면 자갈, 아주 세면 바위바닥이 된다. 파도가 진흙을 쓸어내기 때문이다. 해수욕장 모래사장도 여름에는 모래가 많지만 겨울이 되면 파도가 세지면서 모래가 쓸려나가 자갈이나 바위가 드러나게 된다. 저질의 종류에 따라 서식지 공간 내의 물질과 에너지가 달라지게 되고 저서생물의 적응도 달라진다.

진흙해안인 갯벌의 특징은 육상이나 해양에서 발생한 유기물이 많다는 것이다(그림 17-2). 원핵생물이 이를 분해해서 에너지원으로 쓰는 과정에서 산소를 많이 소비한다. 그런데 이곳은 파도가 약해서 공기 중이나 해수에 녹아 있는 산소의 공급이 잘 안 된다. 그러므로 갯벌에서 깊이 들어가면 산소가 부족하고 이는 저서생물 분포에 영향을 줄 수 있다(Thibault de Chanvalon et al. 2015). 앞서 적조 때 언급한 바와 같이 산소가 고갈되면, 원핵생물은 전자를 잡아주는 산소 대용물질로 질산염

그림 17-1. (A) 해안에서의 조상대(supratidal zone), 조간대(intertidal zone), 조하대(subtidal zone) 구분. 해안은 저질에 따라 (B) 바위해안, (C) 모래해안, (D) 진흙해안으로 나눌 수 있다.

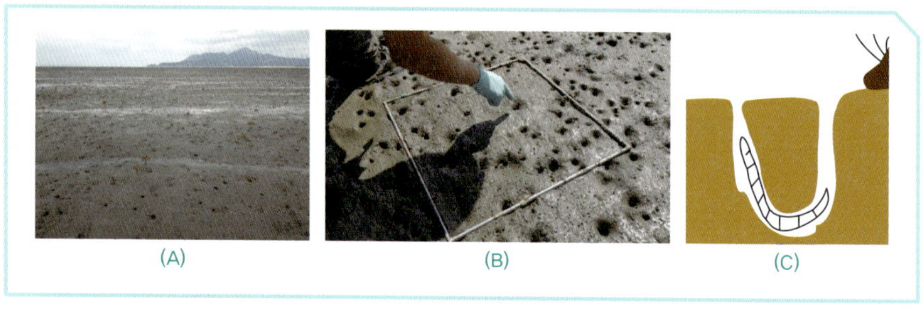

그림 17-2. (A) 진흙해안(갯벌)의 모습. 파도가 약하고 유기물이 많아 아래에는 저산소 상태인 경우가 많다. (B) 진흙해안에서는 작은 구멍을 많이 볼 수 있다. (C) 그 속에 들어가 사는 동물들은 무산소 상태를 막기 위해 2개의 구멍을 뚫어놓고 산다.(A, B 사진 김종성 교수 제공)

(NO_3), 요오드산화물(IO_3), 망간산화물(MnO_2), 황산화물(SO_4), 이산화탄소(CO_2) 순으로 환원된다. 이 경우 황산화물은 전자를 받으면 황화수소이온(HS^-)이 되고, CO_2는 포름알데하이드(CH_2O)가 된다. 갯벌 냄새는 이러한 과정에서 나오는 것이다.

갯벌 속에 들어가 사는 저서동물은 이러한 환경에서 어떻게 적응을 했나? 산소마스크와 산소통을 구입해서 쓰고 다닐까? 갯벌 속에 사는 게, 갯지렁이, 조개 등은 자신의 서식지에 보통 2개의 구멍을 뚫어 공기가 통하도록 한다(그림 17-2). 갯벌에 가면 구멍이 많은 이유가 저서동물의 산소공급을 위해서다.

2. 모래해안에서는 하루에도 몇 번씩 집을 다시 짓는다

모래사장이 시원하게 펼쳐진 해수욕장에 가면 파도가 들어왔다 나갔다 할 때 관광객들은 신이 난다. 물이 조금 빠지면 바다 쪽으로 갔다가 파도가 밀려오면 급히 육지 쪽으로 나오며 영화 한 신을 찍는다. 새들도 덩달아 장난을 치고. 사실 그 새들은 무척 바쁘다. 파도가 들어오면 저서생물의 모래 속 서식지가 일시적으로 파괴되어 저서생물들이 노출되게 된다. 새들이 드러난 저서생물들을 잡아먹는 것이다(그림 17-3).

그럼 저서생물은 이러한 위기를 어떻게 넘겨야 할까? 파도가 와서 노출된 직후 바로 다시 굴을 파고 들어가야 살 수 있다. 그래서 모래해안에 사는 조개나 게들은 대체로 굴을 파는 능력이 뛰어나다(Ansell and Trevallion 1969, McLay and Osborne 1985). 이때 돌발퀴즈 하나. 굴을 파고 들어갈 때 껍질 표면이 맨들맨들한 것이 유리할까, 거친 것이 유리할까? 답이 뻔한 문제이다. 그래서 모래사장에 사는 조개는

그림 17-3. (A) 계속 파도가 몰려오는 모래해안. (B) 노출된 저서동물을 잡아먹으려는 새들

그림 17-4. 조개류의 껍질이 굴을 빨리 팔 수 있도록 맨들맨들하다.(김종성 교수 제공)

껍질이 맨들맨들한 것이 많다(그림 17-4).

의인화 유머 하나. 얼마 전에 자갈이 전화를 했다. 씩씩대며 "왜 모래와 차별을 하냐"고. 무슨 이야기냐고 물었더니. "왜 모래는 사장님이라 부르고 자기는 양아치처럼 부르냐"고. '모래사장, 자갈치'라고.

3. 바위해안에서는 파도와 건조를 이겨내야 한다

동해안 많은 해안이나 변산반도 채석강에 가면 바위로 된 해안이 멋있게 펼쳐져 있다. 이곳은 파도가 무척 센 곳이다. 진흙이나 모래가 있기 힘든 곳이다. 이곳에 사는 저서생물은 대부분 바위에 붙어서 살아가는 종들이다. 이들은 표면epi에 붙어 있는 동물fauna이어서 표서동물epifauna에 속한다. 바위해안에서 파도가 치면 관광객들은 '야 멋있다' 하면서 사진 찍기에 바쁘고, 화가들은 화폭에, 음악가들은 오선지에 파도를 담기 바쁘다. 이곳에 사는 저서생물들은 무척 힘든 나날을 보낸다. 센 파도에 자신의 몸이 떨어져나갈 수 있다는 두려움 때문일 것이다(그림 17-5).

그래서 이곳에 사는 저서동물 일부는 바위에 붙어 있기 위하여 많은 실을 가

그림 17-5. 바위해안. 끊임없이 파도가 친다.

지고 있다(그림 17-6). 홍합을 보면 가는 실들이 많은데 이러한 이유 때문이다(Harrington and Waite 2007). 또한 어떤 저서동물은 자신의 몸을 바위에 꽉 달라붙게 한다(Smith 2006).

또 하나의 문제는 노출로 인한 건조desiccation다. 보통 밀물 때는 잠겼다가 썰물 때는 드러나는 곳을 조간대intertidal zone라고 부른다. 보통 바위해안의 경우 밀물이 들어와서 바위의 전체 또는 일부를 덮은 후 6시간 정도가 지나면 바위가 다시 드러난다(그림 17-7). 그러면 바위의 위쪽에서 사는 저서생물은 오랫동안 공기에 노출되게 된다. 이때 저서생물 몸 안에 있는 물이 마를 수 있다(Kennedy 1976). 특히 한여름 낮에 노출이 될 경우 온도가 많이 올라가므로 빠르게 건조될 수 있다. 그러므로 저서생물은 될 수 있는 대로 썰물 때도 드러나지 않은 곳에 살려고 한다. 그러나 이런 곳은 힘이 센 종들이 장악을 하고 있기 때문에 힘이 약한 종들은 살 수 없다. 그래서 바위에는 각 저서생물 종들이 좁은 층을 형성한다(Miller et al. 2009). 그러므로 한 바위에 여러 종의 저서생물들이 수직적으로 좁은 층을 이루며 살고 있는 것을 볼 수 있는데 이를 대상구조zonation라고 한다

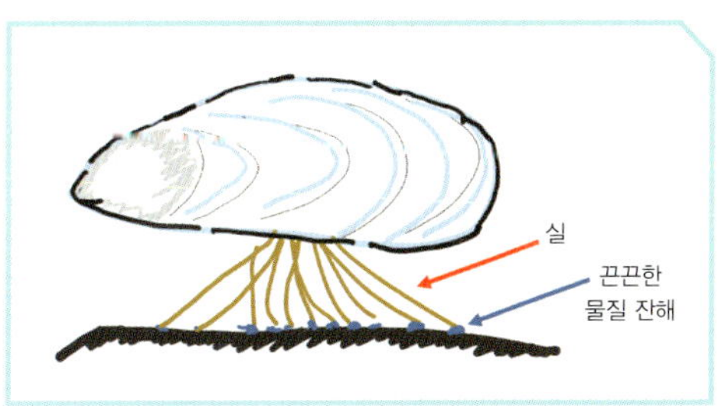

그림 17-6. 바위해안은 파도가 강하므로 이곳의 생물은 바위에 꼭 붙어 있어야 한다. 홍합처럼 끈끈한 물질이나 많은 실(thread)로 고정하거나 맨틀을 바위에 최대한 밀착시킨다. 끈끈한 물질 잔해(plaque)가 생기기도 한다.

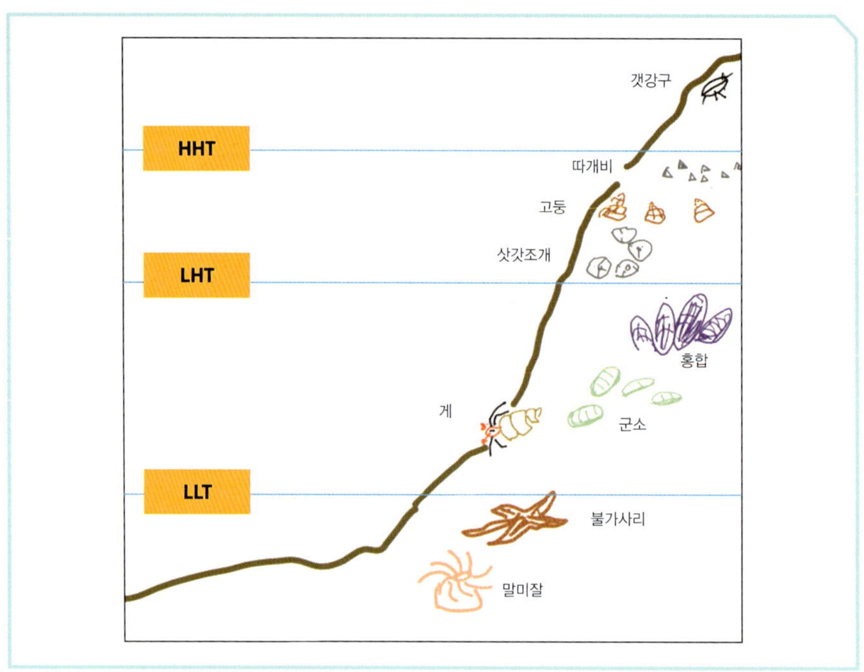

그림 17-7. 바위해안에서 조석에 따른 노출과 주요 생물의 서식 위치. 조금 간조 때 가장 낮은 수위(lowest low tide, LLT), 조금 만조 때 가장 낮은 수위(lowest high tide, LHT), 사리 만조 때 가장 높은 수위(highest high tide, HHT). 위에 위치할수록 노출시간이 길고 아래 위치할수록 노출 시간이 짧다.

(Lawson 1956, Foster 1971, Chappuis et al. 2014). 미식축구에 나오는 zone과 비슷한데 미식축구는 수평적인 zonation이고 바위에서는 수직적인 zonation인 셈이다. 앞으로 지구온난화에 의하여 온도가 올라갈 경우, 바위해안에 사는 저서생물들의 분포가 큰 영향을 받을 수 있다(Zamir et al. 2018, Sorte et al. 2019).

몸이 건조되는 것을 극복하기 위하여 저서생물은 밀물 때 물을 몸 안에 넣고 있다가 썰물이 되면 몸을 바위에 꽉 붙여서 물이 나가지 않도록 한다. 또한 일부 종들은 바위의 갈라진 틈 속 등에 살면서 건조되는 것을 줄이기도 한다(Kensler 1967, Gray and Hodgson 2004).

수십 년 전에는 시외버스가 산길을 올라가는데 운전기사님이 시냇가에 가서 물을 담아다가 엔진 주위에 부어서 식히는 것을 본 적 있다. 이를 수랭식이라고 한다. 그 후 라디에이터 방식의 공랭식이 나왔는데 공기와의 접속면을 최대한 넓힌 것이다. 바위에 붙어사는 패류들 일부는 껍질 표면의 굴곡을 크게 하여 공랭식 라디에이터처럼 만들어서 공기가 통과하면서 열을 가져가게 한다(Harley et al. 2009).

그리고 흰색 또는 연한 색 껍질을 가지고 있는 패류들이 많다. 검은색은 빛을 잘 흡수하지만 흰색은 빛을 잘 반사시키기 때문에 건조와 고온에 의하여 큰 영향을 받는 종들은 흰색의 껍질을 갖는 것이 유리하다. 조간대에 사는 고둥 *Nucella lapillus*의 경우 같은 종이더라도 파도가 많이 치는 곳에 사는 개체들은 수분공급이 많아 고체온과 건조에 큰 피해가 없으므로 갈색이 우점하는 껍질을 가지고 있으나, 파도가 많이 치지 않는 곳에 사는 개체들은 수분공급이 적으므로 고체온과 건조가 문제가 되므로 하얀색을 가지고 있기도 한다(Etter 1988).

갯벌, 모래, 바위 해안에 사는 저서생물의 모양, 색깔, 끈적끈적한 물질, 가는 실 등은 다 열악한 환경에 적응한 결과다. 이제 해안가에 가서 해안가 저질, 생물들의 종류, 모양, 색깔 등을 관찰하면 그들의 엄청난 노력을 느낄 수 있을 것 같다.

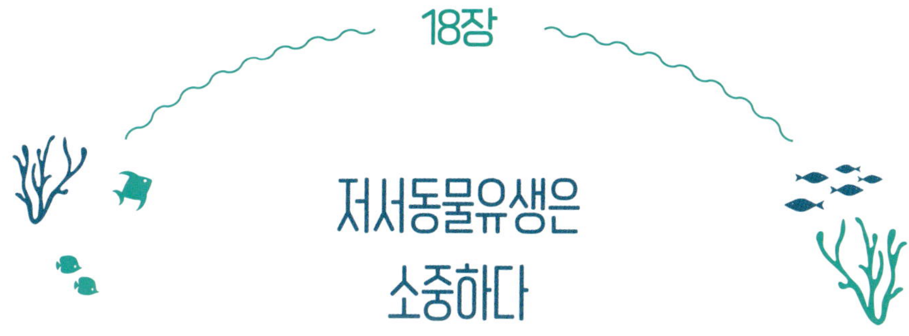

18장

저서동물유생은 소중하다

1. 저서동물유생, 견문을 넓히러 떠난다

게, 조개, 소라, 갯지렁이 등과 같이 성체들은 저서생활을 하지만 알에서 깨어나오면 일정 기간 플랑크톤 생활을 한다(그림 18-1). 만일 이들이 알에서 깨어나와 바로 자라서 어미와 같이 생활한다면 먹이와 공간을 가지고 어미들과 경쟁을 해야 한다. 그러므로 어미는 자식들이 멀리 떠나기를 원한다. 세상을 알고 견문을

그림 18-1. 저서동물 유생들. (A) 게의 조에아(zoea) 유생. (B) 다모류 유생. (C) 조개의 페디벨리저(pediveliger) 단계 유생. (A, B)의 사진은 이무준 박사 제공

넓히라고 하면서. 알에서 깨어난 후 유생생활을 하게 하면 가벼운 몸으로 멀리 퍼져나갈 수 있다. 한반도 주위를 보면 뻘 물들이 바깥으로 나가는 것을 볼 수 있다. 유생들을 멀리 보낼 수 있는 구조다.

각 저서동물들은 최대한 많은 유생이 살아남도록 전략을 세우는데 이 유생발달전략larval development strategies은 크게 세 가지로 나눈다(Wray and Raff 1991, Hoegh-Guldberg and Pearse 1995). 첫째, 플랑크톤 생활을 할 때 스스로 먹이를 잡아먹으며 생존하도록 하는 플랑크톤영양 타입Planktotrophic type이다. 둘째, 유생들이 먼 길을 떠날 때 어미가 도시락을 싸주는 요크영양 타입Lecithotrophic type이다. Lecithotrophic에서 lecitho는 'egg의 yolk'라는 뜻인데, 우리가 달걀을 먹다가 볼 수 있는 노른자를 말한다. 셋째, 태어났을 때 유생이 성체와 비슷한 직접발달 타입Direct development type이다. 고둥류인 *Littorina saxatilis*는 직접발달 타입이다(Johannesson 2003).

보통 플랑크톤영양 타입의 경우 많은 알을 낳은 후 많은 유생을 내보내며 다양한 곳으로 퍼져나가게 한다(Wray and Raff 1991). 직접발달 타입은 아주 적은 수의 알을 낳아 상당히 많이 발달하게 만든다. 요크영양 타입은 그 중간인데 유생생활은 비교적 짧게 하고 멀리 가지는 않는다.

2. 유생, 몸집이 커지면 해안가로 돌아와야 한다

저서생물 유생들의 생존은 매우 중요하다. 유생들은 몸집이 커지고 몸무게가 무거워지면 해안가로 돌아와 정착을 해야 한다. 예를 들어 지중해담치*Mytilus galloprovincialis* 유생의 경우 알에서 깨어난 지 3~4주가 되면 몸을 싸고 있는 껍질이 커져서 성체를 닮아간다(Jeong et al. 2004b). 이 유생이 해안가에서 멀리 떨어져 있을 때 해안가로 들어오지 못하면 해저로 떨어지게 되는데, 해안가에서 많이 떨어진 곳의 해저에는 먹이가 많지 않아서 생존하기 어려울 수 있다. 그러므로 몸집이 커지면 해안가로 돌아와야 하는데 지능적으로 물리적인 힘을 이용한다.

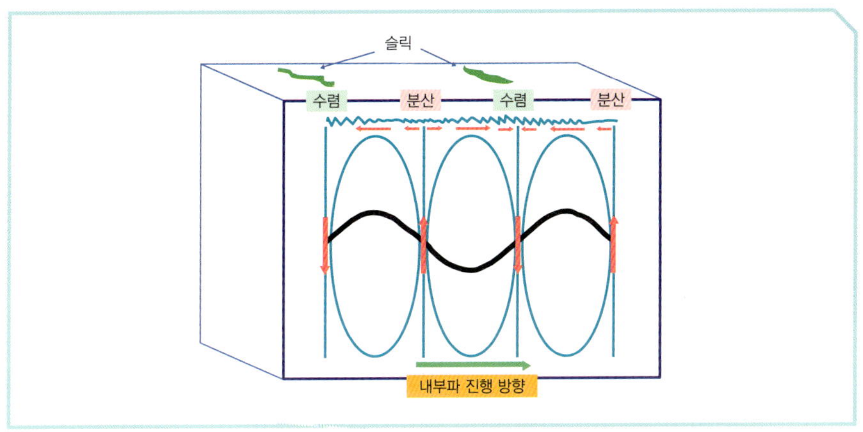

그림 18-2. 내부파에 의한 수렴 및 분산 지역과 슬릭(slick) 형성 개념도. 수렴 지역에서 슬릭이 생긴다.

유생을 밖에서 해안가로 들어오게 하는 물리적인 힘에는 내부파internal wave에 의하여 표층에 형성되는 슬릭slick, 내부조석보어internal tidal bore 등이 있다(Shanks 1983, Pineda 1991, Vargas et al. 2004). 바닷가에 가면 파도를 쉽게 볼 수 있다. 사실 파도는 공기와 해수의 밀도 차가 있기 때문에 일어난다. 만일 공기와 해수의 밀도 차가 없으면 파도는 생기지 않는다.

보통 여름이 되면 표층의 수온이 크게 올라가지만 저층의 수온은 크게 올라가지 않고, 바람이 겨울보다 약해서 해수를 수직으로 잘 섞어주지 못하므로 위아래 수층의 수온 차가 커진다. 따뜻한 표층 해수는 가벼워져 밀도가 낮아지고 차가운 저층수는 무거워져 밀도가 높다. 이렇게 위아래 수층의 밀도 차가 클 때 내부파가 잘 발생할 수 있다. 외양에서 해안가로 들어오는 내부파는 표층에 양쪽 해수를 모이게 하기도 하고 벌어지게 하기도 한다(그림 18-2). 해수가 모이는 부분은 해수 표면이 거칠게 되고 발산되는 곳은 맨들맨들하게 된다. 이 해수 표면이 거친 부분을 슬릭이라고 하는데, 이곳에 생물들이나 기름 등이 모이게 되므로 위성에서는 검게 보인다. 이 슬릭들은 내부파에 의하여 계속 해안으로 들어오게 된다. 저서생물 유생들은 이 슬릭에 몸을 실어 해안으로 들어온다. 물론 이 버스에 타지 못한 큰 유생은 해저에 가라앉아 먹이가 풍부한 해안으로 돌아오지 못한다.

내부조석보어도 위아래 수층 간의 밀도 차가 클 때 만들어진다. 표층수온이

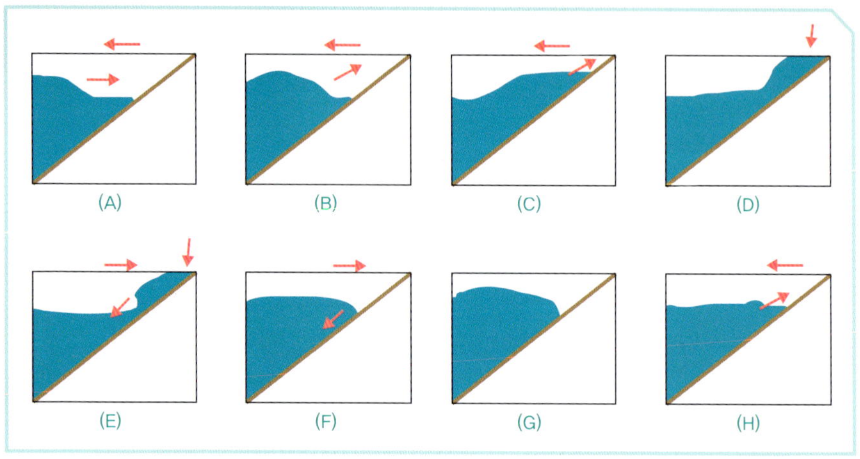

그림 18-3. 내부조석보어와 전선 형성 기작(Pineda 1994에서 수정). 빨간색 화살표는 해수의 이동 방향을 나타낸다.

올라가면 표층 아래에서는 내부파가 많이 생긴다. 이 내부파는 외양에서 해안가로 지속적으로 들어온다. 이 파들이 해안가로 들어올 때 해저에 올라온 부분bank이나 푹 들어간 부분basin이 있으면 파가 덜컹하며 출렁거리게 된다. 이때 큰 물덩어리인 보어가 형성되어 빠르게 해안가로 들어오게 된다(그림 18-3). 이 보어는 해안가에서는 표층으로 올라오게 된다. 이 보어는 표층에 2~3시간 머물다가, 주위 해수보다 무거우므로 다시 가라앉으며 해안가 밖으로 나가게 된다.

UC San Diego의 스크립스 해양연구소에는 300m짜리 피어가 있다. 이 피어에는 수온을 실시간으로 측정하여 연구실 컴퓨터로 보내주는 시스템이 있다. 여름에 표층수온을 보면 20℃ 정도를 유지하다가 갑자기 13℃ 정도로 떨어졌다가 2~3시간 뒤에 다시 20℃ 근방으로 올라가는 현상을 자주 볼 수 있다. 이것은 바로 보어 때문이다. 이 보어에는 저서동물 유생이 많이 들어 있다. 스크립스 해양연구소에서 같이 공부했던 2년 선배 헤수스 피네이다Pineda 박사는 외측에 있던 저서동물 유생들의 해안가로의 이동과 해안가 정착은 내부조석보어와 관련이 있다는 사실을 밝힌 후 이를 1991년 『사이언스*Science*』지에 단독으로 발표했다(Pineda 1991). 이 논문으로 피네이다 박사는 MIT-우즈홀 연구소의 교수가 되었다.

여름에 내부파나 내부조석보어 등으로 인하여 해안가 근방 해수 표면에 저수온 현상이 자주 일어난다. 앞서 언급했던 연안 용승은 바람에 의하여 발생하지만 내부파나 내부조석보어는 수직적인 밀도 차의 증가로 만들어진다. 유생들이 이러한 물리적 현상을 이해(?)하고 해안가로 들어오는 급행열차로 이용하는 것은 매우 놀라운 일이다. 이들이 수천만 년 동안 해양학을 열심히 공부한 결과라고 생각한다.

19장 생태계의 기능

자동차가 서 있으면 어떤 구조로 되어 있는지 관심이 가고 운전을 하면 어떻게 작동을 하고 어떤 기능이 있는지 관심이 생긴다. 1장에서 설명했듯이 생태계의 구조는 공간, 그 안을 채우고 있는 비생물적 물질과 에너지, 그리고 그 안에 사는 생물들로 이루어져 있다. 이러한 생태계를 이루는 구성요소들은 자세히 알아보면 공간은 크게 변하지 않지만 비생물적 물질과 에너지와 거주 생물들의 양은 시간에 따라 끊임없이 변한다. 이러한 변화는 일정한 룰rule들에 의하여 일어나며 생태학자들은 그 룰을 알아내기 위하여 많은 노력을 해왔다. 그 결과 생태학자들은 생태계 내에서 다양한 기능이 수행된다는 사실을 밝혔다.

1장에서 언급한 바와 같이 생태계 내 기능은 크게 보면 생태계 구성요소들 간의 물질과 에너지의 이동 또는 전달이다. 그리고 이동 또는 전달에는 주로 생물이 비생물적 물질을 비생물적 물질 풀pool에서 생체 내로 이동 또는 전달하는 것(흡수), 한 생물에서 다른 생물로 이동 또는 전달하는 것(포식), 생물이 죽어서 물질을 비생물적 물질 풀로 이동 또는 전달하는 것(분해 및 방출)이 있다. 이러한 이동은 생물들과 비생물적 물질 및 에너지 간의 상호작용, 생물들 간의 상호작용을 통해서 일어난다. 비생물적 물질과 에너지가 이동 또는 전달한 후 한 곳에 쌓일 수 있다(축적). 만일 이 물질이 생물 밖에서 쌓이면(예를 들어 수중에) 그 물질의 농도가 증가되는 것이고, 생물 안에 쌓여 유기물로 전환되면 유기물 생산이 일어난다. 유기물 생산이 일정량을 초과하면 생물의 성장이 일어날 수 있다.

비생물적 물질인 영양염류(무기영양염류라고도 부름)를 이용하여 유기물인 포도당을 생산하는 것을 1차생산이라고 부른다(그림 19-1). 이렇게 만들어낸 포도당에서 아미노산, 핵산 등과 같은 또 다른 유기물들이 만들어진다. 이러한 유기물들은 동물의 포식에 의하여 전달된다. 또한 이 동물을 상위단계에 있는 다른 동물이 먹음으로써 모든 동물이 살아갈 수 있다. 이러한 전달은 '먹이망'이라는 꽉 짜여진 시스템 안에서 일어난다(Jeong et al. 2010b). 이러한 동물들도 자기 몸을 새로 만들면서 생산을 하는데 1차생산자(광합성 생물)를 먹은 후 새롭게 생긴 몸을 2차생산이라고 부른다(초식동물). 또한 2차생산자를 먹은 후 새롭게 생긴 몸을 3차생산이라고 부른다(육식동물). 이러한 1~3차 생산을 수행하는 과정에서 많은 유기물이 배출되기도 하고, 생물이 죽은 후 유기물이 배출된다. 이 유기물들은 박테리아를 포함한 분해자에 의하여 무생물 물질로 분해된다.

많은 생물과 비생물 간이나 생물 간 물질의 이동 또는 전달을 보면 결국 각 물질element은 순환된다는 것을 알 수 있다cycling of elements. 그러므로 이러한 물질순환을 생태계의 주요 기능으로 들기도 한다. 물질들이 순환됨으로써 많은 생물이 공존할 수 있는 것이다. 특히 요즘 탄소, 질소 순환 등은 탄소중립, 부영양화 등과 연관이 있어 큰 관심을 받고 있다. 또한 유기물은 에너지를 가지고 있는데 유기물이 먹이에서 포식자로 이동할 경우에는 에너지가 전달되게 된다. 에너지는 높은 곳(먹이)에서 낮은 곳(포식자)으로 이동되고 순환되지 않기 때문에 에너지 유동energy flow이라고 부른다.

이러한 물질순환이나 에너지 유동은 생물 간 상호작용에 의하여 방향이나 속도가 결정된다. 그 상호작용에는 포식자-먹이 관계, 경쟁, 공생, 기생 등이 있다. 종합적으로 보면 생물 간의 상호작용이나 물질순환, 에너지 유동 과정에서 끊임없이 각 생물들의 밀도 변화가 일어나고 천이가 일어날 수 있다.

물질의 이동 또는 전달을 연구하는 데 있어 가장 중요한 두 가지 요소는 물질의 이동 또는 전달의 방향성direction과 속도rate라고 할 수 있다(Jeong et al. 2010b). 관심 대상 물질로 질소를 예로 들어 보자. 1차생산에 있어 식물이 '어떤 형태의 질소

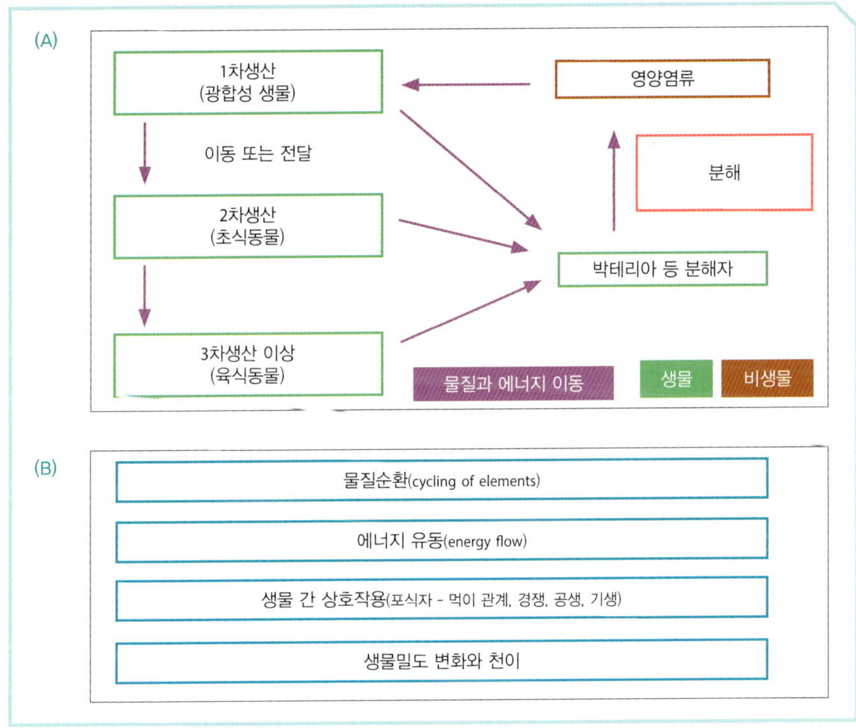

그림 19-1. 생태계의 기능(예: 플랑크톤 군집). (A) 생물과 비생물 간 그리고 생물 간의 물질 및 에너지 이동 또는 전달(move or transfer). 이때 유기물의 생산, 포식, 분해 등도 일어난다. 보라색 화살표는 이동 또는 전달을 말함. (B) 큰 틀에서 종합적으로 보면 물질 및 에너지 이동 또는 전달은 방향성을 가지고 물질의 순환, 에너지 유동 형태로 일어나는데 생물 간의 상호작용에 의하여 유지 또는 가속화된다. 그 과정에서 끊임없는 각 생물들의 밀도 변화가 일어나고 천이가 일어날 수 있다.

를 흡수하는가'는 중요하다. 앞에서 언급한 바와 같이 주요 남세균류는 주로 질소가스(N_2)를 흡수할 수 있다(Mitsui et al. 1986, Tsygankov 2007). 그러므로 질소가스에서 남세균류로 가는 방향성이 나타난다. 그 외 대부분의 식물플랑크톤들은 암모니아(NH_3)를 우선적으로 흡수하지만 아질산염(NO_2^-), 질산염(NO_3^-), 요소(urea) 등도 흡수하므로 암모니아, 아질산염, 질산염, 요소 등에서 식물플랑크톤으로 이동하는 방향성이 나타난다(Dortch 1990, Sinclair et al. 2009).

각 질소들이 식물에 얼마나 빨리 전달되는가(흡수되는가)는 속도를 말한다. '하루에 한 마리 식물플랑크톤 세포가 얼마나 많은 양의 질소를 흡수하는가'를 측정한다(Lomas and Glibert 2000, Lee et al. 2017b, 2019b). 보통 질소 농도가 낮을 때는 질소

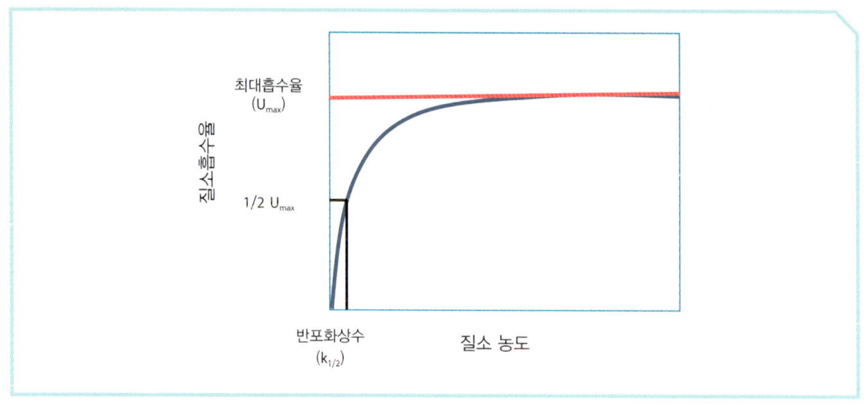

그림 19-2. 질소 농도에 따른 질소흡수율(uptake rate). 반포화상수(half saturation constant)는 최대흡수율의 ½이 되도록 하는 질소의 농도를 말한다.

농도가 높아짐에 따라 흡수율도 높아지지만, 질소 농도가 일정 농도 이상 되면 흡수율은 포화 상태가 되어 질소 농도가 더 증가되어도 증가하지 않고 유지된다(그림 19-2). 그러므로 질소 농도에 따른 흡수율을 측정하면 초기에는 가파르게 증가하다가 나중에는 포화된다. 포화되었을 때의 흡수율을 최대흡수율이라 하는데, 이는 식물 종의 고유한 능력이다(Jeong et al. 2015). 즉 질소의 흡수율은 질소 농도의 영향을 받고 흡수하는 식물 종의 능력에 영향을 받는다.

이렇게 몸 안으로 흡수된 질소는 몸 안에서 아미노산, 나아가 단백질 등 몸을 만드는 데 사용된다. 물속이나 대기에 있는 질소가스, 암모니아, 아질산염, 질산염 등으로부터 아미노산과 같이 몸 안의 유기질소를 만드는 것을 질소동화nitrogen assimilation라고 부른다(Glibert and McCarthy 1984, York et al. 2007). 4장에서 설명한 바와 같이 광합성이 주로 일어나는 표층해수에서 질소가 부족하므로 강우, 용승 등과 같이 질소가 표층해수로 많이 공급되었을 때 식물플랑크톤의 생산량이 증가될 수 있다. 질소와 엽록소-a 비율(Nitrate : Chlorophyll-a, NCCA)은 식물플랑크톤 생산량과 비례하여 이를 식물플랑크톤 생산량을 예측하는 데 사용할 수 있다(Lee et al. 2019a, Ok et al. 2021b).

영양물질에서 식물로 물질이 전달되는 것처럼 식물의 물질은 이를 섭식하는 동물로 전달된다transfer. 또 이 동물은 또 다른 동물포식자에게 잡아먹혀 물질이 전

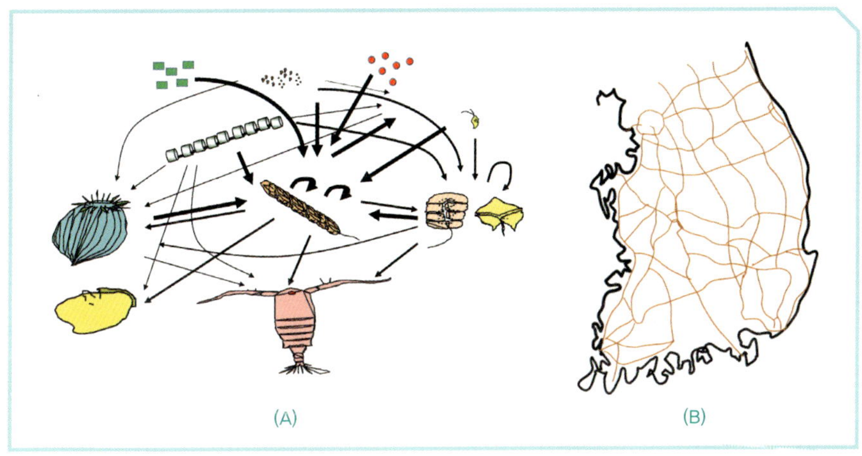

그림 19-3. (A) 생태계 내 먹이망과 (B) 도로망은 유사하다. 사방으로 연결되어 있으며 한쪽(먹이)에서 다른 한쪽(포식자)으로 사람이나 물질이 이동한다.

달된다. 이러한 관계를 포식자와 피식자(먹이) 관계라고 한다. 모든 동물은 먹어야 살기 때문에 대부분 포식자와 피식자 관계에 있다.

한 포식자가 먹을 수 있는 먹이의 종류가 다양하고, 하나의 먹이를 먹을 수 있는 포식자의 종류가 많을 경우 망처럼 형성된다고 하여 이를 먹이망food web이라고 한다(Azam et al. 1983, Garrison et al. 2000, Jeong et al. 2010b). 전에는 하나의 포식자가 하나의 먹이를 먹고, 그 포식자는 상위 포식자에게 먹혀 사슬처럼 연결되어 있다고 하여 먹이사슬food chain이라고 불렀으나, 먹이도 포식자도 다자간 관계를 갖기 때문에 먹이망이라고 부른다(Pahl-Wostl 1997).

예전에는 어느 도시를 가면 음식이 맛있고 어느 도시를 가면 맛이 없었다. 그러나 지금은 많이 평준화되었다. 이는 우리나라가 놀라운 운송망을 가지고 있기 때문이다. 그리고 교통망도 잘 되어 있어 많은 사람들이 빠른 시간에 이동할 수 있다. 이러한 잘 짜여진 유통망이나 교통망은 먹이망과 유사하다(그림 19-3). 교통망이나 유통망은 사람, 물품, 물질 등을 매우 빠르게 이동시켜 전국에 있는 많은 사람이 공존하게 만든다. 먹이망도 생물 간의 물질 전달을 빠르게 하여 많은 생물이 공존하게 만든다. 먹이망에 관한 자세한 이야기는 다음 절에서 설명할 것이다. 보통 한 화합물이 해수에 의하여 분해되면 매우 느리게 분해되지만 동물이나 원핵생물이 관여되면 빠르게 분해되어 순환 속도가 증가한다. 탄소, 질소 등 주요 물질의 순환에서는 생물이 관여하기 때문에 빠르게 순환될 수 있다. 이렇듯 생물이 관여된 물질순환을 생지화학적 순환biogeochemical cycling of elements이라고 부른다(Fauzi et al. 1993, Benitez-Nelson 2000).

식물이 이산화탄소, 질소, 인 등 영양물질을 흡수하여 포도당, 아미노산 등을 만들어 1차생산(광합성)을 할 때 빛이 필요하다. 보통 질소, 인 등이 풍부할 때 빛이 풍부하면 1차생산량을 최대로 할 수 있다. 그러나 질소, 인 등이 부족하거나 빛이 부족하면 1차생산량이 줄어들게 된다. 이렇게 최대 생산을 방해하는 요인들을 제한요인limiting factor이라고 한다(Falkowski et al. 1992).

앞서 언급한 대로 용승이 일어나지 않은 원양의 경우 표층에는 빛이 풍부하나 질소 등 영양염류가 부족하고, 저층에는 영양염류가 풍부하나 빛이 부족하다(Capblancq 1990, Lee and Whitledge 2005). 강물이 많이 들어오는 하구의 경우 질소 등은 풍부하나 부유물질이 많아 빛을 차단하기 때문에 빛이 부족할 경우가 많다(Pennock 1985). 각 해양생물들은 이러한 제한요인을 극복하기 위하여 끊임없이 적응 또는 진화해왔다(Behrenfeld et al. 2008).

모든 생물은 우점하기를 원한다. 우점하려면 먼저 생존을 잘하고(현존), 많이 생산하고(높은 성장률), 적게 먹혀야 하고(낮은 피식률), 경쟁에서 이겨야 한다(Jeong et al. 2015). 그러므로 각 종은 생존율을 높이고, 잘 증식하고, 포식자 수는 최소화하도록 진화해왔을 것으로 생각된다. 또한 많은 종은 공생이나 기생을 함으로써 다양한 환경조건에서 생존율을 높이고, 성장률을 높이며, 피식률을 감소시킬 수도 있다(Park et al. 2013a, LaJeunesse et al. 2018). 이러한 포식자-먹이 관계, 경쟁, 공생, 기생 등은 생물 간의 상호작용interaction이라고 부르는데 자신의 생산을 최대화하기 위한 수단이라고 생각한다. 한 종의 생산자, 포식자, 먹이, 경쟁자, 공생자, 기생자 역할을 그 종의 생태학적 역할ecological roles이라고 부른다.

앞서 언급한 바와 같이 유기물의 생산, 전달 과정에서 생물이 가지고 있는 에너지이동이 수반된다. 포도당을 분해하여 이산화탄소를 발생시키면 에너지가 나온다. 포식자가 식물플랑크톤을 포식한 후 자신의 몸을 만들 때에도 호흡 등을 통하여 당초 먹은 식물플랑크톤에서 얻은 에너지의 많은 부분을 쓰게 된다. 이러한 에너지는 복원되지 않는다. 물질은 순환되기 때문에 물질순환이라고 부르지만 에너지는 유동이라고 부르는 이유다(Odum 1968).

큰 그림에서 보면 생태계의 기능은 구성요소들 간의 물질의 이동 또는 전달이다. 이 과정에서 유기물이 생산, 전달, 분해된다. 생물은 각자 몸 안의 유기물 생산을 극대화하기 위하여 많은 노력을 해왔다. 생물은 먹이망을 구성하여 물질과 에너지 전달을 극대화한다. 종 다양성이 높으면 한 경로를 담당하는 생물이 여러 종이 됨으로써 먹이망이 끊기지 않는다. 또한 생물은 경쟁, 공생, 기생 등을 통하여 유기물의 생산과 전달을 극대화하기도 한다. 그럼 이러한 기능을 하나씩 알아보자.

1. 유기물 생산, 모두를 위한 노력

생태계 내에서나 경제 내에서나 생산은 가장 중요한 것이다. 생태계 내에서 생산은 1차생산, 2차생산, 3차생산 등으로 나눌 수 있다. 1차생산은 무기물인 이산화탄소에서 유기물인 포도당을 생산하는 독립영양에 의한 것이다. 이 생산은 무기물에서 처음 유기물을 생산하는 것이라 primary production이라고 부른다. 또한 primary라는 용어에는 '가장 중요하다'는 의미도 포함하고 있다. 1차생산자를 primary producer라고 부른다.

해양에서 1차생산자는 크게 식물플랑크톤과 대형해조류(미역, 다시마 등), 해초, 그리고 저서미세조류 등이다(Diaz-Almela et al. 2006, Coelho et al. 2013). 그런데 해양에서 만들어내는 순1차생산net primary production, NPP 중에 식물플랑크톤이 대부분인데(Charpy-Roubaud and Sournia 1990), 식물플랑크톤은 대양을 거의 독차지하고, 연안에서도 많은 부분을 차지하고 있으나, 대형해조류, 해초, 저서미세조류는 얕은 곳에서만 살 수 있기 때문이다.

해양식물플랑크톤의 1차생산은 육상식물의 1차생산과도 맞먹는다(Behrenfeld 2014). 식물플랑크톤은 육상식물보다 훨씬 넓은 지역에 분포해 있고, 계절적 변화가 상대적으로 적기 때문이다(Behrenfeld 2014). 그리고 식물플랑크톤의 회전시간

turnover time이 1일~1주일 정도로 육상의 수년~수십년보다 훨씬 짧기 때문이다. 회전시간은 대상 공간에 있는 1차생산자 총량total primary producer biomass을 단위 시간당 새로 만들어진 1차생산자량new primary producer biomass으로 나눈 것이다. 이렇게 해양 전체와 육상 전체의 1차생산량은 거의 비슷한데 해양1차생산자량은 육상1차생산자량의 1/100도 안 된다(Bar-On et al. 2018). 생산은 많이 하는데 남아 있는 양이 적다는 것은 빨리 죽어서 분해되었거나 포식자에 의하여 많이 잡아먹힌 결과라고 할 수 있다.

프리만(Freeman et al. 2017)에 따르면 지구생태계에서 단위면적당 연간 순1차생산이 가장 높은 곳은 산호초와 해조류서식지coral reefs and algal beds, 열대수림tropical wet forest, 습지wetland, 열대건림topical dry forest 순이다. 반면 원양open ocean은 매우 낮다. 그러나 면적으로 보면 원양이 가장 넓어서 단위 면적당 생산량 × 면적(부피)을 하면 원양의 연간 순1차생산이 가장 많고, 다음은 열대수림, 사바나Savanna, 연근해ocean neritic zone 순이다. 그러므로 1차생산은 이산화탄소를 흡수하고 산소를 발생시키므로 이산화탄소의 제어나 탄소순환을 잘 이해하기 위해서는 원양의 1차생산을 연구해야 한다.

앞서 언급한 바와 같이 1차생산자를 잡아먹는 동물을 1차소비자primary consumer라고 부른다. 이들은 식물을 먹기 때문에 초식동물herbivores이라고도 부른다. 그런데 1차소비자가 1차생산자를 먹은 후 먹이물질을 자신의 몸 안으로 들여놓게 된다. 이 먹이물질은 1차소비자 몸 안에서 에너지원으로 쓰이거나(호흡), 자신의 몸을 불리거나 자손을 만드는 데 쓰거나growth or reproduction, 분비물이나 배설물로 내보낸다excretion. 이때 자신의 몸을 불리거나 자손을 만드는 일은 생산에 해당하므로 이를 2차생산이라고 부른다. 보통 원생동물플랑크톤의 경우는 식물성 먹이를 먹고 증가한 개체수가 2차생산량이고(Heinbokel 1978, Jeong et al. 2001b), 요각류 등은 개체수가 늘어나는 것이 아니므로 알 생산량egg production이 2차생산량에 해당한다(Mullin 1994).

1차소비자이자 2차생산자인 초식동물을 잡아먹는 동물을 2차소비자secondary consumer 또는 3차생산자tertiary producer라고 부른다. 육식동물carnivores이 여기에 속한다. 물론 해양 먹이망에서는 4차 이상의 생산자들도 존재한다. 자세한 것은 바로 뒤에 먹이망에서 설명할 것이다.

3, 4장에서 설명한 바와 같이 해양에서의 1차생산을 제한하는 요인 중 가장 중요한 것은 빛과 영양염류다. 이들이 광합성의 원재료이기 때문에 이들이 없으면 광합성 자체가 안 된다. 온도, 염분, 오염물질, 산성화 등도 영향을 주지만 이들 조건이 안 좋다고 해서 광합성이 전혀 안 되는 것은 아니다. 이들은 주로 속도에 영향을 준다.

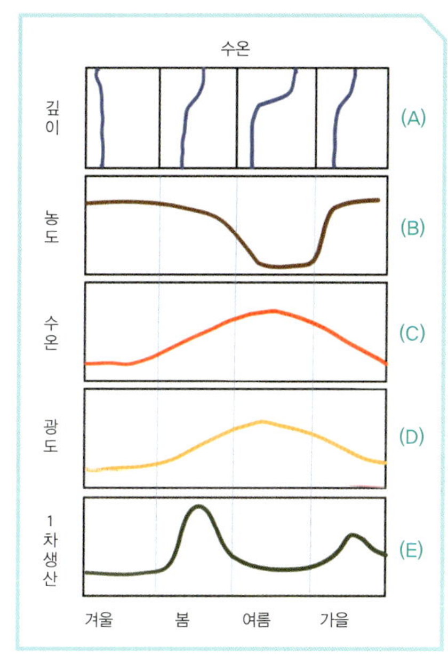

그림 19-4. 광합성에 영향을 주는 요인들의 계절적 변화. (A) 깊이에 따른 수온분포. (B) 표층 영양염류 농도. (C) 표층수온. (D) 광도. (E) 1차생산

우리나라와 같은 온대지방에서는 1차생산이 계절에 따라 크게 변한다(Richardson and Christoffersen 1991). 해역에 따라 약간씩 다를 수는 있지만 주로 계절마다 바뀌는 빛의 세기와 표층수 내 영양염류의 농도의 변화 때문이다(그림 19-4). 겨울에는 바다의 표층수온이 낮아서 표층수와 저층수 간의 온도 차와 밀도 차가 크지 않아 잘 섞이게 된다. 이 경우 저층에 있던 영양염류가 표층 근방으로 올라오게 되어 표층수의 영양염류 농도가 높아진다. 그런데 겨울에는 빛 조건이 좋지 않아 1차생산이 높지 않다. 그러나 봄이 되면 빛 조건이 좋아진다. 이때 표층수에는 겨울에 공급된 영양염류가 남아 있거나 수온약층이 약하게 형성되어 1차생산이 크게 증가되고 피크peak를 이룬다. 그런데 여름에는 빛 조건이 좋지만 표층수의 수온이 매우 높아져 강력한 수온약층이 형성되어 저층수가 특별한 경우가 아니면 표층 근방으로 공급되지 않는다(Palacios et al. 2004). 그러므로 표층수 내 영양염류가 부족하여 1차생산이 매우 낮다. 특별한 경우는 4장에서 설명한 바람에 의한 연안 용승, 내부조석보어, 태풍, 큰비 등에 의하여 막대한 양의 영양염류가 공급되는 경우를 말한다. 이때는 일시적으로 1차생산이 증가된다. 가을에는 표층수온이 낮아져 여름에 생겼던 강력한 수온약층이 약화된다. 이때 바람에 의하여 표

층수와 저층수가 섞이면서 저층에 있던 영양염류가 표층에 공급될 수 있다. 또한 빛 조건도 나쁘지 않으므로 1차생산의 두 번째 피크가 나타난다.

해양물리학자이며 생물학자인 스베드럽Harald Sverdrup 박사는 1953년에 광도와 혼합층의 깊이로 봄에 일어나는 식물플랑크톤 대번성vernal phytoplankton bloom 발생기작을 설명하는 임계수심가설critical depth hypothesis을 발표했다(Sverdrup 1953). 이 가설에서 중요한 가정들은 (1) 전 수층의 영양염류는 풍부하여 1차생산은 빛에만 영향을 받는다. (2) 호흡은 전 수층에서 동일하다. (3) 식물플랑크톤은 난류에 의하여 위아래로 옮겨지면서 다양한 수심에서 다양한 광도를 경험한다. 이러한 상황에서 깊이 들어가면서 광도가 낮아지기 때문에 1차생산이 점차 감소한다. 1차생산primary production과 호흡의 속도rate of respiration가 같아지는 수심을 보상수심compensation depth, 1차생산의 총량total primary production과 호흡의 총량total respiration이 같아지는 수심을 임계수심critical depth이라고 정의하였다(그림 19-5).

만일 표층 혼합 수심이 임계수심보다 위에 있으면 1차생산의 총량이 총호흡량보다 높아 양의 순1차생산positive net primary production이 일어난다. 그러나 만일 표층 혼합 수심이 임계수심과 일치하면 1차생산의 총량이 호흡의 총량과 같기 때문에 식물플랑크톤의 양적 변동이 없다no net primary production. 그러나 표층 혼합 수심이 임계수심보다 깊으면 1차생산의 총량이 호흡의 총량보다 작기 때문에 음의 순1차생산negative net primary production이 일어나고, 결국 식물플랑크톤의 양은 감소한다. 그러므로 봄에 식물플랑크톤 대번성이 일어나려면 표층 혼합 수심이 임계수심보다 위에 있어야 한다.

이 가설이 발표된 후 많은 해양학자들에 의하여 인용되고 발전되어왔는데 그동안 이 가설에 관련하여 수천 편의 논문이 발표되었고, 지금도 논의되고 인용되고 있다(Siegel et al. 2002, Franks 2015, Sathyendranath et al. 2015, Opdal et al. 2019). 노르웨이에서 출생한 스베드럽 박사는 해양물리학자이면서 해양생태학자라고 할 수 있는데 위대한 해양학자들 중 한 분으로 평가받고 있으며, 1936년부터 1948년에 스크립스 해양연구소 소장을 역임했다. 스크립스 해양연구소는 스베드럽 박사의 공적을 기려 스베드럽 홀Sverdrup Hall이라는 지상 3층 지하 1층짜리 건물을 지었는데 필자는 박사과정 동안 이 건물에서 지냈다. 이 건물에는 앞에서 설명한 바 있는 캘

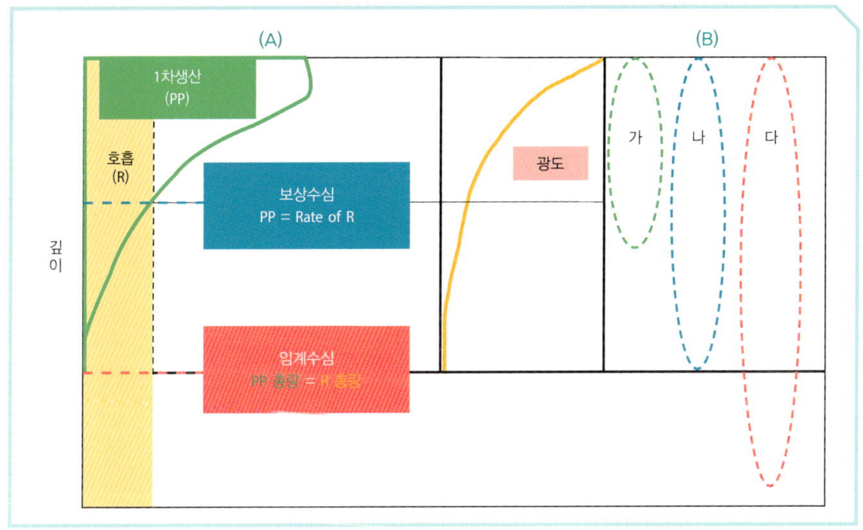

그림 19-5. 스베드럽의 식물플랑크톤 대번성을 예측하는 개념 모델. (A) PP: primary production, R: Respiration. PP는 광도와 비례함. 보상수심은 PP와 Rate of respiration(RR)이 같은 수심이다. PP는 이미 '시간당'을 포함하고 있어서 rate의 개념이 들어 있고, respiration은 '시간당'을 포함하지 않아서 rate를 붙인다. 임계수심은 PP의 총량(total PP)과 호흡의 총량(total respiration)이 같은 수심이다. (B) 식물플랑크톤의 수직혼합이 임계수심 위에 있을 때 대번성이 일어날 수 있으나(가), 임계수심과 같거나(나), 임계수심 아래로 내려가면(다) 대번성이 일어나지 않는다. 오히려 (다)의 경우 식물플랑크톤 양이 감소한다.

코피CALCOFI 프로그램의 중심이 된 Food Chain Research Group(나중에 Marine Life Research Group으로 바뀜)이 위치해 있었다. 이 그룹에는 널리 알려진 존 스트릭랜드John Strickland, 마이클 멀린Michael Mullin, 리처드 애플리Richard Eppley, 존 비어스John Beers, 앤젤로 칼루치Angelo Calucchi, 오스몬드 홈-한센Osmund Holm-Hansen, 피터 윌리엄스Peter Williams 등 기라성 같은 해양생물학자들이 포함되어 있었다. 혹시 해양학도 중에 샌디에이고에 있는 스크립스 해양연구소를 방문하신다면 스베드럽 홀은 꼭 들어가 보시라고 추천한다.

보통 해양에서는 수온약층이 있을 경우 표층수와 저층수의 성질이 다르다. 그러므로 모델에서는 2개의 박스를 설정하는 경우가 많다. 표층수에서는 식물플랑크톤이 광합성을 하고 영양염류를 흡수하면서 포도당을 만든다. 동물플랑크톤은 식물플랑크톤을 먹은 후 어패류에게 먹힌다. 이 과정에서 배설물질로 암모니아나 유기질소(요소 등)가 발생한다. 이 암모니아나 유기질소는 다시 식물플랑크톤에 이용된다. 이러한 암모니아나 유기질소를 흡수하여 포도당을 만드는 것을 재생산 regenerated production이라고 부른다(Dugdale and Goering 1967, Metzler et al. 1997). 그런데 용승에 의하거나 담수 유입으로 표층의 영양염류가 증가할 경우 식물플랑크톤이 기존에 없던 새로운 포도당 또는 개체를 만들 수 있다. 이는 주로 질산염을 흡수하면서 일어나며 신생산new production이라고 한다. 또한 질소가스를 이용하여(질소고정) 생산하는 것도 신생산에 넣는다. 그러므로 현장에서 물에 녹아 있는 암모니아나 요소가 세포 내 유기질소로 질소동화nitrogen assimilation되는 것을 측정하면 재생산을 산출할 수 있고, 질산염이나 질소가스가 질소동화되는 것을 측정하면 신생산을 산출할 수 있다(Sörensson and Sahlsten 1987, Sarma and Dalabehera 2019).

재생산과 신생산을 합쳐서 총생산이라고 한다. 이때 신생산을 총생산으로 나눈 값을 f-ratio라고 부른다(Metzler et al. 1997, Sherin et al. 2018). 일반적으로 용승해역에서는 f-ratio가 높고 정체된 만 등에서는 f-ratio가 낮다. 보통 2 box 모델에서는 용승이 일어나(즉 질산염 공급) 표층에서 신생산된 유기물은 시간이 지나면 결국 저층으로 내려가므로, 신생산량은 저층으로 내려간 양과 같다고 본다. 그러므로 일정한 수심에 설치한 퇴적물트랩sediment trap에 들어온 유기물의 양을 측정하면 신생산된 양을 산출할 수 있다(Pace et al. 1987). 그러나 신생산된 유기물이 수평으로 이동할 가능성이 큰 해역에서는 이에 대한 고려가 필요하다(Hwang et al. 2008).

2. 먹이망, 물질과 에너지를 전달하다

해양생태계 내 먹이망은 모든 해양생물이 참여한다. '물질이나 에너지가 어디에서 어디로 전달되어가는지', '얼마나 빨리 가는지'를 알아내는 것은 해양생태계, 나아가 지구생태계를 이해하는 데 매우 중요하다. 학자들은 이를 위하여 먹이와 포식자관계를 끊임없이 연구해왔다(Azam et al. 1983, Jeong et al. 2010b). 또한 포식의 속도를 산출하는 데 많은 시간을 보냈다. 이러한 과정에서 끊임없이 새로운 경로가 발견되었으며 새로운 모델을 만들게 했다.

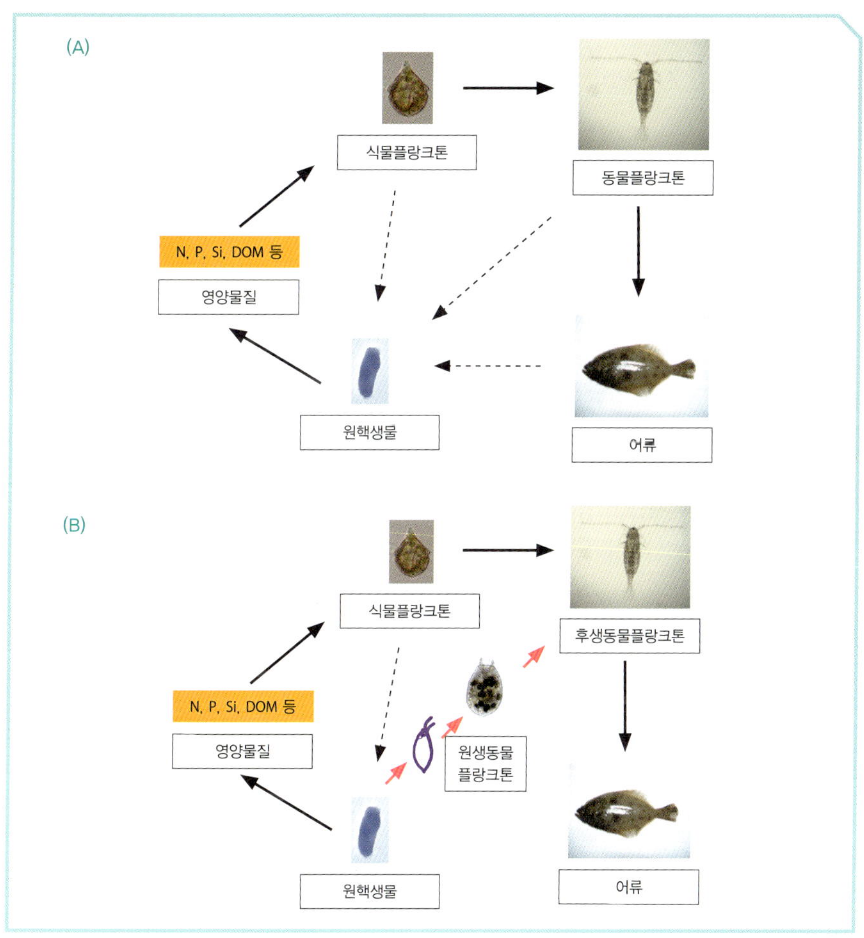

그림 19-6. (A) [영양물질] → [식물플랑크톤] → [동물플랑크톤] → [유기물질 배출과 원핵생물들(박테리아)의 분해] → [영양물질]로 이어지는 기존의 먹이망. (B) 기존의 먹이망에 [원핵생물] → [원생동물플랑크톤] → [후생동물플랑크톤]으로 이어지는 새로운 경로(빨간색 화살표)가 추가된 미생물 루프(microbial loop) 먹이망(Azam et al. 1983). *DOM: dissolved organic matter(용존유기물)

먹이망의 길이가 길고 복잡하면 여러 생물이 잘 공존하는 것이다. 해양생태계 내 먹이망은 육상생태계의 먹이망에 비하여 매우 길다. 그리고 물질을 매우 빠르게 이동시킨다. 원핵생물은 보수(?)주의자다. 끊어진 먹이망을 보수하여 연결시켜 준다. 1980년대 이전에 세워진 전통적인 플랑크톤 먹이망은 [영양물질] → [식물플랑크톤] → [동물플랑크톤] → [유기물질 배출과 원핵생물(당시에는 박테리아라고 표현)의 분해] → [영양물질]로 이루어졌었다(그림 19-6). 이때 먹이망에서 원핵생물의 역할은 그저 생물의 사체를 분해하는 것이어서 주로 사체에 붙어사는 원핵생물이 대부분이라고 믿었다. 그 당시에는 플랑크톤 군집뿐만 아니라 저서생물군집에서, 주로 살아있는 식물을 시작으로 하여 이를 포식하는 초식성 동물을 중심으로 하는 초식먹이망grazing food web과, 죽은 사체나 생물의 일부, 배설물 등에서 유래한 쇄설물detritus을 먹는 동물을 중심으로 하는 쇄설먹이망detritus food web으로 나누었다(Lenz 1977, Richman et al. 1977, Heinbokel and Beers 1979, McConnaughey and McRoy 1979).

그런데 1983년 스크립스 해양연구소의 퍼룩 아잠Farooq Azam 박사 연구팀이 새로운 먹이망 개념를 제시하였다(Azam et al. 1983). 동물플랑크톤 중 단세포인 원생동물플랑크톤의 일부가 원핵생물(당시에는 박테리아라고 표현)을 포식할 수 있으므로 원핵생물은 분해자일 뿐만 아니라 먹이 역할을 한다는 것이다. 특히 해양 원핵생물 대부분이 사체에 붙어사는 부착성attached인 줄 알았는데 자유유영성free-living이 많다는 사실이 밝혀졌다. [원핵생물] → [원생동물플랑크톤] → [후생동물플랑크톤]으로 이어지는 새로운 경로는 기존 먹이망에서 불쑥 튀어나왔다고 하여 루프loop라는 표현을 써서 미생물 루프microbial loop라고 명명했다. 이 논문이 발표된 이후 미생물 루프에 관련하여 많은 연구가 진행되어 수천 편의 논문이 발표되면서 해양생태계 연구에 매우 큰 기여를 하였다(Fenchel 2008, Brankovits et al. 2017).

1990년대 미국 체사피크만에서 채집한 식물성 와편모류를 관찰하던 웨인코트Wayne Coats 박사팀은 와편모류 안에서 이상한 기관을 발견하였다(Bockstahler and Coats 1993a, 1993b). 빗처럼 생긴 기관이었는데 바로 섬모류의 섬모열이었다. 즉 이 식물성 와편모류가 섬모류를 잡아먹은 것이다. 기존의 먹이망을 보면 식물성 와편모류는 섬모류의 좋은 먹이다. 그런데 이 먹이라고 생각했던 식물성 와편모류가 포식자를 잡아먹은 것이다. 즉 광합성도 하고 포식도 할 수 있는 혼합영양성 와편모류가 발견된 것이다(그림 19-7). 이로 인하여 먹이망이 매우 복잡해졌다(Jeong et al. 2010b, 2015). 현재 혼합영양에 대한 연구는 매우 활발히 진행되고 있다. 모든 식물이 내부공생endosymbiosis에 의하여 일어났으므로 기본적으로 동식물은 혼합영양으로 탄생되었다고 볼 수 있다.

혼합영양의 발견은 한 종의 먹이와 포식자들을 매우 복잡하게 만들었다. 특히

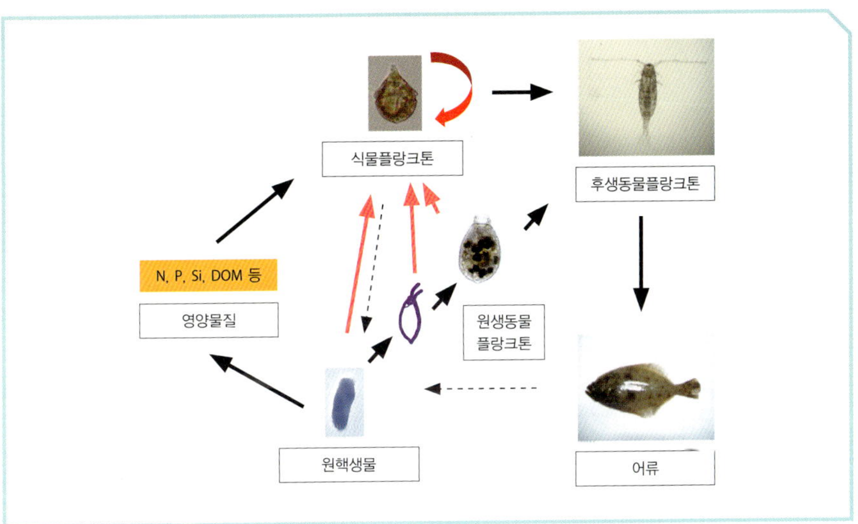

그림 19-7. 혼합영양(빨간색 화살표)이 추가된 먹이망

혼합영양성 와편모류의 먹이와 포식자는 매우 다양하여 정리할 필요가 있었다. 그래서 필자는 hub라는 개념을 만들었는데 허브Hub 공항을 보면 많은 비행기가 뜨고 내린다(Jeong et al. 2010b). 한 종의 hub에서는 대상 종을 중심으로 먹이는 내리는 방향으로 화살표를 표시하고, 포식자는 떠나는 방향으로 화살표를 표시한다(그림 19-8).

사실 아직 포식자나 먹이를 모르는 종들이 엄청 많다. 그러나 큰 틀에서 그룹 간의 상관관계를 가지고 대략적인 먹이망을 그릴 수 있다. 그러므로 끊임없이 개별 종들에 대한 포식자나 먹이를 찾아내고 전달 속도를 측정해야 한다. 동시에 새로운 먹이망 모델을 계속 수립해야 한다. 지금까지 해양생태학자들이 찾아낸 포식자-피식자의 관계를 바탕으로 그려본 플랑크톤 먹이망은 그림 19-9와 같다.

먹이망에서 물질의 이동속도는 시간당 포식자가 먹는 먹이의 양인 포식률 ingestion rate로 표현한다(Jeong et al. 1999b, Kang et al. 2020). 포식률의 단위는 주로 eaten prey cells/predator/d 또는 ng C/predator/d로 한 마리의 포식자가 하루 동안 얼마나 많은 먹이를 먹었느냐로 표시한다(그림 19-10). 아울러 이 먹이를 먹은 후 포식자가 얼마나 증가되는지를 말하는 성장률growth rate을 산출한다.

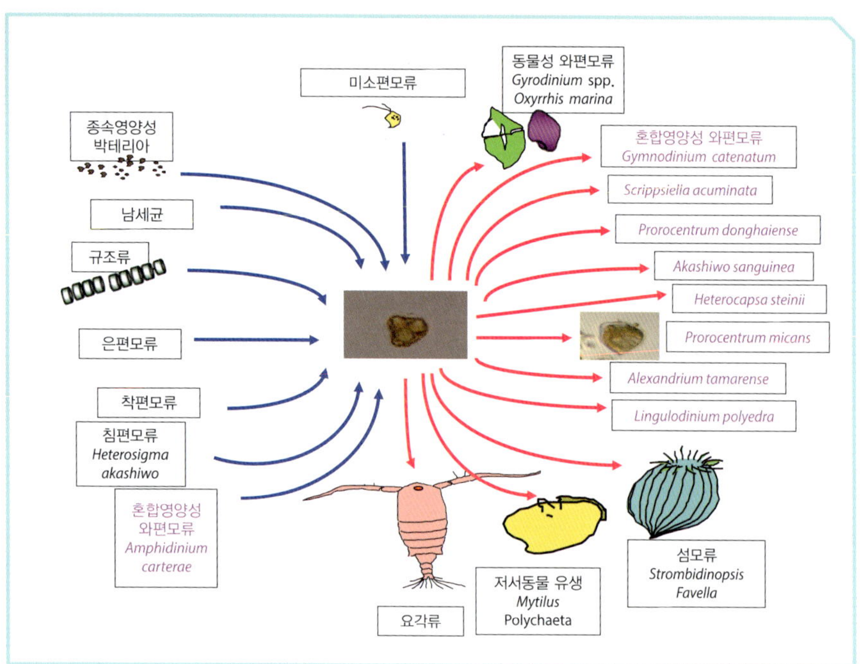

그림 19-8. 와편모류인 *Prorocentrum cordatum* hub. 파란색 화살표는 *P. cordatum*의 먹이, 빨간색 화살표는 P. *cordatum*의 포식자임.

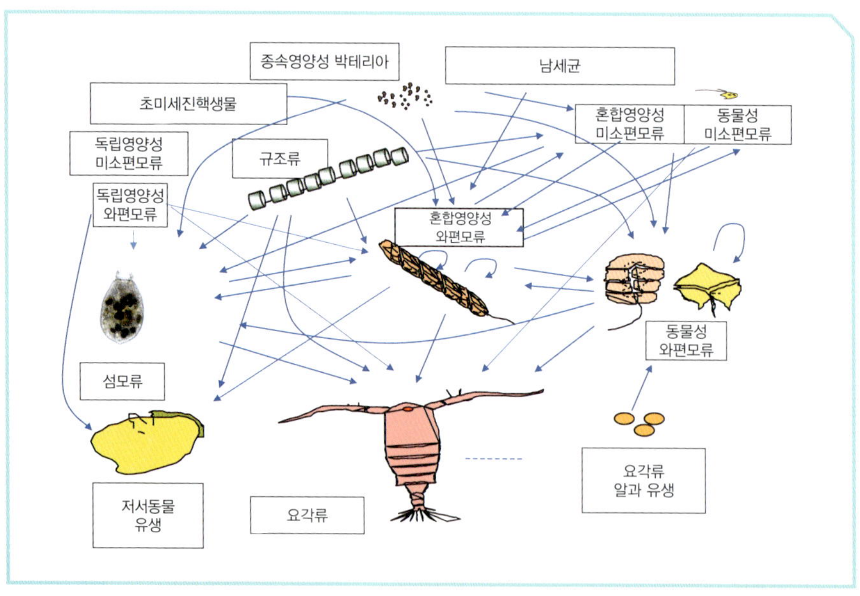

그림 19-9. 2022년 현재까지의 포식자-피식자 관계를 감안한 플랑크톤 먹이망 모식도(Jeong et al. 2010b에서 수정)

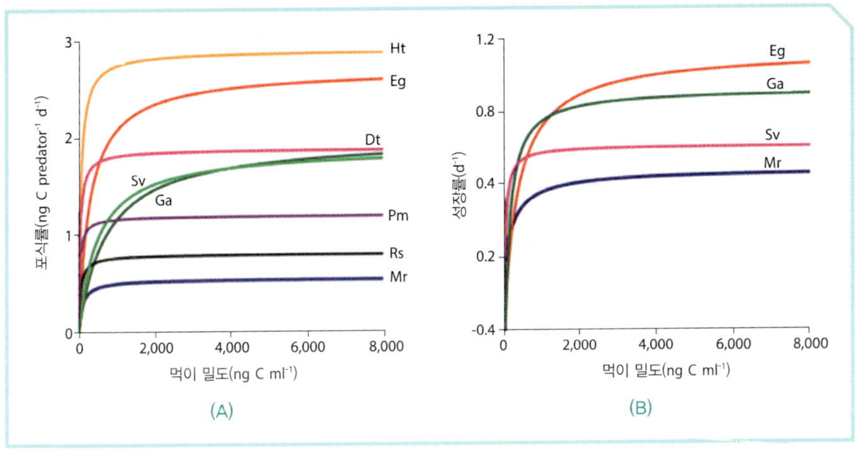

그림 19-10. 동물성 와편모류인 *Gyrodinium dominans*의 다양한 먹이의 밀도에 대한 포식률(A)과 성장률 곡선(B). *Eutreptiella gymnastica*(Eg, euglenophyte), *Gymnodinium aureolum*(Ga, mixotrophic dinoflagellate), *Symbiodinium voratum*(Sv, mixotrophic dinoflagellate), *Mesodinium rubrum*(Mr, mixotrophic ciliate), *Heterocapsa triquetra*(Ht, mixotrophic dinoflagellate), *Dunaliella tertiolecta*(Dt, chlorophyte), *Prorocentrum minimum*(Pm, mixotrophic dinoflagellate), *Rhodomonas salina*(Rs, cryptophyte)(Lee et al. 2014c; Algae의 허락을 받음). Ht는 현재 종명이 *Heterocapsa steinii*, Pm은 *Prorocentrum cordatum*으로 바뀌었음.

한 포식자의 한 먹이에 대한 포식률과 성장률을 알아내면 물질의 순환을 알고 먹이와 포식자 개체군들의 변동을 예측할 수 있다(Jeong et al. 2015). 이때 모든 생물이 먹이망에 참여하고 있으므로 각 생물의 단위를 통일하는 것이 중요하다. 탄소, 질소, 인의 양 등이 그것이다. 모든 생물을 탄소, 질소, 인 등의 양으로 전환하면 물질의 전달속도를 계산할 수 있고 경로를 추정하기 쉽다.

먹이망을 통하여 많은 물질이 전달된다. 물질이 순환되어야 많은 생물이 골고루 이용할 수 있다. 여기에 1억 원이 있다고 가정하자. 만일 100명이 나누어 가지면 100만 원씩 가질 수 있나. 그런데 1억 원을 한 사람의 계좌에 넣어준 후 1초마다 다른 사람에게 이체시켜주면, 100명은 1분 40초마다 자신의 계좌에 1억 원이 들어오므로 자신에게 1억 원이 있다고 느낄 것이다. 먹이망이 잘 작동되면 많은 생물에게 많은 물질이 제공된다. 물질이 빨리 순환되면 같이 잘살 수 있는 것이다. 특히 사체를 영양염류로 전환한 후 식물플랑크톤이 이를 빨리 포도당으로 다시 만드는 과정이 중요하다.

손자병법에 적을 알고 나를 알면 백전백승이라고 했다. 필자는 나의 먹이와

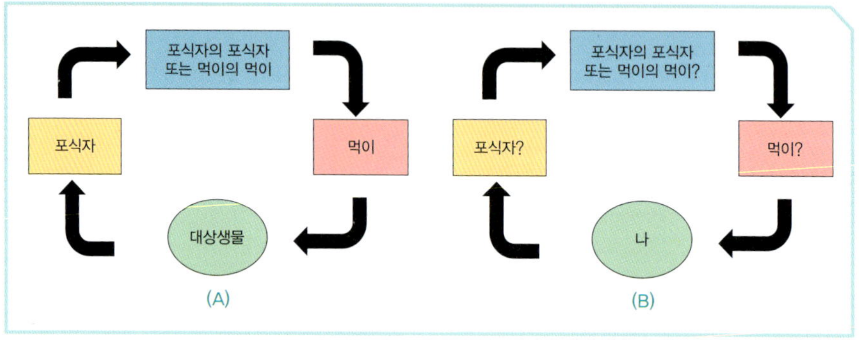

그림 19-11. 먹이망 순환구조. (A) 자연 생태계. (B) 인간사회. 나의 포식자와 먹이는 누구일까요?

포식자를 알고, 그리고 먹이망이 순환되는 구조라는 것을 알면 백전백승이라고 생각한다(그림 19-11). 나의 먹이는 누구인가 그리고 포식자는 누구인가 알 필요가 있다. 나를 둘러싼 먹이망을 그려보자. 순환된다는 것을 생각하면 '갑'의 '갑'은 '을'의 '을'이 될 수 있다. 영원한 '갑'도 영원한 '을'도 없다는 사실을 알 수 있다.

식물플랑크톤도 다른 생물들로부터 유래한 영양염류를 먹는다고 생각하면 거의 모든 생물이 먹이망에 참여하여 먹이인 동시에 포식자 역할을 한다고 생각할 수 있다. 식물플랑크톤이 1차생산을 하면 다른 생물들이 모두 이를 이용할 수 있으므로 적은 양의 생산품으로 많은 생물이 살아갈 수 있으며 공존할 수 있다는 사실은 매우 중요하다. 앞서 언급한 바와 같이 모든 생물이 수소, 탄소, 질소, 산소, 인 등 쉽게 구할 수 있는 물질을 주로 이용한다는 것이 먹이망을 잘 유지할 수 있는 비결이라고 할 수 있다.

3. 경쟁, 최고의 효율을 지향하다

경쟁은 동물뿐만 아니라 미생물, 식물에서도 치열하게 일어난다. 생태학적 관점에서 보면 해양생태계 내에서의 경쟁을 보면 해양생물이 '누가 생산을 많이 하고, 누가 물질을 많이 전달하느냐?'를 두고 경쟁한다. 연안에서 뜬 1 ml의 해수 속에 보통 수십 종, 수천 마리의 생물이 서로 경쟁한다. 주로 영양염류, 먹이, 공간 등을 가지고 직접적으로나 간접적으로 경쟁을 한다(Jeong et al. 2015). 포식자들은 먹이를 차지하기 위하여 많은 전략을 세워 직접적인 경쟁을 한다. 그런데 일부 식물플랑크톤은 빨리 분열을 하여 표층을 장악하여 빛을 차단하며 아래쪽에 사는 식물플랑크톤은 광합성을 하기 힘들어진다. 이것은 간접적인 경쟁의 예다.

이제까지 공식적으로 인정받은 37,911종의 식물/혼합영양 플랑크톤 중 1990년부터 2019년까지 전 세계 바다에서 한 번이라도 적조를 일으킨 종은 365종에 불과하다(Jeong et al. 2021). 전체의 1% 미만이다. 아직 밝혀지지 않은 미세조류가 10만 종이 넘을 것으로 예상하고 있어서 적조 한 번 일으키기가 엄청 어렵다는 것을 알 수 있다. 수많은 종이 치열하게 경쟁을 한 후 그 당시에 가장 적합한 종 1~2종이 적조를 일으킨다. 그러므로 적조 종들이 어떤 전략으로 경쟁자들을 무찌르고 적조를 일으키는지 밝히는 것은 매우 어려운 일이다. 그러나 과학기술이 발전하면서 그 전략들이 밝혀지고 있다.

식물플랑크톤 4대 그룹은 서로 우점하기 위해서 엄청 싸운다. 이들의 분포를 보면 원양은 남세균류가 거의 독점하고, 연안은 규조류, 와편모류, 편모류, 약간의 남세균류가 우점하고 있다. 왜 그런지를 알아내는 것은 오랜 숙제였다. 마산만에서 2004년 6월부터 2005년 5월까지 매일 시료를 채집하여 모든 식물플랑크톤의 밀도를 측정한 결과 우점종이 빠르게 바뀌는 것을 알 수 있었다(Jeong et al. 2013a). 이러한 현상은 치열한 경쟁을 통하여 주어진 시간과 환경에서 가장 적합한 종이 빠르게 성장하여 우점하기 때문에 일어난다.

저서생태계 내에서도 생물들은 치열한 경쟁을 한다(Woodin and Jackson 1979). 저서생태계의 서식공간은 표영생태계의 서식공간보다 작기 때문에 경쟁이 심할 수밖에 없다. 또한 저서생물들의 이동속도가 느려서 멀리 이동할 수 없어 몰려 있는 경우가 많아 공간에 대한 경쟁이 심하다. 특히 산호초와 같이 많은 생물이 모여 있는 곳에서는 공간에 대한 경쟁이 아주 심하다(Barott et al. 2012). 아울러 저서동물들은 먹이에 대한 경쟁도 심하다(Elmgren et al. 2001). 그래도 저서동물들이 유생을 만들어 멀리 퍼져나가게 함으로써 공간과 먹이에 대한 종내 경쟁을 완화시킨 것은 중요한 생존전략이라고 생각한다.

4. 공생, 재난 극복을 위한 최고의 생존수단

생물이 살아남는 것이 물질순환에 기여하는 것이다. 공생symbiosis은 서로 다른 두 종이 서로 이득을 주며 사는 의미로 많이 쓰이고 있지만, 정의로 보면 두 종이 같이 사는 것을 말한다(Mariscal 1970, Boucher et al. 1982). 공생에는 서로 이득을 주는 상리공생mutualism, 한쪽은 이득을 다른 쪽은 이득도 손해도 보지 않는 편리공생commensalism, 한쪽만 손해보는 편해공생amensalism, 한쪽은 이득을 한쪽은 손해보는 기생parasitism이 있지만, 기생은 다음 절에서 이야기하고, 이 절에서는 주로 상리공생을 이야기하고자 한다.

해양에서 일어나는 공생 중 다세포 동물끼리 하는 상리공생은 많지 않다. 말미잘sea anemone과 흰동가리*Amphiprion clarkii* 간의 공생이 많이 알려진 정도다(Pratte et al. 2018). 2003년 개봉한 만화영화 〈니모를 찾아서〉에 나오는 주인공 니모Nemo가 흰동가리다. 그런데 단세포 와편모류인 *Symbiodinium* spp.는 공생조류 또는 주산텔라zooxanthella라고도 불리는데 산호, 말미잘, 해파리, 대형조개, 바다달팽이, 유공충, 섬모류 등과 광범위하게 상리공생을 한다(Baker 2003, Pochon and Pawlowski 2006).

산호는 자신의 몸 안에서 서식하는 심바이오디니움으로부터 자신에게 필요한 에너지의 90% 정도까지를 얻는다(Johnson 2011a). 그러므로 자포동물에 속하는 산호의 큰 무기인 자포(독침)는 멋으로 가지고 있는 것 같다. 이 심바이오디니움이 광합성을 해야 하므로 산호는 주로 맑고 얕은 바다에 산다. 심바이오디니움은 산호로부터 영양물질을 받고 보호를 받는다. 산호 몸 1 ml 안에 수백만 마리의 심바이오디니움이 산다(Mieog et al. 2009). 산호 몸 안에서 적조를 일으키는 것이다.

산호 성체에서 내보내는 알과 정자가 수정한 후 수정체인 플라눌라Planula 유생이 만들어진다(Permata et al. 2000). 이 플라눌라 유생은 바닥에 부착되기 전에 반드시 물속에 있는 심바이오디니움 몇 개체를 몸 안으로 들여놓아야 한다(Weis et al. 2001). 그러므로 해수 속에 심바이오디니움의 밀도가 높아야 유리하다. 그런데 산호는 주로 질소와 인의 농도가 매우 낮은 청정해역을 좋아한다. 질소와 인의 농도가 높으면 대형해조류들이 대량으로 번식하여 산호를 덮어버릴 수 있기 때문이다(McCook 1999). 그러면 산호 몸 안에 있는 심바이오디니움이 광합성을 할 수 없어

공생이 깨지고 산호도 죽게 된다. 최근에는 대형해조류를 제거함으로써 산호를 복원하는 방법도 연구되고 있다(Ceccarelli et al. 2018).

여러 가지 이유로 산호 몸 안에 있던 심바이오디니움이 밖으로 나가게 되면 산호가 죽게 된다. 이렇게 되면 산호 몸을 고정시켰던 석회질만 남아 산호초가 하얗게 변하는 백화 현상coral bleaching이 일어난다(Douglas 2003). 특히 해수온도가 일정한 수준을 넘으면 산호는 몸 안에 있던 심바이오디니움을 방출하게 되고, 체내의 심바이오디니움 수가 일정 수준 아래로 떨어지면 결국 죽게 되는 경우가 많다(Fujise et al. 2014). 또한 이산화탄소가 증가하면 해수의 산성화가 일어나는데, 해양 산성화는 산호를 고정하고 있는 석회질의 생산을 줄이고 산호와 공생와편모류의 생산성을 줄여 산호를 죽일 수도 있다(Anthony et al. 2008). 그러므로 산호의 분포는 온난화, 산성화를 말해주는 지시종이 될 수 있다. 향후 온난화에 의한 심바이오디니움과 산호의 생존 여부가 초미의 관심이다.

우리나라 제주와 남해안 일부 해역에서도 산호가 서식한다(Denis et al. 2014, Lee et al. 2016a). 산호는 열대나 아열대에 사는 종들이 많은데 우리나라 해역의 수온이 올라가면 더 많은 산호종이 발견될 것이다.

전에는 심바이오디니움이 광합성만을 하는 식물성이라고 알려졌다. 그러므로 산호초에서 심바이오디니움이 번식하려면 질소와 인이 많아야 한다. 그런데 앞서 이야기한 대로 산호가 대형해조류의 공격을 당하지 않으려면 해수 속에 질소와 인의 농도가 낮아야 하고, 심바이오디니움이 광합성을 하면서 잘 살려면 질소와 인이 많아야 한다. 이러한 모순paradox은 수십 년 동안 풀리지 않은 수수께끼였다.

필자의 연구팀은 2012년 이 수수께끼를 풀었다. 심바이오디니움이 광합성뿐만 아니라 다른 생물을 잡아먹을 수 있는 혼합영양성 생물임을 밝힌 것이다(그림 19-12). 특히 질소와 인의 농도가 낮은 상태에서 원핵생물이나 미세조류들을 잘 잡아먹고 성장할 수 있다는 사실을 알아냈다. 이 연구 결과는 국제 저명 학술지인 『미국 국립과학원회보*PNAS*』에 실렸다(Jeong et al. 2012c).

또한 2018년 필자는 산호와 공생하는 와편모류에 대한 논문을 국제 저명 학술지인 『커런트 바이올로지*Current Biology*』에 발표했다. 미국의 라주네스Todd LaJeunesse 박사(제1저자)를 비롯한 한 · 미 · 일, 사우디아라비아 학자들이 공동 연구한 내용인데

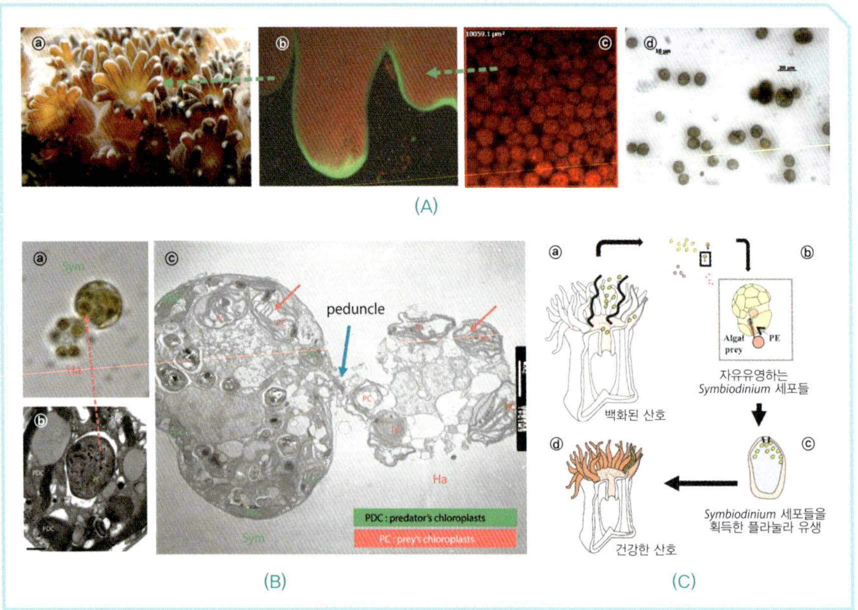

그림 19-12. 산호와 공생하는 심바이오디니움이 산호 밖으로 나오면 영양염류 농도가 낮은데 포식을 통하여 생존할 수 있다. (A) 산호 몸 안(a-c)과 밖(d)에 나온 심바이오디니움. (B) *Heterosigma akashiwo*(Ha)를 먹고 있는 *Symbiodinium*(Sym) (a: 광학사진; b: TEM 사진; c: one cell TEM). a, c 사진에서는 Sym 몸 안으로 들어간 Ha의 chloroplast들(빨간색 화살표)이 보임. (C) 산호백화 현상이 일어나면서 심바이오디니움이 산호 밖으로 나온 후 주위 해수의 영양염류 농도가 낮아도 먹이를 포식을 하면 생존할 수 있다(a, b). 산호의 플라눌라(planula) 유생이 여러 개의 심바이오디니움을 획득한 후 정착하면, 건강한 산호로 자랄 수 있다(c, d). (Jeong et al. 2012c)

심바이오디니움에 관한 이야기다(LaJeunesse et al. 2018). 산호는 수억 년 전부터 존재했는데, 공생조류와 언제부터 공생을 시작했는지가 큰 이슈였다. 온난화가 진행되면서 산호들이 많이 죽게 되었는데 지난 1995년~2017년에 호주 앞바다에 있는 대산호초에 서식하는 산호의 50% 이상이 죽었다고 한다. 그래서 과학자들은 산호가 기후변화 등 지구 대변혁기를 견디기 힘들었을 것이라고 생각했고, 단순 계산을 통해서 산호와 공생조류의 공생 시점을 신생대 이후라고 생각했다.

이 논문에서는 공생조류의 재분류를 통하여 기존의 1개 속 *Symbiodinium* genus을 7개 속으로 나누었다(LaJeunesse et al. 2018). 이 속들 중 *Cladocopium*속과 *Effrenium* 속은 필자의 연구실에서 만들었다. 연구팀이 각 속들이 나누어진 시기를 분석한 결과, 공생이 공룡이 장악했던 쥐라기 때부터라는 새로운 사실을 밝혔다. 이로 인하여 산호는 독침을 가지고 다른 생물을 잡아먹고 살다가, 쥐라기 때부터 공생조류를 받아들여 공생을 시작했고, 온갖 지구 대변혁을 이겨내고 지금까지 살아왔다는 아름다운 "동행" 스토리의 주인공이 되었다. 이 감동스토리를 바탕으로 영화 한 편 나올 것 같다. 이 논문은 출판 후 매년 200회 이상 인용되는 등 국제학계로부터 큰 관심을 받고 있다.

결국 공생은 두 종의 생물이 같이 어려움을 이겨내고 생존하며 유기물량을 높게 유지하도록 하는 방식이라고 할 수 있다.

5. 기생, 안전한 자원 확보의 길

기생parasite은 공생의 일종인데 상리공생이나 편리공생과는 다르게, 기생생물은 이득을, 숙주host는 손해를 본다. 한쪽은 이득을 한쪽은 손해를 보는 점은 포식자-먹이 관계와 비슷하지만, 기생의 경우에는 일반적으로 숙주를 오랫동안 살려놓지만, 포식자는 먹이생물을 바로 잡아먹는다는 점에서 다르다. 물론 기생성 섬모류나 와편모류 중에는 숙주 안에서 빠르게 증식하여 숙주를 죽이고 다른 숙주로 옮겨가 감염시키는 경우도 있다.

해양생물 중 기생생물은 다양하다. 앞서 10장에서 언급한 스쿠티카섬모류scuticociliate는 다양한 어류에 기생한다(Munday et al. 1997, Iglesias et al. 2002). 그리고 갑각류(Small et al. 2005), 불가사리(Byrne et al. 1997), 패류(Karatayev et al. 2002), 해마(Rossteuscher et al. 2008) 등 다양한 해양생물에 기생을 하는 것으로 알려져 있다. 스쿠티카는 강한 섬모를 가지고 있어, 숙주 몸의 연한 부위 표면을 갉아 뚫고들어간 후, 이분법으로 분열하면서 밀도를 높이며 숙주를 폐사시킨다.

와편모류에도 기생성이 많은데 적조를 일으키는 와편모류 안에도 기생하는 와편모류가 있다. *Amoebophrya*속에 속하는 종들은 적조생물의 안에서 자라면서 결국 적조생물을 폐사시키고 나온다(Park et al. 2002, 2013a). 또한 어류 표면이나 요각류와 윤형동물의 알에 기생하는 외부기생성 와편모류ectoparasitic dinoflagellates도 있다(Drebes 1988).

갑각류에 속하는 등각류Isopoda에 기생종이 많은데, 특히 갈고리벌레아목Suborder Cymothoida의 새우살이벌레과Bopyridae, 갈고리벌레과Cymothoidae 등에 많다(Markham 1985, Horton and Okamura 2001, Smit et al. 2014). Isopoda에서 Iso-는 '같다'라는 뜻이고 poda는 '다리'라는 뜻으로 '다리가 같다'는 뜻이다. Bopyridae에 속하는 종들은 보통 몸길이가 수 mm에서 수십 mm로 다양한데, 주로 십각류Decapoda에 속하는 새우, 랍스터, 게 등에 기생한다(Markham 1985). Cymothoidae에 속하는 종들은 보통 몸길이가 6 mm 이상으로 큰 편이며, 주로 어류의 아가미, 입, 표피, 살 안에 기생한다(Smit et al. 2014). 이들은 전 세계에 널리 퍼져 있는데, 특히 열대 해역이나 아열대 해역의 얕은 물에 많다.

봉준호 감독의 영화 〈기생충〉이 2020년 아카데미 작품상, 감독상, 각본상, 국제영화상을 받음으로써 기생충에 대한 관심이 높아졌다. 재미있는 것은 기생생물 대부분이 분류학적으로 하등생물이다. 그러므로 숙주생물은 하등기생생물이 만들어놓은 주택이 아닐까 하는 생각이 든다.

6. 에너지, 순환되지 않고 흘러간다

생태계에서 에너지 유동은 생물들을 통해서 에너지가 흘러간다는 뜻이다(Lindeman 1942, Odum 1968). 이 에너지 유동은 한 방향으로 일어난다. 즉 개체단위에서는 먹이에서 포식자로 에너지가 이동한다. 이를 군집 수준의 영양단계trophic level라 할 수도 있다(Petersen and Curtis 1980). 즉 1차생산자인 광합성 생물에서 1차소비자인 초식동물로, 다시 초식동물에서 2차소비자인 육식동물로 에너지가 이동한다.

종이를 태우면 재가 되고 열이 난다. 탄소를 포함하고 있는 유기물을 태우면 산화되면서 에너지가 나오는 것이다. 사실 포도당은 연료라고 할 수 있다. 자동차에 넣는 연료와 비슷한 역할을 한다. 물질이 순환되는 것과 다르게 에너지는 높은 곳에서 낮은 곳으로 이동하며 순환되지 않는다. 그래서 에너지 순환이라고 하지 않고 에너지 유동energy flow이라고 한다.

생태계의 에너지 유동에서 에너지의 근원은 태양에너지다. 태양에너지를 이용하여 식물이 이산화탄소를 포도당으로 합성하고, 이 식물을 초식동물이 먹으면서 에너지가 이동한다. 즉 태양에너지를 식물이 화학에너지로 저장한 후 동물에게 먹히면 물질과 에너지가 이동하는 것이다. 그러나 물질은 무기물에서 유기물로(광합성), 다시 유기물에서 무기물(분해)로 계속 순환하면서 태양에너지를 화학에너지로 저상하고, 저장된 화학에너지를 먹이망을 통해 다른 생물에게 이동시킨다.

에너지 유동에 있어서 전환효율transfer efficiency은 중요한 개념이다. 전환효율은 낮은 영양단계에서 다음 영양단계로 전달되는 에너지 비율을 말한다(Eddy et al. 2021). 보통 포식자는 먹이를 먹은 후 먹이로부터 얻은 에너지를 기초대사basic metabolism, 생식 및 성장reproduction and growth, 배설이나 분비excretion and egestion, 호흡 및 운동respiration and motility으로 에너지를 쓰기 때문에 먹이보다 훨씬 적은 에너지를 갖는다. 전환효율이 높다는 것은 먹이에서 포식자로 전달되는 에너지 비율이 높다는 것인데 포식자에게는 좋은 것이다.

필자의 연구실에서는 원생동물플랑크톤인 와편모류나 섬모류 한 종이 주어진 시간에 한 종의 먹이를 얼마나 많이 먹고(포식률, ingestion rate, ng C/predator/d), 얼마나 빨리 자라는지(성장률, growth rate, /day)를 측정해왔다(Jeong et al. 1999b, Ok et al. 2018, Kang et al. 2020, You et al. 2020). 단세포 포식자의 성장률을 구하는 식은 [Ln (P_t/P_0)] / t인데, P_0 = 0 day, P_t = t day일 때 포식자의 밀도, t는 경과시간이다. 그러므로 성장률은 새로 만들어진 개체수를 구할 수 있고, 이 개체수를 탄소량으로 전환할 수 있다(ng C). 이 포식률과 성장률로부터 총성장효율gross growth efficiency을 구할 수 있다. 즉 총성장효율은 새로 만들어진 포식자의 탄소량newly produced carbon/먹은 먹이의 탄소량gained carbon으로 구할 수 있다. 이러한 포식실험 연구는 먹이망뿐만 아니라 에너지 유동을 이해하는 데 꼭 필요한 연구다. 탄소량은 열량으로 전환할 수 있는데 유기물 1 g C = 10 kcal를 적용할 수 있다(Steele 1974, Petersen and Curtis 1980). 갯지렁이나 조개들의 습중량wet weight의 경우는 평균적으로 1 kcal/g을 적용할 수 있다(Brawn et al. 1968, Petersen and Curtis 1980).

7. 천이, 우점 세력의 이어달리기

주어진 군집 내에서 시간경과에 따라 종들의 구조species structure가 변하는 현상을 천이succession라고 부른다(Nair 2020). 보통은 한 군집에서 우점종이 많이 관찰되기 때문에 우점종을 중심으로 천이를 이야기한다. 천이에는 1차천이primary succession와 2차천이secondary succession가 있는데, 그 전에 생물이 살지 않은 새로운 환경이 주어졌을 때(예를 들어 빙하가 녹아 생긴 하구나 화산섬) 처음 들어와서 군집을 이루는 것을 '1차천이'라 하고(del Moral and Wood 1993, Chapin et al. 1994), 새로운 종들이 들어와 기존에 와서 살던 종들을 제거하거나 크게 줄게 만들면서 군집 내 종의 구조를 변하게 하는 것을 '2차천이'라고 한다(Crain et al. 2008). 육상군집이나 저서군집에서는 1차천이와 2차천이를 나눌 수 있지만 수층군집pelagic community에서는 나누기가 어렵다.

이러한 천이의 시간경과는 군집의 종류에 따라 수일부터 수백만 년까지 다양하다. 육상에서는 새로운 환경이 만들어졌을 때 식물군집은 이끼류 → 초본류 → 관목류 → 양수림 → 음수림 순서로 수년 또는 수십 년에 걸쳐 서서히 일어난다. 그러나 바다에서는 식물플랑크톤의 우점종 천이가 일주일 안에도 일어날 수 있다. 바닷물 1 ml 안에는 수십 또는 수백 종의 식물플랑크톤이 살고 있다. 이들은 새로운 환경(예를 들어 비가 많이 온 후 강물이 연안으로 들어왔을 때)이 주어지면 그 조건에 가장 잘 적응하여 가장 먼저 성장한 종이 우점을 한다. 앞서 언급한 대로 비 온 후 강물이 들어오면 육상의 질소와 인이 많이 공급된다. 그러면 성장률이 높은 규조류들이 먼저 번성한다(Ok et al. 2021b). 하루에 3~4번 분열할 경우 한 마리가 일주일 후면 10,000마리가 되면서 작은 적조를 일으킨다. 이들은 일주일 정도면 물속에 녹아 있는 질산염이나 인산염을 다 써버리고 죽게 되는데 이때 천적들이 이를 가속화하기도 한다. 규조류들이 감소되면 와편모류들이 우점을 하게 되는데 이들은 혼합영양을 하거나 주야수직이동을 통하여 저층의 영양염류를 흡수하면서 밀도가 증가한다.

혼합영양은 미세조류 간의 우점종을 빠르게 변하게 하여 천이를 일으키도록 할 수 있다(Jeong et al. 2005d). 일반적으로 크기가 작은 혼합영양 종을 중간 크기의 혼합영양 종이 먹고 우점하고, 이들을 더 큰 혼합영양 종이 먹어서 우점하므로 천이가 빠르게 일어날 수 있다.

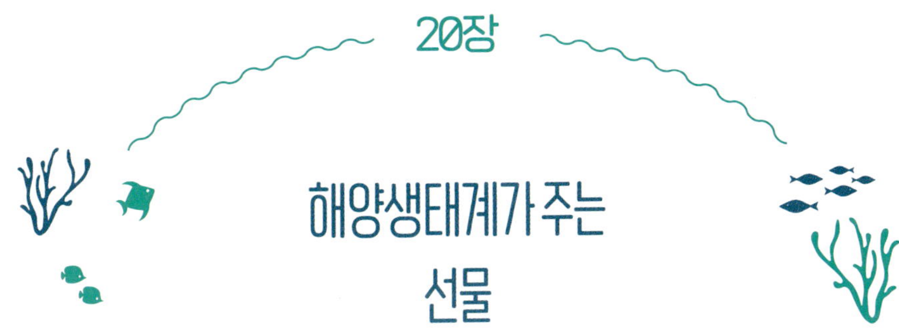

20장 해양생태계가 주는 선물

1. 많은 혜택

해양생태계는 우리들에게 많은 선물을 주고 있다. 공간, 해양레저, 관광자원, 식량, 이산화탄소 제거, 산소공급, 바이오 자원 등을 제공하며, 유기오염물질을 분해하는 정화기능도 가지고 있다(그림 20-1).

우리가 잘 못 느끼고 있지만 해양생태계가 우리에게 주는 가장 중요한 선물은 아마 산소(O_2)다. 우리는 신선한 공기를 마시기 위하여 숲에 가서 산림욕을 한다. 숲에 있는 나무들이 산소를 많이 공급한다고 생각하기 때문이다.

다음은 식량(수산자원)이다. 일찍이 인류는 바다에서 많은 어류와 패류를 얻어왔다. 어패류를 획득하는 기구나 방법도 끊임없이 발전해왔다. 낚시는 가장 겸손한 어류 획득 수단이다. 어망을 끌거나 설치해놓는 등(정치망이라고 부른다) 많은 노력을 해왔다. 또한 수심 깊은 곳에 있는 어류 떼를 찾기 위하여 어군탐지기 등과 같은 기구도 개발하여 쓰고 있다. 또한 양식을 통하여 많은 어류와 패류를 획득하고 있다.

예전에 비하여 요즘 우리나라에서 회를 쉽게 먹을 수 있는데 양식을 많이 하기 때문이다. 1980년대 초부터 해상가두리 양식이 본격적으로 시작되어 많은 양

그림 20-1. 해양생태계가 주는 다양한 혜택

식어류가 공급되고 있다. 최근에는 원양에서 잡히는 참치 양식도 시작했다.

필자의 전공이 해양생물이라 많은 분들이 어떤 회가 가장 맛있느냐고 묻는데 이러한 질문을 받을 때마다 '포항제철 주식회사의 회'라고 답한다. **포구**나 **항구**에서 바로 가져온 **제철** 생선으로 만든 회인데, 술(**주**)과 같이 먹을 수 있고(**식**), 그 회를 사주시면(**회사**) 최고라고 이야기한다.

앞에서 언급한 바와 같이 해양생태계 내 생물은 많은 유용한 생물물질을 공급하고 있다. 이 물질들은 의약품이나 건강보조식품 등으로 쓰이고 있다.

또한 해양생태계는 해양스포츠를 즐길 수 있는 공간뿐만 아니라, 관광 및 치유를 할 수 있는 공간을 제공하고 있다. 아울러 인간들이 배출하는 유기성 오염물질을 분해하여 정화한다. 이렇게 해양생태계가 우리에게 주는 혜택을 생태계서비스라고 부르기도 한다.

2. 선물의 지속성

해양생태계가 우리에게 주는 이렇게 많은 혜택을 계속 유지하는 것이 필요하다. 그러기 위해서는 해양생태계의 구조와 기능을 잘 이해하고, 이들을 변화시킬 위험이 있는 환경요인을 정확히 파악한 후, 효과적인 대책을 세워 피해를 예방해야 한다.

해양생태계의 구조와 기능을 변화시킬 수 있는 다양한 규모의 환경변화는 다음 장에서 설명하기로 한다.

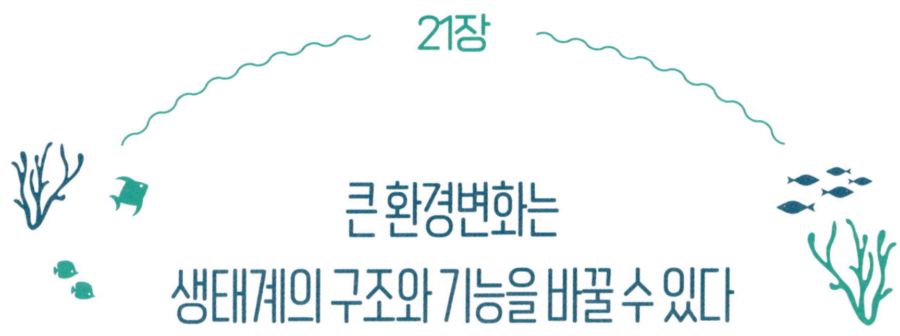

21장

큰 환경변화는 생태계의 구조와 기능을 바꿀 수 있다

1장에서 생태계는 공간과 그 안을 채우고 있는 비생물적 물질과 에너지, 그리고 그 안에 서식하는 생물의 통합체라고 했다. 태양, 대기, 육상은 해양이라는 공간 안에 들어 있는 비생물적 물질과 에너지의 양을 끊임없이 바꾼다(그림 21-1). 예를 들어 태양과 지구의 각도는 계절을 만들고 태양빛이 바다에 내리쬐는 시간과 광도가 변하게 하고 궁극적으로 해수 내 에너지, 나아가 해수의 온도를 바꾼다. 바람은 바다에 에너지를 가해 물의 흐름과 운동에 영향을 준다. 비가 온 후 강물을 통하여 막대한 담수가 들어올 때 질소나 인과 같은 물질을 가지고 들어와 연안수 내 질소와 인의 양적 변화(농도 변화)를 일으킨다(Jeong et al. 2017b). 또한 인간에 의하여 만들어진 화학물질이나 고형물질 등이 바다로 많이 들어올 경우 이들의 농도가 증가하여 해양오염을 일으킨다(Ansari et al. 2004).

해양생태계 밖 육상생태계나 대기환경에서의 비생물적 물질이나 에너지의 양적 변화는 해양생태계 내 그 물질이나 에너지의 양을 크게 변화시킬 수 있다(Barsugli et al. 2006, Kim et al. 2011a). 현재 문제가 되고 있는 지구온난화global warming는 대기라는 공간 안의 에너지 증가로 인하여 온도가 높아지는 현상인데 이 에너지가 해양생태계 공간으로 들어오면 해수 온도가 상승하게 된다. 결국 대기 내 에너지의 증감은 해수의 고수온이나 저수온을 야기할 수 있다(Barsugli et al. 2006,

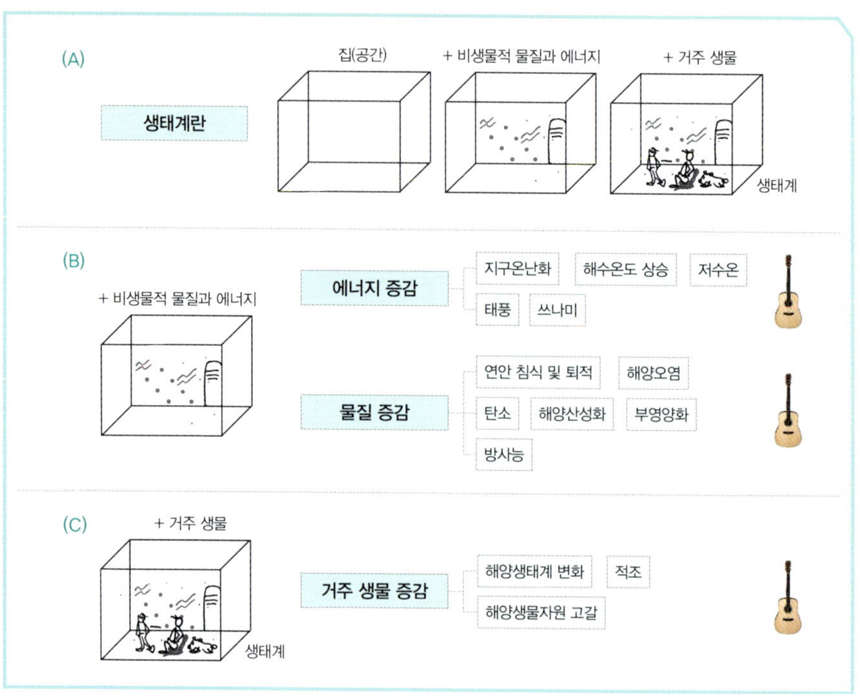

그림 21-1. (A, B, C) 생태계라는 공간 안에 들어 있는 비생물적 물질과 에너지의 양적 변동은 거주 생물들의 증감을 야기할 수 있다. 기타는 기타 등등.

Isachsen et al. 2013). 또한 대기중의 이산화탄소 증가는 평형을 이루기 위하여 해수의 이산화탄소 농도를 증가시키는데 이는 해수 내 pH가 낮아지는 현상인 해양산성화ocean acidification를 야기한다(Doney et al. 2009, Zeebe 2012). 아울러 부영양화eutrophication는 질소, 인 등 영양염 물질들의 농도가 증가되어 유기물의 증가를 일으키는 것이고(Howarth 2008), 해양오염marine pollution은 오염물질농도 증가로 인하여 생물에게 피해를 주는 현상들이다. 이러한 지구온난화, 해양산성화, 부영양화, 해양오염의 정도는 결국 생태계 내 비생물적 물질과 에너지량의 변화에 영향을 받는다.

이러한 비생물적 물질과 에너지의 양적 변동은 해양생태계의 구조와 기능에 큰 영향을 줄 수 있다. 외부에서 들어오는 비생물적 물질과 에너지량의 변화가 해양생태계에 얼마나 영향을 주는지는 비생물적 물질과 에너지량과 이에 대한 해양생물의 반응에 따라 결정된다. 비생물적 물질과 에너지량의 변화가 커도 해양생물이 잘 견디면 큰 영향이 없는 것이고 해양생물이 잘 견디지 못하면 큰 영향을 주게 된다(Zeroual et al. 2020).

비생물적 물질과 에너지량의 변화에 의하여 일부 또는 대부분의 해양생물의 밀도가 변할 경우 종조성의 변화와 같은 해양생태계 구조에서의 변화뿐만 아니라 비생물적 물질과 에너지의 이동 또는 전달과 같은 생태계 기능에도 변화가 일어날 수 있다. 그러므로 크고 작은 비생물적 물질과 에너지량의 변화에 따른 해양생태계 구조와 기능의 변화를 연구해야 한다. 그러기 위해서는 각 해양생물 종들의 반응을 먼저 연구해야 한다.

1. 온난화, 공간 내 에너지 증가

지구온난화는 지구 대기 내 에너지가 증가하여 결국 지구의 평균 기온이 상승한다는 것이다. 아울러 기온 상승은 해수온도가 상승을 야기한다. IPCCIntergovernmental Panel on Climate Change 6차 보고서에 의하면 2011~2020년 평균 지구표면온도average global surface temperature는 1850~1900년 평균에 비하여 1.09 ℃ 상승했는데 육지에서 1.59 ℃, 해양에서 0.88 ℃ 상승하였다. 문제는 지금과 같이 화석연료에 의존하여 고속성장을 하고, 온실가스 배출을 지속적으로 많이 한다면 Shared Socioeconomic Pathways 5-8.5, 2081~2100년 지구표면온도가 1850~1900년 대비 3.3~5.7 ℃ 상승할 가능성이 있다는 것이다(그림 21-2). 평균지구표면온도는 해양 표층수수심(1 mm~20 m 사이) 수온과 육상 기온(지상 1.5 m)을 평균한 값인데 이때 해양과 육상의 면적비율을 고려한다.

지구온난화는 북극해의 빙하 면적을 감소시키고 해수면을 상승시켰다. 북극해 빙하는 1979~1988년 대비 2010~2019년에는 10~40% 감소했다. 평균 해수면의 높이는 1901~2018년 사이 0.2 m 상승하였는데 2006~2018년 사이에는 매년 평균 3.7 mm씩 높아지고 있다. 또한 폭우의 빈도가 높아져 지구 평균 강수량이 1980년대 이후 빠르게 증가하고 있다. 아울러 폭염, 가뭄, 폭풍, 고수온 등의 빈도

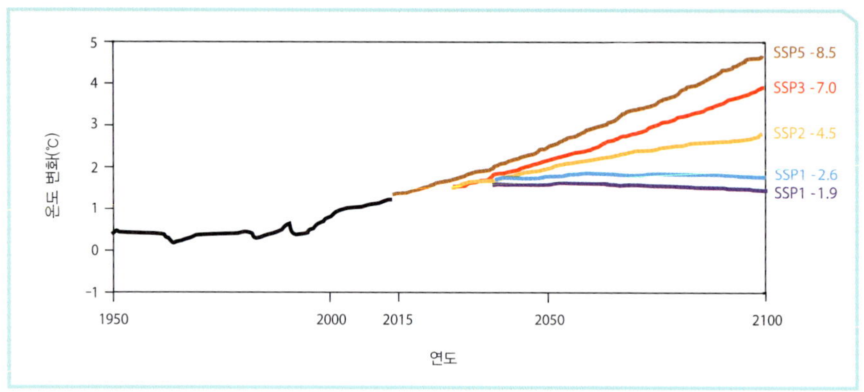

그림 21-2. 친환경 성장 및 온실가스 최저 배출 시나리오(SSP1-1.9)부터 화석연료에 의존한 고속성장 및 온실가스 최고 배출 시나리오(SSP5-8.5)까지 다섯 개 기후변화 시나리오에 따른 1850~1900년 대비 평균지구표면온도 예측. SSP: Shared Socioeconomic Pathways (공통사회경제경로). IPCC 6차 보고서 자료

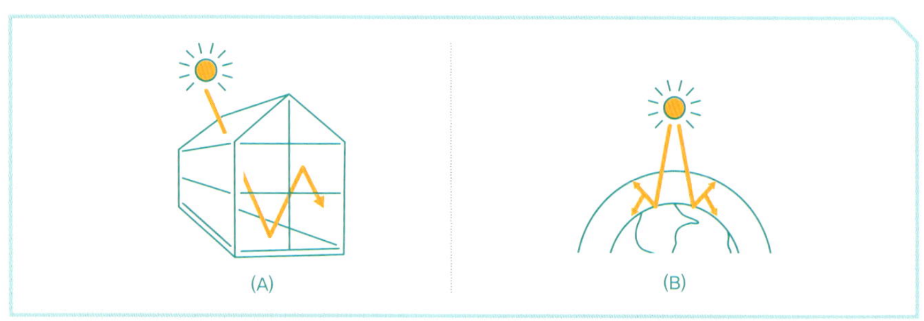

그림 21-3. 온실효과에 의한 지구온난화. (A) 유리온실. 태양광선이 유리를 통과하여 온실 안에 들어왔다가 적외선이 나가지 못하고 갇혀 온실의 온도를 상승하게 함. (B) 유리 역할을 하는 온실가스 때문에 대기의 온도가 상승함.

가 증가하고 있다.

왜 이렇게 기온이 올라갈까? 태양광 중 단파장은 에너지가 높아 온실의 유리를 통과할 수 있다(그림 21-3). 그런데 이러한 단파장은 온실 바닥과 부딪친 후 에너지가 줄어들며 장파장으로 변하는데 장파장 중 적외선은 유리를 뚫고 나갈 수가 없어 온실 안에 갇히고 온실 내 온도가 높아지게 한다. 이와 비슷한 원리로 지구 대기가 에너지를 잡아놓아 지표면의 온도가 올라가는 현상을 온실효과greenhouse effect라고 한다(Xu and Cui 2021). 지구 대기 안에도 유리 역할을 하면서 적외선을 흡수하는 물질들이 있는데 이들을 온실가스라고 한다. CO_2(이산화탄소), CH_4(메탄),

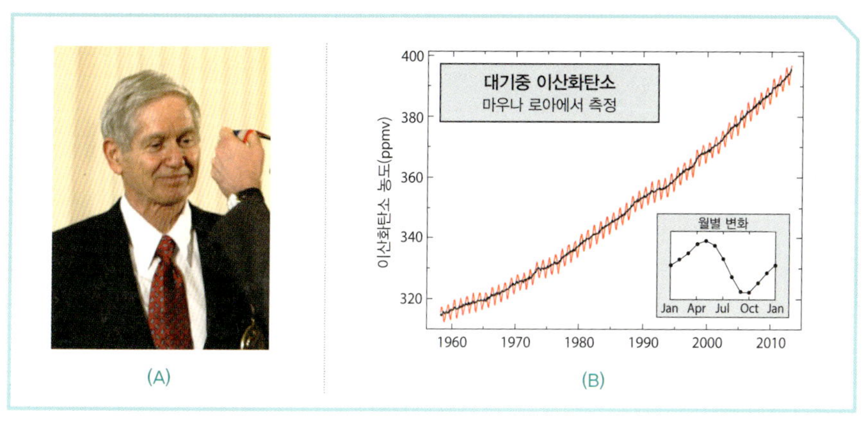

그림 21-4. (A) 킬링(Charles Keeling) 교수. (B) 킬링 커브

NO_x(질소산화물), O_3(오존), Fluorocarbons(플루오르화 탄소) 등이 대표적인 온실가스다(Rodhe 1990). 그리고 수증기도 온실효과에 기여하는 것으로 알려져 있다.

1950년대부터 UC San Diego 스크립스 해양연구소의 찰스 킬링Charles Keeling 교수는 하와이 마우나 로아 관측소Mauna Loa Observatory(해발 3,400m)에서 이산화탄소를 연속적으로 측정했다. 킬링 교수는 연속 관측으로부터 이산화탄소가 증가하고 광합성을 많이 하는 여름에서 가을에는 대기중 CO_2가 감소하고 광합성이 적은 겨울에서 봄에는 증가하는 사이클이 있다는 것을 알아내서 그 유명한 킬링커브를 그렸다(그림 21-4). 이러한 이산화탄소 증가가 지구온난화의 주요 원인이라고 했다. 필자가 스크립스 해양연구소에서 박사학위를 시작한 1990년 6월경에 지도교수님이신 마이클 멀른Michael Mullin 교수님 댁에서 킬링 교수님 부부를 처음 만나 이탈리아에서 열리는 월드컵 이야기를 재미있게 했었다. 부인께서 영국 분이라 축구에 관심이 많으셨다. 처음엔 그분들이 이웃집에 사는 평범한 부부라고만 생각했다. 그런데 그분이 수업시간에 들어오셨을 때 놀랐고, 또 그분이 그 유명한 킬링 교수님이라는 데 놀랐다. 사실 그분이 노벨상을 받으실 것으로 예상했는데, 갑작스럽게 돌아가시는 바람에 미국의 앨 고어 부통령과 IPCC가 기후변화 관련 노벨상을 받은 것 같다. 킬링 교수를 스크립스 해양연구소로 스카우트한 사람은 당시 소장이었던 로저 르벨Roger Revelle 박사다. 르벨 박사는 인간에 의하여 증가된 이산화탄소가 지구온난화의 원인이라고 생각했고 이를 증명하고 싶었다. 스크립스 해양연

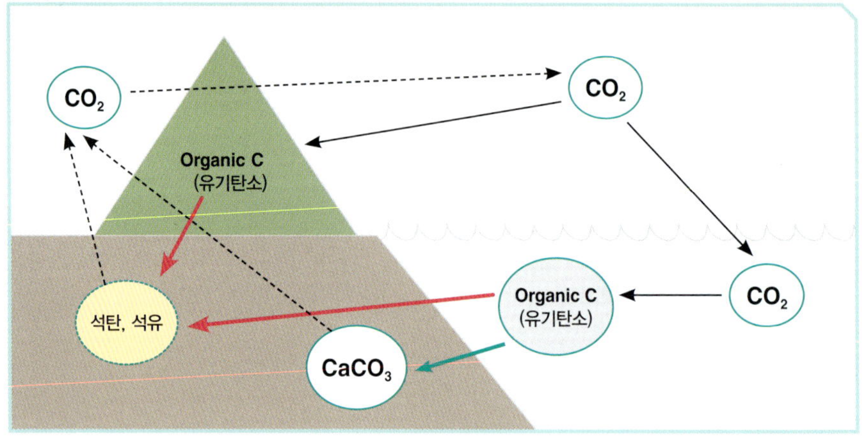

그림 21-5. 원시대기에 있던 이산화탄소가 지구상의 생물, 석탄, 석유, 시멘트에 들어가 있다. 그런데 석탄, 석유, 시멘트에 들어가 있던 탄소가 인간들에 의하여 대기중으로 배출되었다(점선).

구소는 처음 만들어졌을 때는 UC Berkley 소속이었고 나중에 UCLA 소속이 되었다. 그 후 1960년에 르벨 박사는 스크립스 해양연구소를 중심으로 UC San Diego를 창설했다. 르벨 박사의 혜안과 킬링 교수의 탁월함이 지구온난화 연구의 기틀을 마련했다고 생각한다.

2019년 대기중 이산화탄소 농도는 약 410 ppm 정도인데 앞으로 이산화탄소 배출량 저감 노력 여하에 따라 2100년에 약 400 ppm~1,000 ppm으로 증가 또는 감소할 것으로 예상된다. 원시대기 중에 넘버 2로 있던 이산화탄소가 식물플랑크톤들에게 흡수되고 먹이망을 통해서 탄소가 공급된 후 해저에 묻혀 석유가 된 것으로 추정하고 있다(그림 21-5). 그리고 이산화탄소를 흡수한 식물들이 땅에 묻힌 후 압력을 받아 석탄이 된 것으로 추정하고 있다. 또한 플랑크톤이나 조개류 등이 이산화탄소를 가지고 탄산칼슘($CaCO_3$) 껍질을 만든 후 해저에 묻혔다. 즉 자연이 공기 중 이산화탄소를 땅속이나 해저에 잘 묻어두었었다. 그러나 인간들이 묻혀 있던 석탄, 석유를 파서 쓰고, 석회석을 시멘트로 쓰면서 다시 이산화탄소가 대기중으로 들어가 대기 내 이산화탄소 농도가 증가한 것이다. 이러한 이산화탄소의 지속적인 증가는 기온을 지속적으로 올릴 가능성이 높으므로 이산화탄소 발생을 억제해야 한다. 현재 국제사회는 온실가스(또는 이산화탄소)를 배출한 만큼 흡수하여 순배출을 0으로 만드는 넷제로Net Zero 또는 탄소중립Carbon Neutrality을 목표로 많은 노력을 하고 있다.

지구온난화로 기온이 올라가면 해수온도도 올라가는데, 계절에 따라 더 많이 올라갈 수 있다(Raval and Ramanathan 1989, Caputia et al. 2009). 해수온도 상승은 해양 생태계의 구조와 기능에 큰 변화를 줄 것으로 예상한다. 식물플랑크톤, 원생동물 플랑크톤, 혼합영양플랑크톤의 온도에 대한 반응을 보면, 각 종들의 성장률이 대부분 저온에서 최적온도로 올라갈 때는 완만하게 올라간다(Jeong et al. 2018). 그러나 최적온도에서 고온으로 올라가면 성장률이 급격히 감소되어 사멸하는 경우가 많다. 예를 들어 혼합영양성 와편모류인 *Paragymnodinum shiwhaense*의 경우 26℃가 최적온도인데 27℃로 가면 성장률이 반절로 줄고 28℃부터는 사멸한다(Jeong et al. 2018). 그러므로 온난화로 인한 해수온도 1℃ 상승은 먹이망의 근간이 되는 원생생물들의 생존에 영향을 줘서 생태계 전체에 영향을 줄 수도 있다.

15장에서 언급한 바와 같이 미역, 다시마 등 대형해조류의 표면에 붙어사는 착생와편모류epiphytic dinoflagellates는 주로 열대나 아열대에 서식한다. 제주도 남쪽에 있는 오키나와에는 많은 착생와편모류들이 있는데 이들의 일부는 제주도 연안으로 옮겨올 수 있다. 태풍이 지나가면 오키나와 해역에 서식하는 미역과 다시마 표면에 붙어 있는 착생와편모류들이 떨어져나와 물속에 있다가 해류가 북쪽으로 이동하면서 제주도 해역으로 옮겨올 수 있다. 제주해역에 도착한 개체들이 겨울수온이 생존온도보다 낮으면 생존하기 어려우나, 온난화로 생존온도보다 높아지면 살아남을 수 있다. 지금 염려하는 것은 유독성 착생와편모류들이 남해안에 옮겨온 후 겨울에도 살아남아 피해를 주는 경우다.

2010년대 조 필사의 연구실은 제주도 연안에 *Gambierdiscus, Ostreopsis, Coolia, Amphidinium, Prorocentrum*속에 속하는 종들이 모두 살고 있다는 사실을 국제학술지에 발표하였다(Jeong et al. 2012a, 2012b, Kang et al. 2013, Lee et al. 2013, Lim et al. 2013, Jang et al. 2018, Lim and Jeong et al. 2021). 해중림을 만들 때 착생와편모류들이 잘 붙지 못하는 대형해조류 종들을 선정하여 심는 것이 필요하다(Kim et al. 2011b, Lim and Jeong et al. 2021).

필자의 연구팀은 2010년부터 온난화로 인한 수온 상승이 연안 식물플랑크톤

생산에 어떤 영향을 주는지를 연구했다. 그런데 연안은 영양염류의 증감이 크므로, 온난화와 부영양화 영향을 융합적으로 연구했다. 1년 동안 8회에 걸쳐 시화호 해역에서 해수를 채취해 와서 (1) 온난화 영향, (2) 부영양화 영향, (3) 융합적 영향을 연구한 결과, 부영양화가 온난화 영향을 가속화한다는 결과를 얻었다(Lee et al. 2019a). 특히 해수 내 초기 질산염/엽록소-a 비율이 식물플랑크톤 생산에 큰 영향을 준다는 사실을 밝혔으며, 미국, 영국, 노르웨이, 에스토니아 해역에서 생산된 장기모니터링 자료를 이용하여 이를 검증했다. 앞으로 온도 상승에 의한 1차생산의 영향을 연구할 때는 영양염류 농도를 감안해야 한다.

2. 해양산성화, 이산화탄소가 끌어내린 pH

대기중에 이산화탄소 농도가 증가하면 평형에 의하여 해수 내 이산화탄소 농도도 증가한다. 이렇게 이산화탄소 농도가 증가하면 탄산(H_2CO_3)이 증가하고 pH가 낮아져 해양산성화가 일어난다(Doney 2006). 반대로 식물플랑크톤이 이산화탄소를 많이 흡수하여 밀도가 증가하면 pH가 증가한다(Jeong et al. 2016).

해수 중 탄소의 형태는 CO_2(이산화탄소), H_2CO_3(탄산), HCO_3^-(중탄산이온), CO_3^{2-}(탄산이온)으로 존재한다(그림 21-6). 어느 형태가 많아지느냐는 pH의 영향을 받는다(Andersen 2002). pH가 낮으면(5 이하) 주로 CO_2로 존재하고, 중성일 경우는(6~8) 주로 HCO_3^-으로 존재하며, pH가 높으면(10 이상) 주로 CO_3^{2-}으로 존재한다.

대기중의 CO_2 농도가 증가하면 해수 내 CO_2 농도가 증가한다. 증가된 CO_2는 물과 결합하여 H_2CO_3을 만든다. H_2CO_3은 바로 HCO_3^-과 수소이온(H^+)으로 해리된다. H^+의 증가는 pH를 낮추게 된다. 그림 21-6A에서 보듯이 해수 내 pH가 낮아지면 탄소의 형태는 HCO_3^-이 더 우세하게 된다. HCO_3^- 농도가 더 증가하기 위하여 CO_3^{2-}이 H^+과 결합한다. 줄어든 CO_3^{2-}을 만들기 위하여 탄산칼슘($CaCO_3$)이 녹게 된다(Sulpis et al. 2018).

다양한 해양생물이 $CaCO_3$을 가지고 있다. 석회비늘편모류Coccolithophore가

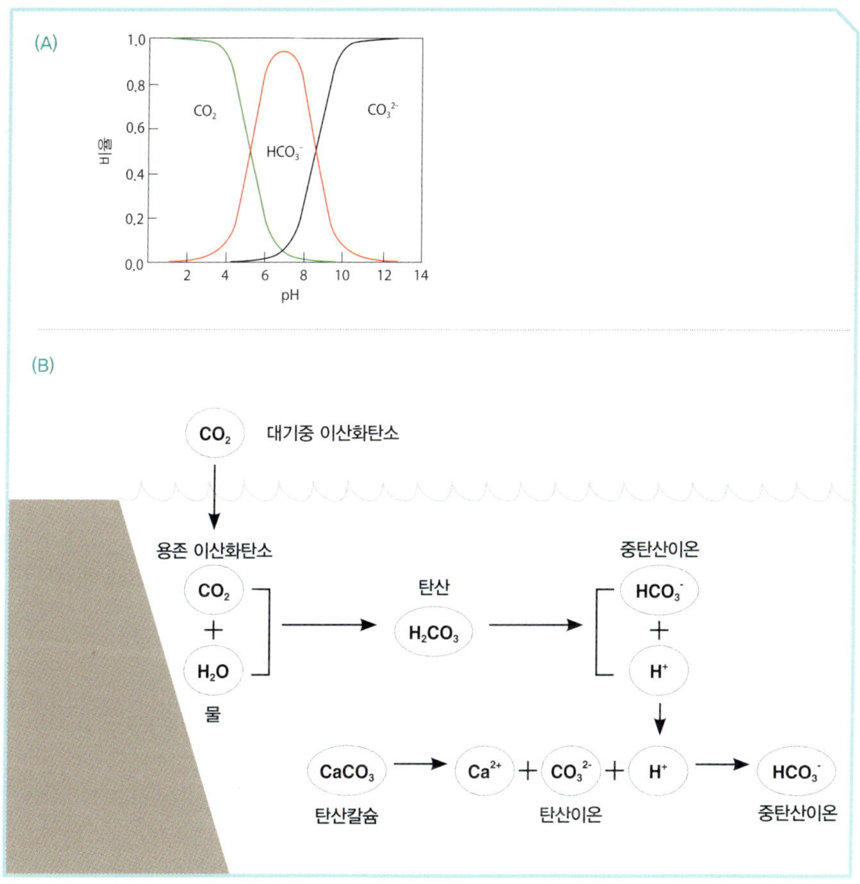

그림 21-6. (A) pH에 따른 탄소화합물의 우점도. (B) 대기중 이산화탄소 증가에 따른 해수 내 탄소화합물의 변화 과정

$CaCO_3$으로 된 외각을 가지고 있고, 자유유영을 하는 고둥류인 익족류Pteropod가 $CaCO_3$으로 된 외각을 가지고 있나(Buitenhuis et al. 2019, Müller 2019). 대부분 저서성이지만 플랑크톤성도 있는 유공충도 $CaCO_3$ 외각을 가지고 있다(Buitenhuis et al. 2019). 또한 저서동물인 산호는 $CaCO_3$을 분비하여 자신을 고정시키며, 패류들과 고둥류는 $CaCO_3$으로 만들어진 패각을 가지고 있다. 아울러 성게는 $CaCO_3$으로 된 골편spicule을 가지고 있다(Beniash et al. 1997). 그러므로 해양산성화가 되면 $CaCO_3$으로 되어 있는 플랑크톤이나 저서동물의 껍데기가 녹을 수 있다(그림 21-7). 결국 해양산성화는 해양생태계뿐만 아니라 수산업에도 큰 피해를 줄 수 있다.

그림 21-7. 탄산칼슘($CaCO_3$)을 가진 해양생물. (A) 플랑크톤인 *Emiliania huxleyi*. (B) 산호류 *Acropora palmata*. (C) 소라류 *Strombus alatus*. (D) 성게류 *Eucidaris tribuloides*

3. 유해물질에 의한 해양오염, 유류와 중금속과 인공물질

해양오염이란 인간에 의하여 만들어진 물질이나 에너지가 해양으로 유입되어 환경에 악영향을 주는 현상을 말한다. 해양오염을 야기시킬 수 있는 물질에는 유류 oil, 중금속 heavy metals, 유기물 organic materials, 영양염류물질 inorganic nutrients 등이 있다. 적은 양이 투입되면 생태계의 자정능력이 있어 큰 문제가 되지 않지만, 좁은 해역에 단시간 내 고농도로 투입되면 문제가 발생한다.

유류

원유 crude oil는 다양한 화합물을 포함하고 있는 혼합물이다. 우리가 쓰고 있는 알코올, 부탄가스, 휘발유, 아스팔트가 모두 원유에서 나오는 것이다. 또한 의복, 플라스틱, 살충제, 의약품 등도 원유에서 나오기 때문에, 사실 원유가 없으면 중요한 산업과 경제활동이 멈출 수 있다. 그런데 원유를 생산할 수 있는 나라는 정해져 있으며 우리나라나 일본 등은 전량을 수입해야 한다. 이러한 원유는 유조선을 이용하여 다른 나라에 수출을 하게 된다.

유류 오염의 경우 다양한 소스가 있다. 사실은 유류 유출량으로 보면 도시에서 유입되는 유류량이 가장 많지만 사람들에게는 유조선이나 선박 사고로 인하여

그림 21-8. 유류 유출. (A) 유조선 좌초. (B) 도시로부터 유출

좁은 지역에 집중적으로 일어나 큰 피해를 주는 경우가 인상에 남는다(그림 21-8). 지금도 기억에 남는 것은 1995년 여수 돌산도 남쪽 소리도 앞바다에서 일어난 씨프린스Sea Prince호 유류 유출 사고와 2007년 태안에서 발생한 허베이스피리트Hebei Spirit호 유류 유출 사고다(Yim et al. 2002, 2012). 국제적으로 가장 유명한 것은 1989년 미국 알래스카 해역에서 일어난 엑손발데스Exxon Valdez호 유류 유출 사고다(Peterson et al. 2003). TV나 기사로 볼 때는 유류를 뒤집어쓴 바닷새가 인상적이지만, 유류오염으로 인하여 플랑크톤, 어류, 패류, 포유류 등 광범위한 해양생물이 피해를 본다(Peterson et al. 2003).

원유 중 가장 해로운 것은 냄새가 나는 방향족 화합물aromatic인 벤젠benzene, 톨루엔toluene, 나프탈렌naphthalene 등이다. 원유는 해양생물의 신경계, 소화계 작동에 문제를 일으켜 큰 피해를 준다.

중금속, 인간이 농축해서 생긴 문제

중금속heavy metal이란 무엇일까? 무거운 금속일까? 아니면 해로운 금속일까? 중금속이라고 하는 수은Hg, 납Pb, 카드뮴Cd, 철Fe, 구리Cu, 망간Mn, 아연Zn, 니켈Ni, 코발트Co 등보다 무겁지만 독성이 없어서 중금속이라고 부르지 않는 것들도 있고, 비교적 가볍지만 독성이 있어서 중금속이라고 부르는 것들도 있다. 그래서 중금속이란 단어는 잘못 만들어졌다고 생각하는 학자들이 많다(Duffus 2002). 사실 철, 구리, 망간, 아연, 코발트 등은 식물플랑크톤 배양액에 필수로 들어가는 원소들이다

그림 21-9. (A) 수은을 쓰는 온도계와 마스카라. (B) 수은중독으로 인한 미나마타병이 발생한 미나마타시. (C) 먹이망에서 일어나는 생물축적

(Stauber and Florence 1989). 이들은 생체 내 효소의 활동을 도와주는 조효소 역할을 한다. 그럼 유익하고 해로운의 기준이 무엇일까? 바로 농도다. 기준 농도 이상은 문제가 발생할 수 있다는 것이다.

중금속은 주로 신경계나 뼈에 문제를 일으킨다. 가장 대표적인 중금속 오염은 수은 중독으로 발생하는 미나마타병Minamata disease과 카드뮴 중독으로 발생하는 이따이이따이병Itai Itai disease이다. 또한 납 중독도 심각한 건강문제를 일으킬 수 있다(Al-Saleh et al. 2009).

수은은 지각에서 매우 희귀한 원소로 농도가 0.08 ppm 정도다. 그러나 수은 온도계, 마스카라 등과 같은 화장품 등에 쓰이기 때문에 광상으로 개발한 후 사용한다(그림 21-9). 수은에는 무기수은과 유기수은이 있는데 유기수은이 생체 내에 잘 쌓이기 때문에 위험하다(Selin 2009). 1956년 일본 구마모토현의 미나마타Minamata

시에서 메틸수은methylmercury이 포함된 어패류를 먹은 주민들에게서 집단으로 발병하여 큰 문제가 되었다. 이 수은중독을 미나마타시의 이름을 따서 미나마타병이라고 명명했다. 이때 미나마타만에서 잡은 어류의 수은농도가 10 mg/kg이 넘었다(Eto 1997). 여러 나라에서 허용하는 식품의 메틸수은 농도가 0.5~1 mg/kg 이하임을 감안할 때 높은 수치다(Choi 2011, Kumar Das et al. 2011). 수은의 독성이 강해서 미국식품의약처Food and Drug Administration, FDA의 수산물 내 수은 허용치는 1 mg/kg이고, 미국환경처United States Environmental Protection Agency, USEPA의 음용수에서 허용하는 수은농도는 0.002 mg/L으로 매우 낮다(Paul 2017).

카드뮴은 전기기판, 페인트, PVC, 베어링 합금, 니켈-카드뮴 배터리 등 다양한 용도로 쓰인다. 카드뮴 중독은 뼈를 녹이고 신장에 해를 주는 이따이이따이병을 유발하는데 이따이이따이는 일본말로 '아프다'는 뜻이다(Aoshima 2016). 카드뮴도 독성이 강해서 미국환경처의 음용수 기준은 0.005 mg/L으로 매우 낮다(Paul 2017).

보통 중금속은 물속에 낮은 농도로 있더라도 먹이망을 통하여 올라가면 올라올수록 몸 안의 중금속 농도가 증가하면서 축적되어 피해를 줄 수 있다(Harding et al. 2018). 이러한 현상을 생물축적 Bioaccumulation이라고 부른다(그림 21-9C).

PCB와 미세플라스틱, 사람이 만든 인공물질

폴리염화바이페닐 polychlorinated biphenyl, PCB은 방향족 탄화수소인 바이페닐($C_{12}H_{10}$)에 염소(Cl)가 붙어 있는 화합물인데, 화학식은 $C_{12}H_{10-x}Cl_x$이다(Maervoet et al. 2004; 그림 21-10). 이들은 내화성 fire-resistance, 내열성 heat-resistance이 뛰어나고 전기를 전달하지 않아 한때 전기절연체, 단열재, 냉각제 등으로 널리 쓰였다. PCB는 1890년에 처음 합성되었는데, 미국은 PCB를 1929년부터 1977년까지 생산했다(Aoki 2001, Lowry 2007). 그러나 생물에게 피해를 주는 독성이 발견되어 1978년 미국이 법으로 제정하여 생산을 금지했고, 그후 많은 나라에서 생산을 금지했다. 그런데 법으로 생산이 금지되었지만 그 전에 생산해놓았던 PCB가 수용성이 아닌 지용성이라 토양이나 퇴적물 속에서 오래 잔류할 수 있어 지속적인 피해를 줄 수 있다(Díaz-Ferrero et al. 1997, Khim and Hong 2014).

PCB는 먹이망을 통하여 축적되고, 어류, 무척추동물, 조류, 포유류 등 다양한

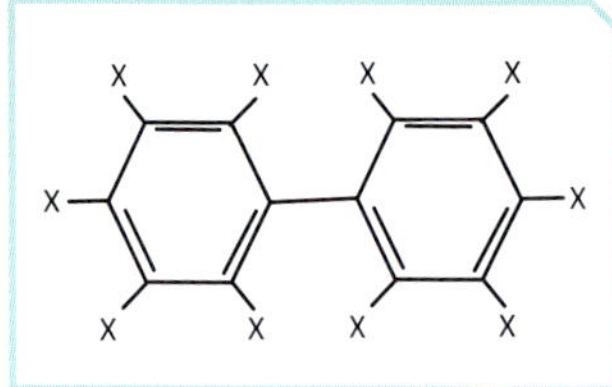

그림 21-10. 폴리염화바이페닐(PCB)의 기본 구조. X : Cl

해양생물에 피해를 줄 수 있고, 궁극적으로 수산물을 섭취하는 사람들에게도 피해를 줄 수 있다(Harding and Perry 1997, Kannan et al. 1989). 특히 PCB는 포유류의 내분비계, 면역계, 생식계에 피해를 줄 수 있다(Kramer et al. 1997, Bonefeld-Jørgensen et al. 2001, Schwacke et al. 2012).

PCB 외에도 사람들이 만든 잔류성 유기오염물질 persistent organic pollutants, POPs이 많은데, PolyBrominated Diphenyl Ethers(PBDEs), PolyChlorinated Dibenzo-p-Dioxins(PCDD), Polychlorinated dibenzofurans(PCDFs), organochlorine pesticides(eg. DDT)가 대표적이다(Jones and De Voogt 1999, Koh et al. 2004). 이 물질들도 사람을 포함한 다양한 생물에 피해를 끼친다(Alharbi and Khattab 2018).

미세플라스틱 microplastic은 길이가 보통 5 mm 이하의 플라스틱을 말하는데 1차 플라스틱과 2차 플라스틱이 있다(Cole et al. 2011). 1차 미세플라스틱은 처음부터 5 mm 이하로 제조된 것인데, 화장품, 구형의 미세비드 microbead, 의류에서 유래한다. 2차 플라스틱은 큰 플라스틱이 깨지거나 마모되서 5 mm 이하 크기가 된 플라스틱으로 주로 페트병, 그물, 플라스틱백, 티백 등에서 나온 것이다. 필자의 연구실에서도 박테리아 크기의 미세비드를 원생생물들의 포식실험을 할 때 써왔다(Jeong et al. 2008b, 2012c; 그림 21-11). 형광을 입힌 미세비드를 혼합영양성 와편모류나 동물성 와편모류에 넣은 후 형광현미경으로 관찰하면 섭식 여부를 알 수 있고 이로부터 박테리아를 먹을 수 있는지를 알 수 있다. 나중에 박테리아의 포식 여부를 투과전자현미경 transmission electron microscope으로 확인할 수 있다(Jeong et al. 2008b). 그런데 이 미세비드는 워낙 비싸서 많이 사용할 수 없어 다행이라고 생각한다.

혼합영양성 와편모류나 동물성 와편모류는 0.5~2 μm짜리 미세비드도 잘 섭식하여 몸 안에 쌓아놓는 것을 발견하였다(Jeong et al. 2008b, 2012c). 이러한 혼합영양성 와편모류나 동물성 와편모류는 후생동물플랑크톤의 좋은 먹이가 되므로(Jeong et al. 2001a), 미세비드가 후생동물플랑크톤의 몸 안에도 축적될 수 있다.

미세플라스틱은 먹이망을 통하여 축적되면 해양생태계에서 광범위한 피해를

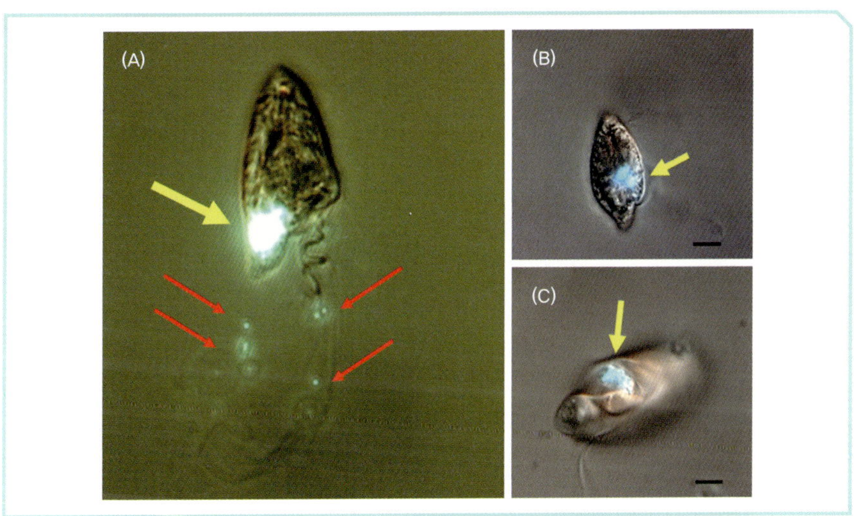

그림 21-11. 동물성 와편모류인 *Oxyrrhis marina*의 박테리아에 대한 포식실험 시 사용한 박테리아 크기의 미세비드. (A) *Oxyrrhis marina*가 분비한 물질에 0.5 μm 크기의 미세비드들이 붙어 있음(빨간색 화살표). (B, C) *Oxyrrhis marina* 몸 안에 수십 개의 미세비드가 먹힌 후 뭉쳐 있어 밝게 빛남(노란색 화살표). (Jeong et al. 2008b에서 수정)

줄 수 있다. 특히 어류나 상어, 포유류 등 크기가 큰 해양생물에게 피해를 끼친다(Germanov et al. 2018).

4. 부영양화, 영양물질도 너무 많으면 문제가 된다

부영양화eutrophication란 영양물질이 많다는 것이다. 영양물질은 주로 질소, 인, 규소를 말한다. 이러한 물질이 많으면 식물의 양이 많이 늘어나고 동물의 양도 증가할 수 있다.

이러한 부영양화는 두 가지 종류가 있다(그림 21-12). 하나는 자연적 부영양화natural eutrophication이고, 또 하나는 인위적 부영양화cultural eutrophication다. 사람들이 살지 않는 무인도의 깨끗한 바다라 할지라도 비가 온 후 육상의 토양이나 암석에 들어 있던 질소와 인 등이 지속적으로 들어오면 연안의 영양염류 농도는 지속

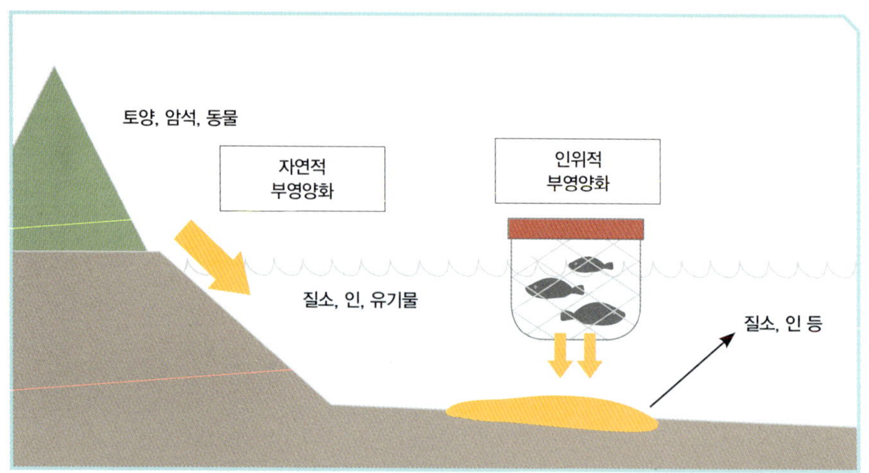

그림 21-12. 부영양화의 종류. 자연적 부영양화와 인위적 부영양화

적으로 증가하게 된다. 이러한 현상을 자연적 부영양화라고 부른다. 그런데 사람들이 가두리 양식장을 만든 후 물고기 사료를 공급하고, 도시가 생겨 생활하수 등이 유입되면 연안의 영양염류 농도가 많이 증가하게 되는데 이를 인위적 부영양화라고 부른다.

특히 1960년대 질소비료를 많이 사용하여 많은 연안에서 인위적 부영양화가 발생했다. 부영양화는 특정한 종의 양을 크게 증가시켜 적조를 일으킬 수 있다. 이러한 경우 먹이망을 파괴시켜 생태계 전반에 큰 피해를 줄 수 있다.

영양물질이 너무 적을 경우는 빈영양화oligotrophication라고 부른다. 이 경우 영양물질이 부족하기 때문에 식물이 광합성을 하는 데 지장을 받는다. 식물플랑크톤이 적으면 포식자량도 줄어들어 전체적으로 생물량이 적게 된다. 그러므로 질소나 인의 농도를 적정 수준으로 유지하는 것이 필요하다.

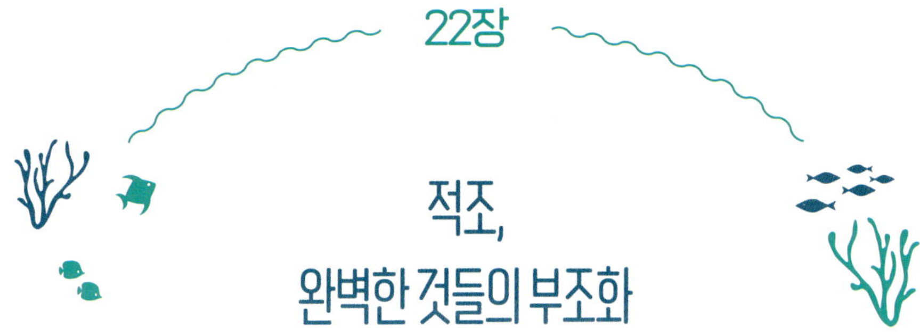

22장

적조, 완벽한 것들의 부조화

봄철에 뉴스를 보면 남해안에서 마비성패류독소가 발생했으므로 홍합, 조개, 굴 등 패류를 먹지 말라고 한다. 여름철에 뉴스를 보면 바다에 빨간 띠가 생겨서 양식장으로 침입하여 엄청나게 많은 양의 양식어류를 폐사시킨 장면이 나온다. 이 모든 것이 적조red tide 때문이다.

1. 적조, 빨간 밀물과 썰물일까?

적조는 플랑크톤이 대량으로 번성하여 수색이 변하는 현상을 말한다(Jeong et al. 2013a). '적조' 또는 'red tide'를 글자 그대로 해석하면 '붉은 조석'이라는 뜻이다. 그런데 적조가 일어났을 때 붉은색도 있지만 많은 경우 갈색이고 녹색이나 노란색도 있다. 그리고 조석tide과는 무관하다. 붉은색도 아니고 조석과도 관련없지만 100년 전쯤에 만들어진 것이라 바꾸기가 어렵다. 그래서 적조의 정의를 글자대로 해석하지 않고 'discoloration due to plankton bloom(플랑크톤 대번성으로 인한 수색이 변색되는 현상)'으로 수정한 것이다. 즉 적조는 적조생물의 밀도

그림 22-1. 적조 현상과 적조로 인한 어류 대량 폐사. 화살표는 적조띠

가 높아져 수색이 변하는 현상이므로 적조생물의 밀도와 관련이 있다. 보통은 1 ml당 200 ng C 이상이 되면 수색이 변해 보인다(Jeong et al. 2013a). 적조 중에는 해양생물에게 뚜렷한 피해를 주지 않는 것도 있다. 적조와 유사한 용어로 유해조류대번성 Harmful Algal Bloom, HAB이 있다(Anderson 2009). 이것은 조류가 번성하여 해양생물에 피해를 주는 것이다. 단세포 조류 중에는 독성이 강해서 낮은 밀도로 있어도 해양생물에게 해를 끼칠 수 있다. 그러므로 HAB는 밀도보다는 피해를 주느냐 안 주느냐에 초점을 맞춘다. 물론 적조이면서 HAB인 경우가 아주 많다. 필자는 이 장에서 특별히 구분해야 할 상황이 아니면 적조와 HAB를 적조로 통일하여 기술했다.

적조는 바다를 끼고 있는 거의 모든 나라에서 발생한다(Jeong et al. 2021). 일반적으로 적조가 발생하면 해양생태계를 파괴시키고 어패류를 대량으로 폐사시켜 막대한 피해를 끼친다(Park et al. 2013b; 그림 22-1). 그러므로 다음 절에서 적조 원인 생물, 적조 발생 기작, 적조 피해, 적조 대책 등을 차례로 설명한다.

2. 적조생물들, 수백 대 일 경쟁을 뚫은 천재들

적조를 일으키는 생물은 식물/혼합영양플랑크톤, 원생동물플랑크톤이다. 2020년까지 공식적으로 인정받은 37,911종의 식물/혼합영양플랑크톤 중 1990년부터 2019년까지 전 세계 바다에서 한 번이라도 적조를 일으킨 종은 365종에 불

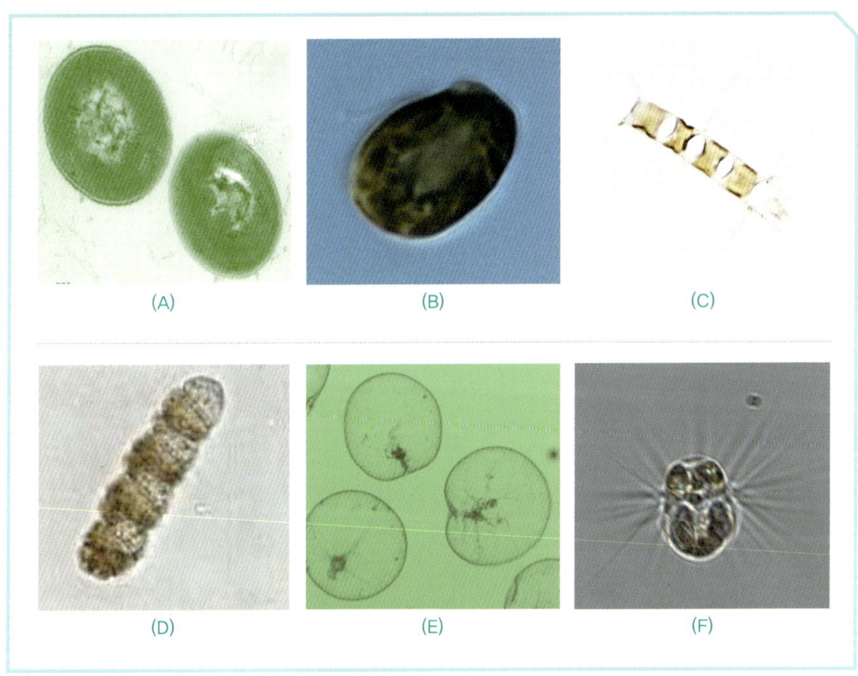

그림 22-2. 적조생물 그룹. (A) 남세균류. (B) 미소편모류. (C) 규조류. (D) 식물/혼합영양플랑크톤. (E) 동물성 와편모류. (F) 혼합영양성 섬모류

과하다(Jeong et al. 2021). 전체의 1% 미만이다. 아직 밝혀지지 않은 미세조류가 10만 종이 넘을 것으로 예상하고 있어서 적조 한 번 일으키기가 엄청 어렵다는 것을 알 수 있다. 수많은 종이 치열하게 경쟁을 한 후 그 당시 주어진 환경에 가장 적합한 소수의 종이 적조를 일으킨다(Jeong et al. 2013a). 그러므로 적조 종들이 어떤 전략으로 경쟁자들을 물리치고 적조를 일으키는지 밝히는 것은 매우 어려운 일이다. 그러나 과학기술이 발전하면서 그 전략들이 속속 밝혀지고 있다(Smayda 1997, Jeong et al. 2005d, 2021).

적조를 일으키는 생물에는 남세균류, 규조류, 미소편모류, 와편모류 등 식물/혼합영양플랑크톤뿐만 아니라 동물성 와편모류, *Mesodinium rubrum*과 같은 혼합영양성 섬모류도 포함되어 있다(그림 22-2). 이들에 대한 자세한 설명은 7, 8, 10장에서 했으므로 이 장에서는 생략하기로 한다. 우리나라에서 봄에 발생하여 마비성 패류독소 현상을 일으키는 적조생물은 주로 *Alexandrium*속에 속하는 와편모류이고, 여름에 대규모 적조를 일으켜 큰 피해를 끼쳐온 적조생물도 *Margalefidinium* 속에 속하는 와편모류다.

3. 적조, 어떻게 발생되나?

적조생물은 단세포다. 성장에 좋은 조건이 주어지면 이분법으로 분열하면서 개체수가 증가한다(그림 22-3). 그런데 이때 천적이 많아 적조생물을 많이 먹어버리거나, 경쟁자가 방해를 하거나, 태풍이 와서 강한 난류를 발생시키면 적조생물이 죽게 되어 적조 발생이 억제될 수 있다. 그러므로 만일 물리적 힘에 의한 유입이나 유출이 없다면 적조생물의 시간당 변화율은 (성장률 – 피식률 – 경쟁에 의한 저해율 – 물리적 힘에 의한 저해율)로 표현할 수 있다. 필자는 2015년 이 식의 역사적 발전을 바탕으로 4단계 적조 발생 개념 모델을 수립하여 논문으로 발표했다(Jeong et al. 2015). 이 논문에서는 1세대 적조 발생 모델에서 4세대 적조 발생 모델로 가면서 핵심적인 인자를 하나씩 포함해나갔기 때문에 계층 hierarchy 으로 나누어 접근했다.

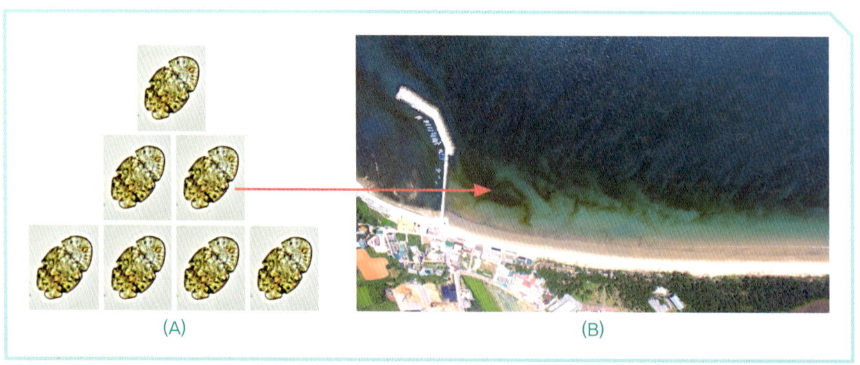

그림 22-3. 적조 발생 기작. (A) 환경조건이 좋을 때 1마리가 분열하여 2마리가 되고 2마리는 다시 분열하여 4마리가 된다. (B) 이렇게 단세포들이 기하급수적으로 증가되면 수색을 변하게 만들어 적조를 발생시킨다.

질소비료가 개발된 후 비료의 사용 증가로 농경지로부터 많은 영양염류가 연안으로 들어와 엽록소의 양이 증가하고 적조가 자주 발생했다(Harding and Perry 1997, Cloern 2001). 1세대 적조 발생 모델(Generation model 1, GM1)은 모든 적조생물이 식물성이고 운동성이 없다는 가정하에 광합성 조건인 광, 영양염류 농도에 따른 성장률을 측정하여 예측한다. 강이 유입되거나 도시 연안에서 발생되는 규조류 적조 발생을 예측하는 데 적합한 모델이다. 그러나 GM1은 표층에 영양염류 농도가 낮은 상황에서 발생하는 적조에는 적용하기 어렵다.

식물성 또는 혼합영양성 와편모류나 미소편모류는 운동성이 있어서 낮에는 표층으로 이동하여 빛을 받고 밤에는 저층으로 내려가 영양염류를 흡수한다(Eppley et al. 1968; 그림 22-4). 즉 이들은 주야수직이동diurnal vertical migration을 통하여 이분법으로 분열하며 적조를 일으킬 수 있다. 2세대 적조 발생 모델(GM2)은 주야수직이동을 추가했고, 표층의 영양염류 농도뿐만 아니라 저층에서의 영양염류 농도도 추가했으며, 10시간 수영을 했을 때 내려갈 수 있는 최대 깊이를 계산하여 모델을 수립했다(Jeong et al. 2015). 그런데 이 모델도 표층의 영양염류 농도가 낮고, 편모류가 최대한 수영을 해서 도달한 깊이에서의 영양염류 농도도 낮은 외양에서 발생되는 적

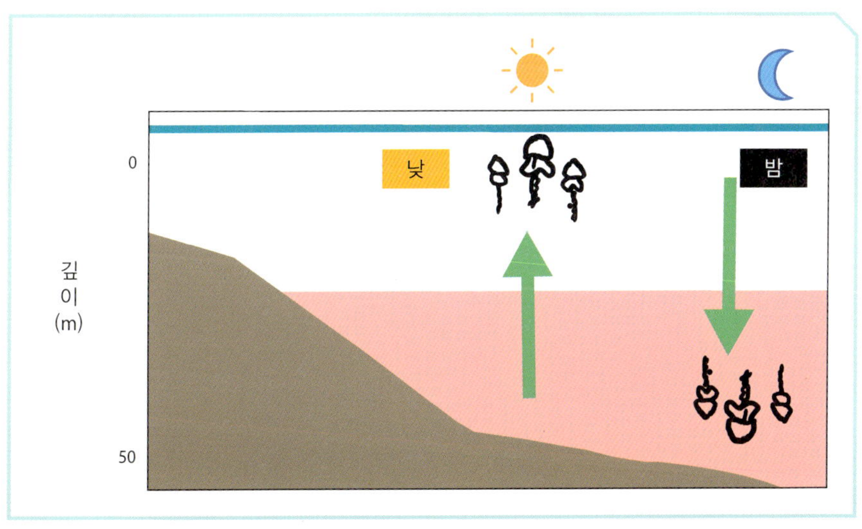

그림 22-4. 편모를 가진 적조생물은 주야수직이동을 하므로 저층수로부터 고농도 영양염류를 흡수할 수 있다.

조에 적용하기가 어렵다.

1990년대에 와편모류가 식물성 성질을 가지고 있을 뿐만 아니라 동물성 성질을 동시에 가지고 있어서 포식을 할 수 있는 혼합영양성이라는 사실이 밝혀졌다(Bockstahler and Coats 1993a, 1993b). 그 후 많은 와편모류가 혼합영양성이라는 사실이 밝혀졌다(Stoecker 1999, Burkholder et al. 2008, Jeong et al. 2010b, 2015). 그리고 많은 적조생물이 포식을 할 경우 성장률이 훨씬 더 높아지므로 영양염류농도가 낮을 때에도 포식을 통하여 적조를 일으킬 수 있다(그림 22-5). 특히 필자는 외양에서 발생

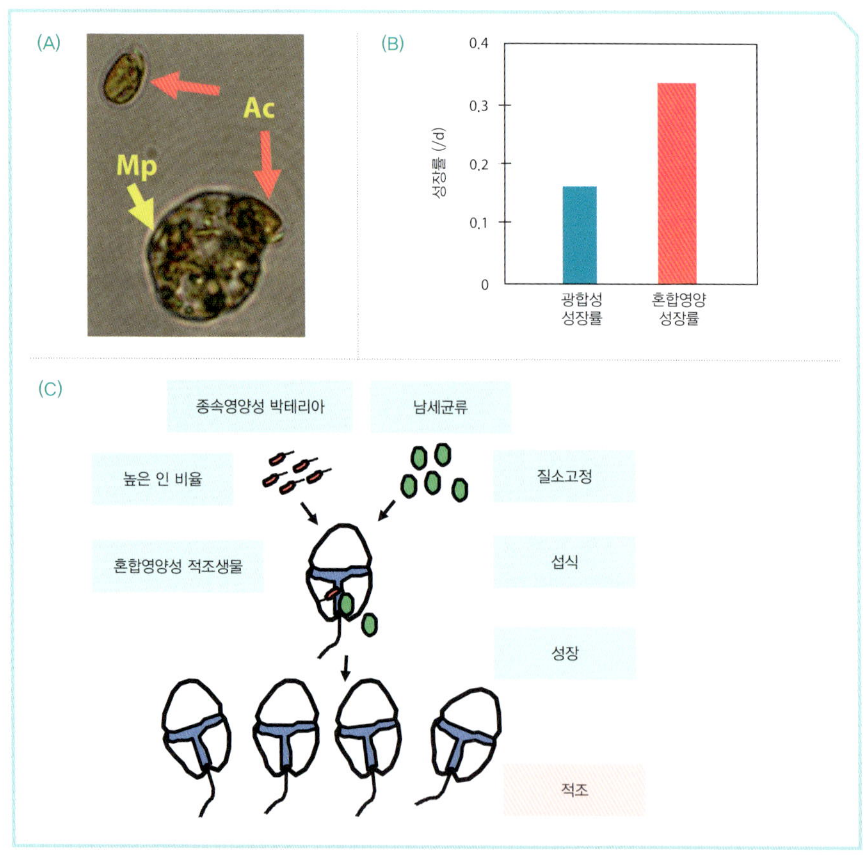

그림 22-5. (A) 적조생물인 *Margalefidinium polykrikoides*(Mp, 노란색 화살표)가 다른 와편모류인 *Amphidinium carterae*(Ac, 분홍색 화살표)를 포식하고 있는 장면. (B) *M. polykrikoides*의 포식시 성장률(혼합영양 성장률)이 포식하지 않았을 때 성장률(광합성 성장률)에 비하여 2배가량 높다. (C) 적조생물이 외양 표층수의 영양염류농도가 매우 낮을 때에도 종속영양성 박테리아와 남세균을 포식하면서 적조를 발생시킬 수 있다.(Jeong et al. 2010b에서 수정)

하는 적조의 발생 기작 가설을 제시한 논문을 발표했다(Jeong et al. 2010b). 즉 적조생물이 외양 표층수의 영양염류농도가 매우 낮을 때에도 고밀도로 있는 종속영양성 박테리아와 남세균을 포식하면서 적조를 발생시킬 수 있다는 가설을 발표한 것이다. 박테리아는 핵산의 비중이 높고 단백질 비중이 낮아서 인(P)이 풍부하고, 남세균은 질소가스를 암모니아로 전환시키는 질소고정을 하므로 질소가 풍부하다. 그러므로 해수에 질소나 인의 농도가 낮아도 박테리아와 남세균을 포식하면 질소와 인을 얻을 수 있어 적조를 일으킬 수 있다고 설명했다. 이 가설은 미국의 팻 글리버트Pat Glibert 박사 등이 연구를 통하여 외양에서 발생되는 적조 발생 기작으로 가능하다고 밝혔다(Glibert et al. 2009). 혼합영양을 바탕으로 수립된 3세대 적조 발생 모델(GM3)에서는 적조생물의 먹이 종류와 먹이의 밀도가 추가되었다.

적조생물이 광합성을 하거나, 주야수직이동을 하거나, 혼합영양을 하기 때문에 많은 적조생물이 사이좋게 적조를 일으킬 것 같은데 한 시기에 소수의 종만 적조를 일으킨다(Jeong et al. 2013a, 2017b). 이는 치열한 경쟁을 하여 승자만 적조를 일으키기 때문이다. 그러므로 4세대 적조 발생 모델(GM4)은 적조생물들 간의 경쟁을 추가하여 수립했다(Lim et al. 2014, Jeong et al. 2015).

1세대 적조 발생 모델을 쓸 경우 필요한 요인이 10여 가지면 되지만 4세대 적조 발생 모델을 쓸 경우에는 20여 가지의 요인을 알아야 한다(Jeong et al. 2015). 그러므로 4세대 적조 발생 모델을 쓸 경우에 정확도는 높아지지만 시간과 비용은 증가한다. 그러므로 이러한 1~4세대 적조 발생 모델은 대상 종에 따라 다르게 적용할 수 있다. 즉 앞서 언급한 바와 같이 규조류는 1세대 적조 발생 모델을 쓸 수 있고, 와편모류 적조 발생은 4세대 적조 발생 모델을 쓰는 것이 좋다.

적조가 발생할 수 있는 조건이 좋아 적조생물이 많이 분열을 해도 천적들이 많이 잡아먹으면 적조가 발생하지 않는다. 또한 적조가 발생한 후에도 천적들이 적조생물을 많이 잡아먹으면 적조가 빨리 소멸된다(Jeong et al. 2005a). 필자는 박사학위를 할 때부터 적조생물의 천적에 대한 연구를 해와서 대부분의 주요 적조생물에 대한 천적들을 찾아내고 어느 정도 제어가 가능한지를 연구해왔다(그림 22-6).

한 적조 종의 개체군에 대한 포식압grazing impact은 포식률ingestion rate(포식자당 시간당 잡아먹은 먹이 수, eaten prey/predator/d)과 비례하고 포식자의 밀도predator/ml와

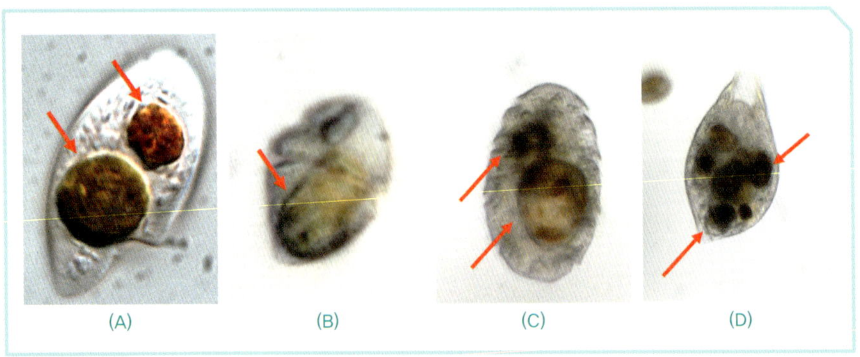

그림 22-6. 적조생물을 포식하는 포식자. (A) *Scrippsiella* sp.를 먹은 *Oxyrrhis marina*. (B) *Prorocentrum donghaiense*를 먹은 *Gyrodinium dominans*. (C) *Prorocentrum lima*를 먹은 *Polykrikos kofoidii*. (D) *Prorocentrum micans*를 먹은 *Strombidinopsis* sp. (유지현 촬영)

비례한다. 그런데 원생동물플랑크톤이 후생동물플랑크톤에 비하여 포식자 한 개체당 포식률은 낮지만(1/10~1/100배), 밀도가 훨씬 높아서(1,000~10,000배) 원생동물플랑크톤의 적조생물에 대한 포식압이 후생동물플랑크톤의 포식압에 비하여 훨씬 높다(Kim et al. 2013a, Yoo et al. 2013, Lee et al. 2017a, Lim et al. 2017). 그러므로 적조생물의 피식률을 측정하기 위해서는 원생동물플랑크톤의 한 적조생물에 대한 포식률과 원생동물플랑크톤과 적조생물의 밀도를 측정해야 한다.

전 세계 바다를 지배하고 있는 규조류와 와편모류는 치열하게 경쟁한다(Jeong et al. 2021). 예를 들어 대표적인 와편모류성 적조생물인 *Margalefidinium*(*Cochlodinium*) *polykrikoides*는 대표적인 규조류성 적조생물인 *Skeletonema costatum*, *Chaetoceros danicus* 등과 치열한 경쟁을 한다(그림 22-7). 그런데 *S. costatum*의 밀도가 높아지면 *Margalefidinium* 세포가 터져서 죽게 된다는 사실이 밝혀졌다(Lim et al. 2014). 또한 독소물질을 내는 적조생물이 다른 적조생물을 죽이거나 성장률을 저해시키는 타감작용 allelopathy 효과가 많이 보고되어왔다(Jeong et al. 2015).

이와는 반대로 규조류의 성장을 억제하는 와편모류도 많이 있고 규조류를 잡아먹는 혼합영양성 와편모류도 많다(Yoo et al. 2009, Jeong et al. 2015).

그림 22-7. (A) 규조류인 *Skeletonema costatum*이 없었을 경우, 24시간 후 관찰했을 때 *Margalefidinium polykrikoides*가 온전하지만, (B) *S. costatum*이 고밀도로 투입되었을 때는 *M. polykrikoides* 세포가 부풀어올랐다(빨간색 화살표). (Lim et al. 2014에서 수정) (임안숙 교수 제공)

4. 태풍, 적조 발생을 부추기나 억제하나?

오랫동안 많은 사람들이 "태풍이 오면 유해성 *Margalefidinium polykrikoides* 적조가 더 심해지나요? 아니면 소멸되나요?" 하고 물어왔다. 언론에서도 많은 질문을 해왔었다. 답은 둘 다 맞는데 *M. polykrikoides* 적조는 태풍의 일일최대풍속에 의하여 결정된다는 사실이 밝혀졌다(Lim et al. 2015a).

2012년부터 2014년까지 14개의 태풍과 *M. polykrikoides* 적조를 분석한 결과 일일최대풍속이 14 m/sec 이상이면 적조생물이 죽어서 적조가 소멸하고, 5m/sec 이하이면 전혀 영향을 주지 않았다(그림 22-8). 5~14 m/sec에서는 적조생물을 흩트려서 일시적으로 밀도를 낮추었다. 태풍이 *M. polykrikoides* 밀도를 어류를 폐사시키는 밀도 아래로 끌어내린다면 고마운 태풍이 되는 것이다.

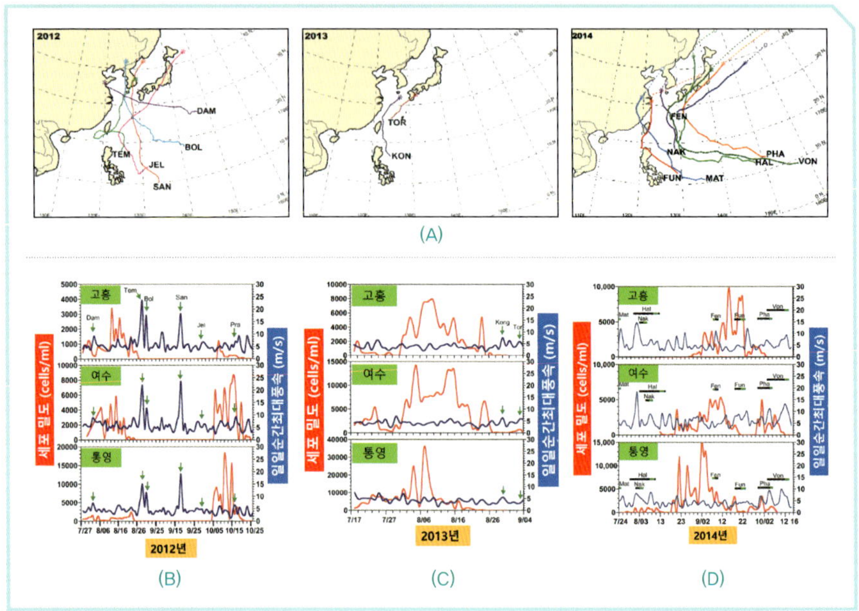

그림 22-8. (A) 2012~2014년도에 우리나라와 인근 해역을 통과한 태풍들. (B) 2012년, (C) 2013년, (D) 2014년 여름철 일일순간최대풍속과 *Margalefidinium polykrikoides* 밀도 변화. 자세한 내용은 Lim et al. (2015) 참조 바람. (임안숙 교수 제공)

5. 적조, 해양생물에게 어떻게 피해를 주나?

적조생물에 의한 해양생물의 피해는 다양한 기작에 의하여 일어난다(Landsberg 2002, Tang and Gobler 2009). 그중 대표적인 것은 독소toxin나 독성물질toxic substance, 무산소anoxic condition, 아가미 막힘gill clogging, 미세포식micropredation이다.

독소

독소를 가지고 있는 적조생물은 대부분 와편모류다. 와편모류 3,400여 종 중 수십 종이 독소나 독성물질을 가지고 있는 것으로 알려져 있다. 편모류와 규조류 일부도 독소를 가지고 있다. 와편모류가 가지고 있는 독소에 의한 증상은 마비성패독Paralytic Shellfish Poisoning 또는 신경성패독Neurotoxic Shellfish Poisoning, 설사성패독Diarrhetic Shellfish Poisoning, 기억상실성패독Amnesic Shellfish Poisoning, 아자스피로산패독Azaspiracid Shellfish Poisoning, 시구아테라어독Ciguatera fish Poisoning 등이다.

마비성패독 또는 신경성패독은 주로 신경계를 마비시켜 호흡곤란을 야기한다(그림 22-9). 대표적인 독소는 삭시톡신saxitoxin이다. 이 독소는 버터조개에서 발견했는데, 이 조개의 학명이 *Saxidomus gigantea*여서 삭시톡신이라고 명명했다(Schantz et al. 1975). 삭시톡신을 가지고 있어 마비성패독을 일으키는 대표적인 와편모류는 *Alexandrium* spp., *Gymnodinium catenatum*, *Pyrodinium bahamense* 등이다(Usup et al. 1994, Jeong et al. 2003b, Leong et al. 2004). *Alexandrium* spp.는 우리나라에서도 마비성패류독성을 일으키는 종들인데, 봄에 마비성패독주의보를 내리게 한다(Han et al. 2016, Baek et al. 2020). 또 다른 독소는 브레베톡신Brevetoxin이다(Nakanishi 1985). 미국 동남부에서 규모가 큰 적조를 일으켜 큰 피해를 끼쳐온 적조생물이 *Gymnodinium breve*인데, 이 종의 이름을 따서 브레베톡신이라고 했다(Baden 1989, Nicolaou et al. 1998). *Gymnodinium breve*는 나중에 *Gymnodinium*속의 특징과 다르다는 사실이 밝혀져, 신속인 *Karenia*속 내 *Karenia brevis*로 종명이 바뀌었다(Daugbjerg et al. 2000, Magaña et al. 2003). 또한 과명도 Kareniaceae라는 이름으로 새로 만들어졌으며, *Karlodinium*속(Daugbjerg et al. 2000), *Takayama*속(de Salas et al. 2003), *Astreodinium*속(Benico et al. 2019), *Gertia*속(Takahashi et al. 2019), *Shimiella*속(Ok et al. 2021a)이 새로 만들어졌다. *Karlodinium*속은 칼로톡신karlotoxin이라는 독소를 가지고 있고(Van Wagoner et al. 2008, Deeds et al. 2015), *Takayama*속은 어류독성이 나타나는 것으로 알려져 있으나(Huang et al. 2008), *Astreodinium*, *Gertia*, *Shimiella*속은 아직 독소가 보고되지 않았다.

설사성패독DSP은 오카다익산Okadaic acid과 다이노파이시스톡신dinophysistoxins이라는 독소에 의하여 발생된다(Suzuki and Quilliam 2011; 그림 22-10). 이 독소는 *Dinophysis*속에 속하는 종들이 가지고 있다(Reguera et al. 2012). 2006년 이전에는 *Dinophysis*속의 종들은 배양하기가 매우 어려웠으나, 우리나라 박명길 교수팀이 세계 최초로 배양기술을 개발했는데, 섬모류인 *Mesodinium rubrum*(= *Myrionecta rubra*)을 먹이로 한 혼합영양 기법을 이용했다(Park et al. 2006).

기억상실성패독ASP은 도모익산Domoic acid에 의하여 발생한다(Pulido 2008; 그림

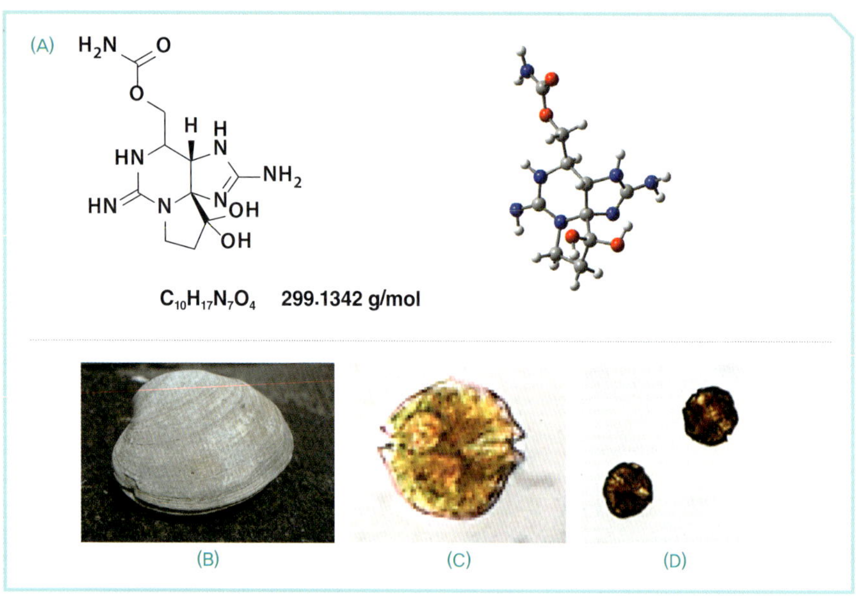

그림 22-9. (A) 마비성패독인 삭시톡신의 구조(노정래 교수 제공). (B) 이 독소를 잘 함유하는 버터조개 *Saxidomus gigantea*. (C, D) 마비성패독을 일으키는 대표적인 와편모류 *Alexandrium pacificum*(C)과 *A. minutum*(D)

그림 22-10. (A) 설사성패독인 오카다익산의 구조(노정래 교수 제공). (B) 설사성패독을 일으키는 대표적인 와편모류 *Dinophysis acuminata*

22-11). 이 독소는 규조류인 *Pseudonitzschia*속과 *Nitzschia*속에 속하는 종들이 가지고 있는 것으로 알려져 있다(Bates et al. 2018).

아자스피로산패독Azaspiracid SP은 독소인 아자스피로산Azaspiracids에 의하여 발생하는데 작은 와편모류인 *Azadinium*속에 속하는 종들이 가지고 있다(Krock et

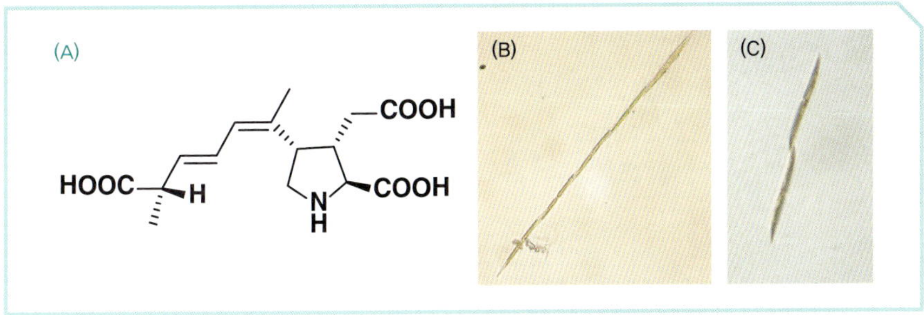

그림 22-11. (A) 기억상실성패독인 도모익산의 구조(노정래 교수 제공). (B, C) 기억상실성패독을 일으키는 대표적인 규조류 *Pseudonitzschia pungens*(B)와 *P. multiseries*(C) (유영두 교수 제공)

al. 2015; 그림 22-12). 우리나라에서도 필자의 연구실에서 *Azadinium*종을 처음 발견했는데 시화호 해역에서 발견되었다(Potvin et al. 2012). 이 연구는 태평양에서 *Azadinium*종이 서식한다는 사실을 처음 보고한 것이다.

시구아테라어독 Ciguatera Fish Poisoning은 주로 어류에게 피해를 준다(Withers 1982). 이 증상은 시구아톡신 ciguatoxin과 마이토톡신 maitotoxin에 의하여 발생한다

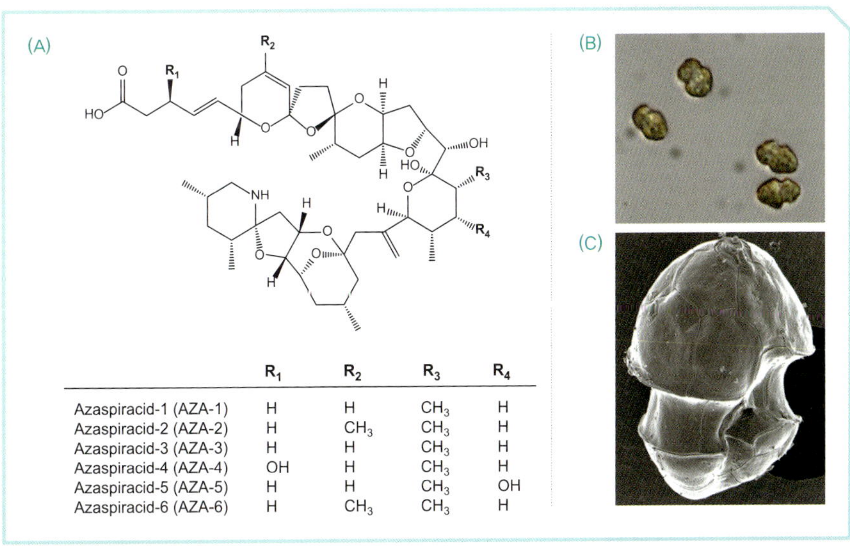

	R_1	R_2	R_3	R_4
Azaspiracid-1 (AZA-1)	H	H	CH_3	H
Azaspiracid-2 (AZA-2)	H	CH_3	CH_3	H
Azaspiracid-3 (AZA-3)	H	H	CH_3	H
Azaspiracid-4 (AZA-4)	OH	H	CH_3	H
Azaspiracid-5 (AZA-5)	H	H	CH_3	OH
Azaspiracid-6 (AZA-6)	H	CH_3	CH_3	H

그림 22-12. (A) 아자스피로산패독인 아자스피로산의 구조(노정래 교수 제공). (B, C) 아자스피로산패독을 일으키는 대표적인 와편모류 *Azadinium poporum* (Potvin 박사 제공)

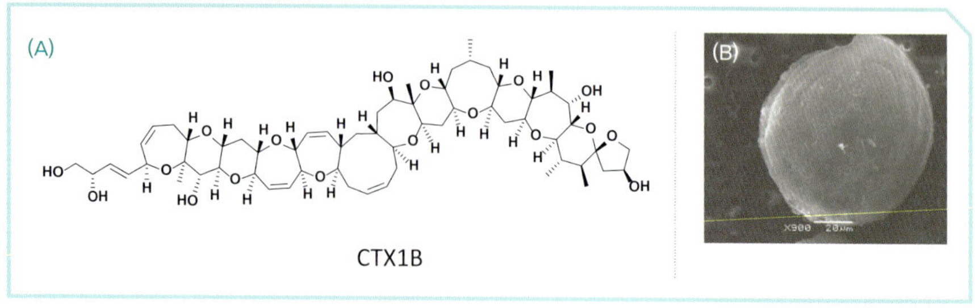

그림 22-13. (A) 시구아테라어독인 시구아톡신의 구조. (B) 시구아테라어독을 일으키는 대표적인 와편모류 *Gambierdiscus toxicus*

(Rhodes et al. 2014; 그림 22-13). 마이토톡신은 맹독으로 와편모류인 *Gambierdiscus*속과 *Fukuyoa*속에 속하는 종들이 가지고 있다(Lewis et al. 2016, Litaker et al. 2017). 마이토톡신 이름은 물고기인 *Ctenochaetus striatus*에서 따왔는데 이 물고기는 아이티Haiti 말로 'maito'이다. *Gambierdiscus toxicus*는 마이토톡신 외에도 palytoxin, ciguatoxin, gambieric acid, scaritoxin 등 다양한 독소를 가진 최강의 독성 와편모류다.

무산소

적조가 끝나면 해저층은 무산소 상태가 되어 어패류에게 광범위한 피해를 준다. 광합성으로 만든 포도당은 요술 덩어리다. 휘발류처럼 에너지원으로도 쓰인다. 포도당을 분해해서 에너지원으로 쓸 때 발생하는 에너지원은 ATP라는 화합물이다. APT 1몰에서 7.3 kcal의 에너지가 나온다. 이 과정에서 산소가 들어간다. 이러한 과정을 호흡이라고 부른다. 원핵생물이 분해를 하면서 산소를 소모할 때는 부패라고 부른다. 원핵생물이 항의를 할 만하다.

12장에서 언급한 대로 산소가 많으면 유기물질을 분해하는 데 호기성 호흡을 하지만, 산소가 다 고갈되었을 때는 산소대용품을 가지고 혐기성 호흡을 한다.

적조가 일어난 후 영양염류가 고갈되어 적조생물들이 죽게 되고 이때 적조생물의 몸을 이루던 막대한 양의 유기물(포도당, 지방, 단백질 등)이 해저에 쌓이게 된다. 이렇게 유기물이 많아지게 되면 먼저 호기성 원핵생물이 산소호흡을 하고 산소가 고갈되면, 혐기성 원핵생물이 위와 같은 과정을 거쳐 에너지원을 얻는다. 바다에서 산소는 표층 부근에 많다. 대기로부터 공급되기 때문이다. 그런데 표층수와 저층수가 잘 섞이지 않으면 저층수에서는 산소 고갈 상태가 오래간다. 저층수에 무산소 상태가 오래갈 때 물고기들은 다른 곳으로 도망을 가면 되지만 저서동물은 멀리 도망갈 수 없으므로 대량으로 죽게 된다. 소라들에게 산소호흡기를 하나씩 줘야 될 것 같다. 살아서 '소라 소라 푸르른 소라' 노래를 부를 수 있도록.

사실 집에 있는 어항에서도 이런 일은 발생할 수 있다. 물고기 배설물이 쌓이면 산소가 고갈되고 암모니아, 황 냄새 등이 날 수 있다. 이때는 이미 산소가 고갈되어 물고기는 살 수가 없다 그러므로 버블러(산소공급기)를 계속 틀어놓아야 하는 것이다. 여름날 육상양식장에서 끊임없이 수차를 돌리는 것도 산소를 공급하기 위한 것이다.

아가미 막힘

우리가 잘 아는 코클로디니움(현재 *Margalefidinium*)은 양식 어류에게 큰 피해를 준다. 코클로디니움 적조띠가 해상 가두리 양식장이나 육상양식장에 들어오면 물고기는 1~2시간 안에 대부분 죽게 된다. 이렇게 짧은 시간에 물고기가 죽게 되는 것은 아가미를 막아 숨을 못 쉬게 하기 때문이다. 이때 아가미가 막히게 되면 H_2O_2 등 활성산소reactive oxygen species, ROS가 발생한다(Kim et al. 1999). 만일 독소로 죽인다면 훨씬 많은 시간이 걸릴 것이다.

침편모류인 *Chattonella* spp.나 *Heterosigma* spp.는 점액세포mucocyst가 있어서 점액질을 많이 낸다. 7장과 8장에서 언급했던 대로 점액질은 원핵생물을 잡아먹는데 이용된다(Jeong et al. 2010a, Jeong 2011; 그림 22-14). 그러므로 이들은 활성산소를 많이 발생하게 하여 물고기, 패류 유생 등을 폐사시킬 수 있다(Kim et al. 1999, Landsberg 2002, Basti et al. 2016). *Chattonella*와 *Heterosigma*가 세균을 잡아먹기 위하여 내는 점액질에 큰 물고기가 잡히다니. 사실 가두리 양식장이 아니면 이러한 피해는 적었을 것이다. 물고기는 숨이 막히면 다른 데로 도망가면 되니까. 요즘은 우리나라에서 쉽게 회를 먹을 수 있다. 해상 가두리 양식 덕분이다. 많은 물고기를 한꺼번에 길러서 공급할 수 있기 때문이다. 그러나 가두리는 적조가 들어왔을 때 물고기

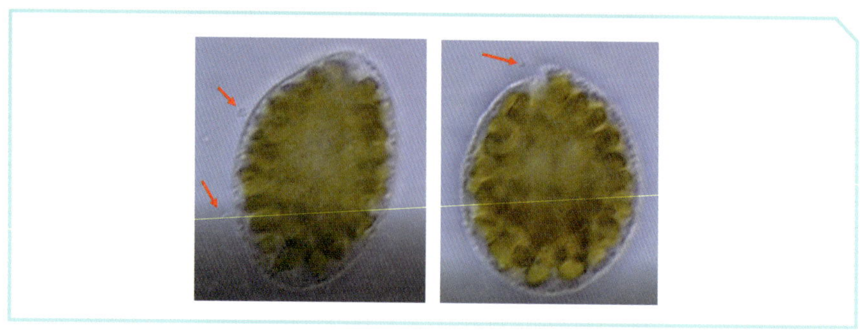

그림 22-14. 남세균을 잡기 위하여 점액질을 내보내는 침편모류 *Chattonella*. 빨간색 화살표는 잡힌 남세균들. 비디오에서 캡처함.

를 도망갈 수 없게 만든다. 그러므로 가두리는 어민의 희비를 엇갈리게 한다.

미세포식

와편모류에 속하는 일부 종들은 후생동물의 피나 살을 잘 빨아먹는다(그림 22-15). 또한 물고기의 유생이나 부화 직전의 알도 먹는다. 어떻게 자기보다 훨씬 큰 것들을 먹을 수 있을까? 바로 빨대를 꽂아서 빨아먹는다. 이러한 방법으로라면 아마 고래도 먹을 수 있을 것이다.

이러한 적조로 인한 해양생물의 피해는 수산업, 관광산업, 요식업, 식품산업

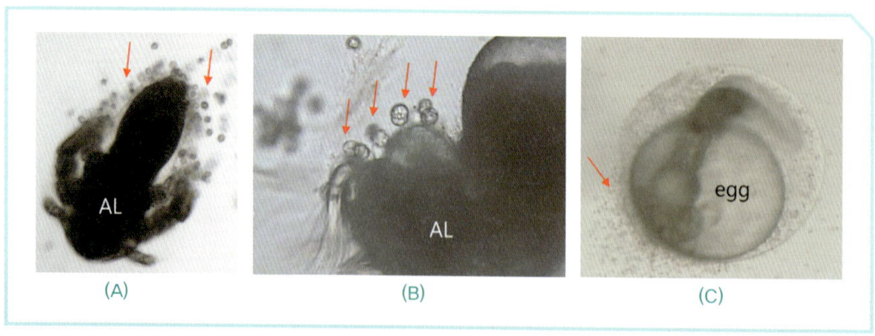

그림 22-15. (A, B) 알테미아유생(AL)에 빨대(peduncle)를 꽂아 먹고 있는 와편모류 *Pfiesteria piscicida*(빨간색 화살표). (C) 상당히 성숙된 감성돔 알을 공격하고 있는 수많은 *P. piscicida*(작은 점처럼 보임)

등 다양한 산업에 큰 피해를 준다. 1995년 우리나라에서는 코클로디니움 적조가 대규모로 발생하여 막대한 피해가 발생한 이래 해마다 크고 작은 피해가 발생하고 있다(Park et al. 2013b). 2013년에는 코클로디니움 적조로 인하여 약 2,700만 마리의 양식장 물고기가 폐사하여 치어 기준으로 약 270억 원의 피해가 발생했다. 성어 기준으로 하면 수천 억의 어민 피해가 발생한 것이다. 전 세계적으로도 막대한 어민 피해가 발생하고 있다. 미국이나 유럽의 경우 적조가 발생하면 해변을 폐쇄한다. 이럴 경우 호텔, 렌터카 업체, 식당 등에 피해를 주기 때문에 관광산업에 막대한 피해가 발생한다. 미국 플로리다의 경우 적조가 발생했을 때 유해 에어로졸이 많이 생겨 주민과 관광객들에게 큰 피해를 준다(Pierce et al. 2005).

6. 적조 피해 저감 대책은?

적조 대책은 두 가지가 있다. 하나는 적조의 원인을 근본적으로 없애는 방법과 적조생물을 적극적으로 없애는 방법이다. 모든 적조를 없애려면 전 해역의 질소와 인의 농도를 아주 낮게 해야 한다. 표층뿐만 아니라 저층까지도. 많은 적조생물이 주야수직이동을 통하여 저층에 있는 높은 농도의 질소와 인을 흡수할 수 있기 때문이다. 그런데 표층, 저층까지 질소와 인의 농도가 낮으면 적조가 안 생길까? 앞서 언급한 바와 같이 혼합영양을 하는 적조생물 때문에 쉽지 않다.

적조가 발생했을 때 적조생물을 적극적으로 제거하는 기술이 많이 개발되어 있다(Park et al. 2013b). 그게 물질, 생물, 물리적 힘으로 나눌 수 있다. 물질은 황토나 화학물질 등을 말한다. 황토는 우리나라에서 널리 쓰고 있는 방법이다. 코클로디니움과 같이 얇은 세포막을 가지고 있을 경우, 황토와 만나면 세포막이 터져 내용물이 밖으로 나오는데, 내용물과 황토가 결합해 덩어리가 만들어져 가라앉게 된다. 또 하나 쓰고 있는 방법은 해수를 전기분해할 때 나오는 차염소산나트륨(NaOCl)을 사용하는 방법으로, 0.6 ppm의 농도로 쓰면 적조생물은 사멸되나 다른 생물에는 큰 영향을 주지 않는다(Jeong et al. 2002). 또한 친환경적인 방법으로 천적을 이용하는 방법이 있다(Jeong et al. 2003a, 2008a).

오래 전에 프랑스 학자 두 사람이 찾아왔다. 지중해에 굴 양식장이 있는데 항상 푸르스름한 빛이 나서 사람들이 뭔가 오염된 느낌을 가졌다고 한다. 규조류나 작은 편모류였을 가능성이 높다. 그래서 상류에 하수종말처리장을 건설하여 질소, 인의 농도를 1/10로 줄였다고 한다. 그런데 푸르스름한 색깔은 없어지고 깨끗해졌으나 맹독성인 *Alexandrium*속에 속하는 종들이 우점을 하여 독소 문제가 생겼다고 한다. 규조류를 억제하니 경쟁자였던 유독성 와편모류들이 우점하여 더 큰 문제가 발생한 것이다. 그러므로 무작정 질소와 인의 농도를 줄여서는 안 되고 경쟁, 혼합영양 등을 고려하여 대책을 세워야 한다. 우리나라는 담수가 많이 유입되는 연안의 질소 농도가 1998년 이후 지속적으로 감소되어왔다(Kim et al. 2013b). 연안의 질소가 감소되면 겨울에 굴의 먹이가 되는 규조류의 밀도가 낮아져 굴이 굶을 가능성이 높다. 우리나라 해역에서 질소와 인의 농도를 어느 정도로 유지하는 것이 적절한지 잘 연구해야 한다.

7. 누가 글로벌 적조를 만드나?

해양생태계에서 누가, 어떻게 우점하느냐는 생태생리학적으로뿐만 아니라 유전적으로나 진화적으로도 매우 중요한 명제다. 2021년 1월에 필자는 『사이언스 어드밴시스*Science Advances*』지에 논문을 실었는데, 누가 글로벌 적조를 일으키는지 어떤 생태진화학적 전략을 쓰는지에 관한 내용이다(Jeong et al. 2021). 특히 와편모류에 대하여 초점을 맞추었다.

이 연구에서는 혼합영양(식물성+동물성) 와편모류가 글로벌 적조를 일으키는데, 이 중에서도 성장률은 낮지만 다양한 먹이를 먹을 수 있는 종들이 글로벌 적조를 일으킨다는 사실을 찾아냈다. 이들은 광합성 조건이 안 좋을 때 먹이를 먹으면서 생존하는데, 이때 혼합영양을 못 하거나 소수의 먹이종만 먹으며 빠르게 자라는 경쟁자들은 사라지게 된다(그림 22-16). 그러므로 이들은 광합성 조건이 좋아지

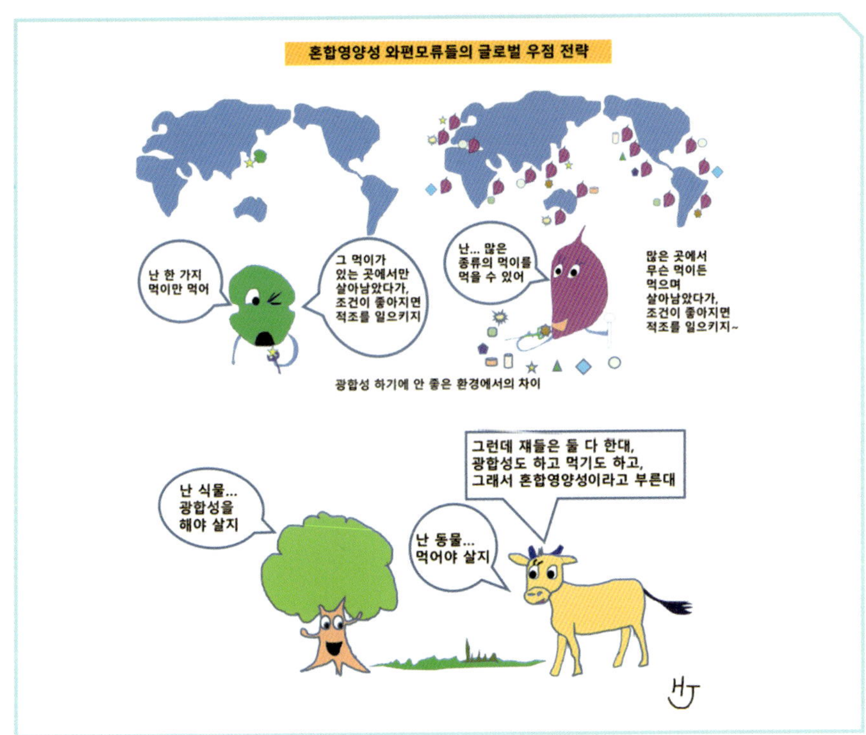

그림 22-16. 광합성을 하면서 포식을 할 수 있는 혼합영양성 와편모류가 적조를 잘 일으킨다. 그중에서 영양염류 농도가 낮아 광합성을 하기 어려운 조건에서 어떤 먹이든 먹으며 견딜 수 있는 종들이 글로벌하게 적조를 일으키고, 하나의 먹이만 먹을 수 있는 종은 1~2개 해역에서만 적조를 일으킨다(Jeong et al. 2021).

면 독점적으로 적조를 일으킬 수 있다.

이 논문이 주는 교훈은 좋을 때 빨리 자라는 것보다 안 좋을 때 생존하는 것이 중요하다는 것이다. 즉 해양 와편모류들이 수억 년 동안 살아오면서 얻은 "아무리 힘들어도 견디면 나중에는 이길 수 있다"는 교훈을 우리에게 준 것이다. 이러한 매력 때문에 해양생태계 연구는 평생을 걸어볼 가치가 있는 것이다.

적조생물은 어패류 치어, 치패의 좋은 먹이다(Lasker 1970, Jeong et al. 2004b). 그러나 그 밀도가 너무 높아지면 어패류를 폐사시킬 수 있다. 필자가 30년 넘게 적조를 연구해오면서 느낀 것은 "완벽한 것들의 부조화보다는 완벽하지 않는 것들의 조화로움이 훨씬 낫다"는 것이다. 앞서 언급한 바와 같이 적조를 일으키는 종들은 전체 미세조류의 1%가 안 된다. 그들은 거의 완벽한 종들이다. 그러나 소수 종이 만든 적조는 어패류를 폐사시키고 해양생태계 먹이망을 망가뜨려 문제를 일으킨다. 그러므로 완벽하지 않지만 먹이망을 잘 유지하여 해양생태계의 안정성을 지켜주는 종들이 더 나을 수 있다. 물론 생태진화학적 측면에서서는 완벽한 종들을 연구하는 것이 훨씬 재미있긴 하지만.

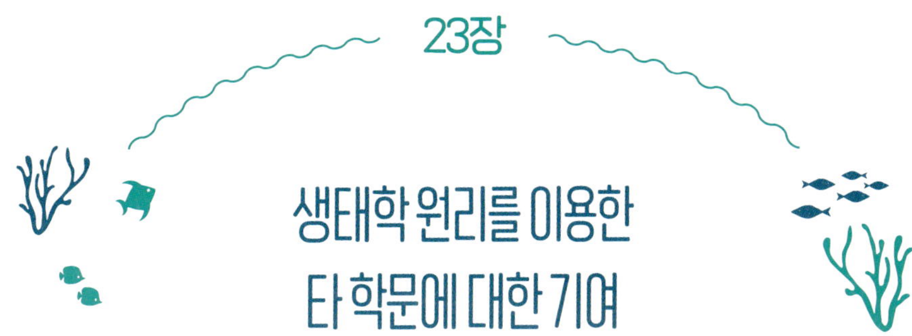

23장

생태학 원리를 이용한 타 학문에 대한 기여

생태계에는 많은 생물이 존재하고, 생물들 간에는 다양한 관계가 형성되어 있다. 이들 간의 관계나 군집 변동을 보면 인간 간의 관계를 이해하는 데 도움을 줄 수 있다.

1. 생태학과 경제학

생태학과 경제학은 비슷한 점이 많다. 생태학은 영어로 Ecology, 경제학은 Economy라고 한다. Eco-는 그리스어로 'Oikos'라고 하여 house, '집'이라는 뜻이다. Ecology는 'study of house'인데 이때 house는 ecosystem(생태계)이라고 할 수 있다. Economy는 'house management'이다. 즉 house를 무엇으로 보느냐가 다르지만 ecology와 economy는 매우 밀접하다. 경제학은 늘 일상에서 접하고 있으므로 어느 정도 이해하기 쉬우나 해양생태학은 물속에 있어서 잘 보이지 않는 것들을 대상으로 연구하기 때문에 쉽게 이해하기 어렵다. 그러므로 해양생태학을 이해하는 데 있어서 경제학적 접근을 하는 것이 좋을 수 있다.

해양생태계는 바다와 바닷속에 사는 생물로 이루어져 있다. 해양생태계를 한

그림 23-1. 해양생태계 내 유기물 생산과 전달, 그리고 물질순환의 경제학적 접근. (A) 태양으로부터 빛을 무상원조 받음. (B) 육상, 대기와의 무역을 통한 물질교환. 육상으로부터 질소, 인 등을 수입하고 수산물 등을 수출함. 대기로부터는 이산화탄소를 수입하고 산소를 수출함. (C) 무상원조와 무역으로 얻은 비생물적 물질과 에너지로 유기물을 생산하고 전달하면서 내수를 유지. 유통망(먹이망)을 통해 물질과 에너지를 빠르게 전달함. 그러므로 해양생태계 내수시장은 겉에서 보면 조용해 보이지만 사이키 조명처럼 매우 분주하게 움직인다.

국가로 본다면 다른 나라들로부터 무상원조를 받을 수 있고, 무역을 할 수 있다. 원조를 받은 것과 무역을 통하여 얻은 것을 가지고 내수에 이용할 수 있다. 해양 광합성 생물은 태양으로부터 '햇빛'이라는 엄청난 선물을 무상원조로 받은 후 광합성을 하여 포도당을 생산한다(그림 23-1). 또한 육상나라(육상생태계)와 많은 무역을 하는데 영양분을 받고 수산물을 제공한다. 사람들도 육상나라에 속한다. 대기나라와는 이산화탄소, 산소, 질소 등을 주고받는다.

내수는 크게 생산, 전달, 순환 등으로 이루어진다. 광합성을 하여 포도당을 생산하는 것을 1차생산이라고 한다. 이렇게 생산된 포도당은 탄수화물과 지방, 단백질로 변환될 수 있다. 초식동물이 이를 먹고 자신의 몸을 불리거나 새끼를 낳으면 2차생산이 되고 육식동물이 그렇게 하면 3차생산이 된다. 이렇게 생산된 것들은 먹이망을 통하여 전달되어 많은 생물이 공존할 수 있게 된다.

경제학에서는 순환되는 물질의 종류는 다양하지만 단위가 돈이다. 생태계에서는 단위를 탄소나 질소로 한다. 모든 생물이 가지고 있기 때문이다.

배추를 재배하는 농민과 소비자 사이에 중간도매상과 소매상이 없을 때(직거래)와 있을 때를 비교해 보자(그림 23-2). 만일 농민과 소비자가 직거래를 하면 소비

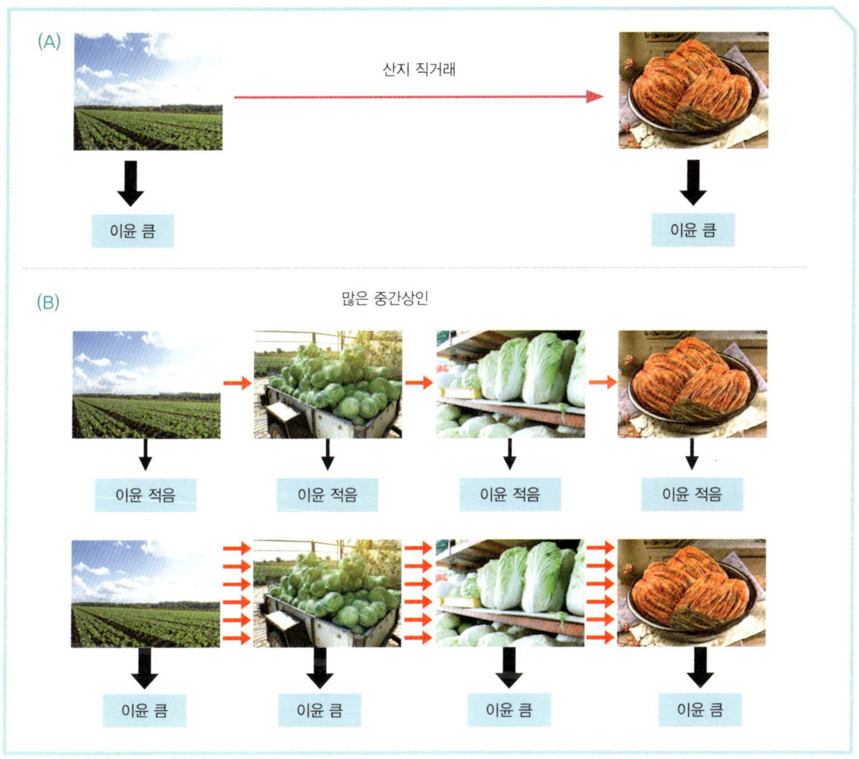

그림 23-2. 배추생산농민과 소비자 사이에 중간상인이 없을 때(직거래)와 있을 때를 비교. 거래 횟수(빨간색 화살표)에 따른 이윤 크기. 경제학에서는 화폐(돈) 유통속도를 높이면 산출량(GDP라고 볼 수 있음)이 증가할 것이라고 생각한다.

자는 싼값에 배추를 구입할 가능성이 높다. 농민도 적당한 값을 받을 것이다. 그러나 배추를 사려고 하는 소비자가 아주 많지 않으면 배추를 다 팔기가 어려울 수도 있다. 그런데 만일 농민과 소비자 사이에 중간도매상과 소매상이 있으면 이들도 각각 이윤을 남겨야 하기 때문에 소비자가 살 때 배추 값은 올라갈 가능성이 높지만, 농민들은 낮은 값에 배추를 팔 가능성이 높다. 만일 중간도매상이 2명 정도 더 늘면 중간도매상 3명과 소매상의 배추 하나당 이윤은 적어질 것이다. 소비자가 살 때 배추 값은 더 올라가고, 농민들이 받는 배추 값은 더 떨어질 수 있다. 어떻게 하면 중간도매상 3명과 소매상의 이윤이 높아지고, 소비자가 싸게 배추를 구입할 수 있을까? 배추를 김장철뿐만 아니라 평시에도 재배를 하여 유통망을 통하여 계속 소비자에게 공급하는 것이다. 이것이 가능하기 위해서는 공급이 증가하는 만큼 소

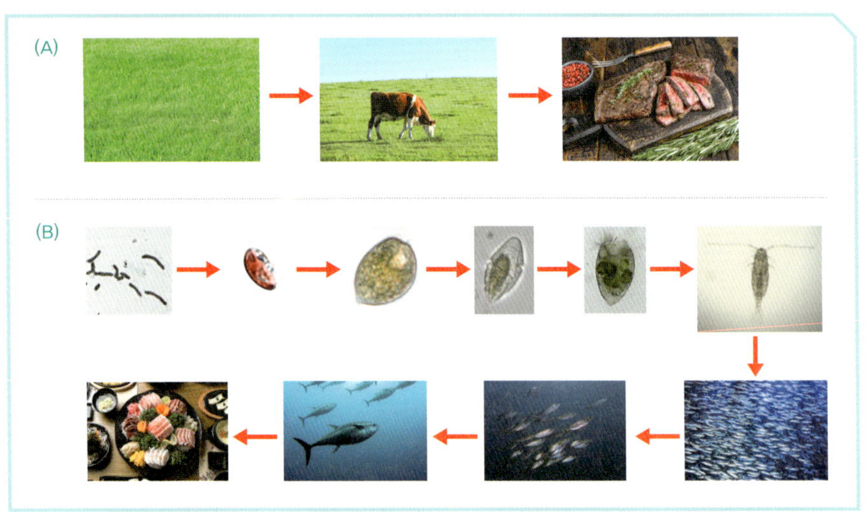

그림 23-3. (A) 육상생태계와 (B) 해양생태계 내 생산자에서 사람까지 전달되는 먹이망 비교. (A) 풀 → 소 → 사람. (B) 박테리아 → 은편모류(*Teleaulax amphioxeia*) → 혼합영양성 와편모류(*Prorocentrum micans*) → 동물성 와편모류(*Gyrodinium dominans*) → 섬모류(*Strombidinopsis* sp.) → 요각류 → 멸치 → 정어리 → 참치 → 사람

비수요도 증가해야 한다. 중간도매상이 많아져도 유통시키는 횟수를 늘리면 이윤이 높게 유지되고 소비자도 배추를 싸게 구입할 수 있다.

육상생태계에서는 생산자에서 최종소비자까지 가는 먹이망이 비교적 간단하다. 풀 → 소 → 사람으로 생각해도 간단하다(그림 23-3). 그러나 해양생태계에서는 생산자에서 최종소비자로 가는 데 수십 단계가 들어 있는 경우도 있다. 식물플랑크톤 → 혼합영양플랑크톤(이 군집 안에서 5단계도 가능) → 원생동물플랑크톤(3~4단계도 가능) → 후생동물플랑크톤(3~4단계도 가능) → 어류(5단계도 가능) → 고래로 이어지는 긴 먹이망이 가능하다. 보통 해양생태계에서는 먹이가 포식자에게 먹히는 시간이 짧다. 그리고 해양생물 대부분은 운동성이 커서 먹이에서 흡수한 유기물을 호흡으로 많이 소비해버린다. 그러므로 각 포식자들은 많이 자주 먹어야 한다. 즉 유통망을 자주 돌리면서 먹이망에 있는 많은 중간단계들은 공존하게 만든다. 이러한 생태계 내 먹이망 안에서의 구성 생물들과 전달 속도(포식력)를 다르게 함으로써 나온 결과를 이용하여, 우리의 유통망에서 각 참여주체들의 이윤을 최대로 유지하도록 할 수 있다. 사회적으로 보면 많은 사람들이 공존할 수 있다는 장점이 있다. 잘 짜여진 유통망에서 물건을 훨씬 빨리 전달하면 많은 사람들이 참여해도 적은 사람들이 참여했을 때만큼 이윤을 남기게 하고 공존할 수 있게 된다. 이 경우는 먹이망이 긴 해양생태계를 닮아가는 것이라고 할 수 있다. 그러나 전자상거래의 활성화는 유통단계를 감소시켜 상품과 서비스의 공급이 빠르게 이루어지게 하여 소비수요가 촉진될 수도 있다. 이는 먹이망이 짧은 육상생태계를 닮아가는 것이라고 할 수 있다.

조선시대에 임금님은 하루에 5번 음식을 드셨다고 한다. 바다의 동물플랑크톤들은 하루에도 수십 번씩 식사를 한다. 많은 동물플랑크톤은 임금님 이상으로 식사를 많이 하는데 식사를 할 때마다 조금씩만 몸에 축적되지만 여러 번 함으로써 하루를 건강하게 잘 보낼 수 있다. 또한 요즘은 배달서비스가 활성화됨으로써 한 번 배달할 때 이윤은 적지만 하루에 여러 번 함으로써 적지 않은 이윤을 얻을 수 있다. 러시아워 때에도 신속하게 배달을 하는데 오토바이의 힘이라고 생각한다.

2. 생태학과 사회학

생태계를 연구해보면 모든 생물이 가지고 있는 주요 물질은 거의 동일하다. 해양생태계에서는 생산, 전달, 순환하는 과정에 거의 모든 생물이 참여한다. 탄소, 질소, 인을 쉼 없이 순환시키면서 공존한다. 이것은 공동 풀에 들어 있어 누구나 사용할 수 있고 그 시절에 맞는 생물이 가장 많이 이용하여 우점한다. 그러나 시간이 조금만 지나면 우점종이 바뀔 수 있다. 해양생태계에서는 물질들은 끊임없이 순환하므로 "내 것인 듯 내 것 아닌 내 것 같은 너"라고 할 수 있다. 그러나 인간사에서는 소수의 사람들이 한 사회에서 물질(재화)을 독점하려고 하는 경향이 있다. "내 것도 내 것인 것 같고 네 것도 내 것 같은 재물"이라고 할 수 있다. 그러다 보니 해양생태계 내 생물들은 연속성과 안정성을 위하여 물질을 서로 나누는 것을 선호한다. 그러나 사람들은 독점하고 지배하려는 경향이 있다. 그러므로 생태학은 '평등'을 주요 연구대상으로 하고, 사회학은 '불평등'을 주요 연구대상으로 한다는 생각이 들 때가 있다.

해양생태계의 우점 생물은 단세포 생물이므로 같은 영양단계생물에서는 서열이 중요하지 않을 수 있다. 그러나 인간 사회에서는 꼭 서열을 정하고 싶어한다. 아무리 풍족하게 가졌어도 꼭 나가서 자랑하고 싶어한다. 먹이망에서는 포식자 세대 또는 먹이 세대라는 세대 구분이 없다. 포식자의 포식자의 포식자의 포식자의 포식자는 내가 될 수 있다. 그러나 인간의 사회에서는 세대 구분을 원한다. 각 세대를 연구주제로 삼아서 다른 세대들과 다른 점을 설명하면 사회적 해결을 비교적 쉽게 할 수 있기 때문이다. 생태학의 주요 주제는 생산, 전달, 순환이고, 사회학의 주요 주제는 계층 간 갈등이나 각 세대의 특징 등이다. 사실 요즘 세대는 코로나가 만든 ZooM세대라고 할 수 있다. 어서 동물원 M을 벗어났으면 좋겠다. 동물원 M. Zoo M.

생태학 이론이 사회학 연구에 도움이 되고, 사회학 이론이 생태학 연구에 도움을 줄 수 있다. 예를 들어 우리가 겪고 있는 많은 환경적인 문제는 순환이 원활하지 않기 때문에 일어난다. 순환 과정에서 한두 생물에 탄소, 질소 등이 쌓이면 적조가 된다. 이들이 일시적으로 죽어서 많은 유기물이 생기면 원핵생물이 분해하면서 무산소 상태를 만든다. 또한 중금속은 생물에게 꼭 필요한 원소지만 너무 많이 쌓이면 생물에게 해를 준다. 그러므로 물질이 한 곳에 쌓이지 않게 순환을 잘 시키는 것이 많은 생물을 공존하게 만든다. 이러한 생태학적 생각이 사회학적 모순을 생각해보고 해결하는 데 도움이 될 것이라고 생각한다.

24장 생태계 모델과 예측

모델은 한 생물의 변화 과정을 단순화한 것이다. 보통 모델식을 구성하고 있는 요소들의 양을 변화시키면서 한 생물의 변화를 분석하거나 예측하는 데 이용한다.

1. 모델의 종류

모델의 종류에는 개념 모델conceptual model, 실험 모델empirical model, 수치 모델numerical model, 실행 모델executive model 등이 있다(그림 24-1).

개념 모델은 수도 어떤 환경요인이 영향을 주는지를 큰 틀에서 예측할 수 있게 해준다. 예를 들어 봄에 개나리꽃이 핀다고 예측할 수 있다. 기온 상승이 개나리꽃 피는 데 영향을 줄 것이라는 생각을 가지고 개념 모델을 만들 수 있다.

실험 모델은 한 장소를 정한 후 관찰과 실험을 통하여 만드는 모델이다. 예를 들어 서울대 교정 한 곳을 대상으로 매일 기온을 측정하고 개나리꽃이 피는지 관찰을 하여 대략 어느 기온에서 개나리꽃이 피는지를 예측할 수 있게 하는 것이다. 바다에서는 메조코즘mesocosm이라는 현장배양시스템을 설치한 후 생물들의 변동

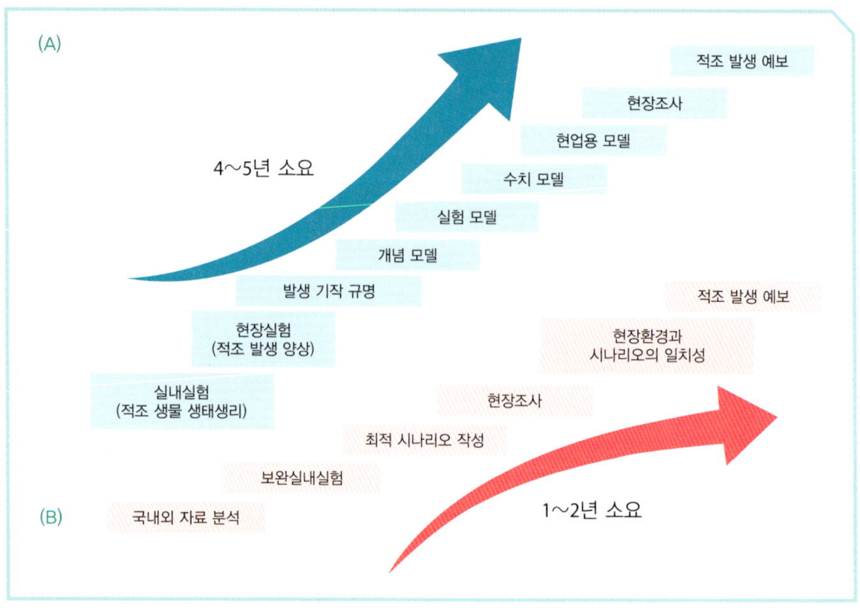

그림 24-1. 모델의 종류와 발전 단계(예: 적조 발생 예측 모델). (A) 단계별 모델을 개발하면서 최종 현업용 모델을 완성하는 경우 4~5년이 소요. 중·단기 적조 발생 예보 가능. (B) 적조 발생 최적 시나리오를 완성한 후 집중적인 현장조사를 하면서 현장 환경조건이 최적 시나리오와 비슷해지면 적조 발생 1~2주 전에 예보 가능

을 측정하고 그 결과를 가지고 실험 모델을 만들기도 한다.

수치 모델은 생물변동에 영향을 주는 환경요인들을 넣고 만든 방정식을 말한다. 나중에 예상되는 환경요인들 각각의 값들을 이 방정식에 넣으면 예측이 가능하다.

실행 모델은 수치 모델을 직접 현장에 적용할 때 쓰는 모델이다. 이론적으로 만든 수치 모델을 현장에 쓸 때는 검증을 통하여 보정을 해야 한다. 이 보정된 모델이 실행 모델이다.

사실 개념 모델을 잘 만들어야 정확한 예보가 가능한 실행 모델을 만들 수 있다. 멋진 개념 모델은 천재들이 만드는 것이고, 정확한 실행 모델은 수재들이 만드는 것 같다. 도를 닦으며 이치를 깨우치는 도사님들은 개념 모델에 강한 것 같다. 물론 도가 지나치면 문제가 될 수 있지만. 컴퓨터가 발전하면서 모델을 만들기가 쉬워진 것 같지만 여전히 개념 모델은 만들기가 쉽지 않다. 오히려 개념 모델이 만들어진 후 수치 모델을 만드는 것이 쉬울 수 있다.

2. 예측

모델을 수립하는 이유는 미래에 일어날 일들을 예측하기 위한 것이다. 많은 사람들이 아침에 안개가 낀 것을 보면 낮에는 날씨가 맑을 것이라고 생각한다. 이는 사람들이 경험을 통해서나 학습을 통해서 얻는 것으로 개념 모델에 가깝다고 할 수 있다. 기상청은 며칠 전에 많은 과거의 자료를 컴퓨터에 집어넣고 당일 낮에 맑아질 것이라고 예보를 한다. 수치 모델이나 현업 모델을 이용하기 때문이다.

기후변화로 기온이 상승하면 수온이 상승하고 해양 내 많은 변화가 올 수 있다. 우점종이 바뀌고, 적조 발생의 빈도도 달라질 것이라고 예측한다. 이러한 현상들은 어패류 생산에 큰 영향을 줄 수 있다. 그러므로 앞으로 일어날 일에 대하여 예측하는 것은 매우 중요하다. 그러므로 좋은 모델들을 만드는 것이 중요하다. 좋은 모델을 만들기 위해서는 좋은 컴퓨터도 있어야 하지만 정말 스마트한 좋은 인재가 필요하다.

3. 바둑과 장기

2016년에 인공지능인 알파고와 이세돌 9단의 바둑 대국이 열렸다. 알파고가 승리하면서 알파고등학교가 바둑 명문고가 되었다. 바둑을 보면 모든 돌이 흑과 백으로 나누어 전쟁을 벌인다. 즉 두 그룹만 존재하고 모든 돌의 기능은 같다. 생물에 대한 분류가 원활하지 못했을 때는 비슷한 것은 같은 그룹으로 취급하고 생태계 내 먹이망을 바둑판처럼 생각한다. 장기는 돌 위에 이름을 새겨두었는데 왕, 졸, 사, 차, 포, 마, 상이 있으며 모양과 기능이 다르다. 생물의 분류가 발전하고 각 생물들의 기능을 연구하면서 생태계 내 먹이망을 장기판처럼 생각한다. 생태계 변화를 예측하는 모델에서도 간단한 모델은 바둑판처럼 하고 복잡한 것들은 장기판처럼 한다.

온난화방지용 썰렁퀴즈를 넘는 빙산퀴즈 하나. 고래, 거북, 물개, 바다사자 중 어느 동물이 알파고 나왔을까? 답은 거북이다. 거북은 알파고를 나왔고 고래, 물개, 바다사자 등은 알파고를 나오지 않았다. 거북만 알(을)파고 나왔다.

대부분의 해양생물은 밀물 때나 썰물 때나 열심히 헤엄치며 살아간다. 이들은 오랜 세월 동안 해양생태계 내에서 열심히 변화에 적응하며 살아왔고 앞으로도 그렇게 살아갈 것이다. 우리 인간도 이러한 자세를 배워 좋을 때나 어려울 때나 열심히 적응하며 살아가는 지혜가 필요하다. 해양생태계로부터 많은 교훈을 얻고 마음을 편하게 갖자.

우리는 자연적으로나 과학적으로나 산업적으로 바다와 뗄 수 없는 관계에 있다. 그래서 우리는 오래 전부터 바다를 이해Ocean Understanding하고 바다를 이용Ocean Utilizing해왔다. 이제는 우리가 바다가 될Ocean Becoming 시기가 되었다고 생각한다. 우리는 바다의 다양성, 바다의 풍요로움, 바다의 포용력, 바다의 넉넉함을 닮아 바다처럼 되도록 노력해야 한다. 우리가 바다를 닮았을 때 평화로움을 가질 수 있다. 가장 큰 바다의 이름을 태평양Pacific으로 명명한 것은 지구와 인류의 평화로움을 바라는 마음을 반영한 것이라고 생각한다.

참고문헌

Adl SM, Simpson AG, Farmer MA, Andersen RA, Anderson OR, Barta JR, Bowser SS, Brugerolle GU, Fensome RA, Fredericq S, James TY (2005) The new higher level classification of eukaryotes with emphasis on the taxonomy of protists. Journal of Eukaryotic Microbiology 52(5), 399-451.

Adl SM, Bass D, Lane CE, Lukeš J, Schoch CL, Smirnov A, Agatha S, Berney C, Brown MW, Burki F, Cárdenas P (2019) Revisions to the classification, nomenclature, and diversity of eukaryotes. Journal of Eukaryotic Microbiology 66(1), 4-119.

Agatha S (2011) Global diversity of aloricate Oligotrichea (Protista, Ciliophora, Spirotricha) in marine and brackish sea water. PloS one 6(8), e22466.

Aguirre GE, Capitanio FL, Lovrich GA, Esnal GB (2012) Seasonal variability of metazooplankton in coastal sub-Antarctic waters (Beagle Channel). Marine Biology Research 8(4), 341-353.

Alharbi OM, Khattab RA, Ali I (2018) Health and environmental effects of persistent organic pollutants. Journal of Molecular Liquids 263, 442-453.

Al-Saleh I, Al-Enazi S, Shinwari N (2009) Assessment of lead in cosmetic products. Regulatory Toxicology and Pharmacology 54(2), 105-113.

Alvarez-Cadena JN (1993) Feeding of the chaetognath *Sagitta elegans* Verrill. Estuarine, Coastal and Shelf Science 36(2), 195-206.

Amachi S, Kawaguchi N, Muramatsu Y, Tsuchiya S, Watanabe Y, Shinoyama H, Fujii T (2007) Dissimilatory iodate reduction by marine *Pseudomonas* sp. strain SCT. Applied and Environmental Microbiology 73(18), 5725-5730.

Amano K, Abe Y, Matsuno K, Yamaguchi A (2019) Yearly comparison of the planktonic chaetognath community in the Chukchi Sea in the summers of 1991 and 2007. Polar Science 19, 112-119.

Andersen CB (2002) Understanding carbonate equilibria by measuring alkalinity in experimental and natural systems. Journal of Geoscience Education 50(4), 389-403.

Anderson DM (2009) Approaches to monitoring, control and management of harmful algal blooms (HABs). Ocean and Coastal Management 52(7), 342-347.

Anderson CN, Hsieh CH, Sandin SA, Hewitt R, Hollowed A, Beddington J, May RM, Sugihara G (2008) Why fishing magnifies fluctuations in fish abundance. Nature 452(7189), 835-839.

Anderson RJ, Velimirov B (1982) An experimental investigation of the palatability of kelp bed algae to the sea urchin *Parechinus angulosus* Leske. Marine Ecology 3(4), 357-373.

Ansari TM, Marr IL, Tariq N (2004) Heavy metals in marine pollution perspective-a mini review. Journal of Applied Sciences 4(1), 1-20.

Ansell AD, Trevallion A (1969) Behavioural adaptations of intertidal molluscs from a tropical sandy beach. Journal of Experimental Marine Biology and Ecology 4(1), 9-35.

Anthony KR, Kline DI, Diaz-Pulido G, Dove S, Hoegh-Guldberg O (2008) Ocean acidification causes bleaching and productivity loss in coral reef builders. Proceedings of the National Academy of Sciences 105(45), 17442-17446.

Aoki Y (2001) Polychlorinated biphenyls, polychloronated dibenzo-p-dioxins, and polychlorinated dibenzofurans as endocrine disrupters—what we have learned from Yusho disease. Environmental Research 86(1), 2-11.

Aoshima K (2016) Itai-itai disease: renal tubular osteomalacia induced by environmental exposure to cadmium—historical review and perspectives. Soil Science and Plant Nutrition 62(4), 319-326.

Armstrong AJ, Siegfried WR (1991) Consumption of Antarctic krill by minke whales. Antarctic Science 3(1), 13-18.

Aumont O, Maury O, Lefort S, Bopp L (2018) Evaluating the potential impacts of the diurnal vertical migration by marine organisms on marine biogeochemistry. Global Biogeochemical Cycles 32(11), 1622-1643.

Azam F, Fenchel T, Field JG, Gray JS, Meyer-Reil LA, Thingstad F (1983) The ecological role of water-column microbes in the sea. Marine Ecology Progress Series 10, 257-263.

Baden DG (1989) Brevetoxins: unique polyether dinoflagellate toxins. The FASEB Journal 3(7), 1807-1817.

Baek SH, Choi JM, Lee M, Park BS, Zhang Y, Arakawa O, Takatani T, Jeon JK, Kim YO (2020) Change in paralytic shellfish toxins in the mussel *Mytilus galloprovincialis* depending on dynamics of harmful *Alexandrium catenella* (group I) in the Geoje coast (South Korea) during bloom season. Toxins 12, 442.

Baird AH, Bhagooli R, Ralph PJ, Takahashi S (2009) Coral bleaching: the role of the host. Trends in Ecology and Evolution 24(1), 16-20.

Bak RP, van Eys G (1975) Predation of the sea urchin *Diadema antillarum* Philippi on living coral. Oecologia 20(2), 111-115.

Baker AC (2003) Flexibility and specificity in coral-algal symbiosis: diversity, ecology, and biogeography of *Symbiodinium*. Annual Review of Ecology, Evolution, and Systematics 34(1), 661-689.

Bandara K, Varpe Ø, Wijewardene L, Tverberg V, Eiane K (2021) Two hundred years of zooplankton vertical migration research. Biological Reviews 96, 1547-1589.

Barka EA, Vatsa P, Sanchez L, Gaveau-Vaillant N, Jacquard C, Klenk HP, Clément C, Ouhdouch Y, van Wezel GP (2016) Taxonomy, physiology, and natural products of Actinobacteria. Microbiology and Molecular Biology Reviews 80(1), 1-43.

Bar-On YM, Milo R (2019) The biomass composition of the oceans: a blueprint of our blue planet. Cell 179(7), 1451-1454.

Bar-On YM, Phillips R, Milo R (2018) The biomass distribution on Earth. Proceedings of the National Academy of Sciences 115(25), 6506-6511.

Barott KL, Williams GJ, Vermeij MJ, Harris J, Smith JE, Rohwer FL, Sandin SA (2012) Natural history of coral – algae competition across a gradient of human activity in the Line Islands. Marine Ecology Progress Series 460, 1-12.

Barsugli JJ, Shin SI, Sardeshmukh PD (2006) Sensitivity of global warming to the pattern of tropical ocean warming. Climate Dynamics 27(5), 483-492.

Basti L, Nagai K, Go J, Okano S, Oda T, Tanaka Y, Nagai S (2016) Lethal effects of ichthyotoxic raphidophytes, *Chattonella marina, C. antiqua, and Heterosigma akashiwo*, on post-embryonic stages of the Japanese pearl oyster, *Pinctada fucata martensii*. Harmful Algae 59, 112-122.

Bates SS, Hubbard KA, Lundholm N, Montresor M, Leaw CP (2018) *Pseudo-nitzschia, Nitzschia*, and domoic acid: new research since 2011. Harmful Algae 79, 3-43.

Beck MW, Heck KL, Able KW, Childers DL, Eggleston DB, Gillanders BM, Halpern B, Hays CG, Hoshino K, Minello TJ, Orth RJ (2001) The identification, conservation, and management of estuarine and marine nurseries for fish and invertebrates: a better understanding of the habitats that serve as nurseries for marine species and the factors that create site-specific variability in nursery quality will improve conservation and management of these areas. Bioscience 51(8), 633-641.

Behrenfeld MJ (2014) Climate-mediated dance of the plankton. Nature Climate Change 4(10), 880-887.

Behrenfeld MJ, Halsey KH, Milligan AJ (2008) Evolved physiological responses of phytoplankton to their integrated growth environment. Philosophical Transactions of the Royal Society B: Biological Sciences 363(1504), 2687-2703.

Beniash E, Aizenberg J, Addadi L, Weiner S (1997) Amorphous calcium carbonate transforms into calcite during sea urchin larval spicule growth. Proceedings of the Royal Society of London. Series B: Biological Sciences 264(1380), 461-465.

Benico G, Takahashi K, Lum WM, Iwataki M (2019) Morphological variation, ultrastructure, pigment composition and phylogeny of the star-shaped dinoflagellate *Asterodinium gracile* (Kareniaceae, Dinophyceae). Phycologia 58(4), 405-418.

Benitez-Nelson CR (2000) The biogeochemical cycling of phosphorus in marine systems. Earth-Science Reviews 51(1-4), 109-135.

Ben Khadra Y, Ferrario C, Benedetto CD, Said K, Bonasoro F, Candia Carnevali MD, Sugni M (2015) Re-growth, morphogenesis, and differentiation during starfish arm regeneration. Wound Repair and Regeneration 23(4), 623-634.

Berggreen U, Hansen B, KiØrboe T (1988) Food size spectra, ingestion and growth of the copepod *Acartia tonsa* during development: implications for determination of copepod production. Marine Biology 99(3), 341-352.

Blew RD (1996) On the definition of ecosystem. Bulletin of the Ecological Society of America, 77(3), 171-173.

Bockstahler KR, Coats DW (1993a) Spatial and temporal aspects of mixotrophy in Chesapeake Bay dinoflagellates. Journal of Eukaryotic Microbiology 40(1), 49-60.

Bockstahler KR, Coats DW (1993b) Grazing of the mixotrophic dinoflagellate *Gymnodinium sanguineum* on ciliate populations of Chesapeake Bay. Marine Biology 116(3), 477-487.

Boenigk J, Arndt H (2000) Particle handling during interception feeding by four species of heterotrophic nanoflagellates. Journal of Eukaryotic Microbiology 47(4), 350-358.

Bograd SJ, Checkley DA, Wooster WS (2003) CalCOFI: a half century of physical, chemical, and biological research in the California Current System. Deep Sea Research Part II: Topical Studies in Oceanography 50, 2349-2353.

Bollens SM, Frost BW, Thoreson DS, Watts SJ (1992) Diel vertical migration in zooplankton: field evidence in support of the predator avoidance hypothesis. Hydrobiologia 234(1), 33-39.

Bonaviri C, Fernández TV, Badalamenti F, Gianguzza P, Di Lorenzo M, Riggio S (2009) Fish versus starfish predation in controlling sea urchin populations in Mediterranean rocky shores. Marine Ecology Progress Series 382, 129-138.

Bonefeld-Jørgensen EC, Andersen HR, Rasmussen TH, Vinggaard AM (2001) Effect of highly bioaccumulated polychlorinated biphenyl congeners on estrogen and androgen receptor activity. Toxicology 158(3), 141-153.

Bose U, Wang T, Zhao M, Motti CA, Hall MR, Cummins SF (2017) Multiomics analysis of the giant triton snail salivary gland, a crown-of-thorns starfish predator. Scientific Reports 7(1), 1-14.

Boucher DH, James S, Keeler KH (1982) The ecology of mutualism. Annual Review of Ecology and Systematics 13(1), 315-347.

Boudreau SA Worm B (2012) Ecological role of large benthic decapods in marine ecosystems: a review. Marine Ecology Progress Series 469, 195-213.

Bouvier TC, del Giorgio PA (2002) Compositional changes in free‐living bacterial communities along a salinity gradient in two temperate estuaries. Limnology and Oceanography 47(2), 453-470.

Bowen WD (1997) Role of marine mammals in aquatic ecosystems. Marine Ecology Progress Series 158, 267-274.

Boyd CM, Heyraud M, Boyd CN (1984) Feeding of the Antarctic krill *Euphausia superba*. Journal of Crustacean Biology 4(5), 123-141.

Brankovits D, Pohlman JW, Niemann H, LeighMB, Leewis MC, Becker KW, Iliffe TM, Alvarez F, Lehmann MF, Phillips B (2017) Methane-and dissolved organic carbon-fueled microbial loop supports a tropical subterranean estuary ecosystem. Nature Communications 8(1), 1-12.

Brawley SH, Blouin NA, Ficko-Blean E, Wheeler GL, Lohr M, Goodson HV, Jenkins JW, Blaby-Haas CE, Helliwell KE, Chan CX, Marriage TN (2017) Insights into the red algae and eukaryotic evolution from the genome of *Porphyra umbilicalis* (Bangiophyceae, Rhodophyta). Proceedings of the National Academy of Sciences 114(31), E6361-E6370.

Brawn VM, Peer DL, Bentley RJ (1968) Caloric content of the standing crop of benthic and epibenthic invertebrates of St. Margaret's Bay, Nova Scotia. Journal of the Fisheries Board of Canada 25(9), 1803-1811.

Brugnoli E, Muniz P, Venturini N, García-Rodríguez F (2021) Benthic community responses to organic enrichment during an ENSO event (2009-2010), in the north coast of Rio de la Plata estuary. Journal of Marine Systems 103597.

Buitenhuis ET, Le Quere C, Bednaršek N, Schiebel R (2019) Large contribution of pteropods to shallow $CaCO_3$ export. Global Biogeochemical Cycles 33(3), 458-468.

Burkholder JM, Glibert PM, Skelton HM (2008) Mixotrophy, a major mode of nutrition for harmful algal species in eutrophic waters. Harmful Algae 8(1), 77-93.

Burki F, Shalchian-Tabrizi K., Minge M, Skjæveland Å., Nikolaev SI, Jakobsen KS, Pawlowski J (2007) Phylogenomics reshuffles the eukaryotic supergroups. PloS one 2(8), e790.

Byrne M, Cerra A, Nishigaki T, Hoshi M (1997) Infestation of the testes of the Japanese sea star *Asterias amurensis* by the ciliate *Orchitophyra stellarum*: a caution against the use of this ciliate for biological control. Diseases of Aquatic Organisms 28(3), 235-239.

Caforio A, Driessen AJ (2017) Archaeal phospholipids: Structural properties and biosynthesis. Biochimica et Biophysica Acta (BBA)-Molecular and Cell Biology of Lipids 1862(11), 1325-1339.

Camacho-Rodríguez J, Cerón-García MC, González-López CV, López-Rosales L, Contreras-Gómez A, Molina-Grima E (2020) Use of continuous culture to develop an economical medium for the mass production of *Isochrysis galbana* for aquaculture. Journal of Applied Phycology 32(2), 851-863.

Capblancq J (1990) Nutrient dynamics and pelagic food web interactions in oligotrophic and eutrophic environments: an overview. Hydrobiologia 207(1), 1-14.

Caputia N, de Lestanga S, Fengb M, Pearcea A (2009) Seasonal variation in the long-term warming trend in water temperature off the Western Australian coast. Marine and Freshwater Research 60, 129-139.

Carlot J, Kayal M, Lenihan HS, Brandl SJ, Casey JM, Adjeroud M, Cardini U, Merciere A, Espiau B, Barneche DR, Rovere A (2021) Juvenile corals underpin coral reef carbonate production after disturbance. Global Change Biology 27(11), 2623-2632.

Castonguay M, Plourde S, Robert D, Runge JA, Fortier L (2008) Copepod production drives recruitment in a marine fish. Canadian Journal of Fisheries and Aquatic Sciences 65(8), 1528-1531.

Ceccarelli DM, Loffler Z, Bourne DG, Al Moajil‐Cole GS, Boström‐Einarsson L, Evans‐Illidge E, Fabricius K, Glasl B, Marshall P, McLeod I, Read M (2018) Rehabilitation of coral reefs through removal of macroalgae: state of knowledge and considerations for management and implementation. Restoration Ecology 26(5), 827-838.

Cesar H, Burke L, Pet-Soede L (2003) The economics of worldwide coral reef degradation. Cesar Environmental Economics Consulting, 1-23.

Cesar HS, van Beukering P (2004) Economic valuation of the coral reefs of Hawaii. Pacific Science 58(2), 231-242.

Chalfie M (1995) Green fluorescent protein. Photochemistry and Photobiology 62(4), 651-656.

Chapin FS, Walker LR, Fastie CL, Sharman LC (1994) Mechanisms of primary succession following deglaciation at Glacier bay. Ecological Monographs 64(2), 149-175.

Chappuis E, Terradas M, Cefalì ME, Mariani S, Ballesteros E (2014) Vertical zonation is the main distribution pattern of littoral assemblages on rocky shores at a regional scale. Estuarine, Coastal and Shelf Science 147, 113-122.

Charpy-Roubaud C, Sournia A (1990) The comparative estimation of phytoplanktonic, microphytobenthic and macrophytobenthic primary production in the oceans. Marine Microbial Food Webs 4(1), 31-57.

Checkley Jr DM (1980) The egg production of a marine planktonic copepod in relation to its food supply: Laboratory studies. Limnology and Oceanography 25, 430-446.

Chen M, Li Y, Birch D, Willows RD (2012) A cyanobacterium that contains chlorophyll f–a red-absorbing photopigment. FEBS letters 586(19), 3249-3254.

Chen M, Schliep M, Willows RD, Cai ZL, Neilan BA, Scheer H (2010) A red-shifted chlorophyll. Science 329(5997), 1318-1319.

Chisholm SW, Olson RJ, Zettler ER, Goericke R, Waterbury JB, Welschmeyer NA. (1988) A novel free-living prochlorophyte abundant in the oceanic euphotic zone. Nature 334(6180), 340-343.

Choi YY (2011) International/national standards for heavy metals in food. Government Laboratory (Australia) 1-13.

Christaki U, Courties C, Karayanni H, Giannakourou A, Maravelias C, Kormas KA, Lebaron P (2002) Dynamic characteristics of *Prochlorococcus* and *Synechococcus* consumption by bacterivorous nanoflagellates. Microbial Ecology 1, 341-352.

Christaki U, Jacquet S, Dolan JR, Vaulot D, Rassoulzadegan F (1999) Growth and grazing on *Prochlorococcus* and *Synechococcus* by two marine ciliates. Limnology and Oceanography 44(1), 52-61.

Cleary AC, Durbin EG, Casas MC (2018) Feeding by Antarctic krill *Euphausia superba* in the West Antarctic Peninsula: differences between fjords and open waters. Marine Ecology Progress Series 595, 39-54.

Cloern JE (2001) Our evolving conceptual model of the coastal eutrophication problem. Marine Ecology Progress Series 210, 223-253.

Coelho SM, Simon N, Ahmed S, Cock JM, Partensky F (2013) Ecological and evolutionary genomics of marine photosynthetic organisms. Molecular Ecology 22(3), 867-907.

Cole M, Lindeque P, Halsband C, Galloway TS (2011) Microplastics as contaminants in the marine environment: a review. Marine Pollution Bulletin 62(12), 2588-2597.

Coleman ML, Sullivan MB, Martiny AC, Steglich C, Barry K, DeLong EF, Chisholm SW (2006) Genomic islands and the ecology and evolution of *Prochlorococcus*. Science 311(5768), 1768-1770.

Coles SL, McCain JC (1990) Environmental factors affecting benthic infaunal communities of the western Arabian Gulf. Marine Environmental Research 29(4), 289-315.

Cortez T, Castro BG, Guerra A (1995) Feeding dynamics of *Octopus mimus* (Mollusca: Cephalopoda) in northern Chile waters. Marine Biology 123(3), 497-503.

Cottrell MT, Kirchman DL (2000) Community composition of marine bacterioplankton determined by 16S rRNA gene clone libraries and fluorescence in situ hybridization. Applied and Environmental Microbiology 66(12), 5116-5122.

Cowan ZL, Pratchett M, Messmer V, Ling S (2017) Known predators of crown-of-thorns starfish (*Acanthaster* spp.) and their role in mitigating, if not preventing, population outbreaks. Diversity 9(1), 7.

Crain CM, Albertson LK, Bertness MD (2008) Secondary succession dynamics in estuarine marshes across landscape-scale salinity gradients. Ecology 89(10), 2889-2899.

Croxall JP, Reid K, Prince PA (1999) Diet, provisioning and productivity responses of marine predators to differences in availability of Antarctic krill. Marine Ecology Progress Series 177, 115-131.

Dagg MJ, Walser Jr WE (1986) The effect of food concentration on fecal pellet size in marine copepods. Limnology and Oceanography 31(5), 1066-1071.

Dalsgaard T (2003) Benthic primary production and nutrient cycling in sediments with benthic microalgae and transient accumulation of macroalgae. Limnology and Oceanography 48(6), 2138-2150.

Darwin C, Darwin F (1888) Insectivorous plants. John Murray, London, pp. 377.

Daugbjerg N, Hansen G, Larsen J, Moestrup Ø (2000) Phylogeny of some of the major genera of dinoflagellates based on ultrastructure and partial LSU rDNA sequence data, including the erection of three new genera of unarmoured dinoflagellates. Phycologia 39(4), 302-317.

Dauvin JC, Andrade H, de-la-Ossa-Carretero JA, Del-Pilar-Ruso Y, Riera R (2016) Polychaete/amphipod ratios: An approach to validating simple benthic indicators. Ecological Indicators 63, 89-99.

Deeds JR, Hoesch RE, Place AR, Kao JP (2015) The cytotoxic mechanism of karlotoxin 2 (KmTx 2) from *Karlodinium veneficum* (Dinophyceae). Aquatic Toxicology 159, 148-155.

del Moral R, Wood DM (1993) Early primary succession on the volcano Mount St. Helens. Journal of Vegetation Science 4(2), 223-234.

Denis V, Ribas-Deulofeu L, Loubeyres M, De Palmas S, Hwang SJ, Woo S, Song JI, Chen CA (2014) Recruitment of the subtropical coral *Alveopora japonica* in the temperate waters of Jeju Island, South Korea. Bulletin of Marine Science 91(1), 85-96.

Dennison WC, Orth RJ, Moore KA, Stevenson JC, Carter V, Kollar S, Bergstrom PW, Batiuk RA (1993) Assessing water quality with submersed aquatic vegetation. BioScience 43(2), 86-94.

Dere S, Dalkiran N, Karacaoglu D, Yildiz G, Dere E (2003) The determination of total protein, total soluble carbohydrate and pigment contents of some macroalgae collected from

Gemlik-Karacaali (Bursa) and Erdek-Ormanli (Balikesir) in the Sea of Marmara, Turkey. Oceanologia 45(3), 453-471.

de Salas MF, Bolch CJ, Botes L, Nash G, Wright SW, Hallegraeff GM (2003) *Takayama* gen. nov (Gymnodiniales, Dinophyceae), a new genus of unarmored dinoflagellates with sigmoid apical grooves, including the description of two new species. Journal of Phycology 39(6), 1233-1246.

Diaz-Almela E, Marbà N, Álvarez E, Balestri E, Ruiz-Fernández JM, Duarte CM (2006) Patterns of seagrass (*Posidonia oceanica*) flowering in the Western Mediterranean. Marine Biology 148(4), 723-742.

Díaz-Ferrero J, Rodríguez-Larena MC, Comellas L, Jiménez B (1997) Bioanalytical methods applied to endocrine disrupting polychlorinated biphenyls, polychlorinated dibenzo-p-dioxins and polychlorinated dibenzofurans. A review. Trends in Analytical Chemistry 16(10), 563-573.

https://www.dinophyta.org

Dolan JR, Šimek K (1998) Ingestion and digestion of an autotrophic picoplankter, *Synechococcus*, by a heterotrophic nanoflagellate, Bode saLtans. Limnology and Oceanography 43(7), 1740-1746.

Domenici P, Blake R (1997) The kinematics and performance of fish fast-start swimming. The Journal of Experimental Biology 200(8), 1165-1178.

Domenici P, Hale ME (2019) Escape responses of fish: a review of the diversity in motor control, kinematics and behaviour. Journal of Experimental Biology 222(18), jeb166009.

Doney SC (2006) The dangers of ocean acidification. Scientific American 294(3), 58-65.

Doney SC, Fabry VJ, Feely RA, Kleypas JA (2009) Ocean acidification: the other CO_2 problem. Annual Review of Marine Science 1, 169-192.

Dortch Q (1990) The interaction between ammonium and nitrate uptake in phytoplankton. Marine Ecology Progress Series 61(1), 183-201.

Dougherty RC, Strain HH, Svec WA, Uphaus RA, Katz JJ (1970) Structure, properties, and distribution of chlorophyll c. Journal of the American Chemical Society 92(9), 2826-2833.

Douglas AE (2003) Coral bleaching – how and why?. Marine Pollution Bulletin 46(4), 385-392.

Drebes G (1988) *Syltodinium listii* gen. et spec. nov., a marine ectoparasitic dinoflagellate on eggs of copepods and rotifers. Helgoländer Meeresuntersuchungen 42(3), 583-591.

Ducklow HW, Steinberg DK, Buesseler KO (2001) Upper ocean carbon export and the biological pump. Oceanography 14(4), 50-58.

Duffus JH (2002) "Heavy metals" a meaningless term? (IUPAC Technical Report). Pure and Applied Chemistry 74(5), 793-807.

Dugdale RC, Goering JJ (1967) Uptake of new and regenerated forms of nitrogen in primary productivity. Limnology and Oceanography 12(2), 196-206.

Eddy TD, Bernhardt JR, Blanchard JL, Cheung WW, Colléter M, du Pontavice H, Fulton EA,

Gascuel D, Kearney KA, Petrik CM, Roy T (2021) Energy flow through marine ecosystems: confronting transfer efficiency. Trends in Ecology & Evolution 36(1), 76-86

Edgar GJ (1990) Predator-prey interactions in seagrass beds. II. Distribution and diet of the blue manna crab *Portunus pelagicus* Linnaeus at Cliff Head, Western Australia. Journal of Experimental Marine Biology and Ecology 139(1-2), 23-32.

Elmgren R, Ejdung G, Ankar S (2001) Intraspecific food competition in the deposit-feeding benthic amphipod *Monoporeia affinis* a laboratory study. Marine Ecology Progress Series 210, 185-193.

Enright JT, Hamner WM (1967) Vertical diurnal migration and endogenous rhythmicity. Science 157(3791), 937-941.

Eppley RW, Holm-Harisen O, Strickland JDH (1968) Some observations on the vertical migration of dinoflagellates. Journal of Phycology 4(4), 333-340.

Esteban GF, Fenchel T, Finlay BJ (2010) Mixotrophy in ciliates. Protist 161(5), 621-641.

Eto K (1997) Pathology of Minamata disease. Toxicologic Pathology 25(6), 614-623.

Etter RJ (1988) Physiological stress and color polymorphism in the intertidal snail *Nucella lapillus*. Evolution 42(4), 660-680.

Falkowski PG, Greene RM, Geider RJ (1992) Physiological limitations on phytoplankton productivity in the ocean. Oceanography 5(2), 84-91.

Fauzi R, Mantoura C, Law CS, Owens NJ, Burkill PH, Woodward EMS, Howland RJ, Llewellyn CA (1993) Nitrogen biogeochemical cycling in the northwestern Indian Ocean. Deep Sea Research Part II: Topical Studies in Oceanography 40(3), 651-671.

Fenchel T (2008) The microbial loop – 25 years later. Journal of Experimental Marine Biology and Ecology 366(1-2), 99-103.

Folt CL, Burns CW (1999) Biological drivers of zooplankton patchiness. Trends in Ecology & Evolution 14(8), 300-305.

Foster BA (1971) Desiccation as a factor in the intertidal zonation of barnacles. Marine Biology 8(1), 12-29.

Fralick RA, Mathieson AC (1973) Ecological studies of *Codium fragile* in New England, USA. Marine Biology 19(2), 127-132.

Francour P (1997) Predation on holothurians: a literature review. Invertebrate Biology 116(1), 52-60.

Frankenbach S, Ezequiel J, Plecha S, Goessling JW, Vaz L, Kühl M, Dias JM, Vaz N, Serôdio J (2020) Synoptic spatio-temporal variability of the photosynthetic productivity of microphytobenthos and phytoplankton in a tidal estuary. Frontiers in Marine Science 24, 7:170.

Franks PJS (2015). Has Sverdrup's critical depth hypothesis been tested? Mixed layers vs. turbulent layers. ICES Journal of Marine Science 72(6), 1897-1907.

Fraser WR, Pitman RL, Ainley DG (1989) Seabird and fur seal responses to vertically migrating winter krill swarms in Antarctica. Polar Biology 10(1), 37-41.

Freeman S, Quillin K, Allison L, Black M, Podgorski G, Taylor E, Carmichael J (2017) Biological Science (Vol. 6). Pearson Higher Education.

Freudenthal HD (1962) *Symbiodinium* gen. nov. and *Symbiodinium microadriaticum* sp. nov., a zooxanthella: taxonomy, life cycle, and morphology. The Journal of Protozoology 9(1), 45-52.

Frost BW (1972) Effects of size and concentration of food particles on the feeding behavior of the marine planktonic copepod *Calanus pacificus*. Limnology and oceanography 17(6), 805-815.

Fuchs B, Wang W, Graspeuntner S, Li Y, Insua S, Herbst EM, Dirksen P, Böhm AM, Hemmrich G, Sommer F, Domazet-Lošo T (2014) Regulation of polyp-to-jellyfish transition in *Aurelia aurita*. Current Biology 24(3), 263-273.

Fujise L, Yamashita H, Suzuki G, Sasaki K, Liao LM, Koike K (2014) Moderate thermal stress causes active and immediate expulsion of photosynthetically damaged zooxanthellae (*Symbiodinium*) from corals. PLoS One 9(12), e114321.

Gallager SM, Waterbury JB, Stoecker DK (1994) Efficient grazing and utilization of the marine cyanobacterium *Synechococcus* sp. by larvae of the bivalve *Mercenaria mercenaria*. Marine Biology 119(2), 251-259.

Gallo ND, Drenkard E, Thompson AR, Weber ED, Wilson-Vandenberg D, McClatchie S, Koslow JA, Semmens BX (2019) Bridging from monitoring to solutions-based thinking: lessons from CalCOFI for understanding and adapting to marine climate change impacts. Frontiers in Marine Science 6, 695.

Garrison DL, Gowing MM, Hughes MP, Campbell L, Caron DA, Dennett MR, Shalapyonok A, Olson RJ, Landry MR, Brown SL, Liu HB (2000) Microbial food web structure in the Arabian Sea: a US JGOFS study. Deep Sea Research Part II: Topical Studies in Oceanography 47(7-8), 1387-1422.

Gaston GR (1987) Benthic polychaeta of the Middle Atlantic Bight: feeding and distribution. Marine Ecology Progress Series 36(3), 251-262.

Gawryluk RM, Tikhonenkov DV, Hehenberger E, Husnik F, Mylnikov AP, Keeling PJ (2019) Non-photosynthetic predators are sister to red algae. Nature 572(7768), 240-243.

Germanov ES, Marshall AD, Bejder L, Fossi MC, Loneragan NR (2018) Microplastics: no small problem for filter-feeding megafauna. Trends in Ecology & Evolution 33(4), 227-232.

Ghiorse WC, Ehrlich HL (1976) Electron transport components of the MnO_2 reductase system and the location of the terminal reductase in a marine *Bacillus*. Applied and Environmental Microbiology 31(6), 977-985.

Giere O (1975) Population structure, food relations and ecological role of marine oligochaetes, with special reference to meiobenthic species. Marine Biology 31(2), 139-156.

Gili JM, Coma R (1998) Benthic suspension feeders: their paramount role in littoral marine food webs. Trends in Ecology & Evolution 13(8), 316-321.

Giribet G, Okusu A, Lindgren AR, Huff SW, Schrödl M, Nishiguchi MK (2006) Evidence for a clade composed of molluscs with serially repeated structures: monoplacophorans are related to chitons. Proceedings of the National Academy of Sciences 103(20), 7723-7728.

Glibert PM, Burkholder JM, Kana TM, Alexander J, Skelton H, Shilling C (2009) Grazing by *Karenia brevis* on *Synechococcus* enhances its growth rate and may help to sustain blooms. Aquatic Microbial Ecology 55(1), 17-30.

Glibert PM, McCarthy JJ (1984) Uptake and assimilation of ammonium and nitrate by phytoplankton: indices of nutritional status for natural assemblages. Journal of Plankton Research 6(4), 677-697.

Glibert PM, Mitra A, Flynn KJ, Hansen PJ, Jeong HJ, Stoecker D (2019) Plants are not animals and animals are not plants, right? Wrong! Tiny creatures in the sea can be both at once! Frontiers for Young Minds 7, 48.

Goldstein J, Steiner UK (2020) Ecological drivers of jellyfish blooms – The complex life history of a 'well-known' medusa (*Aurelia aurita*). Journal of Animal Ecology 89(3), 910-920.

Gray DR, Hodgson AN (2004). The importance of a crevice environment to the limpet *Helcion pectunculus* (Patellidae). Journal of Molluscan Studies 70(1), 67-72.

Grigor JJ, Schmid MS, Caouette M, Onge VS, Brown TA, Barthélémy RM (2020) Non-carnivorous feeding in Arctic chaetognaths. Progress in Oceanography 186, 102388.

Grossart HP, Schlingloff A, Bernhard M, Simon M, Brinkhoff T (2004) Antagonistic activity of bacteria isolated from organic aggregates of the German Wadden Sea. FEMS Microbiology Ecology 47(3), 387-396.

Hamel JF, Mercier A (1998) Diet and feeding behaviour of the sea cucumber *Cucumaria frondosa* in the St. Lawrence estuary, eastern Canada. Canadian Journal of Zoology 76(6), 1194-1198.

Han M, Lee H, Anderson DM, Kim B (2016) Paralytic shellfish toxin production by the dinoflagellate *Alexandrium pacificum* (Chinhae Bay, Korea) in axenic, nutrient-limited chemostat cultures and nutrient-enriched batch cultures. Marine Pollution Bulletin 104(1-2), 34-43.

Hansen PJ (1992) Prey size selection, feeding rates and growth dynamics of heterotrophic dinoflagellates with special emphasis on *Gyrodinium spirale*. Marine Biology 114(2), 327-334.

Hansen PJ, Calado AJ (1999) Phagotrophic mechanisms and prey selection in free-living dinoflagellates. Journal of Eukaryotic Microbiology 46(4), 382-389.

Hansen G, Daugbjerg N (2004) Ultrastructure of *Gyrodinium spirale*, the type species of *Gyrodinium* (Dinophyceae), including a phylogeny of *G. dominans*, *G. rubrum* and *G. spirale* deduced from partial LSU rDNA sequences. Protist 155(3), 271-294.

Harding G, Dalziel J, Vass P (2018) Bioaccumulation of methylmercury within the marine food web of the outer Bay of Fundy, Gulf of Maine. PloS One 13(7), e0197220.

Harding Jr LW, Perry ES (1997) Long-term increase of phytoplankton biomass in Chesapeake

Bay, 1950-1994. Marine Ecology Progress Series 157, 39-52.
Harley CD, Denny MW, Mach KJ, Miller LP (2009) Thermal stress and morphological adaptations in limpets. Functional Ecology 23(2), 292-301.
Harrington MJ, Waite JH (2007) Holdfast heroics: comparing the molecular and mechanical properties of *Mytilus californianus* byssal threads. Journal of Experimental Biology 210(24), 4307-4318.
Hassan MM, Parks V, Laramore S (2021) Optimizing microalgae diets for hard clam, *Mercenaria mercenaria*, larvae culture. Aquaculture Reports 20, 100716.
Hays GC (2003) A review of the adaptive significance and ecosystem consequences of zooplankton diel vertical migrations. Migrations and Dispersal of Marine Organisms pp.163-170.
Hays GC, Richardson AJ, Robinson C (2005) Climate change and marine plankton. Trends in Ecology & Evolution 20(6), 337-344.
He Y, Lin G, Rao X, Chen L, Jian H, Wang M, Guo Z, Chen B (2018) Microalga *Isochrysis galbana* in feed for *Trachinotus ovatus*: effect on growth performance and fatty acid composition of fish fillet and liver. Aquaculture International 26(5), 1261-1280.
Heatfield BM (1971) Growth of the calcareous skeleton during regeneration of spines of the sea urchin, *Strongylocentrotus purpuratus* (Stimpson): a light and scanning electron microscopic study. Journal of Morphology 134(1), 57-89.
Hehenberger E, Gast RJ, Keeling PJ (2019) A kleptoplastidic dinoflagellate and the tipping point between transient and fully integrated plastid endosymbiosis. Proceedings of the National Academy of Sciences 116(36), 17934-17942.
Heinbokel JF (1978) Studies on the functional role of tintinnids in the Southern California Bight. I. Grazing and growth rates in laboratory cultures. Marine Biology 47(2), 177-189.
Heinbokel JF, Beers JR (1979) Studies on the functional role of tintinnids in the Southern California Bight. III. Grazing impact of natural assemblages. Marine Biology 52(1), 23-32.
Hendrickx ME, Brusca RC, Cordero M, Ramírez G (2007) Marine and brackish-water molluscan biodiversity in the Gulf of California, Mexico. Scientia Marina 71(4), 637-647.
Hensen V (1887) Ueber die Bestimmung des Plankton's oder des im Meere treibenden Materials an Pflanzen und Thieren.
Heo SJ, Yoon WJ, Kim KN, Ahn GN, Kang SM, Kang DH, Oh C, Jung WK, Jeon YJ (2010) Evaluation of anti-inflammatory effect of fucoxanthin isolated from brown algae in lipopolysaccharide-stimulated RAW 264.7 macrophages. Food and Chemical Toxicology 48(8-9), 2045-2051.
Hoegh-Guldberg OVE, Pearse JS (1995) Temperature, food availability, and the development of marine invertebrate larvae. American Zoologist 35(4), 415-425.
Holmes MJ, Lewis RJ, Gillespie NC (1990) Toxicity of Australian and French Polynesian strains of *Gambierdiscus toxicus* (Dinophyceae) grown in culture: characterization of a new

type of maitotoxin. Toxicon 28(10), 1159-1172.

Horton T, Okamura B (2001) Cymothoid isopod parasites in aquaculture: a review and case study of a Turkish sea bass (*Dicentrarchus labrax*) and sea bream (*Sparus auratus*) farm. Diseases of Aquatic Organisms 46(3), 181-188.

Howarth RW (2008) Coastal nitrogen pollution: a review of sources and trends globally and regionally. Harmful Algae 8(1), 14-20.

Hsieh CH, Reiss CS, Hunter JR, Beddington JR, May RM, Sugihara G (2006) Fishing elevates variability in the abundance of exploited species. Nature 443(7113), 859-862.

Huang B, Hou J, Lin S, Chen J, Hong H (2008) Development of a PNA probe for the detection of the toxic dinoflagellate *Takayama pulchella*. Harmful Algae 7(4), 495-503.

Hughes RN, Seed R (1995) Behavioural mechanisms of prey selection in crabs. Journal of Experimental Marine Biology and Ecology 193(1-2), 225-238.

Hwang EK, Choi HG, Kim JK (2020) Seaweed resources of Korea. Botanica Marina 63(4), 395-405.

Hwang J, Eglinton TI, Krishfield RA, Manganini SJ, Honjo S (2008) Lateral organic carbon supply to the deep Canada Basin. Geophysical Research Letters 35(11), L11607.

Hwang EK, Liu F, Lee KH, Ha DS, Park CS (2018) Comparison of the cultivation performance between Korean (Sugwawon No. 301) and Chinese strains (Huangguan No. 1) of kelp *Saccharina japonica* in an aquaculture farm in Korea. Algae 33(1), 101-108.

Hwang EK, Park CS (2020) Seaweed cultivation and utilization of Korea. Algae 35(2), 107-121.

Hwang BS, Yoon EY, Kim HS, Yih W, Park JY, Jeong HJ, Rho JR (2013) Ostreol A: a new cytotoxic compound isolated from the epiphytic dinoflagellate *Ostreopsis* cf. *ovata* from the coastal waters of Jeju Island, Korea. Bioorganic & Medicinal Chemistry Letters 23(10), 3023-3027.

Iglesias R, Paramá A, Álvarez MF, Leiro J, Sanmartín ML (2002) Antiprotozoals effective in vitro against the scuticociliate fish pathogen *Philasterides dicentrarchi*. Diseases of Aquatic Organisms 49(3), 191-197.

Imai I, Itakura S (1999) Importance of cysts in the population dynamics of the red tide flagellate *Heterosigma akashiwo* (Raphidophyceae). Marine Biology 133(4), 755-762.

Isachsen PE, Drivdal M, Eastwood S, Gusdal Y, Noer G, Saetra Ø (2013) Observations of the ocean response to cold air outbreaks and polar lows over the Nordic Seas. Geophysical Research Letters 40(14), 3667-3671.

Jackson AC, Murphy RJ, Underwood AJ (2009) *Patiriella exigua*: grazing by a starfish in an overgrazed intertidal system. Marine Ecology Progress Series 376, 153-163.

Jacobson DM, Anderson DM (1986) Thecate heterophic dinoflagellates: feeding behavior and mechanisms. Journal of Phycology 22(3), 249-258.

Jain S, Caforio A, Driessen AJ (2014) Biosynthesis of archaeal membrane ether lipids. Frontiers in Microbiology 5, 641.

Jang SH, Jeong HJ, Lee MJ, Kim JH, You JH (2019) *Gyrodinium jinhaense* n. sp., a new heterotrophic unarmored dinoflagellate from the coastal waters of Korea. Journal of Eu-

karyotic Microbiology 66, 821-835.
Jang SH, Jeong HJ, Moestrup Ø, Kang NS, Lee SY, Lee KH, Seong KA (2017) *Yihiella yeosuensis* gen. et sp. nov. (Suessiaceae, Dinophyceae), a novel dinoflagellate isolated from the coastal waters of Korea. Journal of Phycology 53, 131-145.
Jang SH, Jeong HJ, Yoo YD (2018) *Gambierdiscus jejuensis* sp. nov., an epiphytic dinoflagellate from the waters of Jeju Island, Korea, effect of temperature on the growth, and its global distribution. Harmful Algae 80, 149-157.
Jankowska E, De Troch M, Michel LN, Lepoint G, Włodarska-Kowalczuk M (2018) Modification of benthic food web structure by recovering seagrass meadows, as revealed by trophic markers and mixing models. Ecological Indicators 90, 28-37.
Jarman SN, Wilson SG (2004) DNA-based species identification of krill consumed by whale sharks. Journal of Fish Biology 65(2), 586-591.
Jażdżeski K, Jurasz W, Kittel W, Presler E, Presler P, Siciński J (1986) Abundance and biomass estimates of the benthic fauna in Admiralty Bay, King George Island, South Shetland islands. Polar Biology 6(1), 5-16.
Jeon W, Ban C, Kim JE, Woo HC, Kim DH (2016) Production of furfural from macroalgae-derived alginic acid over Amberlyst-15. Journal of Molecular Catalysis A: Chemical 423, 264-269.
Jeong HJ (1994) Predation by the heterotrophic dinoflagellate *Protoperidinium* cf. *divergens* on copepod eggs and early naupliar stages. Marine Ecology Progress Series 114, 203-208.
Jeong HJ (1999) The ecological roles of heterotrophic dinoflagellates in marine planktonic community. Journal of Eukaryotic Microbiology 46(4), 390-396.
Jeong HJ (2011) Mixotrophy in red tide algae raphidophytes. Journal of Eukaryotic Microbiology 58(3), 215-222.
Jeong HJ, Ha JH, Park JY, Kim JH, Kang NS, Kim S, Kim JS, Du Yoo Y, Yih WH (2006) Distribution of the heterotrophic dinoflagellate *Pfiesteria piscicida* in Korean waters and its consumption of mixotrophic dinoflagellates, raphidophytes and fish blood cells. Aquatic Microbial Ecology 44(3), 263-278.
Jeong HJ, Ha JH, Yoo YD, Park JY, Kim JH, Kang NS, Kim TH, Kim HS, Yih WH (2007a) Feeding by the *Pfiesteria*-like heterotrophic dinoflagellate *Luciella masanensis*. Journal of Eukaryotic Microbiology 54(3), 231-241.
Jeong HJ, Jang SH, Moestrup Ø, Kang NS, Lee SY, Potvin É, Noh JH (2014a) *Ansanella granifera* gen. et sp. nov. (Dinophyceae), a new dinoflagellate from the coastal waters of Korea. Algae 29(2), 75-99.
Jeong HJ, Kang H, Shim JH, Park JK, Kim JS, Song JY, Choi HJ (2001a) Interactions among the toxic dinoflagellate *Amphidinium carterae*, the heterotrophic dinoflagellate *Oxyrrhis marina*, and the calanoid copepods *Acartia* spp. Marine Ecology Progress Series 218, 77-86.
Jeong HJ, Kang HC, Lim AS, Jang SH, Lee K, Lee SY, Ok JH, You JH, Kim JH, Lee KH, Park

SA, Eom SH, Yoo YD, Kim KY (2021) Feeding diverse prey as an excellent strategy of mixotrophic dinoflagellates for global dominance. Science Advances 7(2), eabe4214.

Jeong HJ, Kim HR, Kim KI, Kim KY, Park KH, Kim ST, Yoo YD, Song JY, Kim JS, Seong KA, Yih WH, Pae SJ, Lee CH, Huh MD, Lee SH (2002) NaOCl produced by electrolysis of natural seawater as a potential method to control marine red-tide dinoflagellates. Phycologia 41(6), 643-656.

Jeong HJ, Kim JS, Kim JH, Kim ST, Seong KA, Kim TH, Song JY, Kim SK (2005a) Feeding and grazing impact by the newly described heterotrophic dinoflagellate *Stoeckeria algicida* on the harmful alga *Heterosigma akashiwo*. Marine Ecology Progress Series 295, 69-78.

Jeong HJ, Kim SK, Kim JS, Kim ST, Yoo YD, Yoon JY (2001b) Growth and grazing rates of the heterotrophic dinoflagellate *Polykrikos kofoidii* on red-tide and toxic dinoflagellates. Journal of Eukaryotic Microbiology 48(3), 298-308.

Jeong HJ, Kim JS, Kim SH, Song JY, Lee IH, Lee GH (2004a) *Strombidinopsis jeokjo* n sp. (Ciliophora: Choreotrichida) from the coastal waters off Western Korea: Morphology and small subunit ribosomal DNA gene sequence. Journal of Eukaryotic Microbiology 51, 451-455.

Jeong HJ, Kim JS, Lee KH, Seong KA, Yoo YD, Kang NS, Kim TH, Song JY, Kwon JE (2017a) Differential interactions between the nematocyst-bearing mixotrophic dinoflagellate *Paragymnodinium shiwhaense* and common heterotrophic protists and copepods: Killer or prey. Harmful Algae 62, 37-51.

Jeong HJ, Kim JS, Park JY, Kim JH, Kim S, Lee I, Lee SH, Ha JH, Yih WH (2005b) *Stoeckeria algicida* n. gen., n. sp.(Dinophyceae) from the coastal waters off southern Korea: morphology and small subunit ribosomal DNA gene sequence. Journal of Eukaryotic Microbiology 52(4), 382-390.

Jeong HJ, Kim JS, Song JY, Kim JH, Kim TH, Kim SK, Kang NS (2007b) Feeding by protists and copepods on the heterotrophic dinoflagellates *Pfiesteria pisicicida*, *Stoeckeria algicida*, and *Luciella masanensis*. Marine Ecology Progress Series 349, 199-211.

Jeong HJ, Kim JS, Yoo YD, Kim ST, Kim TH, Park MG, Lee CH, Seong KA, Kang NS, Shim JH (2003a) Feeding by the heterotrophic dinoflagellate *Oxyrrhis marina* on the red-tide raphidophyte *Heterosigma akashiwo*: a potential biological method to control red tides using mass-cultured grazers. Journal of Eukaryotic Microbiology 50, 274-282.

Jeong HJ, Kim JS, Yoo YD, Kim ST, Song JY, Kim TH, Seong KA, Kang NS, Kim MS, Kim JH, Kim S, Ryu JA, Lee HM, Yih WH (2008a) Control of the harmful alga *Cochlodinium polykrikoides* by the naked ciliate *Strombidinopsis jeokjo* in mesocosm enclosures. Harmful Algae 7(3), 368-377.

Jeong HJ, Kim TH, Yoo YD, Yoon EY, Kim JS, Seong KA, Kim KY, Park JY (2011a) Grazing impact of heterotrophic dinoflagellates and ciliates on common red-tide euglenophyte *Eutreptiella gymnastica* in Masan Bay, Korea. Harmful Algae 10, 576-588.

Jeong HJ, Latz MI (1994) Growth and grazing rates of the heterotrophic dinoflagellates *Protoperidinium* spp. on red tide dinoflagellates. Marine Ecology Progress Series 106, 173-185.

Jeong HJ, Lee SY, Kang NS, Yoo YD, Lim AS, Lee MJ, Kim HS, Yih WH, Yamashita H, LaJeunesse TC (2014b) Genetics and morphology characterize the dinoflagellate *Symbiodinium voratum*, n. sp., (Dinophyceae) as the sole representative of *Symbiodinium* clade E. Journal of Eukaryotic Microbiology 61(1), 75-94.

Jeong HJ, Lee KH, Yoo YD, Kang NS, Lee KT (2011b) Feeding by the newly described, nematocyst-bearing heterotrophic dinoflagellate *Gyrodiniellum shiwhaense*. Journal of Eukaryotic Microbiology 58, 511-524.

Jeong HJ, Lee KH, Yoo YD, Kang NS, Song JY, Kim TH, Seong KA, Kim JS, Potvin E (2018) Effects of light intensity, temperature, and salinity on the growth and ingestion rates of the red-tide mixotrophic dinoflagellate *Paragymnodinium shiwhaense*. Harmful Algae 80, 46-54.

Jeong HJ, Lee KT, Yoo YD, Kim JM, Kim TH, Kim MO, Kim KY, Kim JH (2016) Reduction in CO_2 uptake rates of red tide dinoflagellates due to mixotrophy. Algae 31, 351-362.

Jeong HJ, Lee CW, Yih WH, Kim JS (1997) *Fragilidium* cf. *mexicanum*, a thecate mixotrophic dinoflagellate, which is prey for and a predator on co-occurring thecate heterotrophic dinoflagellate *Protoperidinium* cf. *divergens*. Marine Ecology Progress Series 151, 299-305.

Jeong HJ, Lim AS, Franks PJ, Lee KH, Kim JH, Kang NS, Lee MJ, Jang SH, Lee SY, Yoon EY, Park JY (2015) A hierarchy of conceptual models of red-tide generation: nutrition, behavior, and biological interactions. Harmful Algae 47, 97-115.

Jeong HJ, Lim AS, Jang SH, Yih WH, Kang NS, Lee SY, Yoo YD, Kim HS (2012a) First report of the epiphytic dinoflagellate *Gambierdiscus caribaeus* in the temperate waters off Jeju Island, Korea: morphology and molecular characterization. Journal of Eukaryotic Microbiology 59(6), 637-650.

Jeong HJ, Lim AS, Lee K, Lee MJ, Seong KA, Kang NS, Jang SH, Lee KH, Lee SY, Kim MO, Kim JH, Kwon JE, Kang HC, Kim JS, Yih W, Shin K, Jang PK, Ryu JH, Kim SY, Park JY, Kim KY (2017b) Ichthyotoxic *Cochlodinium polykrikoides* red tides offshore in the South Sea, Korea in 2014: I. Temporal variations in three-dimensional distributions of red-tide organisms and environmental factors. Algae 32, 101-130.

Jeong HJ, Park KH, Kim JS, Kang H, Kim CH, Choi HJ, Kim YS, Park JY, Park MG (2003b) Reduction in the toxicity of the dinoflagellate *Gymnodinium catenatum* when fed on by the heterotrophic dinoflagellate *Polykrikos kofoidii*. Aquatic Microbial Ecology 31(3), 307-312.

Jeong HJ, Park JY, Nho JH, Park MO, Ha JH, Seong KA, Jeng C, Seong CN, Lee KY, Yih WH (2005c) Feeding by red-tide dinoflagellates on the cyanobacterium *Synechococcus*. Aquatic Microbial Ecology 41(2), 131-143.

Jeong HJ, Seong KA, Kang NS, Du Yoo Y, Nam SW, Park JY, Shin W, Glibert PM, Johns D

(2010a) Feeding by raphidophytes on the cyanobacterium *Synechococcus* sp. Aquatic Microbial Ecology 58(2), 181-195.

Jeong HJ, Seong KA, Yoo YD, Kim TH, Kang NS, Kim S, Park JY, Kim JS, Kim GH, Song JY (2008b) Feeding and grazing impact by small marine heterotrophic dinoflagellates on heterotrophic bacteria. Journal of Eukaryotic Microbiology 55(4), 271-288.

Jeong HJ, Shim JH, Kim JS, Park JY, Lee CW, Lee Y (1999a) The feeding by the thecate mixotrophic dinoflagellate *Fragilidium* cf. *mexicanum* on red tide and toxic dinoflagellate. Marine Ecology Progress Series 176, 263-277.

Jeong HJ, Shim JH, Lee CW, Kim JS, Koh SM (1999b) Growth and grazing rates of the marine planktonic ciliate *Strombidinopsis* sp. on red-tide and toxic dinoflagellates. Journal of Eukaryotic Microbiology 46(1), 69-76.

Jeong HJ, Song JE, Kang NS, Kim S, Yoo YD, Park JY (2007c) Feeding by heterotrophic dinoflagellates on the common marine heterotrophic nanoflagellate *Cafeteria* sp. Marine Ecology Progress Series 333, 151-160.

Jeong HJ, Song JY, Lee CH, Kim ST (2004b) Feeding by the larvae of the mussel *Mytilus galloprovincialis* on red-tide dinoflagellates. Journal of Shellfish Research 23, 185-195.

Jeong HJ, Yih W, Kang NS, Lee SY, Yoon EY, Yoo YD, Kim HS, Kim JH (2012b) First report of the epiphytic benthic dinoflagellates *Coolia canariensis* and *Coolia malayensis* in the waters off Jeju Island, Korea: morphology and rDNA sequences. Journal of Eukaryotic Microbiology 59(2), 114-133.

Jeong HJ, Yoo YD, Kang NS, Lim AS, Seong KA, Lee SY, Lee MJ, Lee KH, Kim HS, Shin W, Nam SW (2012c) Heterotrophic feeding as a newly identified survival strategy of the dinoflagellate *Symbiodinium*. Proceedings of the National Academy of Sciences 109(31), 12604-12609.

Jeong HJ, Yoo YD, Kim ST, Kang NS (2004c) Feeding by the heterotrophic dinoflagellate *Protoperidinium bipes* on the diatom *Skeletonema costatum*. Aquatic Microbial Ecology 36, 171-179.

Jeong HJ, You YD, Kim JS, Kang NS, Kim TH, Kim JH (2004d) Feeding by the marine planktonic ciliate *Strombidinopsis jeokjo* on common heterotrophic dinoflagellates. Aquatic Microbial Ecology 36, 181-187.

Jeong HJ, Yoo YD, Kim JS, Kim TH, Kim JH, Kang NS, Yih W (2004e) Mixotrophy in the phototrophic harmful alga *Cochlodinium polykrikoides* (Dinophycean): prey species, the effects of prey concentration, and grazing impact. Journal of Eukaryotic Microbiology 51(5), 563-569.

Jeong HJ, Yoo YD, Kim JS, Seong KA, Kang NS, Kim TH (2010b) Growth, feeding and ecological roles of the mixotrophic and heterotrophic dinoflagellates in marine planktonic food webs. Ocean Science Journal 45(2), 65-91.

Jeong HJ, Yoo YD, Kim TH, Seong KA, Kang NS, Lee KH, Lee SY, Kim JS, Kim S, Yih WH (2013a) Red tides in Masan Bay, Korea in 2004-2005: I. Daily variations in the abundance of red-tide organisms and environmental factors. Harmful Algae 30S,

S75-S88.
Jeong HJ, Yoo YD, Lim AS, Kim TW, Lee K, Kang CK (2013b) Raphidophyte red tides in Korean waters. Harmful Algae 30S, S41-S52.
Jeong HJ, Yoo YD, Park JY, Song JY, Kim ST, Lee SH, Kim KY, Yih WH (2005d) Feeding by phototrophic red-tide dinoflagellates: five species newly revealed and six species previously known to be mixotrophic. Aquatic Microbial Ecology 40(2), 133-150.
Jeong HJ, Yoo YD, Seong KA, Kim JH, Park JY, Kim S, Lee SH, Ha JH, Yih WH (2005e) Feeding by the mixotrophic red-tide dinoflagellate *Gonyaulax polygramma*: mechanisms, prey species, effects of prey concentration, and grazing impact. Aquatic Microbial Ecology 38(3), 249-257.
Ji C, Wu L, Zhao W, Wang S, Lv J (2012) Echinoderms have bilateral tendencies. PloS One 7(1), e28978.
Jiang Y, Chen F (2000) Effects of medium glucose concentration and pH on docosahexaenoic acid content of heterotrophic *Crypthecodinium cohnii*. Process Biochemistry 35(10), 1205-1209.
Johannesson K (2003). Evolution in Littorina: ecology matters. Journal of Sea Research 49(2), 107-117.
Johnson MD (2011a) The acquisition of phototrophy: adaptive strategies of hosting endosymbionts and organelles. Photosynthesis Research 107(1), 117-132.
Johnson MD (2011b) Acquired phototrophy in ciliates: a review of cellular interactions and structural adaptations. Journal of Eukaryotic Microbiology 58(3), 185-195.
Johnson MD, Stoecker DK, Marshall HG (2013) Seasonal dynamics of *Mesodinium rubrum* in Chesapeake Bay. Journal of Plankton Research 35(4), 877-893.
Jones KC, De Voogt P (1999) Persistent organic pollutants (POPs): state of the science. Environmental Pollution 100(1-3), 209-221.
Jonsson PR, Tiselius P (1990) Feeding behaviour, prey detection and capture efficiency of the copepod *Acartia tonsa* feeding on planktonic ciliates. Marine Ecology Progress Series 8, 35-44.
Kach DJ, Ward JE (2008) The role of marine aggregates in the ingestion of picoplankton-size particles by suspension-feeding molluscs. Marine Biology 153(5), 797-805.
Kang HC, Jeong HJ, Jang SH, Lee KH (2019) Feeding by common heterotrophic protists on the phototrophic dinoflagellate *Biecheleriopsis adriatica* (Suessiaceae) compared to that of other suessioid dinoflagellates. Algae 34(2), 127-140.
Kang NS, Jeong HJ, Lee SY, Lim AS, Lee MJ, Kim HS, Yih W (2013) Morphology and molecular characterization of the epiphytic benthic dinoflagellate *Ostreopsis* cf. *ovata* in the temperate waters off Jeju Island, Korea. Harmful Algae 27, 98-112.
Kang NS, Jeong HJ, Moestrup Ø, Jang TY, Lee SY, Lee MJ (2015) *Aduncodinium* gen. nov. and *A. glandula* comb. nov. (Dinophyceae, Pfiesteriaceae), from coastal waters off Korea: morphology and molecular characterization. Harmful Algae 41, 25-37.
Kang NS, Jeong HJ, Moestrup O, Park TG (2011) *Gyrodiniellum shiwhaense* n. gen., n. sp., a

new planktonic heterotrophic dinoflagellate from the coastal waters of western Korea: morphology and ribosomal DNA gene sequence. Journal of Eukaryotic Microbiology 58, 284-309.

Kang NS, Jeong HJ, Moestrup Ø, Shin W, Nam SW, Park JY, De Salas MF, Kim KW, Noh JH (2010) Description of a new planktonic mixotrophic dinoflagellate *Paragymnodinium shiwhaense* n. gen., n. sp. from the coastal waters off western Korea: morphology, pigments, and ribosomal DNA gene sequence. Journal of Eukaryotic Microbiology 57(2), 121-144.

Kang HC, Jeong HJ, Park SA, Eom SH, Ok JH, You JH, Jang SH, Lee SY (2020) Feeding by the newly described heterotrophic dinoflagellate *Gyrodinium jinhaense*: comparison with *G. dominans* and *G. moestrupii*. Marine Biology 167(10), 1-16.

Kannan N, Tanabe S, Ono M, Tatsukawa R (1989) Critical evaluation of polychlorinated biphenyl toxicity in terrestrial and marine mammals: Increasing impact of non-ortho and mono-ortho coplanar polychlorinated biphenyls from land to ocean. Archives of Environmental Contamination and Toxicology 18(6), 850-857.

Kanwisher J, Ebeling A (1957) Composition of the swim-bladder gas in bathypelagic fishes. Deep Sea Research 4, 211-217.

Karatayev AY, Burlakova LE, Molloy DP, Volkova LK, Volosyuk VV (2002) Field and laboratory studies of *Ophryoglena* sp.(Ciliata: Ophryoglenidae) infection in zebra mussels, *Dreissena polymorpha* (Bivalvia: Dreissenidae). Journal of Invertebrate Pathology 79(2), 80-85.

Karlson B, Andersen P, Arneborg L, Cembella A, Eikrem W, John U, West JJ, Klemm K, Kobos J, Lehtinen S, Lundholm N (2021) Harmful algal blooms and their effects in coastal seas of Northern Europe. Harmful Algae 6, 101989.

Katechakis A, Stibor H (2004) Feeding selectivities of the marine cladocerans *Penilia avirostris, Podon intermedius* and *Evadne nordmanni*. Marine Biology 145(3), 529-539.

Kelley JL, Taylor I, Hart NS, Partridge JC (2017) Aquatic prey use countershading camouflage to match the visual background. Behavioral Ecology 28(5), 1314-1322.

Kemp DW, Hernandez-Pech X, Iglesias-Prieto R, Fitt WK, Schmidt GW (2014) Community dynamics and physiology of *Symbiodinium* spp. before, during, and after a coral bleaching event. Limnology and Oceanography 59(3), 788-797.

Kennedy VS (1976) Desiccation, higher temperatures and upper intertidal limits of three species of sea mussels (Mollusca: Bivalvia) in New Zealand. Marine Biology 35(2), 127-137.

Kensler CB (1967) Desiccation resistance of intertidal crevice species as a factor in their zonation. The Journal of Animal Ecology 391-406.

Kerfoot WB (1970) Bioenergetics of vertical migration. The American Naturalist 104(940), 529-546.

Khim JS, Hong S (2014) Assessment of trace pollutants in Korean coastal sediments using the triad approach: a review. Science of the Total Environment 470, 1450-1462.

Kim KY, Choi TS, Kim JH, Han T, Shin HW, Garbary DJ (2004) Physiological ecology and seasonality of *Ulva pertusa* on a temperate rocky shore. Phycologia 43(4), 483-492.

Kim JS, Jeong HJ (2004) Feeding by the heterotrophic dinoflagellates *Gyrodinium dominans* and *G. spirale* on the red-tide dinoflagellate *Prorocentrum minimum*. Marine Ecology Progress Series 280, 85-94.

Kim JH, Jeong HJ, Lim AS, Kwon JE, Lee KH, Park KH, Kim HS (2017) Removal of two pathogenic scuticociliates *Miamiensis avidus* and *Miamiensis* sp. using cells or culture filtrates of the dinoflagellate *Alexandrium andersonii*. Harmful Algae 63, 133-145.

Kim JS, Jeong HJ, Strueder-Kypke MC, Lynn DH, Kim SH, Kim JH, Lee SH (2005) *Parastrombidinopsis shimi* n. gen., n. sp. (Ciliophora: Choreotrichia) from the coastal waters of Korea: morphology and small subunit ribosomal RNA gene sequence. Journal of Eukaryotic Microbiology 52, 514-522.

Kim JS, Jeong HJ, Yoo YD, Kang NS, Kim SK, Song JY, Lee MJ, Kim ST, Kang JH, Seong KA, Yih WH (2013a) Red tides in Masan Bay, Korea, in 2004–2005: III. Daily variations in the abundance of mesozooplankton and their grazing impacts on red-tide organisms. Harmful Algae 30S, S102-S113.

Kim M, Kim KY, Nam SW, Shin W, Yih W, Park MG (2014a) The effect of starvation on plastid number and photosynthetic performance in the kleptoplastidic dinoflagellate *Amylax triacantha*. Journal of Eukaryotic Microbiology 61(4), 354-363.

Kim IN, Lee K, Gruber N, Karl DM, Bullister JL, Yang S, Kim TW (2014b) Increasing anthropogenic nitrogen in the North Pacific Ocean. Science 346(6213), 1102-1106.

Kim TW, Lee K, Lee CK, Jeong HD, Suh YS, Lim WA, Kim KY, Jeong HJ (2013b) Interannual nutrient dynamics in Korean coastal waters. Harmful Algae 30S, S15-S27.

Kim CS, Lee SG, Lee CK, Kim HG, Jung J (1999) Reactive oxygen species as causative agents in the ichthyotoxicity of the red tide dinoflagellate *Cochlodinium polykrikoides*. Journal of Plankton Research 21(11), 2105-2115.

Kim TW, Lee K, Najjar RG, Jeong HD, and Jeong HJ (2011a) Increasing N abundance in the northwestern Pacific Ocean due to anthropogenic nitrogen deposition. Science 334, 505-509.

Kim DI, Matsuyama Y, Nagasoe S, Yamaguchi M, Yoon YH, Oshima Y, Imada N, Honjo T (2004) Effects of temperature, salinity and irradiance on the growth of the harmful red tide dinoflagellate *Cochlodinium polykrikoides* Margalef (Dinophyceae). Journal of Plankton Research 26(1), 61-66.

Kim HS, Yih W, Kim JH, Myung G, Jeong HJ (2011b) Abundance of epiphytic dinoflagellates from coastal waters off Jeju Island, Korea during autumn 2009. Ocean Science Journal 46(3), 205-209.

Kim S, Yoon J, Park MG (2015) Obligate mixotrophy of the pigmented dinoflagellate *Polykrikos lebourae* (Dinophyceae, Dinoflagellata). Algae 30(1), 35-47.

Kim MC, Yoshinaga I, Imai I, Nagasaki K, Itakura S, Ishida Y (1998) A close relationship between algicidal bacteria and termination of *Heterosigma akashiwo* (Raphidophyceae) blooms in Hiroshima Bay, Japan. Marine Ecology Progress Series 170, 25-32.

Kiørboe T (1997) Population regulation and role of mesozooplankton in shaping marine pelagic food webs. Hydrobiologia 363(1), 13-27.

Kirchman DL, Dittel AI, Malmstrom RR, Cottrell MT (2005) Biogeography of major bacterial groups in the Delaware Estuary. Limnology and Oceanography 50(5), 1697-1706.

Kneib RT, Weeks CA (1990) Intertidal distribution and feeding habits of the mud crab, *Eurytium limosum*. Estuaries 13(4), 462-468.

Koh CH, Khim JS, Kannan K, Villeneuve DL, Senthilkumar K, Giesy JP (2004) Polychlorinated dibenzo-p-dioxins (PCDDs), dibenzofurans (PCDFs), biphenyls (PCBs), and polycyclic aromatic hydrocarbons (PAHs) and 2, 3, 7, 8-TCDD equivalents (TEQs) in sediment from the Hyeongsan River, Korea. Environmental Pollution 132(3), 489-501.

Korstad J, Olsen Y, Vadstein O (1989) Life history characteristics of *Brachionus plicatilis* (Rotifera) fed different algae. Hydrobiologia 186(1), 43-50.

Koslow JA, Couture J (2013) Ocean sciences: Follow the fish. Nature News 502(7470), 163.

Koslow JA, Goericke R, Lara-Lopez A, Watson W (2011) Impact of declining intermediate-water oxygen on deepwater fishes in the California Current. Marine Ecology Progress Series 436, 207-218.

Kramer VJ, Helferich WG, Bergman Å, Klasson-Wehler E, Giesy JP (1997) Hydroxylated polychlorinated biphenyl metabolites are anti-estrogenic in a stably transfected human breast adenocarcinoma (MCF7) cell line. Toxicology and Applied Pharmacology 144(2), 363-376.

Krock B, Tillmann U, Potvin É, Jeong HJ, Drebing W, Kilcoyne J, Al-Jorani A, Twiner MJ, Göthel Q, Köck M (2015) Structure elucidation and in vitro toxicity of new azaspiracids isolated from the marine dinoflagellate *Azadinium poporum*. Marine Drugs 13(11), 6687-6702.

Kumar Das S, singh Grewal A, Banerjee M (2011) A brief review: Heavy metal and their analysis. Organization 11(1), 003.

Kurtböke DI (2017) Ecology and habitat distribution of actinobacteria. In Ed. By Wink J, Mohammadipanah F, Hamedi J. Biology and biotechnology of Actinobacteria. Springer, Cham. pp. 123-149.

Kwon JE, Jeong HJ, Kim SJ, Jang SH, Lee KH, Seong KA (2017) Newly discovered role of the heterotrophic nanoflagellate *Katablepharis japonica*, a predator of toxic or harmful dinoflagellates and raphidophytes. Harmful Algae 68, 224-239.

LaJeunesse T, Lee SY, Gil-Agudelo D, Knowlton N, Jeong HJ (2015) *Symbiodinium necroappetens* sp. nov. (Dinophyceae), an opportunistic 'zooxanthella' found in the bleached and diseased tissues of Caribbean reef corals. European Journal of Phycology 42, 223-238.

LaJeunesse TC, Parkinson JE, Gabrielson PW, Jeong HJ, Reimer JD, Voolstra CR, Santos SR (2018) Systematic revision of Symbiodiniaceae highlights the antiquity and diversity of coral endosymbionts. Current Biology 28(16), 2570-2580.

Landry MR (1978) Predatory feeding behavior of a marine copepod, *Labidocera trispinosa*. Limnology and Oceanography 23(6), 1103-1113.

Landry MR, Beckley LE, Muhling BA (2019) Climate sensitivities and uncertainties in food-web pathways supporting larval bluefin tuna in subtropical oligotrophic oceans. ICES Journal of Marine Science 76(2), 359-369.

Landsberg JH (2002) The effects of harmful algal blooms on aquatic organisms. Reviews in Fisheries Science 10(2), 113-390.

Larkum AW, Kühl M (2005) Chlorophyll d: the puzzle resolved. Trends in Plant Science 10(8), 355-357.

Lasker R, Feder H, Theilacker G, May R (1970) Feeding, growth, and survival of *Engraulis mordax* larvae reared in the laboratory. Marine Biology 5(4), 345-353.

Latz MI, Jeong HJ (1996) Effect of red tide dinoflagellate diet on the bioluminescence of *Protoperidinium* spp. Marine Ecology Progress Series 132, 275-285.

Lawson GW (1956) Rocky shore zonation on the Gold Coast. The Journal of Ecology 153-170.

Lee HW, Bae EH, Kim MS (2020a) *Umbraulva yunseulla* sp. nov.(Ulvaceae, Chlorophyta) from a subtidal habitat of Jeju Island, Korea. Algae 35(4), 349-359.

Lee MJ, Jeong HJ, Jang SH, Lee SY, Kang NS, Lee KH, Kim HS, Wham DC, LaJeunesse TC (2016a) Most low-abundance 'background' *Symbiodinium* spp. are transitory and have minimal functional significance for symbiotic corals. Microbial Ecology 71(3), 771-783.

Lee KH, Jeong HJ, Jang TY, Lim AS, Kang NS, Kim JH, Kim KY, Park K-T, Lee K (2014a) Feeding by the newly described mixotrophic dinoflagellate *Gymnodinium smaydae*: feeding mechanism, prey species, and effect of prey concentration. Journal of Experimental Marine Biology and Ecology 459, 114-125.

Lee MJ, Jeong HJ, Kim JS, Jang KK, Kang NS, Jang SH, Lee HB, Lee SB, Kim HS, Choi CH (2017a) Ichthyotoxic *Cochlodinium polykrikoides* red tides offshore in the South Sea, Korea in 2014: III. Metazooplankton and their grazing impacts on red-tide organisms and heterotrophic protists. Algae 32, 285-308.

Lee KH, Jeong HJ, Lee KT, Franks PJS, Seong KA, Lee SY, Lee MJ, Jang SH, Potvin E, Lim AS, Yoon EY, Yoo YD, Kang NS, Kim KY (2019a) Effects of warming and eutrophication on coastal phytoplankton production. Harmful Algae 81, 106-118.

Lee MJ, Jeong HJ, Lee KH, Jang SH, Kim JH, Kim KY (2015a) Mixotrophy in the nematocyst-taeniocyst complex-bearing phototrophic dinoflagellate *Polykrikos hartmannii*. Harmful Algae 49, 124-134.

Lee SY, Jeong HJ, Kang NS, Jang TY, Jang SH, LaJeunesse TC (2015b) *Symbiodinium tridacnidorum* sp. nov., a dinoflagellate common to Indo-Pacific giant clams, and a revised morphological description of *Symbiodinium microadriaticum* Freudenthal, emended Trench et Blank. European Journal of Phycology 42, 155-172.

Lee SY, Jeong HJ, Kang NS, Jang TY, Jang SY, Lim AS (2014b) Morphological characterization of *Symbiodinium minutum* and *S. psygmophilum* belonging to clade B. Algae 29(4), 299-310.

Lee KH, Jeong HJ, Kang HC, Ok JH, You JH, Park SA (2019b) Growth rates and nitrate uptake of co-occurring red-tide dinoflagellates *Alexandrium affine* and *A. fraterculus* as a function of nitrate concentration under light-dark and continuous light conditions. Algae 34, 237-251.

Lee SY, Jeong HJ, Kim SJ, Lee KH, Jang SH (2019c) *Scrippsiella masanensis* sp. nov. (Thoracosphaerales, Dinophyceae), a phototrophic dinoflagellate from the coastal waters of southern Korea. Phycologia 58, 287-299.

Lee KH, Jeong HJ, Kim HJ, Lim AS (2017b) Nitrate uptake of the red tide dinoflagellate *Prorocentrum micans* measured using a nutrient repletion method: Effect of light intensity. Algae 32, 139-153.

Lee KH, Jeong HJ, Kwon JE, Kang HC, Kim JH, Jang SH, Park JY, Yoon EY, Kim JS (2016b) Mixotrophic ability of the phototrophic dinoflagellates *Alexandrium andersonii*, *A. affine*, and *A. fraterculus*. Harmful Algae 59, 67-81.

Lee SY, Jeong HJ, LaJeunesse TC (2020b) *Cladocopium infistulum* sp. nov. (Dinophyceae), a thermally tolerant dinoflagellate symbiotic with giant clams from the West Pacific Ocean. Phycologia 59, 515-526.

Lee KH, Jeong HJ, Park K, Kang NS, Yoo YD, Lee MJ, Lee JW, Lee S, Kim T, Kim HS, Noh JH (2013) Morphology and molecular characterization of the epiphytic dinoflagellate *Amphidinium massartii*, isolated from the temperate waters off Jeju Island, Korea. Algae 28(3), 213-231.

Lee KH, Jeong HJ, Yoon EY, Jang SH, Kim HS, Yih W (2014c) Feeding by common heterotrophic dinoflagellates and a ciliate on the red-tide ciliate *Mesodinium rubrum*. Algae 29(2), 153-163.

Lee SY, Jeong HJ, You JH, Kim SJ (2018) Morphological and genetic characterization and the nationwide distribution of the phototrophic dinoflagellate *Scrippsiella lachrymosa* in the Korean waters. Algae 33(1), 21-35.

Lee SH, Whitledge TE (2005) Primary and new production in the deep Canada Basin during summer 2002. Polar Biology 28(3), 190-197.

Lee MJ, Yoo YD, Palenik B, Lee GG, Yih W, Jeong HJ (2021) Vitamin B_{12} auxotrophy of the red tide dinoflagellate *Heterocapsa rotundata* and the effects of feeding on *Synechococcus* and vitamin B_{12} availability upon phagotrophic activity. Phycologia 60(4), 354-361.

Lehtiniemi M, Gorokhova E (2008) Predation of the introduced cladoceran *Cercopagis pengoi* on the native copepod *Eurytemora affinis* in the northern Baltic Sea. Marine Ecology Progress Series 362, 193-200.

Leiva GE, Castilla JC (2002) A review of the world marine gastropod fishery: evolution of catches, management and the Chilean experience. Reviews in Fish Biology and Fisheries 11(4), 283-300.

Leloup J, Fossing H, Kohls K, Holmkvist L, Borowski C, Jørgensen BB (2009) Sulfate-reducing bacteria in marine sediment (Aarhus Bay, Denmark): abundance and diversity related to geochemical zonation. Environmental Microbiology 11(5), 1278-1291.

Lenz J (1977) On detritus as a food source for pelagic filter-feeders. Marine Biology 41(1), 39-48.

Leong SCY, Murata A, Nagashima Y, Taguchi S (2004) Variability in toxicity of the dinoflagellate *Alexandrium tamarense* in response to different nitrogen sources and concentrations. Toxicon 43(4), 407-415.

Les DH, Cleland MA, Waycott M (1997) Phylogenetic studies in Alismatidae, II: evolution of marine angiosperms (seagrasses) and hydrophily. Systematic Botany 443-463.

Lewis RJ, Inserra M, Vetter I, Holland WC, Hardison DR, Tester PA, Litaker RW (2016) Rapid extraction and identification of maitotoxin and ciguatoxin-like toxins from Caribbean and Pacific *Gambierdiscus* using a new functional bioassay. PLoS One 11(7), e0160006.

Lewitus AJ, Glasgow Jr HB, Burkholder JM (1999) Kleptoplastidy in the toxic dinoflagellate *Pfiesteria piscicida* (Dinophyceae). Journal of Phycology 35(2), 303-312.

Liggan LM, Martone PT (2020) Gas composition of developing pneumatocysts in bull kelp *Nereocystis luetkeana* (Phaeophyceae). Journal of Phycology 56(5), 1367-1372.

Lim AS, Jeong HJ (2021) Benthic dinoflagellates in Korean waters. Algae 36(2), 91-109.

Lim AS, Jeong HJ, Jang TY, Jang SH, Franks PJ (2014) Inhibition of growth rate and swimming speed of the harmful dinoflagellate *Cochlodinium polykrikoides* by diatoms: implications for red tide formation. Harmful Algae 37, 53-61.

Lim AS, Jeong HJ, Jang TY, Kang NS, Lee SY, Yoo YD, Kim HS (2013) Morphology and molecular characterization of the epiphytic dinoflagellate *Prorocentrum* cf. *rhathymum* in temperate waters off Jeju Island, Korea. Ocean Science Journal 48(1), 1-17.

Lim AS, Jeong HJ, Jang TY, Kang NS, Jang SH, Lee MJ (2015a) Differential effects of typhoons on ichthyotoxic *Cochlodinium polykrikoides* red tides in the South Sea of Korea during 2012–2014. Harmful Algae 45, 26-32.

Lim AS, Jeong HJ, Kim JH, Lee SY (2015b) Description of the new phototrophic dinoflagellate *Alexandrium pohangense* sp. nov. from Korean coastal waters. Harmful Algae 46, 49-61.

Lim AS, Jeong HJ, Kim SJ, Ok JH (2018a) Amino acids profiles of six dinoflagellate species belonging to diverse families: possible use as animal feeds in aquaculture. Algae 33, 279-290.

Lim AS, Jeong HJ, Kwon JE, Lee SY, Kim JH (2018b) *Gonyaulax whaseongensis* sp. nov. (Gonyaulacales, Dinophyceae), a new phototrophic species from Korean coastal waters. Journal of Phycology 54, 923-928.

Lim AS, Jeong HJ, Ok JH (2019) Five *Alexandrium* species lacking mixotrophic ability. Algae 34, 289-301.

Lim AS, Jeong HJ, Seong KA, Lee MJ, Kang NS, Jang SH, Lee KH, Park JY, JangTY, Yoo YD (2017) Ichthyotoxic *Cochlodinium polykrikoides* red tides in South Sea, Korea in

2014: II. Heterotrophic protists and their grazing impacts on red-tide organisms. Algae 32, 199-222.

Lim AS, Jeong HJ, You JH, Park SA (2020) Semi-continuous cultivation of the mixotrophic dinoflagellate *Gymnodinium smaydae*, a new promising microalga for omega-3 production. Algae 35, 277-292.

Lindeman RL (1942) The trophic-dynamic aspect of ecology. Ecology 23(4), 399-417.

Link JS (2004) Using fish stomachs as samplers of the benthos: integrating long-term and broad scales. Marine Ecology Progress Series 269, 265-275.

Lipej L, Mozetič P, Turk V, Malej A (1997) The trophic role of the marine cladoceran *Penilia avirostris* in the Gulf of Trieste. Hydrobiologia 360(1), 197-203.

Litaker RW, Holland WC, Hardison DR, Pisapia F, Hess P, Kibler SR, Tester PA (2017) Ciguatoxicity of *Gambierdiscus* and *Fukuyoa* species from the Caribbean and Gulf of Mexico. PLoS One 12(10), e0185776.

Lomas MW, Glibert PM (2000) Comparisons of nitrate uptake, storage, and reduction in marine diatoms and flagellates. Journal of Phycology 36(5), 903-913.

Lowry NJ (2007) Polychlorinated biphenyl compliance issues in the 21st Century: Poorly recognized and potentially devastating-8162 (No. WSRC-STI--2007-00676). SRS (US). Funding organisation: US Department of Energy (United States).

Lucas CH, Graham WM, Widmer C (2012) Jellyfish life histories: role of polyps in forming and maintaining scyphomedusa populations. Advances in Marine Biology 63, 133-196.

Maervoet J, Covaci A, Schepens P, Sandau CD, Letcher RJ (2004) A reassessment of the nomenclature of polychlorinated biphenyl (PCB) metabolites. Environmental Health Perspectives 112(3), 291-294.

Magaña HA, Contreras C, Villareal TA (2003) A historical assessment of *Karenia brevis* in the western Gulf of Mexico. Harmful Algae 2(3), 163-171.

Mariscal RN (1970) The nature of the symbiosis between Indo-Pacific anemone fishes and sea anemones. Marine Biology 6(1), 58-65.

Markham JC (1985) A review of the bopyrid isopods infesting caridean shrimps in the northwestern Atlantic Ocean, with special reference to those collected during the Hourglass Cruises in the Gulf of Mexico.

Martin JH, Fitzwater SE (1988) Iron deficiency limits phytoplankton growth in the north-east Pacific subarctic. Nature 331(6154), 341-343.

Mason PL, Litaker RW, Jeong HJ, Ha JH, Reece KS, Stokes NA, Park JY, Steidinger KA, Vandersea MW, Kibler S, Tester PA, Vogelbein WK (2007) Description of a new genus of *Pfiesteria*-like dinoflagellate, *Luciella* gen. nov. (dinophyceae), including two new species: *Luciella masanensis* sp. nov. and *Luciella atlantis* sp. nov. Journal of Phycology 43, 799-810.

Mattio L, Payri CE, Verlaque M (2009) Taxonomic revision and geographic distribution of the subgenus *Sargassum* (Fucales, Phaeophyceae) in the western and central Pacific islands based on morphological and molecular analyses. Journal of Phycology 45(5), 1213-1227.

McAllister CD (1969) Aspects of estimating zooplankton production from phytoplankton production. Journal of the Fisheries Board of Canada 26(2), 199-220.

McCauley EP, Piña IC, Thompson AD, Bashir K, Weinberg M, Kurz SL, Crews P (2020) Highlights of marine natural products having parallel scaffolds found from marine-derived bacteria, sponges, and tunicates. The Journal of Antibiotics 73(8), 504-525.

McConnaughey T, McRoy CP (1979) ^{13}C label identifies eelgrass (*Zostera marina*) carbon in an Alaskan estuarine food web. Marine Biology 53(3), 263-269.

McCook LJ (1999) Macroalgae, nutrients and phase shifts on coral reefs: scientific issues and management consequences for the Great Barrier Reef. Coral Reefs 18(4), 357-367.

McLain N, Camargo L, Whitcraft CR, Dillon JG (2020) Metrics for evaluating inundation impacts on the decomposer communities in a Southern California coastal salt marsh. Wetlands 40(6), 2443-2459.

McLaren IA (1963) Effects of temperature on growth of zooplankton, and the adaptive value of vertical migration. Journal of the Fisheries Board of Canada 20(3), 685-727.

McLay CL, Osborne TA (1985) Burrowing behaviour of the paddle crab *Ovalipes catharus* (White, 1843)(Brachyura: Portunidae). New Zealand Journal of Marine and Freshwater Research 19(2), 125-130.

McQuatters-Gollop A, Reid PC, Edwards M, Burkill PH, Castellani C, Batten S, Gieskes W, Beare D, Bidigare RR, Head E, Johnson R (2011) Is there a decline in marine phytoplankton?. Nature 472(7342), E6-7.

Mehbub MF, Lei J, Franco C, Zhang W (2014) Marine sponge derived natural products between 2001 and 2010: trends and opportunities for discovery of bioactives. Marine Drugs 12(8), 4539-4577.

Mehbub MF, Perkins MV, Zhang W, Franco CM (2016) New marine natural products from sponges (Porifera) of the order Dictyoceratida (2001 to 2012): a promising source for drug discovery, exploration and future prospects. Biotechnology Advances 34(5), 473-491.

Mejri SC, Tremblay R, Audet C, Wills PS, Riche M (2021) Essential fatty acid requirements in tropical and cold-water marine fish larvae and juveniles. Frontiers in Marine Science 8, 557.

Mendes A, Reis A, Vasconcelos R, Guerra P, da Silva TL (2009) *Crypthecodinium cohnii* with emphasis on DHA production: a review. Journal of Applied Phycology 21(2), 199-214.

Metcalfe KN, Glasby CJ (2008) Diversity of Polychaeta (Annelida) and other worm taxa in mangrove habitats of Darwin Harbour, northern Australia. Journal of Sea Research 59(1-2), 70-82.

Metzler PM, Glibert PM, Gaeta SA, Ludlam JM (1997) New and regenerated production in the South Atlantic off Brazil. Deep Sea Research Part I: Oceanographic Research Papers

44(3), 363-384.

Mieog JC, van Oppen MJ, Berkelmans R, Stam WT, Olsen JL (2009) Quantification of algal endosymbionts (*Symbiodinium*) in coral tissue using real-time PCR. Molecular Ecology Resources 9(1), 74-82.

Miller LP, Harley CD, Denny MW (2009) The role of temperature and desiccation stress in limiting the local-scale distribution of the owl limpet, *Lottia gigantea*. Functional Ecology 23(4), 756-767.

Mitra A, Flynn KJ, Tillmann U, Raven JA, Caron D, Stoecker DK, Not F, Hansen PJ, Hallegraeff G, Sanders R, Wilken S, McManus G, Johnson M, Pitta P, Vage S, Berge T, Calbet A, Thingstad F, Jeong HJ, Burkholder JA, Glibert PM, Granéli E, Lundgren V (2016) Defining planktonic protist functional groups on mechanisms for energy and nutrient acquisition: incorporation of diverse mixotrophic strategies. Protist 167, 106-120.

Mitsui A, Kumazawa S, Takahashi A, Ikemoto H, Cao S, Arai T (1986) Strategy by which nitrogen-fixing unicellular cyanobacteria grow photoautotrophically. Nature 323(6090), 720-722.

Montagnes DJ, Lynn DH, Stoecker DK, Small EB (1988) Taxonomic descriptions of one new species and redescription of four species in the Family Strombidiidae (Ciliophora, Oligotrichida). The Journal of Protozoology 35(2), 189-197.

Müller MN (2019) On the genesis and function of coccolithophore calcification. Frontiers in Marine Science 6, 49.

Mullin MM (1963) Some factors affecting the feeding of marine copepods of the genus *Calanus*. Limnology and Oceanography 8(2), 239-250.

Mullin MM (1979) Differential predation by the carnivorous marine copepod, *Tortanus discaudatus*. Limnology and Oceanography 24(4), 774-777.

Mullin MM (1994) Distribution and reproduction of the planktonic copepod, *Calanus pacificus*, off southern California during winter-spring of 1992, relative to 1989-91. Fisheries Oceanography 3(2), 142-157.

Mullin MM, Brooks ER (1970) The effect of concentration of food on body weight, cumulative ingestion, and rate of growth of the marine copepod *Calanus helgolandicus*. Limnology and Oceanography 15(5), 748-755.

Munday BL, Watts M, Rough K, Hawkesford T (1997) Fatal encephalitis due to the scuticociliate *Uronema nigricans* in sea-caged, southern bluefin tuna *Thunnus maccoyii*. Diseases of Aquatic Organisms 30(1), 17-25.

Nair PSK (2020) Ecological succession. Editorial Board 9(4), 86.

Nakanishi K (1985) The chemistry of brevetoxins: a review. Toxicon 23(3), 473-479.

Nam O, Shiraiwa Y, Jin E (2018) Calcium-related genes associated with intracellular calcification of *Emiliania huxleyi* (Haptophyta) CCMP 371. Algae 33(2), 181-189.

Nanton DA, Castell JD (1998) The effects of dietary fatty acids on the fatty acid composition of the harpacticoid copepod, *Tisbe* sp., for use as a live food for marine fish larvae.

Aquaculture 163(3-4), 251-261.
Navarro J, Coll M, Somes CJ, Olson RJ (2013) Trophic niche of squids: Insights from isotopic data in marine systems worldwide. Deep Sea Research Part II: Topical Studies in Oceanography 95, 93-102.
Nemoto T, Okiyama M, Iwasaki N, Kikuchi T (1988) Squid as predators on krill (*Euphausia superba*) and prey for sperm whales in the Southern Ocean. In Antarctic Ocean and resources variability. Springer, Berlin, Heidelberg. pp. 292-296.
Nicolaou KC, Yang Z, Shi GQ, Gunzner JL, Agrios KA, Gärtner P (1998) Total synthesis of brevetoxin A. Nature 392(6673), 264-269.
Nielsen TG, Kiørboe T, Bjørnsen PK (1990) Effects of a *Chrysochromulina polylepis* subsurface bloom on the planktonic community. Marine Ecology Progress Series 5, 21-35.
Noseworthy RG, Lim NR, Choi KS (2007) A catalogue of the mollusks of Jeju Island, South Korea. The Korean Journal of Malacology 23(1), 65-104.
Odum EP (1968) Energy flow in ecosystems: a historical review. American Zoologist 8(1), 11-18.
Oghenekaro EU, Chigbu P (2019) Population dynamics and life history of marine Cladocera in the Maryland coastal bays, USA. Journal of Coastal Research 35(6), 1225-1236.
Ohman MD (1984) Omnivory by *Euphausia pacifica*: The role of copepod prey. Marine Ecology Progress Series 19(1), 125-131.
Ok JH, Jeong HJ, Lee SY, Park SA, Noh JH (2021a) *Shimiella* gen. nov. and *Shimiella gracilenta* sp. nov.(Dinophyceae, Kareniaceae), a kleptoplastidic dinoflagellate from Korean waters and its survival under starvation. Journal of Phycology 57(1), 70-91.
Ok JH, Jeong HJ, Lim AS, Lee SY, Kim SJ (2018) Feeding by the heterotrophic nanoflagellate *Katablepharis remigera* on algal prey and its nationwide distribution in Korea. Harmful Algae 74, 30-45.
Ok JH, Jeong HJ, Lim AS, You JH, Kang HC, Kim SJ, Lee SY (2019) Effects of light and temperature on the growth of *Takayama helix* (Dinophyceae): mixotrophy as a survival strategy against photoinhibition. Journal of Phycology 55(5), 1181-1195.
Ok JH, Jeong HJ, You YH, Kang HC, Park SA, Lim AS, Lee SY, Eom SH (2021b) Phytoplankton bloom dynamics in incubated natural seawater: predicting bloom magnitude and timing. Frontiers in Marine Science 8, 681252.
Opdal AF, Lindemann C, Aksnes DL (2019) Centennial decline in North Sea water clarity causes strong delay in phytoplankton bloom timing. Global Change Biology 25(11), 3946-3953.
Opdyke BN, Walker JC (1992) Return of the coral reef hypothesis: Basin to shelf partitioning of $CaCO_3$ and its effect on atmospheric CO_2. Geology 20(8), 733-736.
Oren A (2019) Euryarchaeota. eLS, 1-17.
Orth RJ, Carruthers TJ, Dennison WC, Duarte CM, Fourqurean JW, Heck KL, Hughes AR, Kendrick GA, Kenworthy WJ, Olyarnik S, Short FT (2006) A global crisis for seagrass ecosystems. Bioscience 56(12), 987-996.

Otis TS, Gilly WF (1990) Jet-propelled escape in the squid L*oligo opalescens*: concerted control by giant and non-giant motor axon pathways. Proceedings of the National Academy of Sciences 87(8), 2911-2915.

Pace ML, Knauer GA, Karl DM, Martin JH (1987) Primary production, new production and vertical flux in the eastern Pacific Ocean. Nature 325(6107), 803-804.

Pahl-Wostl C (1997) Dynamic structure of a food web model: comparison with a food chain model. Ecological Modelling 100(1-3), 103-123.

Palacios DM, Bograd SJ, Mendelssohn R, Schwing FB (2004) Long-term and seasonal trends in stratification in the California Current, 1950-1993. Journal of Geophysical Research: Oceans 109(C10).

Park MG, Cooney SK, Yih W, Coats DW (2002) Effects of two strains of the parasitic dinoflagellate *Amoebophrya* on growth, photosynthesis, light absorption, and quantum yield of bloom-forming dinoflagellates. Marine Ecology Progress Series 227, 281-292.

Park JH, Kim M, Jeong HJ, Park MG (2019) Revisiting the taxonomy of the "*Dinophysis acuminata* complex"(Dinophyta). Harmful Algae 88, 101657.

Park MG, Kim S, Kim HS, Myung G, Kang YG, Yih W (2006). First successful culture of the marine dinoflagellate *Dinophysis acuminata*. Aquatic Microbial Ecology 45(2), 101-106.

Park MG, Kim S, Shin EY, Yih W, Coats DW (2013a) Parasitism of harmful dinoflagellates in Korean coastal waters. Harmful Algae 30S, S62-S74.

Park TG, Lim WA, Park YT, Lee CK, Jeong HJ (2013b) Economic impact, management and mitigation of red tides in Korea. Harmful Algae 30, S131-143.

Parsons ML, Preskitt LB (2007) A survey of epiphytic dinoflagellates from the coastal waters of the island of Hawaii. Harmful Algae 6(5), 658-669.

Paul D (2017) Research on heavy metal pollution of river Ganga: A review. Annals of Agrarian Science 15(2), 278-286.

Pearre Jr S (1980) Feeding by Chaetognatha: the relation of prey size to predator size in several species. Marine Ecology Progress Series 3, 125-134.

Penney AJ, Griffiths CL (1984) Prey selection and the impact of the starfish *Marthasterias glacialis* (L.) and other predators on the mussel *Choromytilus meridionalis* (Krauss). Journal of Experimental Marine Biology and Ecology 75(1), 19-36.

Pennock JR (1985) Chlorophyll distributions in the Delaware estuary: regulation by light-limitation. Estuarine, Coastal and Shelf Science 21(5), 711-725.

Permata WD, Kinzie Iii RA, Hidaka M (2000) Histological studies on the origin of planulae of the coral *Pocillopora damicornis*. Marine Ecology Progress Series 200, 191-200.

Pester M, Schleper C, Wagner M (2011) The Thaumarchaeota: an emerging view of their phylogeny and ecophysiology. Current Opinion in Microbiology 14(3), 300-306.

Petersen GH, Curtis MA (1980) Differences in energy flow through major components of subarctic, temperate and tropical marine shelf ecosystems. Dana 1, 53-64.

Peterson TD, Golda RL, Garcia ML, Li B, Maier MA, Needoba JA, Zuber P (2013) Associations between *Mesodinium rubrum* and cryptophyte algae in the Columbia River estuary. Aquatic Microbial Ecology 68(2), 117-130.

Peterson CH, Rice SD, Short JW, Esler D, Bodkin JL, Ballachey BE, Irons DB (2003) Long-term ecosystem response to the Exxon Valdez oil spill. Science 302(5653), 2082-2086.

Pierce RH, Henry MS, Blum PC, Hamel SL, Kirkpatrick B, Cheng YS, Zhou Y, Irvin CM, Naar J, Weidner A, Fleming LE (2005) Brevetoxin composition in water and marine aerosol along a Florida beach: Assessing potential human exposure to marine biotoxins. Harmful Algae 4(6), 965-972.

Pineda J (1991) Predictable upwelling and the shoreward transport of planktonic larvae by internal tidal bores. Science 253(5019), 548-549.

Pineda J (1994) Internal tidal bores in the nearshore: Warm-water fronts, seaward gravity currents and the onshore transport of neustonic larvae. Journal of Marine Research 52(3), 427-458.

Pochon X, Pawlowski J (2006) Evolution of the soritids-*Symbiodinium* symbiosis. Symbiosis 42, 77-88.

Potvin É, Jeong HJ, Kang NS, Tillmann U, Krock B (2012) First report of the photosynthetic dinoflagellate genus *Azadinium* in the Pacific Ocean: morphology and molecular characterization of *Azadinium* cf. *poporum*. Journal of Eukaryotic Microbiology 59(2), 145-156.

Pratiwy FM, Pratiwi DY (2020) The potentiality of microalgae as a source of DHA and EPA for aquaculture feed: A review. International Journal of Fisheries and Aquatic Studies 8(4), 39-41.

Pratte ZA, Patin NV, McWhirt ME, Caughman AM, Parris DJ, Stewart FJ (2018) Association with a sea anemone alters the skin microbiome of clownfish. Coral Reefs 37(4), 1119-1125.

Price HJ, Boyd KR, Boyd CM (1988) Omnivorous feeding behavior of the Antarctic krill *Euphausia superba*. Marine Biology 97(1), 67-77.

Pulido OM (2008) Domoic acid toxicologic pathology: a review. Marine Drugs 6(2), 180-219.

Rabalais NN, Baustian MM (2020) Historical shifts in benthic infaunal diversity in the northern Gulf of Mexico since the appearance of seasonally severe hypoxia. Diversity 12(2), 49.

Radovich J (1982) The collapse of the California sardine fishery. What have we learned? CalCOFI Report 23, 56-78.

Rasdi NW, Qin JG (2016) Improvement of copepod nutritional quality as live food for aquaculture: a review. Aquaculture Research 47(1), 1-20.

Raval A, Ramanathan V (1989) Observational determination of the greenhouse effect. Nature 342(6251), 758-761.

Reguera B, Velo-Suárez L, Raine R, Park MG (2012) Harmful *Dinophysis* species: A review. Harmful Algae 14, 87-106.

Reiswig HM (1971) Particle feeding in natural populations of three marine demosponges. The Biological Bulletin 141(3), 568-591.

Rekik A, Ayadi H, Elloumi J (2018) Spatial and inter-annual variability of proto-and metazooplankton during summer around the Kneiss Islands (Tunisia, Central Mediterranean Sea). Applied Water Science 8(4), 1-10.

Rhodes L, Harwood T, Smith K, Argyle P, Munday R (2014) Production of ciguatoxin and maitotoxin by strains of *Gambierdiscus australes*, *G. pacificus* and *G. polynesiensis* (Dinophyceae) isolated from Rarotonga, Cook Islands. Harmful Algae 39, 185-190.

Rhodes L, Smith KF, Verma A, Curley BG, Harwood DT, Murray S, Kohli GS, Solomona D, Rongo T, Munday R, Murray SA (2017) A new species of *Gambierdiscus* (Dinophyceae) from the south-west Pacific: *Gambierdiscus honu* sp. nov. Harmful Algae 65, 61-70.

Richardson AJ, Bakun A, Hays GC, Gibbons MJ (2009) The jellyfish joyride: causes, consequences and management responses to a more gelatinous future. Trends in Ecology & Evolution 24(6), 312-322.

Richardson K, Christoffersen A (1991) Seasonal distribution and production of phytoplankton in the southern Kattegat. Marine Ecology Progress Series 78, 217-227.

Richman S, Heinle DR, Huff R (1977) Grazing by adult estuarine calanoid copepods of the Chesapeake Bay. Marine Biology 42(1), 69-84.

Rodhe H (1990) A comparison of the contribution of various gases to the greenhouse effect. Science 248(4960), 1217-1219.

Roemmich D, McGowan J (1995) Climatic warming and the decline of zooplankton in the California Current. Science 267(5202), 1324-1326.

Roleda MY, Hanelt D, Kräbs G, Wiencke C (2004) Morphology, growth, photosynthesis and pigments in *Laminaria ochroleuca* (Laminariales, Phaeophyta) under ultraviolet radiation. Phycologia 43(5), 603-613.

Rossteuscher S, Wenker C, Jermann T, Wahli T, Oldenberg E, Schmidt-Posthaus H (2008) Severe scuticociliate (*Philasterides dicentrarchi*) infection in a population of sea dragons (*Phycodurus eques* and *Phyllopteryx taeniolatus*). Veterinary Pathology 45(4), 546-550.

Sampath-Wiley P, Neefus CD (2007) An improved method for estimating R-phycoerythrin and R-phycocyanin contents from crude aqueous extracts of *Porphyra* (Bangiales, Rhodophyta). Journal of Applied Phycology 19(2), 123-129.

Sarma VVSS, Dalabehera HB (2019) New and primary production in the western Indian Ocean during fall monsoon. Marine Chemistry 215, 103687.

Sathyendranath S, Ji R, Browman HI (2015). Revisiting Sverdrup's critical depth hypothesis. ICES Journal of Marine Science 72(6), 1892-1896.

Savage AM, Goodson MS, Visram S, Trapido-Rosenthal H, Wiedenmann J, Douglas AE (2002). Molecular diversity of symbiotic algae at the latitudinal margins of their distribution: dinoflagellates of the genus *Symbiodinium* in corals and sea anemones. Marine

Ecology Progress Series 244, 17-26.

Schantz E, Ghazarossian VE, Schnoes H, Strong FM, Springer JP, Pezzanite JO, Clardy J (1975) Structure of saxitoxin. Journal of the American Chemical Society 97(5), 1238-1239.

Schmidt JL, Deming JW, Jumars PA, Keil RG (1998) Constancy of bacterial abundance in surficial marine sediments. Limnology and Oceanography 43(5), 976-982.

Schmitz K, Lobban CS (1976) A survey of translocation in Laminariales (Phaeophyceae). Marine Biology 36(3), 207-216.

Schoemann V, Becquevort S, Stefels J, Rousseau V, Lancelot C (2005) *Phaeocystis* blooms in the global ocean and their controlling mechanisms: a review. Journal of Sea Research 53(1-2), 43-66.

Schrader HJ (1971) Fecal pellets: role in sedimentation of pelagic diatoms. Science 174(4004), 55-57.

Schwacke LH, Zolman ES, Balmer BC, De Guise S, George RC, Hoguet J, Hohn AA, Kucklick JR, Lamb S, Levin M, Litz JA (2012) Anaemia, hypothyroidism and immune suppression associated with polychlorinated biphenyl exposure in bottlenose dolphins (*Tursiops truncatus*). Proceedings of the Royal Society B: Biological Sciences 279(1726), 48-57.

Selin NE (2009) Global biogeochemical cycling of mercury: a review. Annual Review of Environment and Resources 34, 43-63.

Seong KA, Jeong HJ, Kim S, Kim GH, Kang JH (2006) Bacterivory by co-occurring red-tide algae, heterotrophic nanoflagellates, and ciliates on marine bacteria in the Korean waters. Marine Ecology Progress Series 322, 85-97.

Shanks AL (1983) Surface slicks associated with tidally forced internal waves may transport pelagic larvae of benthic invertebrates and fishes shoreward. Marine Ecology Progress Series 13(2), 311-315.

Sherin CK, Sarma VVSS, Rao GD, Viswanadham R, Omand MM, Murty VSN (2018) New to total primary production ratio (f-ratio) in the Bay of Bengal using isotopic composition of suspended particulate organic carbon and nitrogen. Deep Sea Research Part I: Oceanographic Research Papers 139, 43-54.

Shimomura O (1979) Structure of the chromophore of *Aequorea* green fluorescent protein. FEBS letters 104(2), 220-222.

Siegel DA, Doney SC, Yoder JA (2002) The North Atlantic spring phytoplankton bloom and Sverdrup's critical depth hypothesis. Science 296(5568), 730-733.

Sinclair G, Kamykowski D, Glibert PM (2009) Growth, uptake, and assimilation of ammonium, nitrate, and urea, by three strains of *Karenia brevis* grown under low light. Harmful Algae 8(5), 770-780.

Small HJ, Neil DM, Taylor AC, Bateman K, Coombs GH (2005) A parasitic scuticociliate infection in the Norway lobster (*Nephrops norvegicus*). Journal of Invertebrate Pathology 90(2), 108-117.

Smayda TJ (1971) Normal and accelerated sinking of phytoplankton in the sea. Marine Geology 11(2), 105-122.

Smayda TJ (1997) Harmful algal blooms: their ecophysiology and general relevance to phytoplankton blooms in the sea. Limnology and oceanography 42(5part2), 1137-1153.

Smit NJ, Bruce NL, Hadfield KA (2014) Global diversity of fish parasitic isopod crustaceans of the family Cymothoidae. International Journal for Parasitology: Parasites and Wildlife 3(2), 188-197.

Smith AM (2006) The biochemistry and mechanics of gastropod adhesive gels. In Biological adhesives. Springer, Berlin, Heidelberg. 167-182.

Sörensson F, Sahlsten E (1987) Nitrogen dynamics of a cyanobacteria bloom in the Baltic Sea: new versus regenerated production. Marine Ecology Progress Series 37(2/3), 277-284.

Sorte CJ, Bernatchez G, Mislan KAS, Pandori LL, Silbiger NJ, Wallingford PD (2019) Thermal tolerance limits as indicators of current and future intertidal zonation patterns in a diverse mussel guild. Marine Biology 166(1), 1-13.

Spector DL (1984). Dinoflagellate nuclei. Dinoflagellates 1, 107-147.

Stapel J, Aarts TL, van Duynhoven BH, de Groot JD, van den Hoogen PH, Hemminga MA (1996) Nutrient uptake by leaves and roots of the seagrass *Thalassia hemprichii* in the Spermonde Archipelago, Indonesia. Marine Ecology Progress Series 134, 195-206.

Stauber JL, Florence TM (1989) The effect of culture medium on metal toxicity to the marine diatom *Nitzschia closterium* and the freshwater green alga *Chlorella pyrenoidosa*. Water Research 23(7), 907-911.

Steele JH (1974) The structure of marine ecosystems. Harvard University Press.

Stenseth NC, Rouyer T (2008) Destabilized fish stocks. Nature 452(7189), 825-826.

Stoecker DK (1998) Conceptual models of mixotrophy in planktonic protists and some ecological and evolutionary implications. European Journal of Protistology 34(3), 281-290.

Stoecker DK (1999) Mixotrophy among dinoflagellates. Journal of Eukaryotic Microbiology 46(4), 397-401.

Stoecker DK, Silver MW, Michaels AE, Davis LH (1988) Obligate mixotrophy in *Laboea strobila*, a ciliate which retains chloroplasts. Marine Biology 99(3), 415-423.

Stramarkou M, Oikonomopoulou V, Chalima A, Boukouvalas C, Topakas E, Krokida M (2021) Optimization of green extractions for the recovery of docosahexaenoic acid (DHA) from *Crypthecodinium cohnii*. Algal Research 58, 102374.

Suchar VA, Chigbu P (2006) The effects of algae species and densities on the population growth of the marine rotifer, *Colurella dicentra*. Journal of Experimental Marine Biology and Ecology 337(1), 96-102.

Sulpis O, Boudreau BP, Mucci A, Jenkins C, Trossman DS, Arbic BK, Key RM (2018) Current $CaCO_3$ dissolution at the seafloor caused by anthropogenic CO_2. Proceedings of the National Academy of Sciences 115(46), 11700-11705.

Sun L, Chen M, Yang H, Wang T, Liu B, Shu C, Gardiner DM (2011) Large scale gene expression profiling during intestine and body wall regeneration in the sea cucumber *Apostichopus japonicus*. Comparative Biochemistry and Physiology Part D: Genomics and Proteomics 6(2), 195-205.

Suzuki T, Quilliam MA (2011) LC-MS/MS analysis of diarrhetic shellfish poisoning (DSP) toxins, okadaic acid and dinophysistoxin analogues, and other lipophilic toxins. Analytical Sciences: the International Journal of the Japan Society for Analytical Chemistry 27(6), 571-584.

Sverdrup HU (1953) On conditions for the vernal blooming of phytoplankton. ICES Journal of Marine Science 18(3), 287-295.

Takahashi K, Benico G, Lum WM, Iwataki M (2019) *Gertia stigmatica* gen. et sp. nov.(Kareniaceae, Dinophyceae), a new marine unarmored dinoflagellate possessing the peridinin-type chloroplast with an eyespot. Protist 170(5), 125680.

Tang YZ, Gobler CJ (2009) *Cochlodinium polykrikoides* blooms and clonal isolates from the northwest Atlantic coast cause rapid mortality in larvae of multiple bivalve species. Marine Biology 156(12), 2601-2611.

Tansley AG (1935) The use and abuse of vegetational concepts and terms. Ecology 16(3), 284-307.

Thamdrup B, Dalsgaard T (2002) Production of N_2 through anaerobic ammonium oxidation coupled to nitrate reduction in marine sediments. Applied and Environmental Microbiology 68(3), 1312-1318.

Thibault de Chanvalon A, Metzger E, Mouret A, Cesbron F, Knoery J, Rozuel E, Launeau P, Nardelli MP, Jorissen FJ, Geslin E (2015) Two-dimensional distribution of living benthic foraminifera in anoxic sediment layers of an estuarine mudflat (Loire estuary, France). Biogeosciences 12(20), 6219-6234.

Thomas TE, Harrison PJ, Taylor EB (1985) Nitrogen uptake and growth of the germlings and mature thalli of *Fucus distichus*. Marine Biology 84(3), 267-274.

Tillmann U (2004) Interactions between planktonic microalgae and protozoan grazers. Journal of Eukaryotic Microbiology 51(2), 156-168.

Trivelpiece WZ, Hinke JT, Miller AK, Reiss CS, Trivelpiece SG, Watters GM (2011) Variability in krill biomass links harvesting and climate warming to penguin population changes in Antarctica. Proceedings of the National Academy of Sciences 108(18), 7625-7628.

Tsien RY (1998) The green fluorescent protein. Annual Review of Biochemistry 67(1), 509-544.

Tsygankov AA (2007) Nitrogen-fixing cyanobacteria: a review. Applied Biochemistry and Microbiology 43(3), 250-259.

Turner JT (1977) Sinking rates of fecal pellets from the marine copepod *Pontella meadii*. Marine Biology 40(3), 249-259.

Turner JT (2015) Zooplankton fecal pellets, marine snow, phytodetritus and the ocean's biological pump. Progress in Oceanography 130, 205-248.

Turner JT, Tester PA, Ferguson RL (1988) The marine cladoceran *Penilia avirostris* and the "microbial loop" of pelagic food webs. Limnology and Oceanography 33(2), 245-255.

Usup G, Kulis DM, Anderson DM (1994) Growth and toxin production of the toxic dinoflagellate *Pyrodinium bahamense* var. *compressum* in laboratory cultures. Natural Toxins 2(5), 254-262.

Van Tussenbroek BI, Arana HAH, Rodríguez-Martínez RE, Espinoza-Avalos J, Canizales-Flores HM, González-Godoy CE, Barba-Santos MG, Vega-Zepeda A, Collado-Vides L (2017) Severe impacts of brown tides caused by *Sargassum* spp. on near-shore Caribbean seagrass communities. Marine Pollution Bulletin 122(1-2), 272-281.

Van Wagoner RM, Deeds JR, Satake M, Ribeiro AA, Place AR, Wright JL (2008) Isolation and characterization of karlotoxin 1, a new amphipathic toxin from *Karlodinium veneficum*. Tetrahedron Letters 49(45), 6457-6461.

Vargas CA, Narvaez DA, Pinones A, Venegas RM, Navarrete SA (2004) Internal tidal bore warm fronts and settlement of invertebrates in central Chile. Estuarine, Coastal and Shelf Science 61(4), 603-612.

Venkatraman KL, Mehta A (2019) Health benefits and pharmacological effects of *Porphyra* species. Plant Foods for Human Nutrition 74(1), 10-17.

Virta L, Gammal J, Järnström M, Bernard G, Soininen J, Norkko J, Norkko A (2019) The diversity of benthic diatoms affects ecosystem productivity in heterogeneous coastal environments. Ecology 100(9), e02765.

Vogelbein WK, Lovko VJ, Shields JD, Reece KS, Mason PL, Haas LW, Walker CC (2002) *Pfiesteria shumwayae* kills fish by micropredation not exotoxin secretion. Nature 418(6901), 967-970.

Wallentinus I (1984) Comparisons of nutrient uptake rates for Baltic macroalgae with different thallus morphologies. Marine Biology 80(2), 215-225.

Wang X, Fosse HK, Li K, Chauton MS, Vadstein O, Reitan KI (2019) Influence of nitrogen limitation on lipid accumulation and EPA and DHA content in four marine microalgae for possible use in aquafeed. Frontiers in Marine Science 6, 95.

Ward P, Meredith MP, Whitehouse MJ, Rothery P (2008) The summertime plankton community at South Georgia (Southern Ocean): Comparing the historical (1926/1927) and modern (post 1995) records. Progress in Oceanography 78(3), 241-256.

Waterbury JB, Watson SW, Guillard RR, Brand LE (1979) Widespread occurrence of a unicellular, marine, planktonic, cyanobacterium. Nature 277(5694), 293-294.

Weis VM, Reynolds WS, deboer MD, Krupp DA (2001) Host-symbiont specificity during onset of symbiosis between the dinoflagellates *Symbiodinium* spp. and planula larvae of the scleractinian coral Fungia scutaria. Coral Reefs 20(3), 301-308.

Whittaker RH (1969) New concepts of kingdoms of organisms. Science 163(3863), 150-160.

Wilson SK, Fulton CJ, Depczynski M, Holmes TH, Noble MM, Radford B, Tinkler P (2014) Seasonal changes in habitat structure underpin shifts in macroalgae-associated tropical fish communities. Marine Biology 161(11), 2597-2607.

Withers NW (1982) Ciguatera fish poisoning. Annual Review of Medicine 33(1), 97-111.

Woese CR, Kandler O, Wheelis ML (1990) Towards a natural system of organisms: proposal for the domains Archaea, Bacteria, and Eucarya. Proceedings of the National Academy of Sciences 87(12), 4576-4579.

Woodin SA, Jackson JB (1979) Interphyletic competition among marine benthos. American Zoologist 19(4), 1029-1043.

Wray GA, Raff RA (1991) The evolution of developmental strategy in marine invertebrates. Trends in Ecology & Evolution 6(2), 45-50.

Wynne MJ (2011) The benthic marine algae of the tropical and subtropical Western Atlantic: changes in our understanding in the last half century. Algae 26(2), 109-140.

Xu Y, Cui G (2021) Influence of spectral characteristics of the Earth's surface radiation on the greenhouse effect: Principles and mechanisms. Atmospheric Environment 244, 117908.

Yang MY, Kim MS (2018) Cryptic species diversity of ochtodenes-producing *Portieria* species (Gigartinales, Rhodophyta) from the northwest Pacific. Algae 33(3), 205-214.

Yen J (1983) Effects of prey concentration, prey size, predator life stage, predator starvation, and season on predation rates of the carnivorous copepod *Euchaeta elongata*. Marine Biology 75(1), 69-77.

Yih WH, Kim HS, Jeong HJ, Myung GO, Kim YG (2004) Ingestion of cryptophyte cells by the marine photosynthetic ciliate *Mesodinium rubrum*. Aquatic Microbial Ecology 36, 165-170.

Yih W, Kim HS, Myung G, Park JW, Yoo YD, Jeong HJ (2013) The red-tide ciliate *Mesodinium rubrum* in Korean coastal waters. Harmful Algae 30, S53-61.

Yim UM, Kim M, Ha SY, Kim S, Shim WJ (2012) Oil spill environmental forensics: the Hebei Spirit oil spill case. Environmental Science & Technology 46 (12), 6431-6437.

Yim UM, Oh JR, Hong SH, Lee SH, Shim WJ, Shim JH (2002) Identification of PAHs sources in bivalves and sediments 5 years after the Sea Prince oil spill in Korea. Environmental Forensics 3(3-4), 357-366.

Yoo YD, Jeong HJ, Kang NS, Song JY, Kim KY, Lee KT, Kim JH (2010) Feeding by the newly described mixotrophic dinoflagellate *Paragymnodinium shiwhaense*: feeding mechanism, prey species, and effect of prey concentration. Journal of Eukaryotic Microbiology 57, 145-158.

Yoo YD, Jeong HJ, Kim MS, Kang NS, Song JY, Shin WG, Kim KY, Lee KT (2009) Feeding by phototrophic red-tide dinoflagellates on the ubiquitous marine diatom *Skeletonema costatum*. Journal of Eukaryotic Microbiology 56, 413-420.

Yoo YD, Jeong HJ, Kim JS, Kim TH, Kim JH, Seong KA, Lee SH, Kang NS, Park JW, Park J, Yoon EY (2013) Red tides in Masan Bay, Korea in 2004–2005: II. Daily variations in the abundance of heterotrophic protists and their grazing impact on red-tide organisms. Harmful Algae 30S, S89-S101.

Yoo YD, Seong KA, Jeong HJ, Yih W, Rho JR, Nam SW, Kim HS (2017) Mixotrophy in the marine red-tide cryptophyte *Teleaulax amphioxeia* and ingestion and grazing impact of cryptophytes on natural populations of bacteria in Korean coastal waters. Harmful Algae 68, 105-117.

Yoon EY, Kang NS, Jeong HJ (2012) *Gyrodinium moestrupii* n. sp., a new planktonic heterotrophic dinoflagellate from the coastal waters of western Korea: morphology and ribosomal DNA gene sequence. Journal of Eukaryotic Microbiology 59, 571-586.

York JK, Tomasky G, Valiela I, Repeta DJ (2007) Stable isotopic detection of ammonium and nitrate assimilation by phytoplankton in the Waquoit Bay estuarine system. Limnology and Oceanography 52(1), 144-155.

You JH, Jeong HJ, Kang HC, Ok JH, Park SA, Lim AS (2020) Feeding by common heterotrophic protist predators on seven *Prorocentrum* species. Algae 35, 61-78.

Young GA, Hagadorn JW (2010) The fossil record of cnidarian medusae. Palaeoworld 19(3-4), 212-221.

Zamir R, Alpert P, Rilov G (2018) Increase in weather patterns generating extreme desiccation events: implications for Mediterranean rocky shore ecosystems. Estuaries and Coasts 41(7), 1868-1884.

Zeebe RE (2012) History of seawater carbonate chemistry, atmospheric CO_2, and ocean acidification. Annual Review of Earth and Planetary Sciences 40, 141-165.

Zeroual S, El Bakkal SE, Mansori M, Lhernould S, Faugeron-Girard C, El Kaoua M, Zehhar N (2020). Cell wall thickening in two *Ulva* species in response to heavy metal marine pollution. Regional Studies in Marine Science 35, 101125.

Zhang Y, Fu FX, Whereat E, Coyne KJ, Hutchins DA (2006) Bottom-up controls on a mixed-species HAB assemblage: a comparison of sympatric *Chattonella subsalsa* and *Heterosigma akashiwo* (Raphidophyceae) isolates from the Delaware Inland Bays, USA. Harmful Algae 5(3), 310-320.

Zmudczyńska-Skarbek K, Balazy P, Kuklinski P (2015) An assessment of seabird influence on Arctic coastal benthic communities. Journal of Marine Systems 144, 48-56.

찾아보기

국문

ㅇ

ㅈ

영문

D

E

F

G

R

S

Z